O Novo
Inconsciente

C157m Callegaro, Marco Montarroyos
O novo inconsciente : como a terapia cognitiva e as neurociências revolucionaram o modelo do processamento mental / Marco Montarroyos Callegaro. – Porto Alegre : Artmed, 2011.
312 p. ; 23 cm.

ISBN 978-85-363-2426-5

1. Terapia. 2. Terapia cognitiva – Neurociência. I. Título.

CDU 615.85:616.8

Catalogação na publicação: Ana Paula M. Magnus – CRB 10/2052

O Novo Inconsciente

COMO A TERAPIA COGNITIVA
E AS NEUROCIÊNCIAS
REVOLUCIONARAM O MODELO
DO PROCESSAMENTO MENTAL

Marco Montarroyos Callegaro

Mestre em Neurociências e Comportamento
pela Universidade Federal de Santa Catarina.
Diretor do Instituto Catarinense de Terapia Cognitiva
e Instituto Paranaense de Terapia Cognitiva.
Professor do curso de Psicologia da Faculdade
de Ciências Sociais de Florianópolis.
Presidente da Federação Brasileira de Terapias Cognitivas – Gestão 2009-2011.

artmed

2011

© Artmed Editora S.A., 2011

Capa
Paola Manica

Ilustrações do miolo
Vagner Coelho dos Santos

Preparação do original
Rafael Padilha Ferreira

Leitura final
Márcia da Silveira Santos

Editora Sênior – Ciências Humanas
Mônica Ballejo Canto

Editora responsável por esta obra
Amanda Munari

Projeto e editoração
Armazém Digital® Editoração Eletrônica – Roberto Carlos Moreira Vieira

Reservados todos os direitos de publicação, em língua portuguesa, à
ARTMED® EDITORA S.A.
Av. Jerônimo de Ornelas, 670 – Santana
90040-340 Porto Alegre RS
Fone: (51) 3027-7000 Fax: (51) 3027-7070

É proibida a duplicação ou reprodução deste volume, no todo ou em parte, sob quaisquer formas ou por quaisquer meios (eletrônico, mecânico, gravação, fotocópia, distribuição na Web e outros), sem permissão expressa da Editora.

SÃO PAULO
Av. Embaixador Macedo de Soares, 10.735 – Pavilhão 5
Cond. Espace Center – Vila Anastácio
05095-035 – São Paulo – SP
Fone: (11) 3665-1100 Fax: (11) 3667-1333

SAC 0800 703-3444

IMPRESSO NO BRASIL
PRINTED IN BRAZIL
Impresso sob demanda na Meta Brasil a pedido de Grupo A Educação.

Prefácio
Aristides Volpato Cordioli

A descoberta do inconsciente por Freud e Breuer no final do século XIX representou uma reviravolta na compreensão dos fenômenos mentais e, em particular, dos sintomas neuróticos. Pela primeira vez foi demonstrado que fatores de natureza psicológica, como emoções inconscientes reprimidas, poderiam dar origem a sintomas físicos, os quais não necessariamente eram decorrentes de lesões cerebrais como até então se pensava. Essa hipótese abriu a possibilidade de abordá-los por meio de métodos psicológicos. Eram estratégias que, driblando a repressão (ou os mecanismos de defesa), permitiam o acesso ao inconsciente: a hipnose, a análise dos sonhos e, sobretudo, a análise dos fenômenos transferenciais pela técnica da livre associação, o que possibilitava ao paciente livrar-se deles. A partir desses novos fatos, Freud propôs os modelos para o funcionamento da mente humana – que ficaram conhecidos como modelo topográfico e, posteriormente, como modelo estrutural. Este último, em especial, teve grande repercussão ao sugerir a existência de distintas instâncias psíquicas e ao afirmar que conflitos entre as referidas instâncias eram os responsáveis pelos sintomas neuróticos. Do conflito entre impulsos e defesas, resultariam os sintomas neuróticos, particularmente a ansiedade, assim como as fobias, os sintomas obsessivo-compulsivos e até mesmo as psicoses.

Esse modelo, descrito aqui de forma muito simplificada, teve enorme impacto particularmente na primeira metade do século passado sobre a formulação de novos modelos do funcionamento mental, que elaboraram especulações sobre a estruturação do caráter ao longo dos anos da infância e da adolescência em razão das vicissitudes do desenvolvimento psicossexual devido às influências ambientais (parentais). Tais teorias passaram por grandes desdobramentos ao longo do século XX.

O modelo teve ainda como aplicação prática o desenvolvimento das psicoterapias psicodinâmicas (da psicanálise, em particular), hegemônicas até a pouco tempo atrás, as quais tinham como pressuposto básico para a cura a obtenção do *insight* sobre os conflitos inconscientes, o que tornaria mais adaptativos os impulsos não patogênicos e as defesas. Os conceitos de inconsciente, de inconsciente dinâmico e de motivações inconscientes possibilitaram ainda uma visão mais humanista da pessoa humana – a visão do homem como centro do universo ficara abalada com a proposição do inconsciente dinâmico – e uma compreensão mais profunda das diferentes expressões das emoções humanas nas artes, na cultura, bem como dos fenômenos sociais e grupais.

A influência do modelo freudiano do funcionamento mental foi de tal monta que até hoje se sustenta como uma das formulações mais amplas e abrangentes de que se tem notícia. Centrais ao modelo psicodinâmico são os conceitos de inconsciente dinâmico, de determinismo psíquico e de motivações inconscientes, as quais deveriam ser deslindadas no processo psicoterápico.Entretanto, o avanço das neurociências trouxe fatos novos, e isso nos obriga a uma revisão do conceito freudiano de inconsciente dinâmico: os estudos sobre memória de curto e longo prazo; a descoberta de que existem memórias distintas, como a memória de procedimentos ou a memória implícita (inconsciente) e a memória declarativa sujeita a distorções e falsificações; aprendizagens que envolvem a memória implícita, como a aquisição de medos por meio do condicionamento ou sua perda pela extinção e pela habituação; o maior conhecimento da fisiologia e da neuroquímica cerebrais relacionadas com os diferentes transtornos mentais, bem como áreas e circuitos neurais envolvidos (papel do hipocampo, da amígdala, dos gânglios da base, do lobo frontal, para mencionar alguns). Revisar o conceito freudiano de inconsciente e propor uma nova visão do inconsciente foram as tarefas às quais o psicólogo Marco Callegaro se propôs neste livro.

As metas eram ao mesmo tempo ambiciosas e desafiadoras, mas absolutamente necessárias. No livro, o autor propõe-se a revisar e a atualizar o conceito de inconsciente e a descrever em toda a sua amplitude (pelo menos até onde o conhecimento atual possibilita) o processamento da informação que se dá a esse nível. Procura ainda estabelecer uma ponte entre o conceito anterior psicodinâmico de inconsciente, que se tornou insuficiente para abarcar toda a riqueza de fatos novos trazidos pela pesquisa e pela clínica, propondo um novo conceito à luz dos conhecimentos atuais das neurociências e das ciências cognitivas, dos conhecimentos sobre as distintas formas de aprendizagem, muitas delas inconscientes, detendo-se particularmente nas modernas descobertas relacionadas aos distintos tipos de memórias.

Marco Callegaro é psicólogo, professor de psicologia, mestre em neurociências e comportamento e Presidente da Federação Brasileira de Terapias Cognitivas. É um estudioso e um apaixonado das neurociências e das ciências cognitivas. Dedica-se de longa data ao ensino de terapia cognitivo-comportamental e à formação de terapeutas cognitivos. Possuidor de uma vasta erudição, transita com facilidade e familiaridade por diferentes modelos e teorias, da psicanálise até as modernas teorias de processamento da informação. Em um trabalho de fôlego, ele o inicia apresentando ao leitor um panorama histórico das ideias sobre o inconsciente, em especial o inconsciente dinâmico. Introduz o conceito de inconsciente cognitivo e a evolução dessa formulação inicial para o modelo chamado de novo inconsciente.

Na primeira parte, descreve inicialmente as diversas síndromes neuropsicológicas que ilustram a complexidade do processamento subterrâneo realizado pelo cérebro, por meio dos quadros deficitários que surgem quando se removem uma ou mais das diferentes peças que compõe o mosaico da percepção consciente.

Na segunda parte, aborda as ciências da memória, focando em particular os diferentes sistemas de memória implícita que estão no âmago do processamento inconsciente – a chamada memória procedural, de extraordinária importância para aprendizagens de procedimentos, mas também relacionada com memória de afetos, aquisição (e perda) de medos, fobias, ansiedade, à qual, muitas vezes, não temos acesso por meio da consciência.

Na terceira parte, procura relacionar o processamento inconsciente mais amplo com a psicoterapia, discutindo criticamente a tentativa de conciliação entre o modelo do inconsciente freudiano com as neurociências pelo movimento da neuropsicanálise. Seguindo uma linha histórica, comenta a transição da psicanálise para a neopsicanálise, destacando a visão de Karen Horney sobre a mente inconsciente, a Terapia Racional Emotiva Comportamental de Ellis, a Terapia Cognitiva de Beck e a Terapia do Esquema de Young. As bases neurais desses sistemas psicoterápicos são analisadas à luz do processamento inconsciente. Finaliza integrando as terapias cognitivas com o modelo do novo inconsciente e as neurociências.

Particularmente os psicoterapeutas das mais distintas orientações estão sendo brindados com a oportunidade de compartilhar com o autor seu vasto conhecimento, sua visão crítica de um conceito tradicional e, sobretudo, tomar conhecimento da enorme quantidade e da complexidade dos processamentos mentais. Fenômenos como a construção de imagens, a re-elaboração de memórias, podendo chegar à sua total falsificação, as memórias (aprendizagens) implícitas, os fenômenos como a extinção, a habituação, os quais, na maioria das vezes, não percebemos, mas cujos efeitos sentimos, são descritos ao longo do texto, com as inevitáveis implicações para a prática psicoterápica. Uma visão mais ampla desses fenômenos leva a uma inevitável ampliação de conceitos, podendo se constituir, além de um oportuno momento de reflexão crítica, em um instrumento para uma melhor compreensão do paciente, de seus vieses cognitivos, de fenômenos neuropsicológicos que estão por trás da origem, do agravamento e da manutenção dos transtornos dos quais são portadores. A complexa interação de fatores de diferentes naturezas é muito evidente, hoje em dia, nos transtornos depressivos e de ansiedade – de longe os mais comuns no dia a dia da clínica –, entre outros. Essa visão mais ampla, bem como a inevitável ampliação de conceitos, permitirá, sobretudo, uma noção mais real das complexidades do processo terapêutico.

Escrito em linguagem simples, com abundantes metáforas (exército neural, ponta do *iceberg*, piloto automático), o texto é de fácil compreensão, mesmo para o leigo não familiarizado com os jargões da psicologia ou das neurociências. Sua leitura torna-se quase um passeio por uma grande quantidade de fatos da pesquisa e, sobretudo, uma familiarização com diferentes linhas teóricas e de investigação das neurociências e das terapias cognitivas. Possibilita ainda ao leitor o contato com um grande debate, que geralmente leva os participantes a tomarem partido, particularmente quando os conceitos não são suficientemente claros e definidos, dificultando a proposição de hipóteses objetivas e operacionais para testá-los.

Assim é o texto: em muitos momentos, um debate acalorado, contundente; em outros, mais conciliador. É assim quando estamos ainda recém desvelando um vasto campo de fatos novos, com instrumentos ainda precários para descrevê-los, aferi-los e, sobretudo, estabelecer possíveis relações entre eles. É com a proposição de novas teorias e hipóteses, e com sua submissão aos testes empíricos que elas podem ser validadas (desenvolvendo o conhecimento) ou rejeitadas. O debate, a confrontação de ideias é um dos papéis do cientista, e é isso que o autor faz ao longo deste excelente texto de *O novo inconsciente: como a terapia cognitiva e as neurociências revolucionaram o modelo do processamento mental*.

Sumário

Prefácio v
Aristides Volpato Cordioli

Introdução 15

PARTE I
A mente inconsciente e o funcionamento do cérebro

1. A mente como um *iceberg* 21
   A história do inconsciente 21
   As três revoluções 22
   O topo do *iceberg* 26

2. Abaixo da superfície consciente 28
   Surge o inconsciente cognitivo 28
   A ascensão do novo inconsciente 29
   Memória de trabalho e processamento consciente 33
   Memória de trabalho inconsciente 37
   Insight implícito 40

3. Níveis de regulação da vida 42
   Exército neural 42
   Homeostase, alostase e regulação inconsciente 44
   O General iludido 46
   Piloto automático 47
   O controle inconsciente não é um oxímoro 48

4. Síndromes neuropsicológicas e o novo inconsciente 49
   Evidências neuropsicológicas 49
   Delírio de Capgras 52
   Síndrome de Cotard 54
   Multidão de astros 55
   Delírio de Frégoli 56

5. Modularidade cerebral ... 59
Maquinaria neural especializada ... 59
Anosognosia: batendo palmas com uma só mão ... 61

6. Mentira ... 64
As vantagens de enganar os outros ... 64
Mentira e inteligência maquiavélica ... 65
Teoria da mente e neurônios-espelho ... 67
Mentira e microexpressões faciais inconscientes ... 69

7. Autoengano ... 72
Autoengano: as vantagens de enganar a si mesmo ... 72
Corrida armamentista ... 77
Autoengano e altruísmo ... 79

8. Evolução da moralidade ... 81
O gene egoísta ... 81
Altruísmo recíproco ... 83
Seleção de grupo ... 84
Prazer em punir ... 86

9. Ilusões morais ... 89
As ilusões morais e o novo inconsciente ... 89
Retorno à síndrome da anosognosia ... 91
Dissonância cognitiva ... 92
Anosognosia como modelo experimental ... 95

10. A mente dividida ... 98
Especialização cerebral: o cérebro dividido (split brain) ... 98
Síndrome da mão alienígena (alien hand) ... 100
Evolução do cérebro esquerdo: somando ou perdendo? ... 102
O "intérprete" ... 103

PARTE II
A mente inconsciente e as ciências da memória

11. A construção do significado consciente ... 109
O "intérprete" e as distorções de memória ... 109
Construindo memórias coerentes ... 113

12. A mente iludida ... 116
Implantando falsas memórias ... 116
Memórias reprimidas ... 118
Culpados inocentes ... 122
Como o cérebro constrói falsas memórias ... 124

Sumário

13. A descoberta da memória inconsciente 127
  Uma breve história da memória 127
  O caso H.M. 128
  Memória e percepção implícitas e explícitas 132
  Sistemas de memória 134
  A memória inconsciente do *priming* 137
  Sensibilização e habituação 139

14. Behaviorismo e processamento inconsciente 141
  Pavlov e o condicionamento clássico 141
  O condicionamento do medo e o pequeno Hans 143
  Neurobiologia do condicionamento clássico 144
  Extinção 148
  Condicionamento operante 149
  O movimento behaviorista e o inconsciente 150

15. Behaviorismo, revolução cognitiva e neurociências 153
  Revolução cognitiva e biológica 153
  Análise biocomportamental de Donahoe 156
  Condicionamento preparado pela evolução 157
  O condicionamento operante e o sistema de recompensa 160

16. A investigação científica do inconsciente 164
  A psicologia cognitiva estuda o inconsciente 164
  Atribuição errônea e terapia de *insight* 166

17. Raízes das estruturas inconscientes 169
  Os pais são importantes? 169
  A complexa interação natureza-ambiente no desenvolvimento 171
  Repressão: consciente ou inconsciente? 176
  O efeito urso branco e a livre-associação 178
  A memória inconsciente da habituação e o efeito rebote da repressão 180

18. Repressão 182
  Os repressores 182
  Repressão ou esquecimento? 183
  Memória emocional, estresse e repressão 185
  Memórias permanentes 187

19. Evolução da transferência 192
  Transferência 192
  Autoconceito e memória 196
  Distorções egocêntricas 197

PARTE III
A mente inconsciente e a psicoterapia

20. Surge a neuropsicanálise **203**
A neuropsicanálise 203
Freud neurocientista 205

21. Os desafios da psicanálise e das duas neuropsicanálises **207**
Problemas na psicanálise 207
Críticas à neuropsicanálise 209
Dissecando Solms 210
O significado dos sonhos 216
As duas neuropsicanálises 217
A neuropsicanálise e o novo inconsciente 219

22. O legado da neopsicanálise **221**
A neopsicanálise 221
Neurose e desenvolvimento humano 222
Exigências irracionais 225

23. Albert Ellis e a terapia racional-emotiva comportamental **228**
A terapia racional-emotiva comportamental de Albert Ellis 228
O modelo ABC 229

24. Nasce a terapia cognitiva **234**
A terapia cognitiva de Aaron Beck 234
O modelo cognitivo 236

25. A terapia cognitiva e o processamento inconsciente **240**
Os esquemas mentais 240
Os esquemas e o processamento inconsciente 242

26. Jeffrey Young e a terapia do esquema **245**
A teoria do esquema de Jeffrey Young 245
Esquemas iniciais desadaptativos (EIDs) 246
Temperamento emocional 247
Domínios do esquema 249
Processos dos esquemas iniciais desadaptativos 253

27. *Self* relacional inconsciente **260**
Esquemas primitivos e Eus relacionais 260
Transferência e avaliações inconscientes 261
Teste de associação implícita (TAI) 262
Impressões pessoais implícitas 263
A precisão do processamento rápido 264
Self relacional e impressões inconscientes 266
Self relacional inconsciente 267

28. **Bases neurobiológicas da psicoterapia** **270**
Neurociências e psicoterapia 270
Neurobiologia da Terapia do Esquema 272
O modelo cognitivo expandido 277
Genes e distorções cognitivas 278
Interpretações distorcidas e estresse 280
Neurociência da terapia cognitiva 281
Reestruturando os esquemas inconscientes 283
A evolução do *self* 285

Referências **289**
Índice **306**

Introdução

Iniciei a pesquisa sobre o processamento inconsciente em 2001, com a intenção de escrever um artigo que pudesse explicar aos alunos de psicologia que a visão clássica da psicanálise tinha alternativas dentro do escopo da ciência. Como a revisão de literatura que realizei foi revelando uma enormidade de pesquisas nessa área, o projeto inicial de artigo transformou-se em algo mais ambicioso: escrever um livro que fosse acessível ao leitor comum, razoavelmente instruído, sobre os avanços na compreensão do inconsciente. O projeto estava em fase de conclusão quando, em 2005, foi publicada a obra *The New Unconscious*, um dos mais importantes livros sobre o processamento inconsciente, o qual reúne os principais pesquisadores da área. Tal livro sistematizou o resultado das investigações sobre o inconsciente em uma estrutura teórica coesa, de forma que é de fundamental importância para o reconhecimento acadêmico. A publicação dessa obra levou-me a reformular o projeto original e a assimilar os novos conceitos em meu livro. O projeto estendeu-se quando ampliei meus objetivos, procurando relacionar o novo modelo do inconsciente com a psicoterapia, em especial com os fundamentos neurais da terapia cognitiva.

Como psicólogo com formação em neurociências, percebia que na literatura científica o termo "inconsciente" era evitado por ser carregado de conotações psicanalíticas. Parecia que existia uma espécie de *copyright* sobre a expressão, sendo reservado o uso do termo para os discípulos das ideias de Freud. A versão oficial, tanto acadêmica como popular, era a de que o único inconsciente aceitável era o freudiano, uma vez que foi "descoberto" e estudado por ele por meio do método da livre-associação, um método próprio da psicanálise que foi concebido originalmente como uma estratégia científica de acesso a essa categoria de fenômenos. No entanto, a comunidade científica não reconheceu o método da psicanálise pelo fato de não ser possível testar a veracidade de suas afirmações, nem replicá-las. O conhecimento científico depende de corroboração, e uma teoria, para ser considerada científica, precisa apresentar evidências que a sustentem, passar por testes empíricos e permitir que suas hipóteses se mostrem falsas. A teoria psicanalítica sobre o inconsciente não é testável; portanto, deve ser aceita por uma questão de fé e admiração pelo intelecto de Freud, o que imprime características religiosas e escolásticas para esse tipo de conhecimento. Por essas razões, encontramos a literatura dividida em duas vertentes básicas: de um lado, psicanalistas e humanistas que usam o termo *inconsciente* remetendo aos conceitos de Freud; de outro, cientistas que evitam o termo por suas conotações, procurando outras expressões como *processos implícitos* (neurociência da memória), *subliminares* (psicologia social) ou *automáticos* (psicologia cognitiva).

Embora a visão dominante associe inextricavelmente o conceito de inconsciente à complexa metateoria psicanalítica, em minhas pesquisas fui descobrindo uma visão diferente, que enfocava os mesmos fenômenos, mas sem recorrer aos conceitos freudianos. A psicanálise descreve e explica certos fenômenos, mas é possível aceitar a descrição sem necessariamente apoiar-se na explicação. Percebia que os psicanalistas descreviam notáveis observações clínicas, mas usavam invariavelmente os conceitos da metateoria de Freud para buscar explicações cientificamente pouco satisfatórias. No entanto, envolto na nebulosa visão do inconsciente dinâmico, existiam preciosos elementos da mente inconsciente, como a transferência e os mecanismos de defesa, que não poderiam ser ignorados.

Foi com a mente aberta a uma investigação intelectualmente honesta que me dediquei à construção deste livro, com a ideia central de apresentar ao leitor um novo modelo do inconsciente cuja teoria e pesquisa encontram-se firmemente alicerçadas na ciência, em especial nas neurociências cognitivas e sociais. Mantenho sempre um tom respeitoso em relação à obra de Freud, embora seja importante deixar claro que este não é um livro de psicanálise e não pretende discutir ou aprofundar-se nas diversas interpretações dos escritos freudianos sobre o inconsciente. A proposta desta obra é reunir e sistematizar as diferentes linhas de investigação que contribuem para um entendimento mais amplo e satisfatório do processamento inconsciente, alicerçado no conhecimento atual sobre cérebro, cognição e comportamento, e buscar as relações e as implicações do novo modelo para a psicoterapia. A terapia cognitiva, neste caso, apresenta-se como a abordagem naturalmente compatível com o novo modelo, em virtude de sua afinidade epistemológica com as neurociências e da sincronia de seus construtos básicos com esse referencial.

Na primeira parte do livro, apresento a história do novo modelo do inconsciente e seus fundamentos neurais, levando o leitor a um passeio em diversas síndromes neuropsicológicas que vão ilustrando a complexidade do processamento subterrâneo realizado pelo cérebro, por meio dos quadros deficitários que surgem quando se remove uma ou mais das diferentes peças que compõem o mosaico da percepção consciente. Na segunda parte, concentrei-me em descrever os avanços nas neurociências cognitivas dos diferentes sistemas de memória, uma área fascinante e de enorme importância para a compreensão das relações entre o processamento inconsciente e a personalidade, a cognição e o comportamento humanos. Finalmente, na terceira parte do livro, procuro relacionar o novo modelo do inconsciente com a psicoterapia, mostrando as bases neurais da intervenção psicoterápica. Em especial, enfoco a terapia cognitiva e comportamental em suas abordagens atuais e procuro examinar algumas implicações do novo modelo do inconsciente para a teoria e para a prática clínica.

Espero, com este livro, despertar o interesse do público no Brasil para as novas áreas de investigação e atrair a comunidade de psicoterapeutas e psicanalistas, neurocientistas, estudantes e mesmo leitores leigos interessados na mente humana, para uma visão mais ampla do inconsciente, que absorve e assimila os conceitos válidos da psicanálise tradicional em uma nova estrutura conceitual, passível de crítica e de verificação empírica. Embora esteja certo de que muitos discordariam, acredito que, se Freud estivesse entre nós, ficaria entusiasmado com todo o avanço do conhecimento e se reuniria ao empreendimento com seu vigor intelectual característico, orgulhoso por ter lançado o debate e aberto as primeiras trilhas no desbravamento do continente desconhecido da mente inconsciente.

I

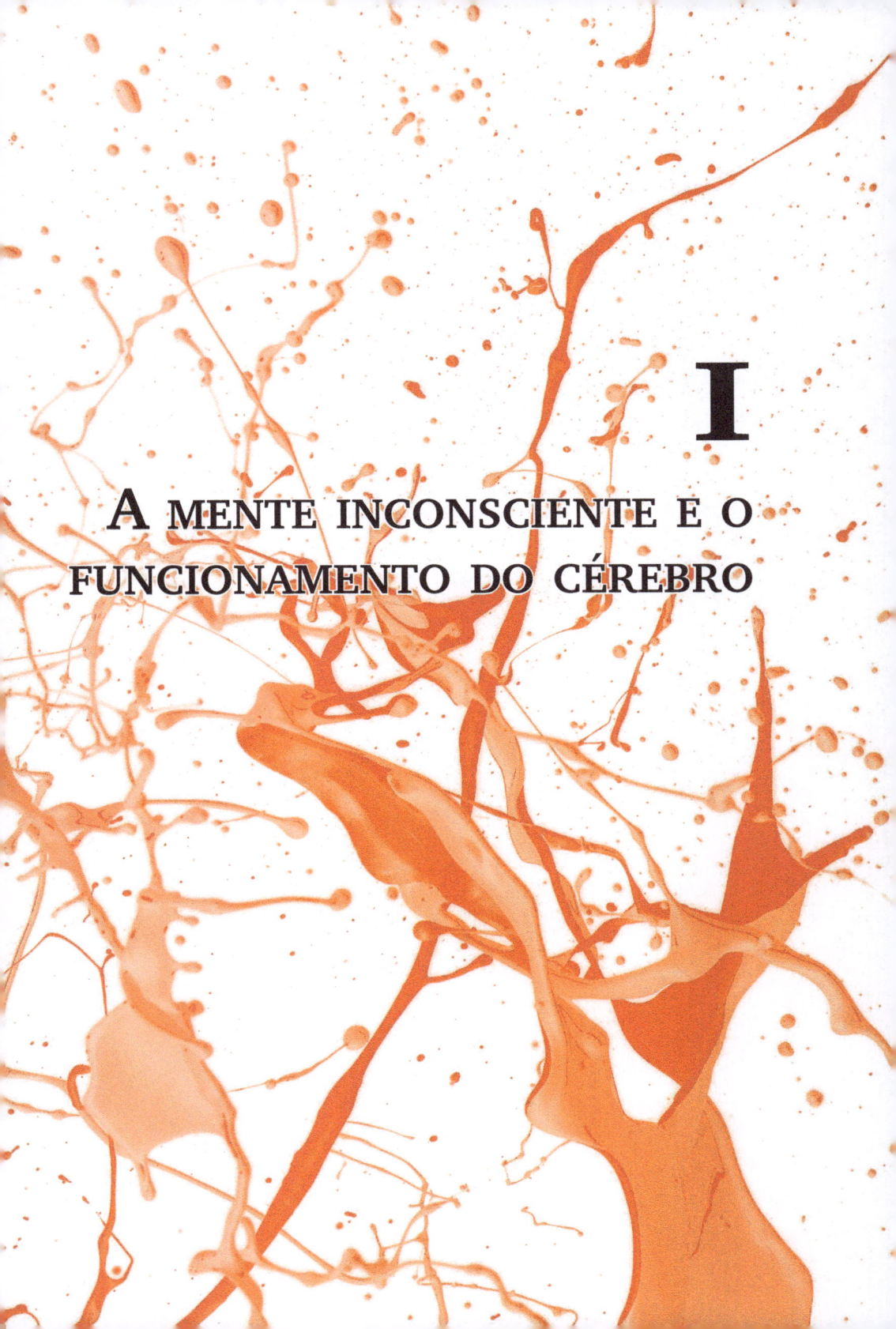

A MENTE INCONSCIENTE E O FUNCIONAMENTO DO CÉREBRO

1
A mente como um *iceberg*

A HISTÓRIA DO INCONSCIENTE

A noção de que o comportamento humano e o pensamento consciente sofrem influência de qualidades internas da mente tem longa história, remontando na tradição ocidental a Hipócrates e Galeno. Hipócrates propôs a hipótese, desenvolvida mais extensamente por Galeno, de que quatro temperamentos básicos (melancólico, sanguíneo, fleumático e colérico), baseados em humores corporais, moldariam o comportamento em conjunção com o pensamento consciente. A mesma divisão entre influências inconscientes biologicamente baseadas e o pensamento consciente é descrita por Kant 2 mil anos mais tarde, em sua distinção entre o temperamento e o caráter moral, instância que permitiria o controle consciente do comportamento.

A visão sobre o inconsciente durante esses dois milênios sofreu alterações em detalhes de acordo com as mudanças nas metáforas sobre a mente, mas esteve sempre presente no pensamento humano. Como aponta Robinson (1995) em sua revisão sobre a história das ideias em psicologia, independentemente do sistema teórico utilizado, observadores do comportamento humano sempre acharam necessário distinguir as influências internas que são ocultas e precisam ser inferidas (sejam chamadas de destino, temperamento ou alma) e aquelas que são transparentes, experimentadas diretamente pelo sujeito e abertas à introspecção. Embora as crenças sobre a importância relativa das influências conscientes e inconscientes tenham grande variação ao longo do tempo, a percepção essencial de que somos movidos por forças subterrâneas às quais não temos acesso consciente acompanha a humanidade em uma multiplicidade de versões.

> A percepção essencial de que somos movidos por forças subterrâneas às quais não temos acesso consciente acompanha a humanidade em uma multiplicidade de versões.

No final do século XIX e no início do século XX, enquanto Wundt e Titchener tentavam, sem sucesso, fundar uma psicologia científica baseada na introspecção, voltada ao acesso consciente da mente, Freud seguia um caminho inverso. Ele construiu uma teoria sobre o inconsciente, cujo mérito foi essencialmente reunir, organizar e desenvolver as ideias que estavam circulando na literatura em um sistema unificado. O escritor Dostoiévski, por exemplo, foi considerado por Freud como o grande psicólogo do século XIX, exercendo uma influência fundamental em sua obra e em suas ideias sobre o inconsciente.

AS TRÊS REVOLUÇÕES

Freud comparou o impacto de suas observações sobre o inconsciente no pensamento humano a duas outras revoluções paradigmáticas: a derrubada do *geocentrismo* e do *antropocentrismo* pré-darwiniano. Segundo Freud, a humanidade sofreu o abalo de reconhecer que a Terra não é o centro do universo, e que o homem não é o centro da evolução. Hoje sabemos que habitamos um pequeno planeta gravitando ao redor de uma estrela periférica, inserida entre incontáveis galáxias do vasto universo.

Graças a Charles Darwin, sabemos também que somos apenas mais uma espécie animal que habita o planeta, cuja anatomia, fisiologia, comportamento e processos mentais foram gradualmente desenhados pela seleção natural. Fazemos parte do ramo primata da árvore da vida e constatamos que nossa espécie não representa o ápice ou o objetivo último da evolução.

A terceira revolução, o terceiro grande golpe no "narcisismo" humano seria, para Freud, a remoção da vida mental consciente do centro da atividade psíquica por meio das descobertas da psicanálise, as quais ressaltaram o papel das motivações inconscientes na determinação do comportamento humano. Podemos concordar com Freud sobre o papel revolucionário da compreensão do inconsciente, mas discordar de seu modelo. Este livro enfoca a terceira revolução que acontece com a ascensão de um novo modelo do inconsciente, e as implicações dos achados são mais extensas e impactantes do que Freud poderia imaginar.

O gênio literário de Freud e o vigor de sua capacidade argumentativa fascinam até hoje gerações de estudantes interessados em entender o comportamento e suas torrentes subterrâneas inconscientes. A descrição perspicaz de casos clínicos, entremeada de teorização sobre os mecanismos psicodinâmicos inconscientes, popularizaram as obras de Freud como a principal referência sobre o assunto. Nenhuma teoria ou nenhum sistema em psicologia ofereceu, naquela época, visão alternativa comparável à psicanálise em sua tentativa de elucidar o inconsciente.

No entanto, é inexato afirmar que Freud "descobriu o inconsciente". Embora este seja um equívoco comum, é uma suposição que desconsidera a história do pensamento humano. A discussão sobre motivações inconscientes tem pelo menos 2 mil anos na literatura e na filosofia. Antes de Freud, dezenas de pensadores já haviam se debruçado sobre essa faceta enigmática do comportamento humano, levantando hipóteses ricas e interessantes. Henry Ellenberger (1981), em seu monumental livro *A Descoberta do Inconsciente*, levanta um panorama completo do clima intelectual que cercou pensadores como Freud e Jung, mostrando, de forma elegante e sem qualquer desprestígio, que tais autores, na verdade, descobriram muito pouco em termos de *insight* individual – seu mérito foi a habilidade de organizar e sistematizar ideias sobre o inconsciente que estavam no ar há muito tempo.

> Antes de Freud, dezenas de pensadores já haviam se debruçado sobre essa faceta enigmática do comportamento humano, levantando hipóteses ricas e interessantes.

Podemos afirmar corretamente que Freud é o pai do conceito de *inconsciente freudiano* (ou *dinâmico*) – foi realmente ele quem enunciou hipóteses sobre a atividade psíquica consciente e inconsciente que hoje estão no cerne do que conhecemos como teoria metapsicanalítica. Mas tal formulação só foi possível com as influências dos muitos autores que antecederam o desbravamento do inconsciente e influenciaram de forma decisiva a mente de Freud – ele se ergueu nos ombros de outros pensadores (Ellenberger, 1981). A originalidade da obra freudiana está em oferecer uma concepção própria dos processos inconscientes, pois o tema em si era discutido com frequência na literatura por filósofos, dramaturgos, poetas e romancistas.

Como todos os pensadores, Freud estava mergulhado em um contexto histórico, cultural e intelectual, e esse contexto o ajudou a moldar suas ideias. A atmosfera cultural (ou *Zeitgeist*, expressão do alemão que literalmente significa "espírito do tempo") envolvia uma era vitoriana na qual a metáfora para a mente era o apogeu da tecnologia daquela época: a máquina a vapor e seus mecanismos hidráulicos. Embora hoje essa tecnologia não nos impressione mais, o chamado "modelo hidráulico" exerceu forte influência na teoria de Freud, bem como nos sistemas teóricos dos contemporâneos Karl Marx e Konrad Lorenz – a metáfora era a dinâmica de fluidos através de vasos comunicantes (Robinson, 1995).

> A atmosfera cultural envolvia uma era vitoriana na qual a metáfora para a mente era o apogeu da tecnologia daquela época: a máquina a vapor e seus mecanismos hidráulicos.

Nesta perspectiva histórica, torna-se mais compreensível o modelo criado por Freud para o processamento inconsciente. Sua visão sobre o inconsciente envolve as instâncias psíquicas que postulou do *Id* (conjunto de pulsões sexuais e agressivas que procuram cegamente sua expressão e satisfação), a maior parte do *Superego* (a consciência e o ideal do eu) e parte do *Ego* (processos que lidam com a realidade e os mecanismos de defesa que mediam conflitos entre a realidade, o Id e o Superego). A metáfora fundamental que permeia todo o modelo é a de um *sistema hidráulico* cujos fluidos (no caso, pulsões e energia psíquica) procuram descarga (prazer) e são canalizados ou bloqueados por defesas ou sublimações.

Freud tinha talento literário e suas ideias foram difundidas de modo persuasivo, tornando-se amplamente disseminadas. Embora outras teorias na psicologia tenham procurado propor conceitos alternativos, nenhum deles chegou perto de substituir efetivamente a penetração do inconsciente dinâmico em nossa cultura – o jargão psicanalítico sobre motivações inconscientes é onipresente na literatura, no cinema, na poesia e nas ciências humanas e sociais. Em questões relacionadas ao inconsciente, a maioria das referências é direcionada ao inconsciente dinâmico, e a simples ideia de utilizar outro referencial para entender os fenômenos inconscientes causa surpresa. A crença corrente mais amplamente disseminada é a de que a psicanálise é a única teoria possível sobre o inconsciente.

> O inconsciente dinâmico da psicanálise foi considerado insuficiente como teoria científica por não ser verificável, um requisito fundamental para a ciência.

Apesar da forte influência na cultura ocidental do conjunto de hipóteses levantadas por Freud, o inconsciente dinâmico da psicanálise foi considerado insuficiente como teoria científica por não ser verificável, um requisito fundamental para a ciência. A evidência sobre os principais componentes do inconsciente freudiano não pode ser observada, mensurada com precisão ou manipulada experimentalmente, tornando as hipóteses infalsificáveis (Hassan, 2005). É importante notar que, embora a teoria do inconsciente dinâmico seja infalsificável como um todo, isso não impede os pesquisadores de adaptarem os conceitos para permitir uma verificação empírica, ou de buscarem correspondência entre determinados aspectos da teoria e os dados de pesquisa contemporânea, como fez o psicólogo Martin Erdelyi (1985) em seu clássico *Psychoanalysis: Freud's cognitive psychology* (Psicanálise: a psicologia cognitiva de Freud).

Por essas razões, o inconsciente dinâmico convive com um paradoxo curioso, pois, apesar de ser extensamente popular, sofre rejeição pela maior parte da comunidade científica pela dificuldade de verificação empírica. Os cientistas precisam testar e submeter à crítica as teorias examinadas, por mais convincentes e elegantes que se apresentem. O conhecimento sobre o inconsciente dinâmico assume características religiosas se acreditamos em seus postulados sem poder verificar ou refutar suas predições, de alguma forma direta ou indireta. Em função dessa impossibilidade de uma avaliação crítica frente a um teste de realidade, o inconsciente dinâmico restringiu-se aos domínios das instituições psicanalíticas, isolando-se cada vez mais do corpo do conhecimento científico corrente, particularmente das neurociências (Kandel, 1999).

Embora para a maioria das pessoas o inconsciente psicanalítico seja o único inconsciente possível, podemos aceitar a ideia de processos mentais inconscientes sem recorrer, necessariamente, à teoria psicanalítica. Uma visão geral dos resultados das últimas décadas de pesquisa nas ciências do cérebro e do comportamento revela um quadro fascinante sobre o funcionamento da mente humana: a maior parte do processamento realizado pelo cérebro humano é inconsciente, e só temos acesso consciente a um resumo editado e nada fidedigno dessas informações. Essa nova visão que emerge das neurociências cognitivas converge para uma conceituação moderna e cientificamente testável sobre o inconsciente – um novo modelo de inconsciente, o qual foi sistematizado recentemente (Hassin, Uleman e Bargh, 2005) e chamado de *novo inconsciente*.

> A maior parte do processamento realizado pelo cérebro humano é inconsciente, e só temos acesso consciente a um resumo editado e nada fidedigno dessas informações.

Neste livro, será apresentado um panorama histórico da ascensão do novo modelo do inconsciente. O *novo inconsciente* oferece uma solução elegante para o dilema epistemológico de validar o conceito de inconsciente (reconhecendo as preciosas contribuições da psicanálise, cujos estudos clínicos e naturalísticos foram pioneiros) e, ao mesmo tempo, de apresentar formas de estudá-lo *cientificamente*. A evolução dos métodos de investigação nas ciências do cérebro e do comportamento começa a permitir que seja possível testar experimentalmente, de forma direta ou indireta, algumas hipóteses sobre a mente inconsciente. Hoje em dia, é possível escanear o cérebro de sujeitos, medir suas variações nas ondas cerebrais, registrar sua resposta eletrogalvânica de pele durante tarefas cuidadosamente desenhadas para investigar o processamento inconsciente ou expor estímulos durante centésimos de segundo, bem abaixo da percepção consciente, para estudar seus efeitos no comportamento.

Podemos aprender muito sobre os processos inconscientes ao observar os efeitos de lesões em certos circuitos cerebrais específicos, como nas síndromes neuropsicológicas que examinaremos. Enquanto a psicologia evolutiva, a etologia e a teoria da evolução fornecem ricas hipóteses sobre as origens do autoengano e de mecanismos de defesa, a psicologia social e comparativa, a antropologia e a primatologia apontam as raízes dos comportamentos morais e do controle social do comportamento. O novo inconsciente sintetiza o avanço nas ciências do cérebro e do comportamento e a revolução silenciosa conduzida por milhares de laboratórios de neurociências cognitivas no estudo dos mecanismos neurais. É possível dizer que é o inconsciente das neurociências, embora como modelo sistematizado ainda seja pouco conhecido, uma vez que o conceito é muito recente – somente em 2005 foi lançada a principal publicação que cunhou a expressão "novo inconsciente" e reuniu a pesquisa realizada na área (Hassin, Uleman e Bargh, 2005).

> O novo inconsciente sintetiza o avanço nas ciências do cérebro e do comportamento e a revolução silenciosa conduzida por milhares de laboratórios de neurociências cognitivas no estudo dos mecanismos neurais.

O TOPO DO *ICEBERG*

Uma metáfora sedutora nos ensinamentos da psicanálise é a comparação da consciência com o topo de um *iceberg*. A maior parte do *iceberg* está oculta abaixo da superfície da água, embora somente o topo (cerca de um décimo do volume total) seja visível. No entanto, são as correntes subterrâneas que movem o bloco de gelo, da mesma forma que nossas motivações inconscientes impelem nosso comportamento. Essa visão cativante é endossada pela neurociência cognitiva atual – boa parte de tudo que se passa em nossa mente está oculto de nossa consciência. Como afirma o neurocientista cognitivo V. S. Ramachandran (2002, p. 198), "a mais valiosa contribuição de Freud foi a descoberta de que a mente consciente é simplesmente uma fachada e de que você é completamente inconsciente de 90% do que realmente se passa em seu cérebro".

A metáfora é precisa, mas o entendimento das razões que levam a este fenômeno por meio da ótica das neurociências difere da tradicional teoria psicanalítica, que oferece tanto *descrições* de fenômenos amplos do comportamento humano como *explicações* teóricas. Embora seja uma tarefa difícil desemaranhar a descrição da complexa teoria psicanalítica, atualmente é possível levantar novas hipóteses explicativas, sob o enfoque do arcabouço teórico do novo inconsciente, para os interessantíssimos fenômenos do inconsciente que a psicanálise descreveu, assinalando as convergências e as divergências entre os dois modelos. Neste livro, abordaremos fenômenos como repressão, transferência e contratransferência, mecanismos de defesa, capacidade de *insight*, entre outros que pertencem tradicionalmente ao domínio da psicanálise, mas sob o ângulo do novo inconsciente.

Se concordarmos com a metáfora da mente como um *iceberg*, surge o problema de identificar o tamanho relativo da parte escondida abaixo da superfície (o processamento inconsciente) e do topo (a consciência). Estudos realizados por pesquisadores interessados em avaliar a capacidade de processamento humano (revisados por Norretranders, 1998) lançam luz a esta intrigante questão. A informação foi medida em *bits*, de forma a permitir comparações entre diferentes modalidades (visual, auditiva, tátil, etc.), e a quantidade de informação dos sentidos somados foi considerada a capacidade total de processamento. Nosso sofisticado sistema visual sozinho responde pelo processamento de 10 milhões de *bits* por segundo, enquanto todos os outros sentidos somam mais 1 milhão de *bits* a cada segundo. Ou seja, nosso inconsciente processa um total de 11 milhões de *bits* a cada segundo.

A capacidade de processamento da consciência é fraca em termos de comparação e depende da tarefa desempenhada (Norretranders, 1998), como ler silenciosamente (máximo de 45 *bits* por segundo, o que corresponde a al-

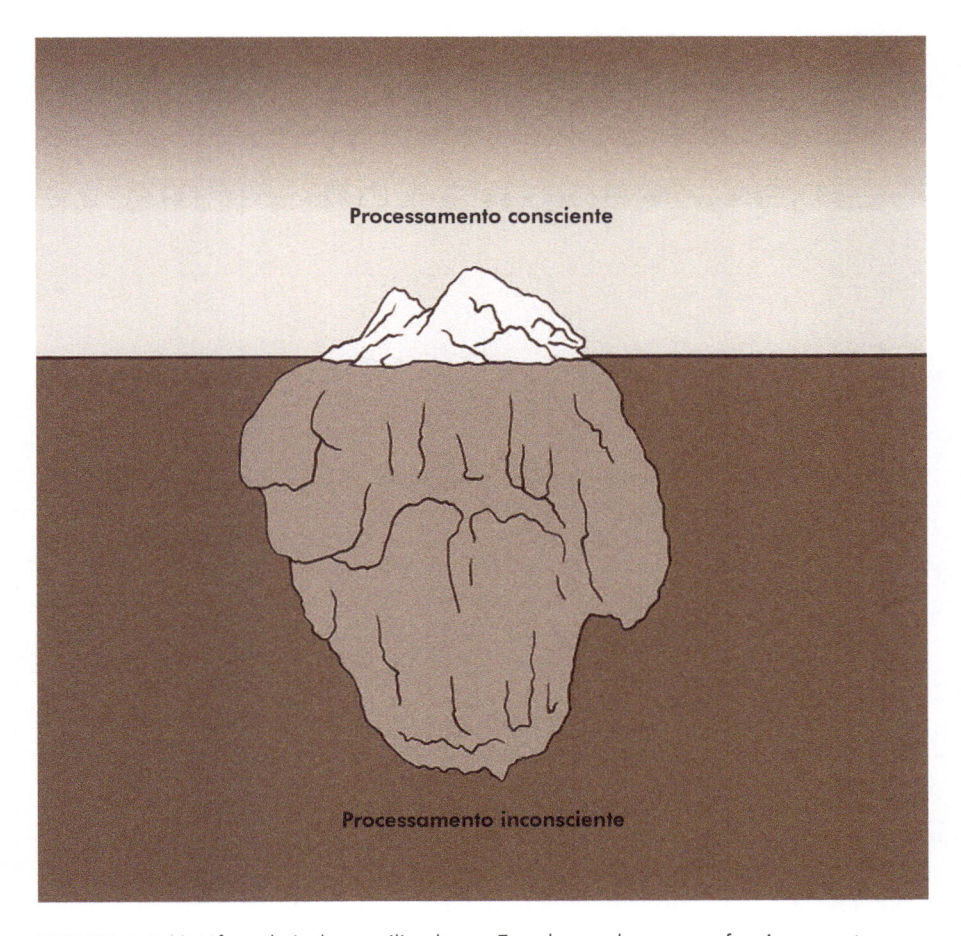

FIGURA 1.1 Metáfora do Iceberg utilizada por Freud para descrever o funcionamento mental, onde o processamento consciente é comparado à superfície visível e o processamento inconsciente equivale à maior parte oculta sob a superfície.

gumas palavras), ler em voz alta (cerca de 30 *bits* por segundo), multiplicar dois números (apenas 12 *bits* por segundo). Se adotarmos uma média de 50 *bits* a cada segundo (um valor considerado otimista) como a capacidade de processamento consciente, chegamos à conclusão surpreendente de que o processamento inconsciente é cerca de 200 mil vezes maior do que o consciente (Dijksterhuis, Aarts e Smith, 2005). Ou seja, o topo visível do *iceberg* ocupa apenas uma parte entre 200 mil do volume total abaixo da superfície.

2
Abaixo da superfície consciente

SURGE O INCONSCIENTE COGNITIVO

Até o final da década de 1980, nenhuma teoria científica significativa tinha sido formulada para explicar o funcionamento mental inconsciente, e a hipótese freudiana era o único referencial abrangente disponível. A revolução cognitiva na psicologia estava atingindo seu ápice, e a metáfora favorita para a mente era o computador. A menção ao inconsciente pela associação desse conceito com a psicanálise é evitada na literatura das ciências cognitivas, preferindo-se o uso do termo "processos automáticos" ou "memória implícita".

Neste contexto, surge pela primeira vez a proposta de uma visão ampla sobre a mente inconsciente baseada nas ciências cognitivas, um modelo que foi chamado de "inconsciente cognitivo", o antecedente científico direto do novo inconsciente. Tal expressão foi cunhada pelo psicólogo John Kihlstrom (Kihlstrom, 1987) em um artigo publicado na revista *Science*. Nesse ensaio influente, Kihlstrom propõe que mesmo o processamento complexo não requer consciência da informação que está sendo transformada e que o funcionamento psicológico superior pode ocorrer sem acesso consciente. A teoria computacional, a psicologia cognitiva e as ciências cognitivas forneceram o substrato teórico para entender o funcionamento consciente e inconsciente, fundando-se no conceito de mente como mecanismo de *processamento de informação*. Os conteúdos conscientes provêm do processamento de informações, mas não estamos conscientes do processamento em si, somente do resultado final.

A maior parte dos cientistas cognitivos enfatiza os processos inconscientes, e não os conteúdos conscientes. O funcionamento mental envolve processos conscientes e inconscientes, e, obviamente, não podemos entender a mente sem contemplar o processamento inconsciente. O inconsciente cognitivo apresentou-se, na época, como um modelo alternativo sobre a mente inconsciente. Conforme comentou a psicóloga Susan Cloninger (1999, p. 68 e 69), "(...) a ciência muitas vezes substitui teorias menos adequadas por teorias modernas. A moderna teoria de um *inconsciente cognitivo* fornece um substituto para o *inconsciente dinâmico* de Freud".

> As pesquisas confirmam a ideia de que os processos inconscientes influenciam o comportamento, embora este seja um inconsciente mais abrangente do que o proposto por Freud. Em vez de criticá-lo por ter se enganado quanto a muitos detalhes da personalidade e suas bases inconscientes, é mais sensato creditar a Freud a sugestão de áreas que merecem ser investigadas e o fato de ter aberto portas para aqueles que ficaram intrigados com o inconsciente, mas insatisfeitos com a descrição dele. (Cloninger, 1999, p. 69)

A ASCENSÃO DO NOVO INCONSCIENTE

Devemos a Kihlstrom a ideia central de que o cérebro efetua muitas operações complexas cujo resultado pode transformar-se em conteúdo consciente, embora não tenhamos acesso às operações que originam o conteúdo. Na época em que escreveu o ensaio, as evidências estavam centradas nos componentes cognitivos da mente, como memória implícita e processos automáticos. O próprio Kihlstrom revisa a evolução de seu modelo inicial do inconsciente cognitivo no livro *The New Unconscious* (Glaser e Kihlstrom, 2005). Segundo ele, desde sua formulação pioneira, várias pesquisas importantes expandiram ainda mais o modelo inicial, que evoluiu para o novo inconsciente. Estudos demonstraram que respostas avaliativas podem ocorrer automaticamente, e que essa avaliação automática é um fenômeno comum. O afeto passou a ser enfocado, uma vez que estudos mostravam que respostas afetivas inconscientes ocorrem motivadas por estímulos subliminares apresentados brevemente, abaixo da capacidade de percepção consciente. Segundo Glaser e Kihlstrom (2005, p. 172-3), nos anos recentes, várias publicações têm expandido a noção inicial, com o argumento central de que todos os principais processos mentais podem operar automaticamente, inclusive a perseguição inconsciente de metas. Segundo Uleman (2005, p. 6), as principais diferenças entre o inconsciente cognitivo e o novo modelo estão relacionadas à ênfase na pesquisa do processamento inconsciente envolvido no *afeto*, na *motivação*, na *autorregulação*, e mesmo no *controle* e na *metacognição*.

O novo inconsciente tem seu impulso fundamental a partir do lançamento do livro *The New Unconscious* (Hassin, Uleman e Bargh, 2005), o primeiro da coleção de Cognição Social e Neurociência Social da editora da Universidade de Oxford, um marco na história da pesquisa científica desse tema. A obra foi organizada pelos psicólogos Ran Hassin, da Universidade de Jerusalém, James Uleman, da Universidade de Nova York, e John Bargh, da Universidade de Yale, que na introdução prestam homenagem a Kihlstrom e a sua teoria pioneira sobre o inconsciente cognitivo. *The New Unconscious* reúne 20 capítulos de pesquisadores líderes em suas especialidades examinando o novo conceito do inconsciente do ponto de vista social, cognitivo e neurocientífico, mostrando um quadro em que os processos inconscientes podem realizar processamento complexo de informação, perseguir metas e fazer muitas coisas que se pensava dependerem de intenção, de deliberação e de percepção consciente.

Neste livro, utilizo o novo inconsciente como sistema teórico de trabalho, mas apresento uma sistematização original sobre as principais pesquisas relacionadas ao novo modelo do inconsciente. Além de descrever a evolução histórica do conceito, exploro as implicações para a psicoterapia e para o bem-estar humano. Nessa síntese, foi utilizado o referencial da teoria de evolução e contribuições da neurociência cognitiva, adicionando-se novos conceitos e novas informações provenientes de estudo de lesões cerebrais, de sín-

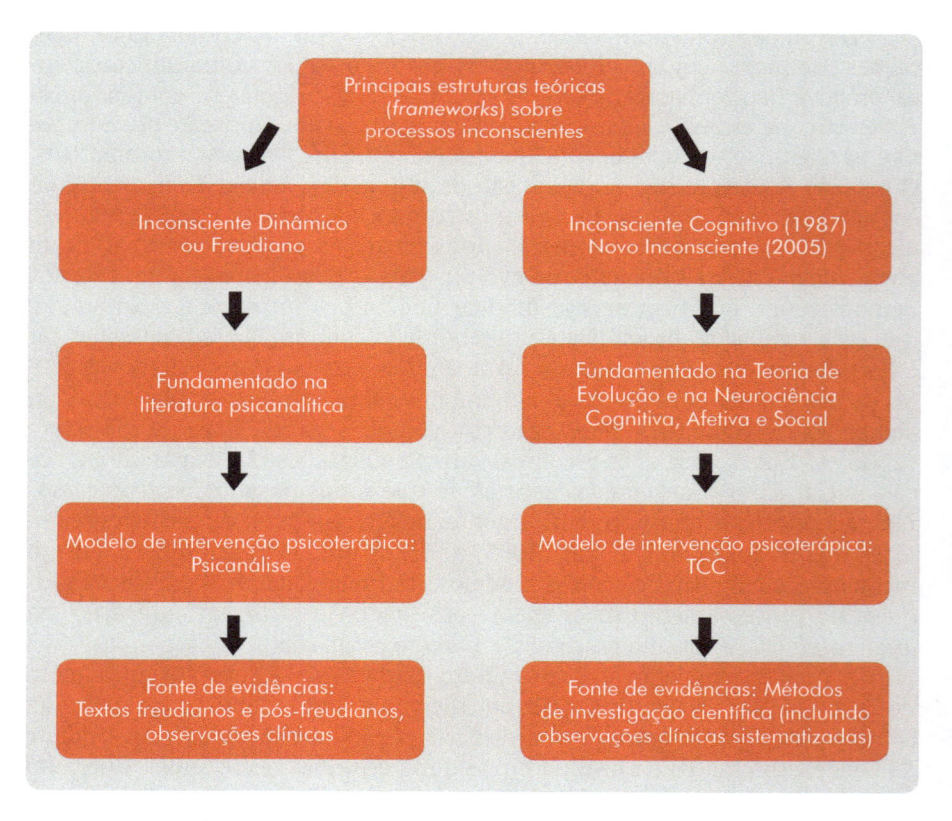

FIGURA 2.1 As duas principais estruturas teóricas (*frameworks*) sobre processos inconscientes comparadas em seus fundamentos teóricos, modelo de intervenção psicoterápica e fonte de evidências.

dromes neuropsicológicas, de transtornos psiquiátricos, de estudos etológicos e antropológicos, de pesquisas de vanguarda nas ciências da memória e de incursões teóricas inspiradas em *insights* advindos das escolas psicoterápicas comportamental, cognitiva e psicanalítica.

Como é natural em um campo em construção, o debate está aberto, e psicólogos, psiquiatras, filósofos, neurocientistas, cientistas cognitivos, psicoterapeutas e psicanalistas debruçam-se sobre a nova conceituação do inconsciente, um dos temas mais fascinantes da atualidade. Para alguns, o novo modelo é radicalmente diferente, e evitam-se referências à psicanálise; para outros, é visto como uma evolução inevitável do modelo freudiano, já que assimila as hipóteses do inconsciente dinâmico que são verificáveis sem recorrer a construtos teóricos vagos. O enfoque deste livro sobre o novo inconsciente é integrativo, buscando conciliação de aspectos do modelo dinâmico com o conhecimento científico corrente, em especial das neurociências. O novo inconsciente é um conceito maior e mais amplo do que o inconsciente dinâmico e engloba algumas hipóteses originalmente formuladas por Freud (quando apoiadas pelas evidências) sem aceitar sua metateoria sobre a mente.

> O novo inconsciente é um conceito maior e mais amplo do que o inconsciente dinâmico e engloba algumas hipóteses originalmente formuladas por Freud sem aceitar sua metateoria sobre a mente.

O novo inconsciente refere-se a um amplo espectro de fenômenos orquestrados silenciosamente por nosso cérebro, envolve uma enorme gama de processamento inconsciente que opera quando, por exemplo, nos lembramos de eventos ou falamos utilizando corretamente as regras gramaticais, quando nos apaixonamos ou mesmo quando analisamos aspectos do mundo físico através de nossos sistemas sensoriais. O inconsciente freudiano ou dinâmico é um lugar sombrio e misterioso, povoado por pulsões e memórias emocionalmente carregadas. O novo inconsciente não tem essa conotação restritiva, sendo um conceito bem mais abrangente do que o dinâmico – refere-se à maior parte do que o cérebro faz em cada momento de nossas vidas.

O novo inconsciente envolve uma miríade de circuitos neurais que se encarregam do trabalho rotineiro pesado, deixando a consciência livre para focalizar os problemas novos a resolver. Se não fosse assim, o monumental trabalho realizado pelo cérebro para computar as características físicas dos estímulos externos inundaria nossa consciência, tornando-a inoperante. O significado da experiência consciente seria transformado em uma vertigem caleidoscópica de dados desconexos. A cada segundo, o novo inconsciente processa 200 mil vezes mais informação do que a mente consciente (Dijksterhuis, Aarts e Smith, 2005). O simples reconhecimento visual ou auditivo de um objeto ou som familiar envolve a análise das características físicas do som ou objeto, que são comparadas com registros de memória de estímulos similares para viabilizar o reconhecimento consciente. No entanto, reconhecemos uma pessoa ou um objeto familiar em milissegundos, mas não sabemos como chegamos a esse reconhecimento. Toda a nossa percepção consciente é baseada em um processamento sensorial que opera inconscientemente.

O novo inconsciente oferece uma ampla visão dos processos inconscientes e reforça a hipótese freudiana de consciência como topo de um *iceberg*. Realmente a esmagadora maioria de nossa atividade mental ocorre fora do monitoramento consciente. Temos acesso somente ao resultado das operações de uma miríade de mecanismos altamente especializados que fornecem o suporte para a manutenção e regulação da vida e dos processos homeostáticos. Nossa própria percepção consciente é resultado de um processamento de nível superior, que só se torna possível quando alicerçado nas representações do processamento inicial executado pelo maquinário cerebral de forma inconsciente.

> Nossa própria percepção consciente é resultado de um processamento de nível superior, que só se torna possível quando alicerçado nas representações do processamento inicial executado pelo maquinário cerebral de forma inconsciente.

Segundo observam Dijksterhuis, Aarts e Smith (2005, p. 81-2), pesquisadores dos processos inconscientes sempre se defrontam com resistência, em parte porque existe um medo de que "nós" (nossa consciência) não estejamos no controle de nosso comportamento, e em parte porque a crença de que o pensamento consciente deveria mediar tudo o que fazemos, pelo menos na medida em que os comportamentos e as decisões tornam-se mais importantes. No entanto, o próprio pensamento é um processo inconsciente, isso se definirmos pensamento como o ato de produzir construções associativas com significado (Jaynes, 1976). Podemos estar conscientes de alguns dos elementos dos processos de pensamento, ou podemos tomar consciência do produto dos processos do pensamento (imagens ou palavras), mas não temos acesso ao pensamento em si. Como apontam Dijksterhuis, Aarts e Smith (2005, p. 81-2), qualquer processo de pensamento ocorre fora da percepção consciente, e isso é verdadeiro para todo pensamento, inclusive para processos criativos, como escrever um artigo científico, por exemplo. A leitura e o estudo fornecem matéria-prima para os mecanismos inconscientes trabalharem, e tornamo-nos conscientes somente de alguns dos produtos do pensamento (discurso interno ou imagens) que irrompem na consciência.

Embora possamos eventualmente descrever por meio de palavras o trabalho dos mecanismos cerebrais que produzem as representações conscientes, não podemos acessar verbalmente a torrente subterrânea de processamento inconsciente. Aceitando o desafio de estudar experimentalmente essa hipótese, os psicólogos Richard Nisbett e Timothy Wilson publicaram, no final da década de 1970, um artigo clássico onde relatam os resultados de uma série de experimentos desenhados para investigar a percepção consciente das razões pelas quais agimos (Nisbett e Wilson, 1977). Por meio de manipulação experimental cuidadosa, evidenciou-se que os sujeitos tomavam decisões manifestando clara preferência por certos objetos, mas sem ter acesso consciente aos processos subjacentes a tais escolhas. Os sujeitos foram expostos a vários estímulos idênticos, mas preferiam bem mais alguns deles, justificando ainda sua decisão vigorosamente. No entanto, demonstravam acreditar, conscientemente, em determinadas razões que talvez justificariam suas ações. Em outras palavras, o relato introspectivo do sujeito, explicando por que *acredita* que agiu de determinada forma, não tinha respaldo nas verdadeiras razões da escolha. Segundo Nisbett e Wilson, as convenções sociais e as crenças aprendidas sobre como seria adequado reagir nessas situações ajudam a *moldar* a explicação consciente formulada.

Nisbett e Wilson argumentam que, embora não tenhamos acesso aos processos inconscientes que originam nosso comportamento, temos uma forte tendência a explicar o inexplicável.

> É naturalmente preferível, do ponto de vista da predição e do sentimento subjetivo de controle, acreditar que temos tal acesso. É assustador acreditar que ninguém tem mais conhecimento da mente do que um estranho com conhecimento íntimo da história da pessoa e dos estímulos presentes no momento em que ocorreu o processo cognitivo (Nisbett e Wilson, 1977, p. 241).

Mais recentemente, Timothy Wilson (2002) publicou o excelente livro *Strangers to Ourselves: Discovering the Adaptative Unconscious* sobre o processamento inconsciente, enfocando uma série de pesquisas sobre o que chamou de "inconsciente adaptativo" e oferecendo uma descrição acessível do complexo processamento interno de nossa mente. Seu livro é anterior à publicação da bíblia do novo inconsciente, *The New Unconscious*, mas tem abordagem semelhante. Sobre o trabalho de pesquisa, Wilson escreveu na contracapa do livro:

> Nas últimas décadas, uma revolução ocorreu em como os psicólogos veem o inconsciente. A visão freudiana de um inconsciente infantil, primitivo, provou-se muito limitada; revelou-se que uma grande parte de nossas vidas mentais, muitas vezes altamente sofisticada e adaptativa, ocorre abaixo da cortina da consciência. *The New Unconscious* é uma leitura obrigatória para qualquer um interessado nesses desenvolvimentos.

MEMÓRIA DE TRABALHO E PROCESSAMENTO CONSCIENTE

Alguns conceitos advindos das neurociências cognitivas são fundamentais para subsidiar uma reflexão sobre os processos conscientes e inconscientes. O processamento de informações pode ser *seriado* (realizado em série, com uma etapa de cada vez) ou *paralelo* (com muitas operações ocorrendo simultaneamente), e alguns pesquisadores sugerem que os processos conscientes estejam associados ao processamento serial, enquanto os inconscientes ao processamento paralelo (Posner e Snyder, 1975).

Outro conceito importante é a chamada *memória de trabalho* (do inglês *working memory*, que denominaremos WM adiante), uma evolução da ideia mais antiga de uma memória de curto prazo, investigada inicialmente pelo psicólogo cognitivo Alan Baddeley nos anos de 1970. A memória de trabalho permite que se mantenha em mente diversos trechos de informação (segundo as pesquisas de Baddeley, com um limite de aproximadamente sete tipos de informação), que podem ser então comparados e inter-relacionados, implicando não só seu armazenamento, como também seu processamento ativo, usado no raciocínio e no pensamento (Baddeley e Hitch, 1974; Baddeley, 1982; Miyake e Shah, 1999). Segundo Baddeley (2003, p. 374), a memória operacional viabiliza o uso de "nossos sistemas de memória com flexibilidade. Permite que guardemos informações, repetindo-as em nossas mentes, para relacionar essas informações com conhecimento antigo e planejar nossas ações futuras".

As informações ativadas sobre nossas experiências anteriores (nossa memória de longo prazo) fundem-se com as informações sensoriais, espaciais ou da linguagem armazenadas temporariamente no nível de curto prazo, de forma que

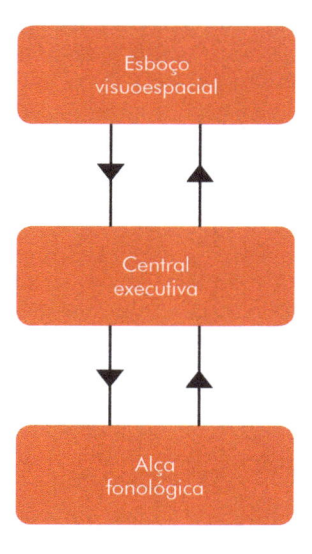

FIGURA 2.2 No modelo clássico de memória de trabalho, é postulado um executivo central e dois sistemas subordinados "escravos" (a alça fonológica e a prancheta de rascunho-visoespacial), especializados em manter a informação reverberando temporariamente na memória. O executivo central ativa as representações relevantes na memória de longo prazo e direciona a atenção limitada para o controle e regulação da memória de trabalho, recrutando os sistemas escravos de acordo com as demandas.

(...) aquilo que conhecemos sobre um momento presente é basicamente o que está em nossa memória de trabalho. A memória de trabalho permite-nos saber que o *aqui e agora* está *aqui* e está acontecendo *agora*. Essa percepção fundamenta a ideia, adotada por um grande número de cientistas cognitivos contemporâneos, de que a consciência é a percepção daquilo que se encontra na memória de trabalho (LeDoux, 1998, p. 254).

> A maioria dos pesquisadores concorda que os processos psicológicos subjacentes à memória de trabalho, atenção e consciência estão fortemente relacionados.

A maioria dos pesquisadores concorda que os processos psicológicos subjacentes à memória de trabalho, atenção e consciência estão fortemente relacionados (Miyake e Shah, 1999). A relação entre a consciência e a memória de trabalho é controvertida, e alguns autores, como Baars (1997a, p. 369), acreditam que qualquer operação da WM é consciente. O próprio Baddeley (1993, p. 26) defendeu a hipótese de que "a consciência é uma das funções do componente executivo central da WM". Seria precipitado e polêmico igualar consciência e memória de trabalho, e tal concepção aparentemente distancia o processamento inconsciente da WM. Parece bem estabelecido que esse tipo

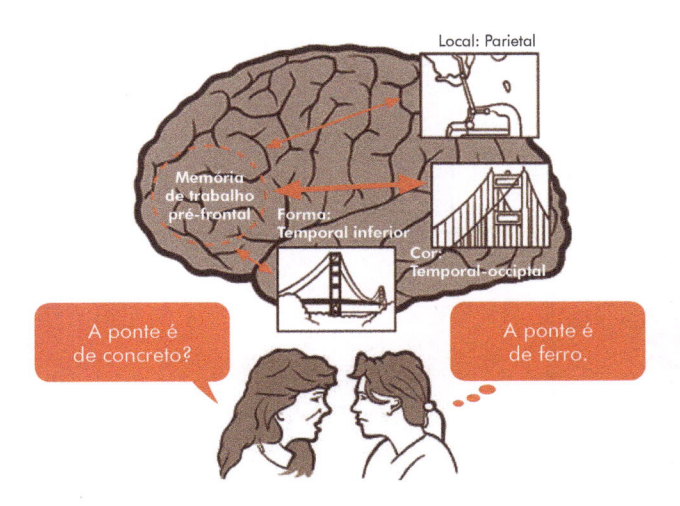

FIGURA 2.3 A memória de trabalho do córtex pré-frontal usa mecanismos inibitórios para destacar a informação mais relevante para a tarefa corrente. A ser questionado sobre as características de uma determinada ponte, o sujeito ativa representações sobre local (córtex parietal), forma (córtex temporal inferior) e cor (córtex temporal e occipital). É necessário inibir uma série de informações que são ativadas na busca dos dados relevantes, o que demonstra o papel do córtex pré-frontal na filtragem e seleção do material que é utilizado na construção de representações mentais conscientes.

de memória seja parte fundamental do sistema que dá origem à consciência (no entanto, veremos a seguir que parte das operações da WM podem ser inconscientes).

Unindo-se os conceitos de *memória de trabalho* e de *processamento paralelo* e *serial*, podemos entender mais claramente o funcionamento mental consciente e inconsciente. Os *processadores paralelos inconscientes* processam informações abaixo do nível de simbolização, em uma forma de codificação

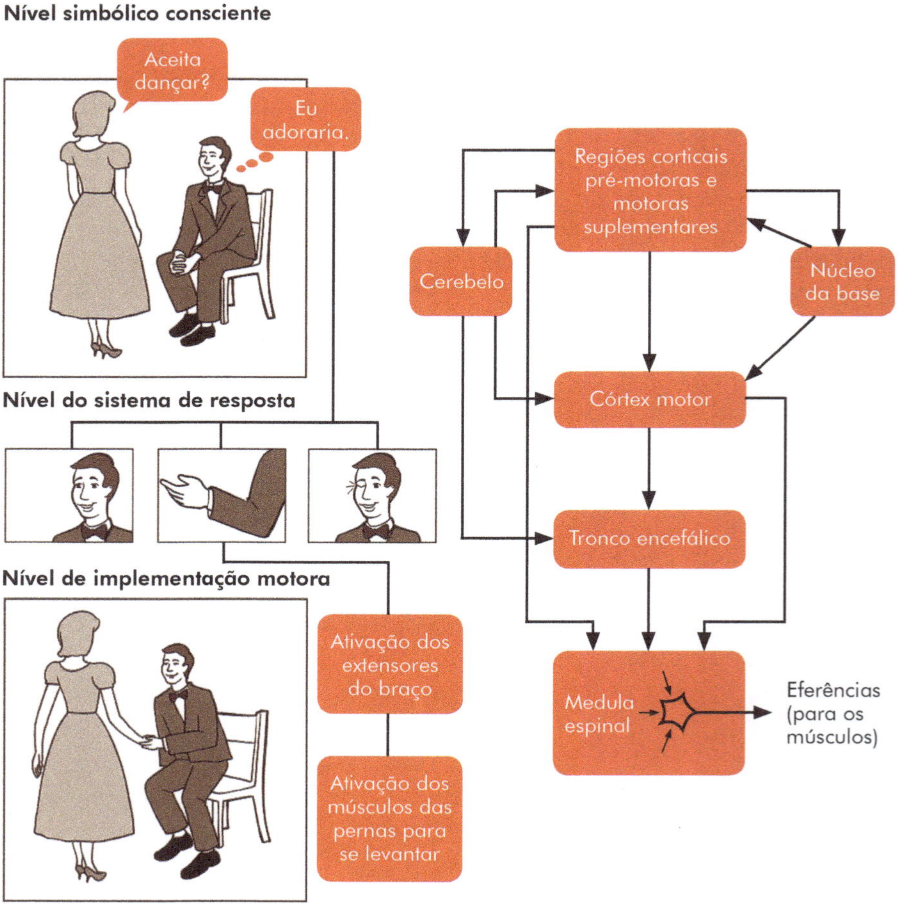

FIGURA 2.4 Ilustração da interação entre os níveis conceituais ou simbólicos de processamento consciente, o nível do sistema de resposta e o nível de implementação motora do comportamento, com a descrição das estruturas neurais que estão criticamente envolvidas na elaboração da informação.

à qual não temos acesso consciente. Por outro lado, temos acesso somente às informações representadas simbolicamente, através do *processamento serial consciente*, que cria representações através da *manipulação de símbolos*. Subjetivamente, nossa introspecção consciente só tem acesso ao nível simbólico de representações, e isso só é possível por conta do monitoramento e da integração que a memória de trabalho realiza com os diversos mecanismos especializados inconscientes de processamento paralelo.

Nesse sentido, torna-se possível compreender como podemos estar conscientes do *resultado* da computação inconsciente sem ter a mais vaga ideia da computação em si – como andamos sem saber como se dá a coordenação individual dos músculos envolvidos, por exemplo. Um comportamento aparentemente simples como andar envolve a ativação e a coordenação integrada de dezenas de músculos individuais; no entanto, não temos consciência dessas operações, somente da *meta geral* de querermos caminhar em direção a algum lugar. O cientista cognitivo Philip Johnson-Laird (1988, 1992) usa esse exemplo, argumentando que a consciência antevê um determinado objetivo em termos simbólicos, como *ficar de pé* e *andar*. Mas a consciência não envia instruções detalhadas para as minuciosas contrações musculares necessárias para atingir o objetivo; tais instruções para ação são formuladas em detalhes cada vez mais precisos pelos processadores de níveis inferiores. Os processadores inferiores, por sua vez, informam continuamente a consciência sobre o *resultado das operações* realizadas, mas novamente traduzido na forma explicitamente simbólica e de alto nível (por exemplo, com descrições verbais).

MEMÓRIA DE TRABALHO INCONSCIENTE

Esta visão sobre a memória de trabalho e o papel dos processos controlados e automáticos está sendo ampliada e reformulada por novas evidências advindas da teoria do novo inconsciente. Embora a memória de trabalho faça parte de um sistema que dá origem à consciência, novas pesquisas têm sugerido que não é uma estrutura unitária, mas sim composta de circuitos neurais especializados, alguns deles capazes de realizar processamento inconsciente, como perseguir metas (Hassin, 2005). As implicações são extensas, pois fornece substrato para compreender o *controle inconsciente do comportamento*, elemento central do novo inconsciente. A teoria do novo inconsciente advoga que o controle inconsciente permite que adaptemos com flexibilidade nosso comportamento e nossas cognições a um ambiente dinâmico, a serviço de nossas metas, e isso somente se torna possível por meio do funcionamento da memória de trabalho implícita.

Existem dois modelos principais sobre a memória de trabalho (ver revisão em Miyake e Shah, 1999). A pesquisa iniciou com a concepção mais cognitiva de Baddeley e Hitch (1974), e mais tarde foi proposto por Cohen e colaboradores (Cohen, Dunbar e McClelland, 1990; O`Reilly, Braver e Cohen, 1999) outro modelo com maior substrato neurobiológico. No modelo clássico de Baddeley (Baddeley e Hitch, 1974; Baddeley, 1982), existe um executivo central e dois sistemas "escravos" (a *alça fonológica* e a *prancheta de rascunho visuespacial*), especializados em manter a informação reverberando temporariamente na memória (embora existam avanços nessa teoria, ver Baddeley, 2002). O executivo central basicamente dirige e aloca atenção limitada, e está envolvido no controle e na regulação da memória de trabalho e das tarefas desta, ativando representações relevantes na memória de longo prazo e coordenando os sistemas escravos.

Já no modelo de Cohen e colaboradores (Cohen, Dunbar e McClelland, 1990; O`Reilly, Braver e Cohen, 1999), a memória de trabalho é definida como processamento controlado envolvendo manutenção ativa de informação e aprendizado rápido. Nessa teoria, o córtex pré-frontal é visto como especializado em manter a informação ativa, a qual é constantemente atualizada, permitindo o direcionamento do processamento. O hipocampo é especializado na rápida aprendizagem de informação arbitrária, e os córtices perceptuais e motor exibem aprendizagem lenta e memória de longo prazo (Cohen, Dunbar e McClelland, 1990; O`Reilly, Braver e Cohen, 1999).

Tanto o modelo de Baddeley como o de Cohen são bastante similares quanto à funcionalidade da memória de trabalho, que é vista como envolvendo ativa manutenção e rápida aprendizagem de material a serviço do controle cognitivo e de processos cognitivos relativamente complexos. Segundo Hassin (2005, p. 202), nos dois modelos encontramos os seguintes elementos fundamentais da memória de trabalho:

1. Manutenção ativa da informação relevante por períodos de tempo relativamente curtos.
2. Atualização de informação relevante para o contexto e computação relevante para a meta envolvendo representação ativa.
3. Rápido direcionamento de cognições e comportamentos (relevantes para a tarefa) a serviço de metas correntemente mantidas.
4. Algum tipo de resistência à interferência.

Utilizando esses critérios para definir memória de trabalho, Hassin e colaboradores (Hassin et al., 2004; Hassin, 2005) realizaram uma série de experimentos nos quais apresentam evidência sobre um componente inconsciente da memória de trabalho, o qual chamaram de "memória de trabalho implícita". Nos experimentos, Hassin utiliza um novo paradigma para estudo da memória de trabalho, onde pequenos discos cheios ou vazios aparecem em uma tela de computador, dividida em uma matriz de 24 x 18 linhas. Os discos aparecem nas diferentes intersecções da matriz, e a única tarefa dos participantes é indicar se os discos estão cheios ou vazios. Logo depois da resposta, os discos desaparecem da tela. Os discos reaparecem como cheios ou vazios aleatoriamente, e não importa a resposta em si, pois, na verdade, o interesse dos pesquisadores era manipular o lugar na matriz onde apareceriam.

Os discos foram apresentados aos sujeitos em diferentes condições. Em uma condição, os discos apareciam na tela em uma sequência que seguia uma determinada regra de movimentação. Em uma condição-controle, a sequência era aleatória e não seguia nenhum padrão. Um detalhe importante é que essas regras (no caso, expressas sob forma de equações que determinam os movimentos nos eixos X e Y da matriz) são complexas, induzindo padrões difíceis de serem decodificados. De tudo o que foi pedido aos sujeitos, a única tarefa da qual estavam conscientes foi a de que identificassem se os discos estavam vazios ou cheios, mas, na realidade, media-se o tempo de reação dos sujeitos. A velocidade de resposta dos sujeitos depende diretamente da capacidade de antecipar onde o disco aparecerá na próxima vez, pois assim podem dirigir os olhos e a atenção para o local e assim identificar mais rapidamente se é um disco cheio ou vazio. Quanto mais rápida a resposta (quanto menor o tempo de reação), maior a capacidade de prever a localização do disco.

Os achados deste estudo apontam para a existência de operação da memória de trabalho para perseguir objetivos sem qualquer percepção consciente. Na condição em que existem regras governando qual é o local da próxima aparição, os pesquisadores descobriram que os sujeitos tinham significativamente menor tempo de reação, o que indica que descobriram inconscientemente a regra subjacente. Para certificar-se de que os participantes não estavam conscientes do processo, estes foram entrevistados depois do experimento e declararam não ter percebido a regra, achando que os discos apareciam aleatoriamente. Além disso, quando eram solicitados a reconstruir a sequência de aparição, falhavam, demonstrando não ter qualquer acesso consciente às informações.

Em outro experimento, Hassin e Bargh (2004) submeteram dois grupos de sujeitos a um teste neuropsicológico que é bastante utilizado para avaliar a memória de trabalho, o Wisconsin Card Sort Test (WCST). Antes de responder ao teste, os sujeitos fizeram um jogo de caça-palavras. Um dos grupos descobria, em meio à composição de letras, palavras associadas ao conceito de realização, como "vencer" e "realizar", enquanto o outro grupo descobria palavras sem qualquer conotação desse tipo. O procedimento é chamado de *priming* ou pré-ativação, um curioso fenômeno da memória inconsciente (que será discutido em detalhes no Capítulo 20). Os sujeitos foram entrevistados e não perceberam qualquer relação entre as tarefas, nem influência da brincadeira de caça-palavras no teste posterior. De maneira surpreendente, os participantes que foram expostos a palavras ligadas ao conceito de realização cometeram significativamente menos erros no WCST do que o grupo não exposto. Mais interessante ainda, cometeram menos erros de "perseveração" (dificuldade de mudar o padrão de resposta mesmo quando as regras são modificadas), demonstrando maior *flexibilidade adaptativa*. A flexibilidade está tradicionalmente associada aos processos controlados (por exemplo, Nozick, 2001) e é vista como uma das vantagens da consciência sobre o inconsciente. Ou seja, contrariando a noção de um inconsciente automatizado, um operador cego de rotinas-padrão, os experimentos (reforçado por evidências recentes de pesquisa sobre perseguição inconsciente de metas – ver revisão em Hassin, 2005) demonstram que o novo inconsciente pode ser flexível e adaptar-se a mudanças súbitas nas regras que governam o ambiente.

INSIGHT IMPLÍCITO

Este paradigma de estudo da WM implícita aponta também para a possibilidade intrigante de *insight inconsciente*, outro elemento importante do novo inconsciente. O termo *insight* parece firmemente ancorado no processamento consciente, e talvez seja uma contradição lógica atribuir tal função ao inconsciente. Na estrutura conceitual do novo inconsciente, o *insight* inconsciente não só é possível, como também é uma realidade psicológica de nosso cotidiano. A experiência de *insight* está frequentemente associada a uma percepção súbita (um sentimento descrito como "ahá") de que chegamos a uma melhor formulação da estrutura subjacente de um problema e caminhamos para sua solução, ou que atingimos maior entendimento das relações causais envolvidas e das regras que governam o fenômeno (Sternberg e Davidson, 1995).

> Na estrutura conceitual do novo inconsciente, o *insight* inconsciente não só é possível, como também é uma realidade psicológica de nosso cotidiano.

O *insight* implícito, assim como o explícito, consiste na extração de regras, padrões ou invariantes mais elevadas que relacionam dois ou mais eventos ou objetos. O *insight* implícito ocorre sem intenção nem qualquer experiência consciente por parte do sujeito e é manifestado no comportamento (de forma observável) sem seu conhecimento. Além disso, seu caráter abrupto o diferencia de outro processo do novo inconsciente, a *aprendizagem inconsciente*, na qual a extração de regras acontece gradualmente devido à repetição abundante de padrões que fornecem informação estatística. Quando padrões se reproduzem, permitem a extração de probabilidades condicionais, como "depois do estímulo X, o estímulo Y segue em 80% das vezes, e o estímulo Z segue em 20%". O neurocientista Antônio Damásio (1999) relata um dos mais conhecidos experimentos de aprendizagem inconsciente em que sujeitos passaram, sem o perceber, a evitar baralhos que eram preparados para produzir perdas financeiras em um jogo de cartas. No *insight* inconsciente, tal informação não está disponível e é frequentemente irrelevante para a solução do problema, dependendo mais de mecanismos que permitam decodificar estruturas subjacentes e relações causais.

Os resultados da série de experimentos conduzidas por Hassin e colaboradores (2004) fornecem evidência de *insight* implícito e, sendo assim, da operação da WM inconsciente, uma vez que apresentam as características definidoras da memória de trabalho. Os sujeitos tinham que ser rápidos e acurados, e necessitando manter atualizada a informação sobre o local e a sequência correta da aparição dos discos. Também precisavam manter informações atualizadas se os discos eram cheios ou vazios, realizar computações mentais que envolvem extração de regras a partir das representações de sua localização, além de usar as regras extraídas para estabelecer predições e antecipar o local de surgimento dos novos discos, aumentando assim a velocidade de reconhecimento. Conforme Hassin (2005), esses traços mostram a operação da WM implícita, uma vez que houve integração de informação processada a serviço de metas correntes, enviesando os processos cognitivos e assim controlando o comportamento.

3
Níveis de regulação da vida

EXÉRCITO NEURAL

Para ilustrar a visão atual do funcionamento do cérebro nas atividades conscientes e inconscientes, podemos usar a metáfora de um exército em combate. A consciência pode ser vista como o *General*, que toma decisões baseadas no resumo de informações que chegam a seu conhecimento. Os oficiais de alto escalão e os assessores imediatos recolhem e sintetizam a parte relevante das informações que coletam dos níveis hierárquicos inferiores. Estes, por sua vez, exercem o mesmo processo de depuração da informação recebida até chegar ao nível mais elementar. Nesse caso, as unidades básicas são os soldados; no cérebro, são os neurônios. Milhares de soldados formam uma rede enorme que se espalha cobrindo um vasto território, em uma malha que reconhece o ambiente e suas modificações e que executa as ordens recebidas.

Seria impossível o General estar sempre ciente de cada manobra, de cada adversidade ou situação encontrada por todo esse exército – o volume de dados esgotaria sua capacidade mental. Da mesma forma, nossa consciência não conseguiria gerenciar os dados sensoriais, realizar as operações associativas e efetuar os comandos motores necessários para sustentar a vida e a interação complexa do organismo com o meio. Bilhões de mensagens circulam a cada instante no sistema nervoso periférico e central, e não podemos tomar conhecimento de mais do que uma pequena fração disso.

Assim como existem níveis hierárquicos no exército, o cérebro também tem "níveis de regulação da vida", como afirma Damásio (1999, p. 79). Na síntese de Damásio, o nível mais básico inclui os padrões de reação de *regulação metabólica*, *reflexos*, estados de *prazer* e *dor*, *impulsos* e *motivações*. Acima desse nível elementar estão as *emoções* como padrões de reação mais complexos, seguidos do nível de regulação dos *sentimentos*, que são *representações em imagens* das emoções, atravessando a fronteira da consciência em direção ao nível mais alto – a *razão superior*, responsável pela formulação de planos complexos, flexíveis e específicos em *imagens conscientes*, que podem ser executadas como comportamento. Os sentimentos são mecanismos reguladores de alto nível que traduzem, em linguagem consciente, todo um *iceberg* de processamento inconsciente, alimentando a razão superior com substrato fundamental para a formulação de planos e decisões. Damásio demonstrou o papel essencial das emoções e dos sentimentos nas decisões, descrevendo casos de pacientes com lesões em componentes desses circuitos que passaram a ter seu comportamento e suas relações pessoais deteriorados pelo grave comprometimento em sua capacidade decisória.

> Os sentimentos são mecanismos reguladores de alto nível que traduzem, em linguagem consciente, todo um *iceberg* de processamento inconsciente, alimentando a razão superior com substrato fundamental para a formulação de planos e decisões.

Sentimentos conscientes
Emoções sociais
Emoções primárias ou básicas
Emoções de fundo

Pulsões e motivações

Comportamento de dor e prazer

Respostas imunitárias
Reflexos básicos
Regulação metabólica

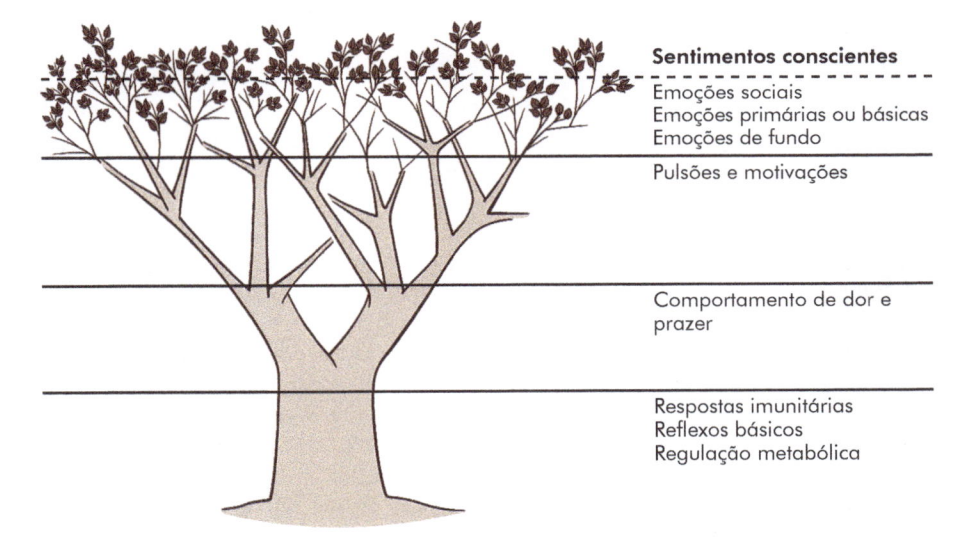

FIGURA 3.1 Níveis de regulação da vida segundo Damásio. No tronco temos os fenômenos mais elementares de regulação automática, que incluem o metabolismo, os reflexos básicos e o sistema imunológico. Uma noção primitiva de bem-estar deriva da obtenção de homeostase neste nível, enquanto o nível seguinte envolve a regulação de comportamentos de dor e de prazer que levam à aproximação ou ao afastamento. Neste nível se originam as pulsões e motivações como fome, sede, sexualidade, curiosidade e comportamento exploratório, comportamento lúdico ou agressivo. O nível das emoções integra componentes dos níveis anteriores em conjuntos de respostas automáticas inconscientes com elevada coordenação. No nível das emoções, as emoções de fundo representam a leitura de um complexo de interações regulatórias que se desenrolam dentro de nosso organismo em reação a situações exteriores. Existem neste nível ainda as emoções primárias ou básicas (como medo ou alegria) e as emoções sociais (como vergonha ou gratidão), sendo que estas últimas incorporam respostas que fazem parte das emoções primárias e de fundo. Os sentimentos são a expressão mental consciente de todos os outros níveis da regulação homeostática, composto pelo mapeamento dos estados corporais desencadeados por estímulos, acompanhados pela percepção de pensamentos com certos conteúdos e de um modo de pensar (Adaptado de Damásio, 2004, p. 44).

Os sentimentos, portanto, fazem a interface dos processos conscientes e inconscientes, criando representações no topo do *iceberg* sobre a ampla movimentação abaixo da superfície. Na metáfora do exército, os sentimentos funcionam como assessores do primeiro escalão da razão superior, aqueles que fazem o intermédio do restante do exército com o General. A razão superior consciente, a qual, grosso modo, corresponde ao General, tem nos sentimentos seu ponto de contato com o restante do exército. Veremos mais adiante neste livro que inúmeros mecanismos interferem na comunicação do General com seu exército – seus assessores distorcem as informações sobre o movimento das tropas e dos acontecimentos, manipulando suas decisões.

HOMEOSTASE, ALOSTASE E REGULAÇÃO INCONSCIENTE

A regulação inconsciente de nosso organismo só é possível entendendo o milagre cotidiano da manutenção da *homeostase*. Para permanecermos vivos, é necessário manter o organismo em equilíbrio dinâmico com o ambiente – ajustar a temperatura corporal, o nível glicêmico, a oxigenação sanguínea e inúmeros outros parâmetros fisiológicos. No tronco cerebral e no tálamo, operam, de forma inconsciente, mecanismos reguladores que coordenam o funcionamento do coração, dos pulmões, dos rins, do sistema endócrino e do sistema imunológico. Tais mecanismos foram chamados de homeostáticos, visto que aparentemente mantinham constantes certos parâmetros. No entanto, mais recentemente o termo *alostase* tem sido sugerido como mais fidedigno, pois *alos* em sua raiz latina quer dizer "variável" (enquanto *homeo* quer dizer "igual"). A alostase permite o equilíbrio, mantendo as variações dos padrões corporais dentro de uma faixa ótima.

A cada segundo, milhares de ajustes complexos estão sendo conduzidos com precisão por computação neural totalmente inconsciente envolvida nos processos alostáticos que suportam a regulação do organismo. A mente consciente não pode lidar com todas as etapas do processamento da informação visual, auditiva, tátil, olfativa, gustativa, dos sentidos internos, refletir sobre a inter-relação entre esses dados e decidir qual a resposta apropriada em todos os sistemas efetuadores. Nosso General enlouqueceria no primeiro instante se todos os membros do exército sob seu comando relatassem minuciosamente todas as suas observações e o questionassem sobre cada ação a ser realizada, falando todos ao mesmo tempo.

> A cada segundo, milhares de ajustes complexos estão sendo conduzidos com precisão por computação neural totalmente inconsciente envolvida nos processos alostáticos que suportam a regulação do organismo.

Existe a cada instante uma variedade impressionante de estímulos externos ou internos que estão circulando sem nossa percepção consciente. Nossos processos automáticos cuidam simultaneamente de funções como respiração e batimento cardíaco, digestão e movimento peristáltico, liberação de hormônios e neurotransmissores, entre milhares de outras, sem qualquer participação consciente. Por exemplo, quando estamos sentados, normalmente não tomamos consciência da compressão que sofrem os glúteos e a parte inferior das coxas. Não nos ocupamos dessas coisas a não ser em caso de anomalias – quando a falta de circulação do sangue e a falta de oxigênio ameaçam lesar as regiões comprimidas, nos damos conta do desconforto e nos remexemos na cadeira. Da mesma forma, a atenção consciente é acionada quando percebemos anomalias como uma taquicardia ou como um som súbito que nos compele a orientar os sensores auditivos na direção do estímulo potencialmente perigoso.

Esta enorme quantidade de tarefas elementares à preservação da vida é delegada a mecanismos inconscientes, de forma a permitir a ampliação do alcance da mente pelo pensamento consciente. Desse modo, estando livre da sobrecarga e tendo garantido as funções elementares e rotineiras, a consciência pode resolver problemas nunca antes enfrentados, planejar, criar e tomar decisões, formulando cenários alternativos possíveis e prevendo qual a probabilidade de atingi-los. A consciência pode coordenar e integrar todos os estados mentais e as atividades necessárias para manter, em nível abstrato, os acontecimentos do ambiente corrente com os pensamentos, planos, ações possíveis e seus efeitos, de forma a reuni-los para realizar objetivos sofisticados e complexos.

Um General só se torna ciente da síntese dos dados relevantes que são encaminhados em diferentes níveis hierárquicos por soldados, sargentos, capitães, tenentes e coronéis. Alguns são especializados como batedores, outros no combate direto, outros na alimentação ou comunicação. No cérebro, milhares de mecanismos neurais altamente especializados fazem seu trabalho em silêncio, em uma torrente subterrânea que na maioria das vezes não é traduzida em imagens conscientes. Só tomamos consciência do produto final, e não das operações realizadas para chegar a ele. Mas circuitos neurais especializados estão em pleno funcionamento, alguns colhendo informações, outros analisando essa informação ou procurando inconsistências, outros ainda preenchendo as lacunas, e assim por diante. A mente consciente não tem acesso a esse trabalho, nem poderia ter – seria imediatamente soterrada pelo volumoso fluxo de informação.

Se todos os soldados, sargentos, capitães, tenentes e coronéis fossem reunidos e passassem a relatar simultaneamente cada acontecimento percebido ao General, a torrente de informação esgotaria sua capacidade de processamento mental, levando a decisões caóticas. Da mesma forma, não podemos tomar consciência de todas as informações que circulam em nosso sistema nervoso a cada instante. Recebemos uma versão resumida e editada, encaminhada pelos níveis inferiores de regulação, transformada em *representações*, padrões neurais que codificam sentimentos e imagens conscientes. No entanto, como procuro demonstrar neste livro, tais representações estão longe de espelhar fielmente a realidade externa – embora mantenham certa correspondência, são adulteradas por uma série de vieses e distorções.

O GENERAL ILUDIDO

A metáfora do exército neural tem limitações e falha ao atribuir o comando ao General. No modelo do novo inconsciente, como veremos, a visão tradicional que atribui à consciência um papel de agente que determina nosso comportamento é desafiada e reformulada, de forma a abalar nossas convicções mais arraigadas e intuitivas sobre nós mesmos. O psicólogo Daniel Wegner (2002, 2005), um dos pesquisadores que contribuiu para o arcabouço teórico do novo inconsciente, argumenta que construímos uma falsa teoria de causalidade mental, pois, embora tenhamos a sensação consciente de sermos agentes, somos conduzidos por processos automáticos. Segundo Wegner (2002), embora nossa experiência consciente seja a de tomar uma decisão e depois agir, desenvolvendo um sentimento de autoria, normalmente não temos acesso consciente às causas reais de nossas ações. Wegner (2002, 2005; Wegner e Wheatley, 1999) apresenta uma série de demonstrações empíricas de que nossa consciência baseia-se em um processo de atribuição causal errôneo, que pode ser experimentalmente manipulado para produzir falsas experiências de livre-arbítrio. É como se nosso General fosse sistematicamente enganado por seus assessores, que o isolam do contato com o restante do exército, funcionando como intermediários. Os assessores distorcem as informações relatadas pelo restante do exército e manipulam as situações para que as decisões sejam tomadas em seu benefício pessoal, mas sutilmente tomando o cuidado de manter o General na ilusão do comando. Na maioria das vezes, os assessores trazem apenas as notícias que lhes convêm, ora omitindo alguns fatos indesejáveis e exagerando outros, ora inventando episódios inteiros. Os assessores sugerem, sussurrando sutilmente nos ouvidos do General, certas formas de avaliar as situações e de agir. O General, influenciado por seus assessores, acaba dando as ordens de acordo com as sugestões como se fossem de sua autoria. Desenvolveremos essa visão perturbadora ao longo do livro, mas sob uma perspectiva construtiva e otimista, mostrando, na seção sobre psicoterapia, como podemos revigorar o General e auxiliá-lo a lidar melhor com seu exército.

> Considerando a quantidade de informações com as quais temos de lidar, o cérebro tem necessariamente que selecionar o material prioritário que realmente requer atenção consciente.

Considerando a quantidade de informações com as quais temos de lidar, o cérebro tem necessariamente que selecionar o material prioritário que realmente requer atenção consciente, como problemas novos a resolver para os quais não temos ainda padrões automatizados de resolução. Temos aqui um ponto de partida para entender os fenômenos inconscientes, pois, entendendo a impossibilidade de uma tomada de consciência plena e absoluta sobre todas as informações envolvidas no esforço do organismo para a regulação da vida, percebemos que isso implica um enorme *iceberg* submerso de processamento inconsciente subjacente ao funcionamento da mente. Um desdobramento importante dessa ideia leva à compreensão do fenômeno do "piloto automático", que pode revelar aspectos interessantes da estrutura dos processos inconscientes.

PILOTO AUTOMÁTICO

De certo modo, todos nós temos uma espécie de "piloto automático". Nos aviões, os pilotos acionam o mecanismo automático quando o voo está tranquilo e estável, e as condições são previsíveis e regulares, de forma que a manutenção das rotinas por meio de equipamentos é suficiente para conduzir adequadamente a rota. Da mesma forma, quando enfrentamos problemas de rotina, abrimos mão do comando para o piloto automático, deixando nossa consciência livre para vagar por paragens mais divertidas. Quase todos os motoristas experientes provavelmente já tomaram equivocadamente um caminho rotineiro como o do trabalho, mesmo quando se dirigia a um outro lugar. O sujeito pode experimentar a sensação de subitamente perceber que não estava consciente do que se passou na estrada durante um bom tempo, enquanto pensava em outros assuntos e seu piloto automático seguia o trajeto de rotina. Isso acontece com mais frequência quando o trajeto é bastante conhecido e não existe nenhuma interferência significativa, nada que requeira mudança nos procedimentos automatizados.

Quando surge um problema diferente, o foco da consciência recai imediatamente sobre ele, concentrando as energias mentais em sua resolução. O piloto automático tem o papel de assessorar permanentemente o processamento consciente, assumindo o grosso das tarefas de rotina e deixando liberada a consciência para aquelas situações que requerem reflexão, planejamento, inovação e criatividade. Sob turbulência, o piloto reassume o controle.

Se você está dirigindo em um caminho conhecido, cujo trajeto já é bastante familiar e está assimilado a seu *mapa cognitivo* do ambiente, então sua mente pode ocupar-se de outras coisas enquanto um enorme conjunto de mecanismos inconscientes (o piloto automático) cuida das tarefas de rotina. Seu pensamento consciente está voltado para um problema do trabalho, enquanto o piloto automático reduz a velocidade no semáforo, aciona a embreagem, trocas de marchas, acelera, faz curvas e todas as sub-rotinas necessárias para chegar ao destino escolhido conscientemente. Mas se um fato novo acontece, como uma estrada bloqueada ou um pedestre atravessando o caminho, entra em ação o controle consciente da situação, que requer uso de reflexão e da lógica para solucionar os problemas novos enfrentados. Todos nós temos experiências em que realizamos tarefas de forma bastante automatizada, ocupando o processamento consciente com outras coisas – um motorista experiente dirige ao mesmo tempo em que conversa acaloradamente, enquanto um aprendiz tem que se concentrar por completo na condução do carro.

O CONTROLE INCONSCIENTE NÃO É UM OXÍMORO

A comparação do piloto automático com o processamento inconsciente expressa a forma mais antiga de conceber os *processos automáticos* em psicologia cognitiva. A visão prevalente contrasta os processos "automáticos" com os "controlados", sendo os primeiros considerados inconscientes e não intencionais, enquanto os segundos envolvem intenção e processamento consciente, são realizados com esforço e podem ser interrompidos voluntariamente. Os processos automáticos, nessa visão tradicional, desenrolam-se sem esforço e são dirigidos cegamente para metas sem que se possa freá-los. Portanto, falar em "controle inconsciente" parece ser um oxímoro, um termo que carrega em si uma contradição lógica.

No entanto, no modelo do novo inconsciente, evidências de pesquisas recentes têm renovado tais concepções, mostrando que os processos controlados compreendem uma família de funções cognitivas (como *planejamento, inibição de repostas dominantes, mudança de direção de acordo com modificações nas condições ambientais*, entre outras) que permitem manipulação da atenção ou informação para transcender o habitual e ir além daquilo que se encontra imediatamente disponível. Nessa definição funcional de controle, não existe contradição lógica nem razão para acreditar que os processos controlados devam ser exclusivamente conscientes.

Conforme argumentou convincentemente o psicólogo John Bargh (1989, 1994), os processos controlados não possuem todas as qualidades tradicionalmente atribuídas a eles. No modelo do novo inconsciente, as características de processos tanto automáticos como controlados são mais complexas do que a conceitualização historicamente dominante. No novo inconsciente, os processos controlados podem ou não ser conscientes e intencionais. Ran Hassin, pesquisador do novo inconsciente, argumenta (Hassin, 2005, p. 216-7) que podem existir três categorias de processos controlados: aqueles que ocorrem tanto consciente como inconscientemente; aqueles que podem ser completados sem consciência, mas que são facilitados e acelerados pela percepção consciente; e aqueles que não podem ocorrer sem consciência. Segundo Hassin, a pesquisa na área está na sua infância, mas o empreendimento de desvendar os mecanismos neurais e cognitivos desses mecanismos promete revolucionar nossa compreensão das noções centrais sobre *controle, escolha* e *vontade*.

Para Bargh (1994), os processos automáticos exibem quatro dimensões que não necessariamente se sobrepõem, denominadas "quatro cavaleiros da automaticidade": falta de percepção consciente, ausência de intencionalidade e de esforço para execução do comportamento, e inabilidade de controlar o processo. Essas características que marcam o comportamento inconsciente nem sempre ocorrem conjuntamente, ou seja, são dimensões ao longo das quais ocorre o processamento automático de informação social.

4
Síndromes neuropsicológicas e o novo inconsciente

EVIDÊNCIAS NEUROPSICOLÓGICAS

Existem numerosas síndromes e condições dentro da neuropsicologia que ilustram as influências dos processos automáticos na mente e no comportamento. O fenômeno da *paralisia histérica*, por exemplo, segundo a psicanálise, está relacionado a uma incapacidade de se mover sem uma causa "física" evidente (o uso desse termo denota uma posição implícita dualista, pressupondo dois mundos, um físico e outro mental). A paralisia histérica foi objeto de investigação de Freud e fonte de algumas de suas hipóteses sobre o inconsciente dinâmico. Aparentemente, ocorre paralisia mesmo que as partes afetadas e as respectivas conexões com o cérebro estejam intactas. No entanto, contrariando o que se costuma pensar, o fenômeno não fornece evidência para o modelo *dinâmico* do inconsciente, mas se revela uma interessante ilustração do processamento do novo inconsciente a partir do estudo do neuropsicólogo Peter Halligan com tomografia por emissão de pósitrons (PET), uma técnica de neuroimagem.

Halligan (Halligan et al., 1997) submeteu uma paciente com paralisia histérica a uma varredura PET para verificar o que acontecia em seu cérebro enquanto a mulher tentava, sem sucesso, mover a perna afetada pela paralisia. A partir das imagens, percebeu-se o funcionamento adequado das regiões dos lobos frontais do cérebro da paciente, a área onde o planejamento da ação é realizado. No entanto, a suposição dualista de que não existia nenhum problema "físico" estava incorreta nesse caso, pois visualizou-se uma falha no funcionamento dos circuitos envolvidos: a paciente não apresentava atividade neural que seria prevista no córtex pré-motor, a área de execução do movimento planejado.

Como o mecanismo que conecta automaticamente o planejamento com a execução da ação planejada estava desengrenado e como tal mecanismo não está sujeito à vontade consciente, a paciente não poderia mover a perna por mais que tentasse. Halligan (1997) sugere que a paralisia histérica poderia ser uma adaptação biológica, uma condição que evoluiu por apresentar um valor importante de sobrevivência para os mamíferos em determinadas condições de estresse e perigo. Esta é uma hipótese especulativa, mas fascinante; a estratégia de "bancar o morto" poderia servir de base para a evolução de mecanismos sociais mais complexos, em que benefícios secundários (como inibição da agressão por dominantes) poderiam ser obtidos, acionando-se inconscientemente essa resposta primitiva. Além disso, a histeria acomete em sua maioria mulheres, as quais provavelmente obtiveram, bem mais do que homens, benefícios ao longo do processo evolutivo ao atrair atenção e cuidados pela dramatização e exagero de sua condição.

A neuropsicologia fornece muitos outros exemplos da influência do processamento inconsciente no comportamento por meio do estudo de pacientes com lesões em determinados circuitos neurais, cujo resultado é a falta de reconhecimento consciente de tarefas que conseguem desempenhar com agilidade. Pode ocorrer o contrário: o paciente lesado pode não perceber de modo consciente um déficit no desempenho de certas habilidades, ou ser incapaz de controle voluntário, mas apresentar a conduta governada inteiramente por *automatismos inconscientes*. Examinemos as condições que são denominadas, em neuropsicologia, *apraxias* e *agnosias*.

Nas *apraxias*, o sujeito apresenta falta de habilidade para realizar movimentos aprendidos ou intencionais, apesar de não haver nenhuma paralisia ou perda sensorial. Na *apraxia ideomotora*, os pacientes são incapazes de executar muitos atos complexos quando solicitados, mas podem realizá-los espontaneamente em situações adequadas (Springer e Deutsch, 1998, p. 198).

Nas *agnosias*, existe uma falha no reconhecimento consciente que não é devida nem à diminuição da informação sensorial nem a déficits na linguagem, como ocorre nas afasias. Nas *agnosias associativas*, o paciente demonstra a percepção da forma e dos detalhes (copiando um desenho, por exemplo), mas mesmo assim é incapaz de reconhecer ou identificar objetos. Nas *agnosias aperceptivas*, além de não reconhecer objetos, os pacientes também apresentam problemas na percepção e na cópia de formas. Na *agnosia auditiva*, pacientes com audição perfeita não reconhecem sons familiares, como um telefone tocando. Na *astereognose*, ocorre uma falha em reconhecer objetos familiares tocando ou apalpando, mesmo com sensações normais nas mãos (Springer e Deutsch, 1998, p. 200-206). Na curiosa condição conhecida como prosopagnosia, os pacientes não conseguem reconhecer um rosto previamente conhecido – em alguns casos, nem o próprio rosto em um espelho.

> Na curiosa condição conhecida como prosopagnosia, os pacientes não conseguem reconhecer um rosto previamente conhecido – em alguns casos, nem o próprio rosto em um espelho.

A prosopagnosia merece nossa atenção pelos ensinamentos que fornece sobre o inconsciente e sobre o funcionamento do cérebro, tendo inspirado uma série de estudos fascinantes (conf. Tranel e Damásio, 1985, 1988; Sergent e Villemure, 1989; Young e De Haan, 1988; Young, Hellawell e De Haan; 1988; Wallace e Farah, 1992; Schacter, McAndrews e Moscovitch, 1988; Renault et al., 1989; Newcombe, Young e De Haan, 1989; Greve e Bauer, 1990; Etcoff, Freeman e Cave, 1991; De Haan, Young e Newcombe, 1987a, 1987b; Bruyer, 1991; Bauer, 1994, 1996). Essa incapacidade de reconhecer rostos acontece em função de lesão na junção entre os lobos occipital e temporal em ambos os hemisférios, o giro fusiforme, a chamada "área da face". Os sujeitos acometidos por essa patologia não conseguem reconhecer rostos humanos familiares, mesmo estando com a visão em perfeitas condições. Mesmo os amigos mais íntimos não são reconhecidos até falarem, quando então as pistas auditivas levam à identificação da pessoa. Essa condição é testada mostrando aos pacientes coleções de fotografias, sendo algumas de membros da família, outras de pessoas famosas e outras de desconhecidos. Pede-se que os pacientes com prosopagnosia indiquem os rostos familiares, mas o desempenho é o mesmo que se obtém escolhendo ao acaso.

O neurologista Antônio Damásio relata o caso de sua paciente Emily, com lesão bilateral no giro fusiforme (Damásio, 2000). Emily não conseguia reconhecer as faces do marido, dos filhos, de outros parentes, de amigos e de conhecidos, embora identificasse com facilidade a voz dessas pessoas. Nada lhe vinha à mente quando olhava para fotos de rostos familiares, mas qualquer outro aspecto sensorial relacionado ao estímulo, como o som ou a sensação tátil, logo trazia a seu conhecimento consciente as recordações necessárias para a correta identificação.

A equipe de Damásio notou, ao exibir uma longa sequência de fotos para Emily, que ela sempre perguntava se era sua filha quando era exposta à fotografia de uma mulher jovem com um dos dentes da arcada superior mais escuro. Foi realizado então um experimento simples, mas revelador, em que retratos de homens e mulheres sorridentes foram modificados por computador para aparentarem um incisivo superior um pouco escurecido. Tais retratos foram misturados a uma pilha de outros, pedindo-se à Emily que tentasse reconhecê-los. Sempre que Emily deparava-se com fotos de mulheres jovens modificadas (ou seja, com o indício que lhe permitia reconhecer o dente escurecido) ela perguntava se era sua filha. No entanto, Emily não fazia isso com retratos também modificados de homens ou de mulheres mais velhas, revelando percepção acentuada do todo e das partes.

Segundo o filósofo Daniel Dennet (1997, p. 104), por mais de uma década os pesquisadores desconfiaram que, apesar do déficit apresentado, alguma parte da mente das pessoas que sofriam de prosopagnosia estava identificando corretamente os familiares e as pessoas famosas. Experimentos engenhosos utilizando a resposta epidérmica galvânica (a medida da condutância elétrica da pele por um polígrafo, o mesmo princípio dos "detectores de mentira") revelaram que os corpos dos portadores de prosopagnosia reagiam aos estímulos familiares. Embora conscientemente os sujeitos prosopagnósicos não consigam reconhecer os rostos familiares, mesmo assim partes inconscientes de suas mentes eram capazes da identificação adequada. Ao mostrar a foto de um rosto familiar, uma lista de nomes candidatos era lida, e o nome correto desencadeava uma resposta epidérmica galvânica mais intensa. Além disso, como observa Damásio (2000), a magnitude da resposta é maior para os parentes mais próximos, embora nenhuma dessas reações seja notada conscientemente pelos pacientes.

> A interpretação é inequívoca. Apesar de incapaz de evocar o conhecimento na forma de imagem, de modo que uma busca consciente permitisse o reconhecimento, o cérebro do paciente ainda assim pode produzir uma resposta específica, que ocorre fora da busca consciente e revela um conhecimento passado daquele estímulo específico. Essa descoberta ilustra o poder do processamento inconsciente, o fato de que pode haver especificidade abaixo da consciência. (p. 379)

DELÍRIO DE CAPGRAS

A prosopagnosia merece atenção especial por revelar aspectos interessantíssimos do dinamismo que ocorre entre processamento consciente-inconsciente, ainda mais se contrastada com outra aflição mental bizarra: o delírio de Capgras. Como resultado de dano cerebral, os sujeitos acometidos por ele (Dennet, 1997, p. 103-6) acreditam firmemente que uma pessoa conhecida, em geral a pessoa amada, não é de fato o que parece – é um impostor. O verdadeiro companheiro desapareceu e foi substituído por alguém idêntico, que se comporta da mesma forma, conversa do mesmo modo, *mas não é realmente* a pessoa conhecida. O delírio persiste mesmo quando todas as providências são tomadas para esclarecer o caso. As vítimas simplesmente não conseguem dizer (em outras palavras, os sujeitos não apresentam acesso verbal consciente às operações de seu cérebro) por que tamanha convicção e segurança na ideia de que o marido ou a mulher é um impostor, mas a crença mesmo assim é tão tenaz, que em alguns casos os cônjuges foram assassinados.

Apesar de admitirem as enormes semelhanças do sósia impostor com a pessoa "verdadeira" que sumiu, a sensação de não reconhecimento persiste, muitas vezes, até o ponto em que a infeliz criatura vitimada com o delírio de Capgras decide reagir contra o estranho que roubou as roupas, o trabalho, a família e até o corpo do ente querido. É evidente que a lesão cerebral danificou de alguma forma os circuitos encarregados do reconhecimento de pessoas previamente conhecidas.

O neuropsicólogo britânico Andrew Young (Young et al., 1993; Young, 1994) compara a prosopagnosia com o delírio de Capgras, tecendo uma teoria engenhosa para explicar essas estranhas anomalias. Suponha que existam sistemas conscientes e inconscientes para identificar um rosto. Em um cérebro sem danos, os dois sistemas trabalham harmoniosamente para executar essa função. Na prosopagnosia, a lesão destrói o sistema de reconhecimento consciente, deixando intacto o sistema inconsciente que organiza as mudanças eletrogalvânicas de pele frente aos rostos conhecidos. Já no caso do delírio de Capgras, é justamente o contrário: o sistema aberto, de reconhecimento consciente, trabalha normalmente, deixando as vítimas dessa síndrome com capacidade de admitir que os "impostores" são idênticos em tudo a seus entes queridos. Mas o sistema de reconhecimento inconsciente foi danificado pela lesão e silencia-se frente a um rosto conhecido, vetando o reconhecimento. Em outras palavras, ocorre um conflito entre o sistema consciente e o inconsciente que produz no sujeito a sensação penetrante de que algo está faltando, de que a pessoa não é a mesma e de que se está olhando para um impostor.

O neurologista Ramachandran, em seu livro *Fantasmas no Cérebro* (2002, p. 205-222), relata o caso de um jovem paciente, Arthur, que apresentou o delírio de Capgras depois de sofrer um grave acidente no qual bateu a cabeça. Arthur permaneceu em coma durante três semanas e, ao despertar, voltou a falar e a caminhar, recuperando as funções normais, exceto por uma inabalável crença de que seus pais eram impostores. Nada podia convencer-lhe do contrário. Arthur achava que seu pai parecia exatamente com seu pai, mas realmente não era ele – era um bom sujeito, mas apenas fingia ser seu pai. Se questionado, Arthur parecia confuso e tentava buscar explicações plausíveis, como imaginar se o impostor teria sido contratado por seu pai para cuidar dele, alcançando recursos para que pagasse as contas. Mas um dos detalhes mais surpreendentes é que Arthur reconhecia os pais quando falava com eles ao telefone. Como explicar esse estranho comportamento?

As regiões especializadas no reconhecimento de rostos, em um cérebro normal, retransmitem informação para o sistema límbico, um conjunto de estruturas no fundo do meio do cérebro que está envolvido com o processamento emocional. Existe uma via separada para as áreas auditiva e visual do córtex cerebral, e uma possibilidade é a de que a rota auditiva tenha sido preservada, enquanto a visual foi danificada no acidente de Arthur. Assim ele não teria problemas ao reconhecer os pais ao telefone.

A amígdala tem um papel crucial, pois recebe informação das áreas sensoriais, discerne o significado emocional daquele rosto e envia mensagens ao restante do sistema límbico para produzir estímulo emocional. O hipotálamo é mobilizado por essa atividade e aciona mudanças no sistema autônomo. Ao observar um rosto, a área de reconhecimento de Arthur identifica a imagem corretamente. Ramachandran especula que seu estranho comportamento em relação aos pais pode ser resultado de uma desconexão entre a amígdala e a região de reconhecimento: como Arthur nada sente, e nenhuma emoção é despertada ao ver o rosto de seus pais, é levado a concluir, pela sensação de estranheza, que, embora sejam idênticos ou muito parecidos, não são *realmente* seus pais. A resposta galvânica cutânea de Arthur foi testada, e ele não reagia com alterações na condutância de pele (uma medida objetiva das reações autonômicas – no caso, o suor das mãos) quando exposto a fotos dos pais, diferentemente dos sujeitos-controle, que reagiram suando significativamente as palmas das mãos.

SÍNDROME DE COTARD

Em 1880, o neurologista parisiense Jules Cotard descreveu alguns casos de pacientes que alimentavam a crença de terem perdido a alma ou mesmo de estarem mortos, nos casos mais extremos (muitas vezes, acompanhados de transtornos psicóticos e/ou depressão grave).

Neste extraordinário distúrbio, que foi chamado de síndrome de Cotard em homenagem a seu descobridor, os pacientes mais graves acreditam que estão mortos, dizem sentir cheiro de carne podre ou até mesmo vermes rastejando sob suas peles. Embora a conclusão mais tentadora seja a de o paciente estar completamente psicótico, Ramachandran (2003, p. 216) sugere outra interpretação:

> Eu afirmaria, em vez disso, que a síndrome de Cotard é simplesmente uma forma exagerada da de Capgras e provavelmente tem origem semelhante. No delírio de Capgras, somente a área de reconhecimento de rostos fica desconectada da amígdala, enquanto na de Cotard talvez todas as áreas sensoriais estejam desconectadas do sistema límbico, levando a uma completa falta de contato emocional com o mundo. Aqui está um exemplo em que um estranho distúrbio cerebral que a maioria das pessoas vê como um problema psiquiátrico pode ser explicado em termos do conhecido conjunto de circuitos do cérebro.

Nesta linha de raciocínio, o infeliz portador da síndrome de Cotard teria uma grave perda da reação emocional para todos os estímulos externos, e não apenas para os rostos, ficando emocionalmente isolado do mundo, o que poderia produzir uma experiência próxima da morte.

MULTIDÃO DE ASTROS

A especificidade dos circuitos neurais envolvidos no processamento inconsciente que leva a identificar conscientemente um rosto fica mais evidente quando examinamos uma rara perturbação do reconhecimento em que o portador é acometido por uma desconcertante sensação de familiaridade com pessoas que não conhece. Tal síndrome é o avesso da prosopagnosia, pois, em vez de não reconhecer rostos familiares, o portador acha familiares faces desconhecidas. A sensação é tão intensa, que as vítimas dessa síndrome chegam a parar estranhos na rua para perguntar-lhes se são atores ou celebridades. O sujeito se vê cercado por estrelas de cinema em todos os lugares, uma verdadeira multidão de astros.

O neurologista Steven Rapcsak (Rapcsak et al., 1999) relatou casos de pacientes que faziam reconhecimento falso de pessoas desconhecidas depois de sofrer lesões nas partes inferiores e internas do lobo frontal direito. Rapcsak conjectura que podem ocorrer deficiências na capacidade do lobo frontal de monitorar os sinais gerados em outras partes do cérebro, nesse caso, nas unidades de reconhecimento de fisionomia. O giro fusiforme é apontado como sede de arquivamento e recuperação de descrições visuais de fisionomias, uma vez que estudos com macacos evidenciaram neurônios específicos dessa região que disparavam muito mais fortemente quando eram exibidas fisionomias do que qualquer outro objeto. Mais recentemente, estudos com humanos utilizando imageamento de ressonância magnética funcional (fMRI) mostrou intensa atividade no giro fusiforme quando os sujeitos observaram rostos, mas não com outros tipos de estímulos.

Segundo a teoria do neuropsicólogo britânico Andrew Young (Young et al., 1985, 1993; Young e De Haan, 1988; Newcombe, Young e De Haan, 1989; Young, 1994), a "unidade de reconhecimento de fisionomia" tem uma descrição de como é o rosto de uma pessoa, porém os detalhes sobre ela, em que trabalha, onde mora, entre outras particularidades, dependem da ativação de um "nodo de identidade da pessoa" em separado. Suponha que você olhe para o rosto de um amigo. O cérebro ativa uma representação *visual* dele, composta por uma configuração peculiar de traços distintivos faciais, além de ativar uma representação *conceitual*, que contém as informações mais detalhadas sobre seu amigo – ele estuda medicina, nasceu em Recife, gosta de comida chinesa, etc. Normalmente o cérebro aciona a representação visual e a conceitual ao mesmo tempo, permitindo o reconhecimento da familiaridade visual e dando acesso ao nodo de identidade, onde as informações pessoais são associadas e se unificam. Mas suponha que o cérebro ative somente a representação visual como resultado de uma lesão frontal. Nesse caso, o rosto de seu amigo lhe pareceria familiar, mas você não teria acesso consciente às suas informações pessoais – não saberia seu nome nem nada mais.

Nos casos documentados por Rapcsak, os pacientes que viam celebridades por todos os lados não acionavam as representações conceituais por falha de monitoramento frontal adequado. Ao ver um rosto, sua unidade de reconhecimento de fisionomia produzia um fraco sinal (uma vez que o rosto é desconhecido). Como os lobos frontais não conseguem requisitar as informações pessoais acionando o nodo de identidade da pessoa, os sinais tênues da unidade de reconhecimento são interpretados como familiaridade. O resultado é que tais pacientes achavam todos os rostos familiares, embora não tivessem ideia de onde os tinham visto anteriormente – a explicação mais plausível, nesse caso, é a sensação de estar diante de uma estrela, um rosto famoso já visto muitas vezes. Rapcsak ensinou seus pacientes a só aceitar um rosto como familiar quando efetivamente conseguissem recordar detalhes sobre as pessoas; assim, minimizou substancialmente os problemas ocasionados por essa falsa sensação de familiaridade.

DELÍRIO DE FRÉGOLI

Em Paris, no ano de 1927, dois psiquiatras descreveram o caso de uma mulher esquizofrênica que acreditava estar sendo perseguida por duas atrizes famosas (Schacter, 2003, p. 135-6). Os psiquiatras batizaram o delírio com o nome do ator italiano Leopoldo Frégoli (1867-1936), que naquela época espantava os franceses com seu talento para imitação de outras pessoas, chegando a trocar 70 vezes de roupa e de papel a cada peça que encenava. O delírio de Frégoli é caracterizado pela crença de que um estranho é "habitado" por um amigo, parente ou mesmo uma pessoa famosa. Os pacientes com essa síndrome vivem em um mundo cheio de artistas tipo Frégoli, pois pensam que estão identificando, em pessoas absolutamente desconhecidas, amigos que se disfarçaram habilidosamente, mas não o bastante para impedir que sejam reconhecidos por determinados movimentos ou inflexões de voz. Apesar de ocorrer geralmente em pacientes com transtornos psiquiátricos, existem mais recentemente casos documentados em que o delírio ocorre após uma lesão cerebral, com ausência de história anterior de qualquer transtorno mental (Box et al., 1999; Feinberg et al., 1999).

Os pacientes com o delírio de Frégoli confundem estranhos com familiares devido a uma intensa sensação de *reconhecimento emocional*. Áreas límbicas superativas podem sinalizar uma sensação de reconhecimento vago, mas profundamente embebido em *significado emocional*; nesse caso, uma forma de reduzir a dissonância é acreditar que os estranhos na realidade são as pessoas que conhecem que estão com um disfarce. Ou seja, para explicar racionalmente esse intenso sentimento de familiaridade, o paciente imagina que seu amigo está disfarçado.

O caso da senhora C (Ellis e Szulecka, 1996) ilustra bem o delírio de Frégoli. A senhora C, paciente de 66 anos, convenceu-se de que era regularmente seguida e espionada por seu ex-namorado, acompanhado por sua namorada atual. A senhora C relatava ver o casal disfarçado, usando cabelos postiços, bigodes, chapéus e óculos escuros, à espreita nas esquinas. O casal usava dezenas de carros diferentes. Às vezes, apareciam disfarçados para poder se aproximar dela – um deles fingia ser funcionário da companhia de gás como desculpa para entrar em sua casa, por exemplo. No dia de sua primeira consulta com um psiquiatra, atrasou-se, pois teve de fazer um enorme desvio para despistar o casal. Ela chegou a procurar a polícia algumas vezes para contar sua tormenta e pedir ajuda.

A senhora C afirmava que reconhecia o casal pelo jeito de ficar em pé e de se mover, mesmo quando ficavam trocando de roupa e de penteado para disfarçar. A percepção que tinha era a de que eles eram muito bons na interpretação de seus disfarces, mas algo indicava suas reais identidades. Provavelmente em função de uma excitação excessiva das áreas subcorticais responsáveis pelo reconhecimento emocional, a senhora C identificava os sujeitos que passavam como sendo o casal de perseguidores.

Um dos fatos mais interessantes é como C lidava com a dissonância cognitiva produzida pela percepção de que as pessoas que via eram os perseguidores, mas se apresentavam vestidos diferentemente, com rostos e carros diversos – eles estavam disfarçados e eram exímios atores e maquiadores. O resultado é quase uma confabulação, uma versão delirante criada para justificar o forte sentimento de reconhecimento acionado indevidamente. A dopamina, um neurotransmissor excitatório, provavelmente estava envolvida na superexcitação dos circuitos subcorticais de reconhecimento emocional da senhora C. Quando tratada com medicação bloqueadora de dopamina (Ellis e Szulecka, 1996), a senhora C relatou que os perseguidores sumiram.

Em outro caso documentado, a paciente identificada como IR (Box et al., 1999) caiu de um ônibus em Londres e sofreu lesões nas regiões inferiores e internas do lobo frontal direito. No hospital em que se recuperava, IR passou a acreditar que uma paciente em uma cama ao lado era sua mãe e começou a deitar-se a seu lado ou segui-la pelo hospital. A paciente continuou com o delírio por cerca de um mês, quando o pai dela confirmou que sua mãe estava internada em outro hospital em Portugal, sua terra natal. De alguma forma, IR transformou o fragmento de informação verdadeira (sua mãe estava realmente em um hospital) em um delírio. Um aspecto interessante do caso IR é sua tendência a conversar sobre eventos que nunca ocorreram e a inventar histórias, a qual possivelmente está ligada ao fato de sua lesão ser localizada no hemisfério direito. A paciente ficou com deficiências nas funções de monitoração do lobo frontal que revisam a plausibilidade das memórias, incorrendo frequentemente em confabulação.

A neuropsicologia da síndrome da prosopagnosia, do delírio de Capgras, do curioso distúrbio de reconhecimento que leva a ver celebridades em toda parte e do delírio de Frégoli ilustra, de forma contundente, a inter-relação entre o processamento consciente e o inconsciente em nosso cérebro, demonstrando a dependência de circuitos específicos que trabalham em paralelo para viabilizar as funções cognitivas complexas que executamos corriqueiramente. De acordo com o modelo do novo inconsciente, o ato aparentemente simples de reconhecer um rosto é considerado um produto consciente, gerado e sustentado por sofisticados mecanismos inconscientes, sendo que lesões em algumas dessas engrenagens silenciosas ocasionam os déficits que examinamos. Ou seja, as representações conscientes do topo do *iceberg* são construídas pelo trabalho coordenado de uma série de circuitos neurais que operam abaixo da superfície, e nessas síndromes um dos componentes cruciais está deficitário, ocasionando uma perturbação da percepção consciente. No entanto, para a maioria das pessoas com o cérebro intacto, é tamanha a naturalidade e fluidez com que reconhecemos um rosto amigo diariamente, que não nos apercebemos dos complicados processos inconscientes subjacentes.

5
Modularidade cerebral

MAQUINARIA NEURAL ESPECIALIZADA

É importante notar que, no modelo do novo inconsciente, nossa mente consciente lida com representações parciais das atividades inconscientes, assim como o General lida com um resumo editado da situação de combate. Essa síntese de informações sobre o que está acontecendo no meio interno e externo é representada por meio de imagens ou padrões neurais (Damásio, 1999) que podem tornar-se conscientes – mas esse processo implica desconhecimento, por parte do sujeito, da operação de milhares de mecanismos neurais especializados. Como operários silenciosos, os sistemas neurais envolvidos no processamento automático executam a maior parte do trabalho pesado com perfeição, de forma que o resultado final flui com presteza e naturalidade. Tamanha fluidez afigura-se ao sujeito como ausência de esforço, como se fosse fácil e simples completar de modo eficaz funções como a visão, por exemplo.

> Como operários silenciosos, os sistemas neurais envolvidos no processamento automático executam a maior parte do trabalho pesado com perfeição, de forma que o resultado final flui com presteza e naturalidade.

Os psicólogos evolucionistas citam com frequência o sistema visual para ilustrar a onipresença do processamento inconsciente (Tooby e Cosmides, 1992, 1996; Marr, 1982; Pinker, 1998; Buss, 1991, 1994, 1999), pois aparentemente nada pode ser mais fácil e sem esforço do que enxergar o mundo circundante, pelo menos para aqueles sem nenhum dano sensorial periférico ou central. No entanto, é uma tarefa extremamente complexa. Abrir os olhos e ver é algo tão intuitivo, que não nos apercebemos do gigantesco empreendimento computacional envolvido.

Nossa retina é uma pequena superfície bidimensional com neurônios sensíveis à luz, chamados cones e bastonetes. Tais células reagem à luz e a transduzem em impulsos nervosos que são conduzidos pelo nervo ótico ao cérebro, onde córtices visuais especializados trabalham no complexo problema de gerar uma representação dinâmica, colorida e tridimensional do mundo. A pesquisa em neurociências identificou circuitos especializados para todas as subtarefas listadas a seguir, todas elas necessárias para ver uma pessoa conhecida andando em sua direção. Existem mecanismos especializados para:

- analisar a *forma* do objeto;
- detectar a *presença de movimento*;
- detectar a *direção do movimento*;
- julgar a *distância*;
- analisar a *cor*;
- identificar o objeto como *humano*;
- reconhecer a pessoa pela *face*.

Todos estes módulos ou circuitos trabalham juntos para que a consciência visual de uma pessoa conhecida se forme em nossa mente. Mas o que aconteceria se um desses circuitos não funcionasse adequadamente? Existem casos de lesões específicas em regiões cerebrais que envolvem déficits nessas funções isoladas ou em várias delas. O sujeito pode ver o mundo em preto-e--branco ou falhar em perceber o movimento, vendo somente quadros parados um após o outro como se os objetos estivessem sob uma luz estroboscópica (Sacks, 1996; 1997; Pinker, 1998).

O psicólogo evolucionário Steven Pinker (Pinker, 1998) procura explicar o grau de dificuldade enfrentado pelo sistema nervoso para compor uma imagem visual do mundo. A partir de fragmentos de luz refletida nos objetos, projetados como faixas bidimensionais que vibram e oscilam na retina, compondo colagens que o cérebro analisa e elabora, resultando por fim em um modelo incrivelmente preciso do ambiente. No entanto, esse magistral trabalho se dá inteiramente fora do escopo de nossa consciência.

Deduzir a forma e a substância de um objeto a partir de sua projeção bidimensional é um problema insolúvel: uma forma elíptica na retina poderia ser proveniente de uma oval vista de frente ou de um círculo visto obliquamente. Tanto um pedaço de carvão ao sol como uma bola de neve na sombra podem gerar o mesmo retalho cinzento na retina. A seleção natural resolveu o problema adicionando *suposições* sobre o mundo baseadas na regularidade das condições em que nossos antepassados evoluíram. O sistema visual humano "supõe que a matéria é coesa, as superfícies são uniformemente coloridas e os objetos não saem de seu caminho para alinharem-se em arranjos confusos" (Pinker, 1998, p. 229).

No entanto, nada parece tão simples como abrir os olhos e ver o mundo ao redor – é algo realizado sem qualquer esforço consciente por módulos mentais especializados.

ANOSOGNOSIA: BATENDO PALMAS COM UMA SÓ MÃO

Como será o som de alguém batendo palmas com uma só mão? Pergunte a um portador da síndrome da anosognosia (do grego *nósos*, "doença"; *gnôsis*, "conhecimento"), uma estranha e interessantíssima condição encontrada em pacientes que sofreram derrame cerebral no hemisfério direito. Como o hemisfério direito controla o lado esquerdo do corpo, conforme o dano provocado pelo derrame e conforme as regiões atingidas, há em decorrrência uma paralisia chamada hemiplegia. Às vezes, a hemiplegia vem acompanhada da anosognosia, que é a negação da paralisia.

Esta firme negação de uma óbvia incapacidade é algo bizarro e difícil de ser explicado, uma vez que os sujeitos estão em perfeitas condições mentais: não mostram sinais de demências, amnésia ou afasias, não apresentam condições psicóticas, alucinações ou delírios; enfim, nada que possa justificar essa estranha alteração. Pacientes com pensamento lógico e racional em todos os domínios negam veementemente a paralisia do lado esquerdo e, em casos extremos, não reconhecem o braço como seu (*somatoparafrenia*), insistindo que é de outra pessoa, como o marido ou o próprio médico. É difícil de acreditar, mas pacientes lúcidos dão respostas cômicas sobre a presença de um braço paralisado no lado esquerdo, como uma paciente que disse: "Este braço não é meu: é grande e peludo, deve ser do meu irmão...".

Considerando que as demais atividades mentais dos sujeitos com anosognosia estão preservadas, o fenômeno da negação da percepção consciente da paralisia tem muito a nos ensinar sobre os mecanismos inconscientes. O sujeito não consegue mover a mão, o braço, a perna, o pé e a metade do rosto no lado esquerdo do corpo, mas simplesmente nega qualquer dificuldade, afirmando que passa bem. O mais curioso ainda é que constrói uma história autobiográfica "coerente" com sua negação, relatando levar a vida normalmente sem paralisia. O neurocientista cognitivo V. S. Ramachandran relata o caso da paciente FD, uma senhora de 77 anos, vítima de derrame no hemisfério direito e com total hemiplegia no lado esquerdo, que estava paralisada na cadeira de rodas havia duas semanas quando travou o seguinte diálogo (Ramachandran, 1996, p. 348):

R: A senhora pode andar?
FD: Sim.
R: A senhora pode mover suas mãos?
FD: Sim.
R: Pode mover sua mão direita?
FD: Sim.
R: Pode mover sua mão esquerda?

FD: Sim.
R: Suas mãos estão igualmente firmes?
FD: Sim, é claro que estão igualmente firmes.
R: A senhora pode apontar para meu nariz com sua mão direita?
FD: (Segue a instrução e aponta com a mão direita.)
R: Poderia agora apontar com a mão esquerda?
FD: (Sua mão esquerda permanece paralisada à sua frente.)
R: A senhora está apontando para meu nariz?
FD: Sim.
R: A senhora pode ver claramente sua mão apontando?
FD: Sim, está a dois palmos de seu nariz.
R: Senhora FD, poderia bater palmas?
FD: Sim, é claro que posso.
R: A senhora pode bater palmas para mim?
FD: (Ela executa movimentos de bater palmas com sua mão direita como se estivesse batendo palmas com uma mão imaginária perto da linha central mediana!).
R: A senhora está batendo palmas?
FD: Sim, estou batendo palmas.

Neste caso grave, ocorre nitidamente uma ilusão sobre a posição do braço e sobre a imagem corporal, mesmo com a paciente podendo enxergar com perfeição. Ilusões são vistas em casos extremos, sendo mais comum notar os pacientes esquivando-se de reconhecer a paralisia, dando desculpas evasivas por vezes cômicas que lembram o que Sigmund e Anna Freud chamaram de mecanismos psicológicos de defesa (Freud, 1895-1961; A. Freud, 1946).

É importante enfatizar que a anosognosia ocorre quando há lesão em um conjunto de regiões bem delimitadas do cérebro, desembocando em uma perda cognitiva específica – o dano isolado em partes desse sistema não produz a anosognosia. A lesão envolve o hemisfério direito, na região que inclui os córtices da ínsula e as áreas citoarquitetônicas 1, 2, 3 e S2 parietais, prejudicando as conexões com o tálamo, com os núcleos da base e com os córtices motores e pré-frontais. Pacientes com um padrão diferente de lesão no hemisfério direito têm noção normal de suas deficiências; já aqueles com lesão idêntica, só que no hemisfério esquerdo, não desenvolvem a anosognosia.

> Pacientes com um padrão diferente de lesão no hemisfério direito têm noção normal de suas deficiências; já aqueles com lesão idêntica, só que no hemisfério esquerdo, não desenvolvem a anosognosia.

Os adeptos das explicações "psicológicas" há muito julgam que essa negação da doença tem uma motivação psicodinâmica, não passando de uma reação adaptativa ao grave problema enfrentado pelo paciente, influenciada pela história pregressa do indivíduo e relacionada a situações semelhantes. Eles estão errados. Pode-se comprovar facilmente o equívoco dessa interpretação considerando a situação do paciente que está com o outro lado do corpo paralisado, o direito. Esses pacientes não sofrem de anosognosia. Podem estar gravemente paralisados e até mesmo gravemente afásicos, mas têm perfeita noção de sua tragédia. A anosognosia ocorre quando há lesão no hemisfério direito. (Damásio, 2000, p. 270).

A interação cooperativa das áreas cerebrais interconectadas com as regiões do hemisfério direito (lesadas na anosognosia) produzem o "mapa mais abrangente e integrado do estado corrente do corpo disponível ao cérebro" (Damásio, 2000, p. 272). A teoria mais evocada para explicar o distúrbio envolve a incapacidade de representação conjugada da estrutura musculoesquelética e do estado do meio interno e das vísceras, função em que o hemisfério direito seria dominante na maioria das pessoas. O hemisfério direito é dominante no sentido corporal integrado; na verdade, um conjunto de mapas coordenados em separado, que abrangem a representação do espaço extrapessoal e da emoção (Damásio, 2000, p. 444). No entanto, a teoria tradicional não esclarece a razão do esquecimento da paralisia que os pacientes apresentam logo após serem informados. Se os sujeitos acabam concordando que veem seu braço imóvel, não conseguem recordar esses fatos instantes depois – vale notar que não apresentam qualquer outro indicador de amnésia. Como explicar a manutenção persistente de falsas crenças que contrariam as evidências em pessoas normalmente inteligentes e lúcidas?

Ramachandran (1996) acredita que a anosognosia exagera os mecanismos psicológicos de defesa que a psicanálise inicialmente identificou e estudou. Esses mecanismos psicológicos evoluíram por seleção natural e fazem parte do funcionamento normal do cérebro, mas por que são aumentados na anosognosia? Antes de responder a essa questão (retornaremos mais tarde para a síndrome da anosognosia), precisamos entender de que forma poderia ser vantajoso a nossos antepassados camuflar as verdadeiras intenções, bem como esconder certos conteúdos mentais ao próprio eu consciente – o papel crucial da mentira nas interações humanas e na relação consigo mesmo.

> A anosognosia exagera os mecanismos psicológicos de defesa que a psicanálise inicialmente identificou e estudou.

6
Mentira

AS VANTAGENS DE ENGANAR OS OUTROS

Esconder nossas verdadeiras intenções e mentir é um comportamento muito mais corriqueiro do que imaginamos. Da mesma forma, existem mecanismos de *autoengano* que filtram, distorcem e escondem informações, privando a mente consciente de acesso aos fatos. A psicanálise descreveu alguns desses mecanismos, mas explicou seu funcionamento com a teoria do inconsciente dinâmico. Investigaremos agora os mecanismos da mentira e do autoengano com uma visão mais ampla, baseada na teoria de evolução e nas neurociências, usando o modelo do novo inconsciente como sistema teórico.

O filósofo e psicólogo evolucionista David L. Smith publicou, em 2004, o livro *Why we lie: The evolutionary roots of deception and the unconscious mind*, no qual argumenta que tanto a mentira como o autoengano (a mentira para si mesmo) estão profundamente arraigados na mente humana. Como observa Smith (2006, p. 6),

> de acordo com o folclore do engano, pessoas comuns, decentes, mentem de forma apenas ocasional e irrelevante, a não ser em circunstâncias extremas, moralmente justificáveis. Qualquer coisa além de uma ocasional mentira ingênua é considerada um sintoma de loucura ou de maldade: a inclinação dos doentes mentais, criminosos, advogados e políticos. Existe o mito de que os bons mentirosos sempre sabem o que estão fazendo: eles são calculistas e têm consciência de seus enganos. As pessoas que mentem sem saber que estão mentindo são consideradas, na melhor das hipóteses, confusas e, na pior, insanas. A psicologia evolutiva opõe-se a essa reconfortante mitologia. Mentir não é um ato excepcional – é normal, um ato mais espontâneo e inconsciente do que cínico e friamente analítico. Nossas mentes e nossos corpos segregam engano.

Smith (2006, p. 5) define a mentira ou engodo como "qualquer forma de comportamento cuja função seja fornecer aos outros informações falsas ou privá-los de informações verdadeiras", tendo o cuidado de usar o termo *função* e não *intenção*, uma vez que a função foi evolutivamente selecionada, ajustando o comportamento sem necessariamente recorrer à consciência. Ou seja, mentir pode ser ato consciente ou inconsciente, verbal ou não verbal, declarado ou omitido.

> Mentir pode ser ato consciente ou inconsciente, verbal ou não verbal, declarado ou omitido.

Nesta linha de investigação, o psicólogo Gerald Jellison conduziu um estudo no qual gravou as conversas diárias de um grupo de sujeitos submetidos a um experimento. Analisando com cuidado as fitas, o pesquisador descobriu que a mentira é muito comum – os participantes mentiam pelo menos uma vez a cada oito minutos. A maioria das mentiras não era grave, mas sim desculpas para comportamentos socialmente censurados, e os sujeitos que mais mentiram foram aqueles com maior número de contatos sociais, como advogados, jornalistas e psicólogos. Um exemplo de mentira detectado nessa pesquisa é justificar um atraso com o fato de ter enfrentado um grande congestionamento, muito embora o sujeito não tenha, na realidade, se empenhado para ser pontual (Kraft, 2004, p. 40-4).

MENTIRA E INTELIGÊNCIA MAQUIAVÉLICA

A mentira ou engodo parece ter evoluído em função das vantagens de sobrevivência e reprodução que nossos antepassados obtiveram ao enganar os outros. Mentir também é um comportamento adaptativo em alguns ambientes atuais, segundo indicam estudos recentes, e é um componente central de nossas interações sociais (Smith, 2004; Eckman, 2001). Existem evidências de que a capacidade de engodo está relacionada com a posição hierárquica nos grupos sociais. Em dois estudos com adolescentes, por exemplo, os mentirosos habilidosos que trapaceavam e não eram descobertos facilmente gozavam de *status* especial e prestígio no grupo de colegas. Um dos estudos evidenciou ainda que a incapacidade de manter segredo sobre mentiras era percebida como falta de habilidade social (Kraft, 2004).

A complexidade social de nossa espécie requer o despistamento de intenções e torna adaptativo tanto o engodo como sua detecção, tornando essas capacidades parte importante da inteligência social. Mentes capazes de imaginar o estado mental dos outros e assim traçar artimanhas astuciosas para obter alguma vantagem nas trocas sociais entraram em competição, durante o processo evolutivo, com mentes equipadas para detectar tais trapaças. A corrida armamentista entre engodo e sua contrapartida, a detecção de engodo, é aventada por muitos pesquisadores como uma das razões da expansão da capacidade cerebral dos ancestrais do homem ao longo da evolução e pode ser um dos alicerces evolutivos da arquitetura da mente moderna. Byrne (1995), por exemplo, demonstrou que a proporção relativa do córtex em relação ao restante do cérebro varia de acordo com o tamanho do grupo em primatas sociais – quanto mais sociável é a espécie, maior o córtex cerebral.

Os pesquisadores Dick Byrne e Andrew Withen (1988) cunharam o termo "inteligência maquiavélica" para descrever o intenso uso da astúcia e da dissimulação na complexa dança de formação e dissolução de alianças, amizades, complôs e conspirações que permeiam a vida social de muitos primatas, inclusive dos humanos. Os primatas sociais sofreram intensas pressões seletivas no sentido de desenvolver processos cognitivos especializados, capazes de otimizar decisões sobre cooperação e competição no que tange à posição hierárquica no grupo, à obtenção de recursos naturais, à busca de pares para acasalamento, etc.

Os primórdios da *inteligência maquiavélica* podem ser observados nas sociedades de primatas não humanos. Byrne e Withen (1988) relatam inúmeros exemplos de símios atuando de forma dissimulada e enganando outros membros de seu bando. Gorilas fêmeas, por exemplo, fazem parte do harém do macho dominante, mas foram observadas armando situações em que ficavam sozinhas com um macho jovem, isoladas do resto do grupo. Longe da fúria do macho dominante, elas copularam com o macho jovem suprimindo os gemidos que normalmente produzem durante o acasalamento. Os chimpanzés também usam a dissimulação para trapacear na aquisição de comida ou de sexo. Um chimpanzé macho foi visto passando na área onde outro escondia alimentos e então deixou a área como se não tivesse notado nada. No entanto, assim que saiu do campo visual do outro macho, escondeu-se e ficou espreitando até que ele deixasse o esconderijo para assim sorrateiramente roubar a comida. Byrne e Withen (1988; Byrne, 1995; Whiten e Byrne, 1997) descrevem muitos outros exemplos, como chimpanzés machos que cortejam fêmeas de machos de posição hierárquica superior exibindo seu pênis ereto, mas cuidadosamente colocando uma das mãos sobre o órgão de forma a ocultá-lo dos rivais.

> As manipulações de outros primatas são impressionantes, mas os humanos são insuperáveis nas estratégias de engano.

As manipulações de outros primatas são impressionantes, mas os humanos são insuperáveis nas estratégias de engano. Como observou Smith (2006, p. 2), "os seres humanos são grandes mestres da mentira: não teria sido inadequado chamar nossa espécie de *Homo fallax* (Homem enganador) em vez de *Homo sapiens* (Homem sábio)".

Essas observações em primatas sociais revelam a importância do desenvolvimento da capacidade de simular os estados mentais dos outros para possibilitar a manipulação maquiavélica, ou seja, a construção de uma "teoria da mente". O termo "teoria da mente" foi primeiramente concebido por Premack e Woodruff (1978), descrevendo nossa habilidade em atribuir pensamentos, sentimentos, percepções e crenças com o objetivo de predizer e explicar o comportamento dos outros. O autismo, que envolve sérios prejuízos nas capacidades de comunicação, socialização e imaginação, parece envolver um déficit primário nos circuitos cerebrais envolvidos na elaboração de uma teoria da mente (Happé, 1997; Premack e Woddruff, 1978, 1988; Frith, 1989, 1997; Frith e Happé, 1994; Happé e Frith, 1994). O psicólogo inglês Simon Baron-Cohen, um dos principais teóricos sobre o autismo, tem reunido evidências abundantes (1989, 1991, 1995, 2004; Baron-Cohen e Bolton, 1993; Baron-Cohen, Leslie e Frith, 1986) de que o desempenho de autistas ou de portadores da síndrome de Asperger (uma forma atenuada de autismo) em testes sociais é falho na "leitura da mente", a interpretação correta do estado mental dos outros.

Para testar a hipótese de que a leitura das expressões faciais seria também deficitária, conduzi, com minhas colaboradoras, um experimento com autistas, crianças-controle e adultos (Callegaro, Stolaruk e Zeni, 2005). Usando expressões faciais das emoções básicas de Ekman (medo, raiva, surpresa, nojo, tristeza e alegria) e objetos do cotidiano (lápis, bola, cadeira, etc), pedimos aos sujeitos para, entre seis modelos de rostos, apontar a face com a expressão da emoção correspondente, fazendo o mesmo com os seis objetos. As crianças sem autismo e os adultos identificaram tanto objetos como expressões faciais. Os autistas apontaram corretamente todos os objetos, mas erraram praticamente todas as leituras do rosto, demonstrando uma total inabilidade de construir uma teoria sobre o estado emocional dos outros a partir de sinais faciais.

TEORIA DA MENTE E NEURÔNIOS-ESPELHO

A teoria da mente tem recebido grande atenção por parte dos teóricos do novo inconsciente, sendo que no livro *The New Unconscious* (Hassin, Uleman e Bargh, 2005) toda a Parte III foi dedicada a capítulos sobre o tema (Malle, 2005; Baird e Astington, 2005; Lillard e Skibbe, 2005). A essência dessa teoria é prever o comportamento das outras pessoas, explorando nossas mentes como um modelo para simular a mente dos outros. Nossos antepassados atingiram maior sucesso reprodutivo por possuírem uma habilidade mais aguçada para detectar intenções, desejos e crenças alheias nas relações mutualistas competitivas e colaborativas. Um desdobramento importante de tal habilidade é o uso maquiavélico dela, implicando a mentira e o engodo. O argumento de Nicholas Humphrey (1984, 1992) para a evolução da consciência é basicamente a ideia de que existe uma vantagem adaptativa

> A essência dessa teoria é prever o comportamento das outras pessoas, explorando nossas mentes como um modelo para simular a mente dos outros.

conferida pela simulação da mente alheia, mas é possível estender também seu raciocínio para a evolução de mecanismos de autoengano.

Os neurocientistas italianos Giacomo Rizzolatti, Leonardo Fogassi e Vittorio Gallese, no começo dos anos de 1990, descobriram um tipo especial de neurônio, chamado de *neurônio-espelho,* o que abre uma janela promissora para a compreensão de como representamos o mundo exterior em nossas mentes. A descoberta deu-se de forma quase ocasional quando a equipe estudava neurônios do cérebro de macacos. Tais neurônios disparam no momento em que o animal desempenha ações motoras direcionadas, como pegar uma fruta. Os pesquisadores foram surpreendidos quando notaram que esses neurônios também disparam quando o animal observa alguém fazer a mesma coisa. O subconjunto de células neurais que reflete no cérebro do observador os atos realizados por outros indivíduos foi então chamado de sistema-espelho (Rizzolati e Arbib, 1998; Rizzolatti et al., 2006). No transtorno autista, caracterizado pelo déficit na teoria da mente, o sistema-espelho também é neurologicamente comprometido por razões genéticas ou desenvolvimentais, conforme observou o neurocientista Ramachandran (Ramachandran e Oberman, 2006). Os neurônios-espelho estão implicados na empatia e na ressonância emocional que desenvolvemos automaticamente ao interagir com os outros e na construção de uma teoria da mente.

Os neurônios-espelho distribuem-se em grande quantidade no córtex pré-motor, e estudos com macacos mostraram que a mesma área dessa região é ativada tanto no macaco que faz a ação quanto no que observa o movimento (Rizzolati e Arbib, 1998). A descoberta dessa classe especial de neurônios fornece um correlato neural para a mímica inconsciente que realizamos o tempo todo no cotidiano. Os pesquisadores do novo inconsciente (Chartrand, Maddux e Lakin, 2005) examinaram a mímica involuntária e descobriram que os seres humanos têm uma forte tendência para imitação inconsciente, que é realizada automaticamente quando se percebe o comportamento de outra pessoa. Segundo Chartrand, Maddux e Lakin (2005), a mímica inconsciente serve para estabelecer ligação e laços interpessoais, aumentando a empatia, os sentimentos positivos e suavizando as relações.

Como nossa face é a parte mais chamativa de nosso corpo e reúne a maioria de nossos orgãos sensoriais, ela assume importância central na comunicação humana. A imitação inconsciente de expressões faciais, mediada pelos neurônios-espelho, inicia no momento do nascimento, segundo os estudos clássicos do psicólogo Meltzoff (Meltzoff e Moore, 1977, 1979, 1983), que demonstrou a mímica inconsciente de expressões como abrir a boca, sorrir ou estender a língua com bebês de menos de um mês de idade. Um estudo curioso do psicólogo Zajonc levantou a possibilidade de essa mímica automática ser responsável pela semelhança na expressão facial que se observa em casais que ficam juntos por décadas. Zajonc e colaboradores (Zajonc, Adelmann, Murphy e Niedenthal, 1987) examinaram casais com mais de 25 anos de convivência e descobriram que suas expressões faciais são mais semelhantes do que as de casais que fazia pouco tempo que iniciaram o relacionamento, talvez pela maior probabilidade de a imitação automática um do outro ocasionar as mesmas linhas faciais e expressões no rosto.

De forma imperceptível a olho nu, a mímica inconsciente também acontece no nível das microexpressões faciais. Estudos realizados por Dimberg (1982), com tecnologia de eletromiografia (EMG), demonstraram que as pessoas imitam inconscientemente as expressões faciais de alegria ou de raiva exibidas em modelos por meio de fotografias. As minúsculas contrações musculares, imitando sorrisos ou expressões de raiva, eram desempenhadas sem consciência pelos sujeitos enquanto observavam as fotos, o que indica que a mímica inconsciente é uma importante ferramenta de comunicação interpessoal, e que estamos trocando sinais não verbais o tempo todo. As expressões faciais relacionadas ao comportamento de mentir estão permeadas por essa comunicação inconsciente, como demonstrou o psicólogo Paul Ekman.

MENTIRA E MICROEXPRESSÕES FACIAIS INCONSCIENTES

Para estudar detalhes sutis da comunicação não verbal na mentira, Paul Ekman (2001) exibiu a estudantes de enfermagem um filme com cenas de pessoas que haviam sofrido amputações nos membros. O argumento do pesquisador para persuadi-las a mentir foi apelar para a necessidade de receberem treinamento para enfrentar situações de trabalho emocionalmente carregadas, nas quais teriam muitas vezes que esconder suas reações. O psicólogo procurou motivar as estudantes a dissimularem suas verdadeiras emoções, ressaltando que a dissimulação seria uma parte importante de sua futura atuação como enfermeiras. Pediu, então, que elas tentassem convencer um entrevistador, que não havia assistido ao filme repugnante, de que se tratava, na verdade, de um documentário agradável com paisagens litorâneas.

Durante a atuação mentirosa, as expressões faciais das estudantes eram cuidadosamente registradas, e esses registros foram depois comparados com as reações fisionômicas exibidas pelo mesmo grupo em uma situação-controle, em que o filme utilizado era, na verdade, de belas paisagens do litoral. Análises da linguagem corporal empregada mostraram que, por mais que tentassem esconder as emoções verdadeiras de repugnância, mesmo assim surgiam padrões de expressão facial que traíam seu estado interno. Ekman chamou essas breves alterações na configuração da musculatura do rosto de "microexpressões faciais", com duração registrada de menos de um quarto de segundo.

Ou seja, além de demorar mais para exibir uma configuração fingida da musculatura facial (que aumenta o risco de detecção) e de gerar elementos fisionômicos artificiais facilmente identificáveis (como o sorriso fingido das fotografias), mentir acarreta também o custo importante da revelação do verdadeiro estado emocional por meio das microexpressões faciais que antecedem as expressões antagônicas simuladas, voluntariamente articuladas pela intenção consciente de enganar. Tais microexpressões brotam espontaneamente de nosso sistema límbico e são acompanhadas do que Ekman chamou de *microgestos*, que são ensaios breves de gestos, cujos impulsos são contidos antes que se desenvolvam. A equipe de Ekman registrou as microexpressões e os microgestos com a repetição em câmera lenta, às vezes quadro a quadro, dos registros em vídeo dos experimentos realizados. É importante notar que o receptor das mensagens nem sempre detecta conscientemente a mentira, pois microgestos e microexpressões são tão breves, que, muitas vezes, são processados inconscientemente; em contrapartida, podem afetar o julgamento e as preferências do interlocutor, constituindo talvez um substrato importante do que chamamos de intuição, no aspecto dos sentimentos de antipatia ou desconfiança.

> O processamento da linguagem parece interferir na capacidade de detectar mentiras.

O processamento da linguagem parece interferir na capacidade de detectar mentiras. Sujeitos afásicos (com déficits no processamento da linguagem, em função de uma lesão no hemisfério esquerdo) apresentam maior percentual de acertos no reconhecimento de engodo, segundo estudo feito por Ekman em associação com a psicóloga evolucionista Nancy Etcoff. Afásicos assistiram ao vídeo do experimento com as estudantes que tentavam dissimular as emoções, acertando em 60% das vezes, mais do que os 50% da média das pessoas normais (Ekman, 2001). Esse resultado é intrigante, pois os afásicos compreendem apenas palavras em separado, tendo grandes prejuízos na capacidade de entender o nexo global de frases inteiras. Ou seja, apesar de os sujeitos não entenderem o que estava sendo dito, reconheceram mais precisamente as mentiras, em uma experiência subjetiva de reconhecimento imediato e intuitivo. Nesse caso, conforme a teoria do novo inconsciente, somente o produto das operações torna-se consciente, o que aponta para o papel do processamento inconsciente na detecção do engodo.

Ao mapear os circuitos neurais envolvidos no engodo, entendemos melhor o papel do processamento consciente e inconsciente na gênese desse comportamento. Em um estudo utilizando ressonância magnética funcional, a tarefa dos sujeitos era a de mentir ao se deparar com a carta de baralho que já haviam visto anteriormente. Quando negavam que tinham visto a carta, a mentira aumentava a atividade dos neurônios das regiões do córtex pré-frontal e do giro do cíngulo anterior, sendo o primeiro associado à inibição e o segundo, ao direcionamento da atenção e ao controle dos impulsos, faculdades necessárias para que o cérebro possa impedir o surgimento da verdade.

Outros pesquisadores mediram o tempo de reação dos sujeitos quando se perguntava a eles se conheciam certos fatos, concluindo que a demora para apertar o botão respondendo à pergunta era de meio segundo para a resposta sincera, enquanto as respostas mentirosas requeriam maior processamento, levando o dobro do tempo, mais de um segundo. A resposta continuava lenta mesmo quando os sujeitos eram instruídos e treinados a apertar o botão o mais rápido possível (Kraft, 2004). Mentir, portanto, requer mais processamento do que falar a verdade e, dessa forma, consome mais tempo, elemento que pode ser uma pista crucial para a detecção do engodo. O autoengodo eliminaria o custo da mentira ao construir uma versão consciente distorcida, sustentada prontamente e com convicção.

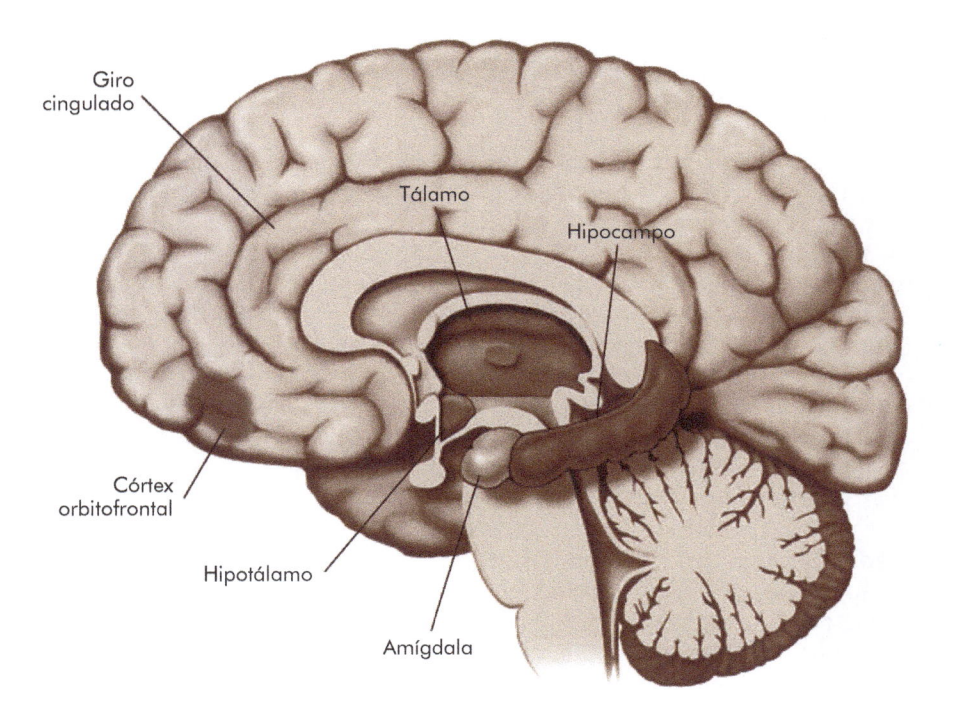

FIGURA 6.1 O sistema límbico contém estruturas que avaliam e respondem a estímulos emocionalmente relevantes. As duas estruturas fundamentais para o processamento emocional são a amígdala (que organiza a percepção e resposta a estímulos ameaçadores), e o córtex orbitofrontal (que pode modular a excitação da amígdala através de sua capacidade inibitória).

7
Autoengano

AUTOENGANO: AS VANTAGENS DE ENGANAR A SI MESMO

> Há um modo de descobrir se um homem é honesto: pergunte a ele; se ele responder sim, você sabe que é desonesto.
>
> Mark Twain

O modelo do novo inconsciente encontra um suporte importante no estudo da evolução e da neurobiologia do conjunto de dispositivos mentais que tem como meta principal editar a narrativa consciente autobiográfica, manipulando a versão que o sujeito tem de sua trajetória de vida e dos acontecimentos. Esse conjunto de dispositivos é denominado de autoengano e ainda é pouco conhecido em seus detalhes. O autoengano foi definido por Smith (2006, p. 12) como "qualquer processo ou comportamento mental cuja função é ocultar informações da mente consciente de uma pessoa". Proponho uma ampliação desse conceito, visto que tal definição ainda é restrita diante da abrangência dos fenômenos envolvidos.

Uma definição mais compatível com o modelo do novo inconsciente abarcaria dentro dos mecanismos de autoengano qualquer processo ou comportamento mental cuja função seja distorcer informações e interpretações usadas na construção de uma narrativa autobiográfica consciente não corroborada pelas evidências objetivas da realidade. Nessa definição que proponho, o conceito passa a contemplar não somente a ocultação, como também o acréscimo de informação e qualquer tipo de distorção em sua interpretação.

O autoengano, dessa forma, passa a abranger uma ampla classe de processos inconscientes, alguns já reconhecidos em diferentes referenciais de teorias psicoterápicas e muitos outros que a pesquisa relativa ao modelo do novo inconsciente identificará no futuro. Examinaremos na Parte III deste livro as abordagens psicoterápicas que foram pioneiras na investigação do autoengano, cujos dispositivos incluem, por exemplo, os mecanismos de defesa da psicanálise, os deveres e as exigências irracionais propostos por Karen

Horney em sua teoria neopsicanalítica e as distorções cognitivas descritas por Aaron Beck e Albert Ellis nas teorias das terapias cognitivas.

Muitos dos subterfúgios mentais foram descritos por Freud e sua filha Anna, particularmente nos chamados *mecanismos de defesa* psicodinâmicos, embora a descrição pioneira tenha vindo acompanhada de explicações emaranhadas na metateoria psicanalítica. O autoengano integra de forma importante o modelo do novo inconsciente e fornece explicações alternativas, baseadas no conhecimento corrente em teoria de evolução e neurociências.

Segundo aponta Smith, o autoengano tem sido um enigma para a filosofia e para a psicologia há mais de 2 mil anos. A visão comum associa esse comportamento com medo, culpa ou loucura, e muitos pensadores chegam a negar a existência de um comportamento tão paradoxal. A visão cartesiana de mundo, um conjunto de crenças equivocadas sobre a natureza humana, postula que a mente é *integralmente consciente*, e que a introspecção é o único método necessário para o autoconhecimento, sendo impossível estarmos enganados em relação ao que acontece em nosso mundo interior – ou seja, sempre sabemos o que fazemos e estamos conscientes de nossas motivações.

Tal visão foi dominante até Freud, que trouxe contribuições importantes ao propor que a atividade mental é essencialmente inconsciente, e que a consciência é uma miragem produzida pelo processamento inconsciente, editada por uma série de filtros cognitivos que tornam nosso relato subjetivo por meio da introspecção repleto de autoengano.

> A teoria de Freud sobre os mecanismos de defesa, a ideia de que excluímos informações a respeito de nossos próprios desejos de nossa mente consciente para evitar que tenhamos conhecimento de conflitos psicológicos perturbadores, foi, provavelmente, a mais influente explicação já proposta acerca do autoengano. (Smith, 2006, p. 52)

As ideias de Freud sobre a mente tornaram-se tão entranhadas em nossa cultura popular e acadêmica, que são comumente tomadas como a única teoria possível sobre o processamento inconsciente e sobre o autoengano. Apesar de sua popularidade, não foram coletadas evidências que possam sustentá-la, e seus pressupostos não se enquadram em uma perspectiva biológica evolutiva do animal humano (Smith, 2006) ou no conhecimento atual em neurociências. A metateoria psicanalítica pode ser vista como um conjunto de hipóteses sobre o autoengano que construiu uma mitologia influente, mas equivocada, sobre o funcionamento mental inconsciente. Embora existam algumas observações válidas na obra de Freud, a teoria psicanalítica como um todo encontra sérias objeções no meio científico.

> A metateoria psicanalítica pode ser vista como um conjunto de hipóteses sobre o autoengano que construiu uma mitologia influente, mas equivocada, sobre o funcionamento mental inconsciente.

O biólogo evolucionista Robert Trivers (1971) propôs a mais aceita e conhecida teoria *científica* sobre o fenômeno do autoengano (*self-deception*), que pode ser um dos importantes alicerces para a compreensão da evolução dos mecanismos que tecem, em nossa mente consciente, uma *narrativa* cheia de falhas e distorções, mantendo parte dos conteúdos mentais fora da consciência. Segundo argumenta Trivers (1971, 1985, 2002), durante a evolução, em muitas ocasiões os animais sociais são beneficiados por conseguir enganar os outros – como vimos, existem vantagens para os sujeitos que fazem isso eficazmente, sem serem detectados. Humanos mentem e tentam enganar uns aos outros a todo o momento, muitas vezes saindo em vantagem, tanto no passado evolucionário como no ambiente atual, caso não sejam de fato descobertos.

No entanto, se mentimos conscientemente, sinais não verbais sutis podem denunciar que existe um acobertamento das verdadeiras intenções. As expressões faciais, por exemplo, são de difícil simulação sem talento e treinamento exaustivo. A face humana é a mais complexa do reino animal em versatilidade expressiva – contamos com diversos músculos faciais cujo padrão de contração desenha o semblante, levando o observador a inferir um estado emocional determinado, uma *teoria da mente* do outro. O psicólogo Paul Ekman e sua equipe estudam, faz mais de 40 anos, as expressões faciais das emoções. Trabalhando em conjunto com Friesen (Eckman e Friesen, 1975), Eckman criou uma classificação das expressões faciais baseada na anatomia dos músculos do rosto, procurando identificar cada movimento que podia ser configurado. O resultado foi a descoberta de 43 movimentos básicos que foram chamadas de *unidades de ação* (U.A.). A expressão de felicidade, por exemplo, é a combinação das U.A. números 6 e 12, ou seja, a contração dos músculos que erguem as bochechas (*orbicularis oculi* e *pars orbitalis*) em combinação com o zigomático maior, que puxa para cima os cantos dos lábios.

Ekman e Friesen apresentaram todas as combinações possíveis entre as U.A. e as regras para lê-las e interpretá-las no *Sistema de Codificação Facial* ou FACS (Ekman e Friesen, 1978). Nesse sistema, são descritos detalhes como os movimentos possíveis com os lábios (alongar, esticar, encolher, estreitar, alargar, achatar, projetar e endurecer), as distinções sutis entre *rugas infraorbitais* e *ruga nasolabial*, ou as quatro mudanças possíveis da pele entre os olhos e as bochechas (saliências, bolsas, olheiras e linhas), por exemplo. O sistema FACS é tão complexo, que são necessárias semanas de treinamento intensivo para dominá-lo, e somente cerca de 500 profissionais em todo mundo foram certificados para usá-lo em pesquisas.

Existem diferenças sutis entre expressões faciais de emoções autênticas e simuladas. As emoções genuínas de raiva, tristeza e medo mobilizam músculos que não podem ser controlados voluntariamente (Ekman, 1975, 1984; Ekman e Friesen, 1975; Damásio, 2000; LeDoux, 1997). Um sorriso espontâneo, também chamado de "aberto", é comandado por circuitos do sistema límbico entre outros componentes, enquanto um sorriso social forçado é governado por comandos neurais do córtex cerebral sob controle voluntário do sujeito. Ekman chamou essa expressão facial de *sorriso Duchenne*, uma homenagem ao neurologista do século XIX Guillaume Duchenne, o qual documentou de forma pioneira os movimentos faciais. O sorriso aberto difere do "sorriso amarelo" forçado por exibir os dentes superiores e inferiores, enquanto o sorriso fingido exibe apenas os inferiores (Ekman, 1975). A tentativa de esconder o verdadeiro estado emocional pode ser traída por pistas não verbais como estas.

Os grandes atores têm dois caminhos para elevar a simulação das emoções ao *status* profissional (Pinker, 1998): ou controlam obstinada e atleticamente cada músculo envolvido na configuração característica da emoção, ou seguem a escola de Konstantin Stanislavsky, que sugere o uso da recordação de alguma experiência emocional semelhante vivenciada pelo ator, que deve então evocá-la com vigor, de tal modo que isso produza, como resultado, o semblante desejado. Ou seja, um bom ator dessa escola procura realmente provocar em si mesmo o estado emocional condizente com o personagem, pois sua atuação tem maior credibilidade se apresentar os sinais não verbais e os aspectos observáveis das reações fisiológicas características da emoção em questão.

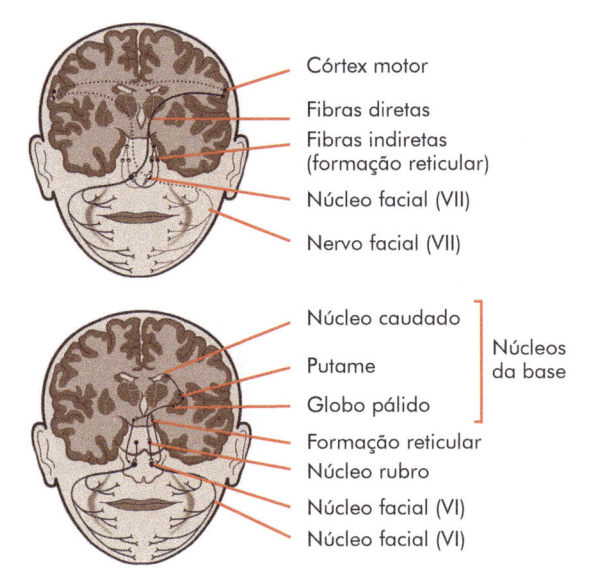

FIGURA 7.1 As vias neurais que controlam a expressão facial voluntária e espontânea são diferentes. (a) Expressões voluntárias que podem sinalizar intenção têm sua própria rede cortical em humanos. (b) As redes neurais da expressão espontânea envolvem circuitos cerebrais mais antigos, semelhantes aos dos chimpanzés.

Mentir gera ativação do sistema nervoso simpático, tensão muscular e ansiedade, e isso fornece pistas reveladoras de nosso estado emocional e de nossas intenções. Os equipamentos chamados de "detectores de mentira" se apoiam nos indicadores periféricos de tensão para supor que esteja ocorrendo uma mentira; nesse caso, as alterações da resposta epidérmica galvânica, as quais disparam quando o sujeito falta com a verdade. A tensão da mentira aumenta a atividade do sistema nervoso simpático, o que, por sua vez, aumenta a sudorese na palma das mãos. A sudorese nas mãos aumenta a condutância eletrogalvânica, que é registrada por meio de sensores conectados ao aparelho detector de mentiras.

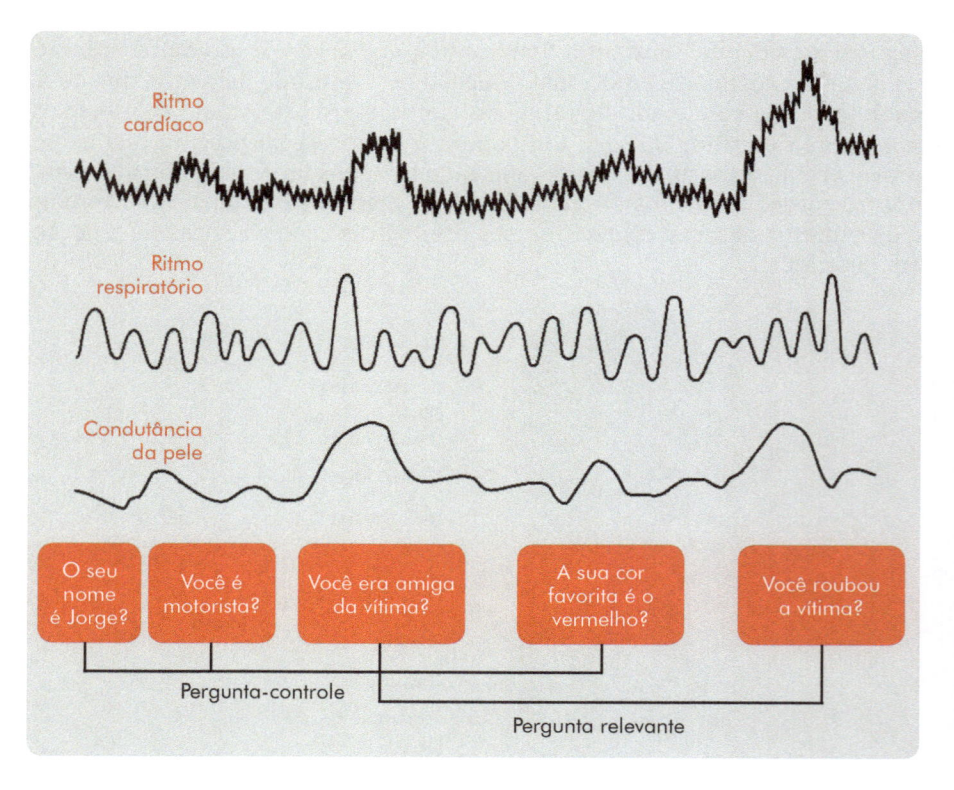

FIGURA 7.2 O polígrafo ou "detector de mentiras" mede a atividade do sistema nervoso autonômico em variáveis como respiração, condutância da pele (ou resposta eletrogalvânica de pele) e frequência dos batimentos cardíacos. Diferenças nessas reações autonômicas em respostas a perguntas relevantes, comparadas com perguntas-controle que não eram importantes, indicam excitação do sistema simpático que, por sua vez, pode indicar nervosismo por estar mentindo. No entanto, a excitação simpática às vezes ocorre devido a um nervosismo geral e assim indicar falsamente que a pessoa está mentindo.

Existem, contudo, pessoas que não sentem tensão ao mentir e mesmo aquelas que conseguem controlar suas reações a ponto de invalidar esse mecanismo de detecção, fato que levou ao não reconhecimento dessa técnica nos tribunais como prova cabal. Os psicopatas, criaturas sem sentimentos sociais e responsáveis pela maioria dos crimes violentos, são os maiores candidatos a fraudar os detectores de mentira, uma vez que não exibem culpa, remorso, ansiedade ou tensão ao mentir. Uma pessoa inocente, por sua vez, pode exibir sinais de tensão que poderiam ser confundidos com mentira.

O detector ou polígrafo talvez não seja um instrumento tão acurado na identificação de mentiras, mas mecanismos de detecção, com certeza, evoluíram em nosso cérebro, uma vez que a capacidade de perceber a dissimulação das verdadeiras intenções pode ter conferido enormes vantagens a nossos antepassados. Sabemos intuitivamente disso, pois, mesmo no ambiente atual, julgar o grau de sinceridade continua a ser elemento indispensável das relações humanas, e é fácil perceber o quanto a inoperância desse mecanismo pode ser prejudicial, levando os sujeitos menos hábeis (que rotulamos "ingênuos") a serem vítimas fáceis de trapaças e engodos.

Além disso, um mentiroso para ser eficaz deve ser coerente. Como falamos com muitas pessoas ao longo de períodos extensos de tempo, é grande a probabilidade de um enganador trair a si mesmo involuntariamente. Se não tiver boa memória, as inconsistências entre as várias versões apresentadas podem ser descobertas. A principal técnica empregada em situações de inquéritos para pegar mentirosos é apurar contradições no depoimento. Desse modo, mentir a si mesmo – o autoengano – impede qualquer contradição reveladora, uma vez que o sujeito apresenta sempre a mesma versão, aquela em que acredita, mesmo que esteja longe dos fatos objetivos.

CORRIDA ARMAMENTISTA

Trivers (1971, 1985, 2002) desenvolveu as implicações lógicas de sua teoria do autoengano mostrando que aconteceu na história evolutiva uma espécie de "corrida armamentista" (*arms race*) entre a capacidade de enganar e a de detectar o engodo. Podemos imaginar duas potências militares que competem com armamentos cada vez mais poderosos, sendo cada avanço bélico seguido de esforço compensatório na produção de armas ou dispositivos que superem o inimigo. Um novo e destrutivo míssil inimigo força o desenvolvimento de foguetes interceptadores velozes e eficazes, o que, por sua vez, força os engenheiros inimigos à escolha de uma velocidade ou trajetória que bloqueie a ação destes. O outro lado desenvolve então interceptadores mais velozes e de maior alcance, cujo produto final são armas extremamente poderosas. Sabemos que muitas estruturas e muitos comportamentos evoluíram instigados por uma corrida armamentista, como habilidades de caça de predadores e mecanismos de defesa de animais predados, para citar um exemplo bem conhecido.

Quando se trata de dissimular as verdadeiras intenções, a corrida armamentista equipou os cérebros de nossos antepassados com detectores de mentira cada vez mais poderosos, que competiram com cérebros que adotavam estratégias cada vez mais refinadas de enganar, e assim por diante. O argumento de Trivers (1971, 1985, 2002) é que mentir para si mesmo acaba sendo uma eficiente estratégia para driblar o equipamento de detecção dos outros. Mentimos para nós mesmos para mentir melhor para os outros – não podemos revelar nossas próprias intenções ocultas se elas também estão ocultas de nosso eu consciente. A mente consciente não é informada de atividades mentais que ocorrem no restante do cérebro, embora os produtos desses processos se materializem no comportamento. Uma parte inconsciente da mente sabe a verdade, mas a esconde da parte consciente – o que soa como o jargão psicanalítico, mas dessa vez temos o modelo do novo inconsciente com uma história evolucionária plausível, sustentada por evidências etológicas, antropológicas e neurobiológicas.

> Mentimos para nós mesmos para mentir melhor para os outros – não podemos revelar nossas próprias intenções ocultas se elas também estão ocultas de nosso eu consciente.

Avaliações de conflitos entre grupos rivais e de laços cooperativos dentro do grupo podem ter sido elementos importantes na corrida armamentista evolutiva que construiu um "módulo maquiavélico" em nosso cérebro (Smith, 2006). Psicólogos evolucionistas como Leda Cosmides (Cosmides et al., 2003; Price, Cosmides e Tooby, 2002) sugerem que a mente humana possui um conjunto de programas específicos da espécie, o qual evoluiu para regular a cooperação intragrupo e o conflito intergrupo em nosso ancestrais caçadores-coletores. Quando ativados, esses programas induzem o sujeito a avaliações de situações que envolvem grupos rivais (*nós* contra *eles*) favoravelmente aos grupos de pertinência (*nós*) e contra grupos externos (*eles*). De especial interesse para o estudo do autoengano e da mentira, tais autores sugerem que um subconjunto desses programas é especializado para detectar alianças e trapaças: quem está aliado a quem, quem está enganando quem (Kurzban et al., 2001; Price, Cosmides e Tooby, 2002; Cosmides et al., 2003).

Somos particularmente propensos a mentir para nós mesmos quando existe necessidade de revisar algum aspecto de nossa autoimagem. O *feedback* corretivo que inevitavelmente recebemos de nossas relações sociais é, em geral, doloroso, e usamos vários estratagemas para escamoteá-lo. Todos têm na memória a experiência de rejeitar furiosamente um comentário que parece, a princípio, infundado e injusto. Mais tarde, um exame desapaixonado mostra que havia alguma verdade contida na observação, e justamente para impedir que esta venha à tona é que nos aplicamos tanto em desmerecer o fato ou em desqualificar o observador. Entram em ação vários *mecanismos de autoengano* que protegem a mente consciente de ver estilhaçado o modelo internalizado de si mesmo, a autoimagem. A busca de coerência nesse modelo do *self* governa em silêncio nossa percepção, nossa memória, nossa emoção e nosso comportamento, tecendo uma narrativa autobiográfica entremeada de autoengano.

AUTOENGANO E ALTRUÍSMO

Algumas das observações mais sagazes de Freud dizem respeito às inúmeras formas de autoengano que cometemos em nossa vida mental. A percepção consciente que temos sobre nossas intenções e sobre nossos desejos é distorcida por dispositivos de autoengano. Freud procurou demonstrar que muitas vezes somos impulsionados por motivos inconscientes torpes e mesquinhos, embora a representação consciente de nossas atitudes tenha um claro viés altruísta, pintando um quadro exageradamente benevolente, justo e digno de nós mesmos. Freud percebeu corretamente tal fenômeno e, em seu modelo de inconsciente dinâmico, dedicou grande atenção à sua análise. Embora sua descrição seja perspicaz, as explicações psicanalíticas podem ser substituídas por hipóteses derivadas da teoria do novo inconsciente inspiradas nos achados atuais em neurociência cognitiva e na teoria sintética da evolução.

Pesquisas recentes em psicologia cognitiva e neuropsicologia têm confirmado tal ideia. Várias evidências apontam para o fato de que o *self* não é neutro ou imparcial em sua observação do mundo. Apresentamos uma visão positiva a respeito de nós mesmos, superestimando nossas habilidades e nossos talentos, e nossa capacidade de atingir metas. Schacter (2003, p. 188), por exemplo, argumenta que as nossas lembranças autobiográficas sofrem do que denomina *distorções egocêntricas*, um conjunto de manobras que cercam a percepção do *self* de uma aura positiva. Essa tendência foi bem documentada pela psicóloga Shelley Taylor, reunindo vários estudos em seu livro *Positive Ilusions*, no qual mostra que o *self* distorce as experiências de vida de modo egocêntrico, exagerando a percepção consciente de nosso próprio valor (Taylor, 1991). Segundo Taylor (1991), em geral as pessoas tendem a notar com mais frequência traços positivos de personalidade em si mesmas, enquanto destacam os traços indesejáveis dos outros. Da mesma forma, os êxitos são assumidos pelo sujeito, enquanto os insucessos são atribuídos aos outros. Ou seja, a visão que temos de nós mesmos é repleta de autoengano, por isso nos percebemos sempre mais altruístas e colaborativos do que somos realmente.

> Apresentamos uma visão positiva a respeito de nós mesmos, superestimando nossas habilidades e nossos talentos, e nossa capacidade de atingir metas.

Qual a razão deste esforço inconsciente para parecer mais bondoso do que se é? Seria vantajoso ocultar de nossa mente consciente desejos egoístas, sentimentos mesquinhos e impulsos destrutivos? Para responder a essas questões, é necessário resumir a evolução histórica de uma das mais acaloradas discussões filosóficas e científicas (Ridley, 2000; Sober e Wilson, 1998; Shermer, 2004). Desde os primórdios da filosofia, pensadores têm debatido sobre a natureza humana, com Aristóteles, Thomas Hobbes, Jean-Jacques Rousseau e muitos outros argumentando sobre o papel da bondade e do altruísmo na espécie humana e sobre as contribuições relativas da natureza e do ambiente na gênese desses comportamentos.

Com a teoria de evolução de Charles Darwin, o debate passa a ser travado em termos de modelos científicos (Ridley, 2000). Como conciliar a noção de seleção natural com o altruísmo? O próprio Darwin arriscou algumas hipóteses como a *seleção de grupo* para explicar a evolução da cooperação humana. Segundo ele, a colaboração entre os membros da tribo faria com que ela vencesse a maioria das outras, e assim o mecanismo se difundiria por seleção natural, criando valores morais de fidelidade e solidariedade nos membros do grupo.

8
Evolução da moralidade

O GENE EGOÍSTA

Darwin não desenvolveu muito a noção de seleção de grupo, concentrando-se mais na seleção do indivíduo. Inicialmente, a ideia de seleção de grupo foi usada de forma ingênua, gerando explicações pouco verossímeis sobre o comportamento. Na primeira metade do século passado, o conhecimento sobre genética foi unificado com a teoria da seleção natural, dando origem ao que os biólogos chamaram de *teoria sintética da evolução*. A seleção de grupo como mecanismo da evolução foi pouco a pouco perdendo sua credibilidade, sobretudo a partir dos anos de 1960, com o trabalho de cientistas como Edward O. Wilson, Richard Dawkins, Willian Hamilton, George Williams e Robert Trivers. Cada um desses teóricos contribuiu para elucidar aspectos importantes da evolução do comportamento cooperativo, enfatizando a seleção no plano da genética e do indivíduo.

Edward O. Wilson, em seu livro *Sociobiology: The New Synthesis* (1975) apresenta a proposta de fundir a ecologia e a etologia, fundando a disciplina da sociobiologia, uma tentativa de explicar o comportamento social de animais e humanos com base na biologia evolutiva, mais especificamente no neodarwinismo. Um dos principais focos da sociobiologia foi explicar a evolução do comportamento altruísta. Wilson calculou que a seleção natural havia formado a sociedade humana, e, como consequência, os comportamentos sociais dos homens sofrem forte influência genética.

No último capítulo de seu livro, Wilson traçou um inventário dos comportamentos humanos de dois modos. O primeiro foi comparar os comportamentos compartilhados pelos homens e pelos demais primatas, em especial a dominância nos grupos sociais. O outro modo de observação consistia em examinar quais os traços humanos universais, encontrados em todas as sociedades humanas. Wilson analisou a aptidão para a troca de bens materiais ou aptidão para o escambo como sendo um dos traços universais das sociedades humanas. Esse pesquisador desenvolveu sua argumentação a partir do altruísmo recíproco, no qual o altruísmo entre indivíduos não aparentados poderia ser lucrativo em termos darwinistas (gerando maior número de descendentes), com a condição de que os indivíduos ao se ajudarem mutuamente (em detrimento de uma vantagem imediata) tenham a oportunidade de pagar na mesma moeda. Trivers (1971) foi levado a defender essa teoria ao supor que a seleção natural favoreceu os genes que permitem o reconhecimento dos indivíduos capazes de reciprocidade em detrimento dos trapaceadores.

Dawkins resumiu ideias sociobiológicas no *best-seller* (publicado nos anos de 1970) *O gene egoísta*, no qual argumenta que genes competem entre si para serem selecionados, vencendo aqueles que se replicam mais. Os genes que fazem seu organismo portador sacrificar seus recursos em prol dos outros seriam eliminados pela seleção natural. Esse raciocínio implacável aparentemente não deixa muito espaço para o altruísmo. No entanto, mesmo seguindo rigorosamente essa lógica, os genes que favorecem uma tendência comportamental altruísta poderiam prosperar se, de alguma forma, tal comportamento aumentasse a replicação desses genes na próxima geração. Insetos sociais como as abelhas são extremamente altruístas, o que se deve a seus genes egoístas que lutam pela replicação por meio do investimento nas irmãs. As abelhas apresentam um sistema chamado pelos biólogos de haplodiploide, no qual os machos nascem por partenogênese e são haploides, enquanto as fêmeas nascem por fecundação como diploides, assim apresentando 100% do material genético oriundo do macho e 50% do material genético proveniente da fêmea. Isto resulta em 75% dos seus genes compartilhados com as irmãs e em somente 50% com seus filhos. Portanto, vale mais a pena investir no cuidado com as abelhas-irmãs de sua colmeia e na própria abelha rainha, pois o saldo em termos de genes que se replicam na geração seguinte é, assim, bem superior.

Hamilton contribuiu com o conceito de *seleção de parentesco*, chamando a atenção para o fato de que nossos parentes carregam nossos genes – ou, pelo menos, metade deles no caso de pais ou filhos, ou um quarto no caso de avós, primos, sobrinhos e tios (na realidade, compartilhamos cerca de 90% do genoma, sendo nesse caso considerados apenas os genes que variam na espécie humana). Ou seja, colaboramos com parentes, de acordo com a hipótese da seleção de parentesco, pois assim nossos genes prosperam, replicando-se na próxima geração.

> A seleção natural teria desenhado em nosso cérebro circuitos neurais especializados em avaliar o grau de parentesco e investir recursos de acordo com essa avaliação.

Os sentimentos relacionados à compaixão, empatia, solidariedade, entre outros, teriam sido selecionados com um viés favorável a parentes, e a seleção natural teria desenhado em nosso cérebro circuitos neurais especializados em avaliar o grau de parentesco e investir recursos de acordo com essa avaliação. Estudos sobre violência doméstica reforçam tal ideia, trazendo evidências de que existe claramente mais agressão entre pessoas não aparentadas entre si do que entre aquelas que partilham genes – a probabilidade de um enteado ser morto por um padrasto ou madrasta é 100 vezes maior (10.000%) do que a chance de um filho ser morto pela mãe ou pelo pai (Daly e Wilson, 1988).

Para Hamilton, o sucesso reprodutivo de um indivíduo ou *aptidão direta* é representado pela soma de seus descendentes diretos e daqueles parentes que, em função da ajuda desse indivíduo, conseguiram sobreviver (*aptidão indireta*). A soma da aptidão direta mais a indireta é a *aptidão abrangente*. Para a colaboração com o parente ser vantajosa, no balanço geral, os custos devem ser menores do que os benefícios, ou seja, deve ocorrer um aumento da aptidão abrangente com o comportamento altruísta. O grau de parentesco é indicado pelo *coeficiente de parentesco* (***r***), um número que varia entre 0 e 1 e que expressa a quantidade de genes comuns entre os indivíduos. O coeficiente de parentesco (***r***) de um filho ou irmão é 0,5, o de um gêmeo idêntico, 1,0, enquanto primos e netos têm um ***r*** = 0,25, e marido ou esposa tem coeficiente de parentesco 0. Axelrod e Hamilton (1981) propuseram a chamada "Regra de Hamilton", a equação ***rb*** > ***c***, na qual ***r*** representa o *coeficiente de parentesco* entre os indivíduos envolvidos na cooperação, ***b*** expressa o *benefício* para o recipiente e ***c*** representa o *custo* para o doador.

Em termos mais simples, a Regra de Hamilton sugere que temos maior tendência a ajudar indivíduos geneticamente aparentados (ou seja, nepotismo) ou agir assim em situações em que nos custa pouco ajudar, mas nas quais temos grande chance de uma boa retribuição pelo gesto. Sem o saber, somos calculistas frios em nosso investimento de tempo, energia ou recursos em relação aos outros, pois sustentamos representações conscientes que mais se parecem com racionalizações de nossos motivos ocultos, enquanto somos levados por torrentes subterrâneas de computação inconsciente que modulam estrategicamente nossa generosidade.

ALTRUÍSMO RECÍPROCO

Robert Trivers (1971, 1985, 2002), em sua teoria do *altruísmo recíproco*, sugere um mecanismo muito mais amplo de regulação social que envolve ajuda mútua e troca de favores entre pessoas sem parentesco – tendemos a ajudar mais a quem tem probabilidade de nos ajudar no futuro, especialmente em situações em que o benefício é grande para o outro, enquanto o custo da ajuda é pequeno para nós. No ambiente ancestral onde vivíamos em tribos de caçadores-coletores, o trabalho de equipe em atividades de caça favoreceu os indivíduos colaborativos, particularmente na generosidade da partilha da carne. Na ausência de meios de estocagem adequados, a melhor estratégia de sobrevivência era dividir a carne obtida nos dias de fartura e ter a retribuição em um dia de escassez.

> O altruísmo recíproco pode ter sido uma das forças evolutivas que introduziram um complexo sistema de recompensas e punições sociais nos grupos humanos.

O altruísmo recíproco pode ter sido uma das forças evolutivas que introduziram um complexo sistema de recompensas e punições sociais nos grupos humanos. A *reputação* do indivíduo passa a ser crucial para o sucesso reprodutivo. A divisão social da carne, por exemplo, imprimia melhor reputação aos caçadores habilidosos, subindo sua posição hierárquica e, por conseguinte, a facilidade com que arranjava parceiras sexuais, assim replicando seus genes altruístas.

Como vimos, os argumentos de cientistas brilhantes como Wilson, Dawkins, Hamilton e Trivers ajudam bastante a elucidar os mecanismos evolutivos do altruísmo e as condições ecológicas nas quais um comportamento generoso e colaborativo poderia ser lucrativo. No entanto, a visão geral desses autores é de um altruísmo frio e calculista, em que os genes constroem sistemas neurais que computam, de forma inconsciente, a relação custo/benefício da ajuda, investindo naquelas interações que aumentariam a probabilidade dos genes ou de seus indivíduos portadores se reproduzirem – fazer o bem aos outros seria, portanto, uma forma de egoísmo disfarçada, uma estratégia indireta para a replicação dos genes.

SELEÇÃO DE GRUPO

Mais recentemente, outros cientistas têm apontado que existe também a ajuda desinteressada, fenômeno chamado pelos pesquisadores de *altruísmo forte* ou verdadeiro (Fehr e Renninger, 2005). Esse termo é reservado para aquela colaboração dirigida às pessoas sem laços genéticos (eliminando a *seleção de parentesco* de Hamilton) que ocorre mesmo sem qualquer perspectiva de algum retorno (eliminando o *altruísmo recíproco* de Trivers). Um exemplo seria ajudar pessoas sem nenhum parentesco em um país distante, para o qual provavelmente nunca se vai retornar. No entanto, ainda assim, essa característica de generosidade poderia perfeitamente ser produto residual do altruísmo recíproco, um traço adaptado a um contexto caçador-coletor, mas remodelado em um mundo atual globalizado. Além disso, ajudar uma pessoa distante pode aumentar seu valor no grupo, mostrando o quão cooperador você é, ou seja, um ótimo parceiro(a) para conviver, no melhor estilo do *toma lá, dá cá*.

Apesar da predominância do enfoque adaptacionista, baseado na obra clássica de Williams (1966), a *seleção de grupo* tem sido evocada por alguns autores (ver, por exemplo, os excelentes livros organizados por Hammerstein, 2000; Bloom, 2000; Keller, 1999) para explicar a evolução desse tipo de altruísmo. Uma linha de pesquisa utilizada nessa abordagem é a construção de modelos de simulação computadorizada, nos quais se estudam as condições que fazem prosperar estratégias colaborativas ou competitivas. Sober e Wilson (1998) defendem a ideia de uma *seleção em múltiplos níveis* em seu livro *Unto Others*, argumentando que a seleção individual coexiste com a de grupo, às vezes exercendo pressões em direções opostas. Nas simulações realizadas pelos pesquisadores, a proporção de altruístas e egoístas em um grupo é uma variável crucial para definir se uma dessas estratégias será bem-sucedida ou fracassada. Grupos com mais altruístas prosperam e reproduzem-se mais, o que favorece a estratégia colaborativa. No entanto, as simulações apontam também que, quando um grupo colaborativo é invadido por egoístas, ocorre um massacre, sendo a exploração, nesse contexto específico, mais adaptativa.

Para tentar responder a este problema, John Maynard Smith (1972) utilizou a teoria dos jogos, partindo da observação de especialistas em comportamento animal, na qual, durante uma luta (por um recurso alimentar ou por uma fêmea, por exemplo), muitas vezes, o combate não prossegue até a morte do adversário. Nesse caso, a luta obedece a uma ritualização, e infringem-se apenas ferimentos leves, sendo que o vencedor A toma o poder do recurso e o vencido B foge. Se em um encontro posterior B poderia vir a vencer, por que razão, em um mundo darwinista, A simplesmente não matou o adversário, assegurando de uma vez por todas a vitória?

Com base em modelos matemáticos, Smith (1972) afirma que a cooperação altruística não é a única maneira de prever renúncias. Utilizando a teoria matemática dos conjuntos, esse autor pôde demonstrar que, em uma população em que os indivíduos entram em competição dois a dois, a seleção natural favorecerá, a longo prazo, a existência de dois tipos de comportamentos, determinados geneticamente na população: um do tipo falcão (que conduz o combate até infligir graves ferimentos ou a morte a seu adversário) e outro do tipo pombo (que se limita a uma forma ritualizada de combate). Dessa maneira, pombos ganham moderadamente em eficácia darwinista quando se enfrentam dois a dois, e falcões perdem muito nesse plano. Eles só ganham muito quando estão diante de um pombo. Nunca podem, contudo, tornar-se maioria na população, pois, quanto maior seu número, mais chances têm de se verem confrontados com falcões em seus combates. Perderão, portanto, muito de sua eficácia em termos de estratégia, a ponto de pombos, ao se confrontarem dois a dois, poderem assegurar um ganho maior que falcões.

A instabilidade evolucionária da estratégia puramente altruísta pode estar circunscrita por uma estratégia de altruísmo "condicionado". Axelrod (1984), utilizando um programa de computador que simula a teoria dos jogos, no qual os estrategistas confrontavam suas estratégias em repetidas disputas, demonstrou que a estratégia que "venceu" o jogo, a partir do somatório de pontos ganhos em cada embate particular, foi bastante simples, ao que chamou de *tit for tat*, ou seja, a tradicional estratégia popular *toma lá, dá cá*.

Ela inicia por cooperar. Entretanto, quando o oponente deserta, a estratégia *toma lá, dá cá* deserta também. Se depois ou desde o início o oponente começa cooperando, a estratégia *toma lá, dá cá* reciprocamente irá cooperar.

As características da estratégia *toma lá, dá cá* podem ser resumidas da seguinte forma:

1. Ela nunca será a primeira a desertar.
2. Ela é provocada, ou seja, se o oponente deserta, sofrerá retaliações com a deserção também.
3. Ela é "indulgente": quando o oponente coopera, a estratégia esquece as deserções prévias e também coopera (Heylighen, 1992; Axelrod e Hamilton, 1981).

Ou seja, de acordo com esse modelo, a cooperação é lucrativa se retribuída, e vale a pena tentar colaborar, desde que se retalie em caso de não ocorrer a retribuição. Tais pressões seletivas devem ter desempenhado um papel importante na evolução do sentimento de vingança e na motivação para punir aqueles que não retribuem.

> A organização neurobiológica do cérebro humano foi esculpida por pressões seletivas que construíram circuitos motivacionais preparados para lidar com trocas sociais.

PRAZER EM PUNIR

A cooperação pode ser lucrativa se ocorre retribuição, e a organização neurobiológica do cérebro humano foi esculpida por pressões seletivas que construíram circuitos motivacionais preparados para lidar com trocas sociais. Um estudo de neuroimagem realizado por Rilling e colaboradores (2002) mostrou que a cooperação mútua é intrinsecamente prazerosa, pois leva à ativação de áreas cerebrais associadas a processos de recompensa, como determinadas porções do *córtex frontal*, o *núcleo accumbens* e o *núcleo caudato*. Os pesquisadores verificaram que não são somente recompensas comuns que estimulam dessa maneira tais áreas. Estudos-controle realizados em situações nas quais não ocorria uma relação cooperativa, mas eram ministrados prêmios em dinheiro, demonstraram que tais áreas não foram ativadas (Rilling et al., 2002).

No entanto, se a cooperação não tem retribuição, pode impor enormes custos nas interações sociais, daí a importância de identificar e punir os trapaceiros. Os antropólogos Boyd e Richerson (2000) acreditam que a punição do comportamento egoísta impediu a proliferação de exploradores nos grupos sociais primitivos, pois os custos infligidos faziam com que estes migrassem ou imitassem o comportamento colaborativo predominante. Pesquisas com pigmeus africanos mostraram que a pior punição para os indivíduos dessas populações é o afastamento do acampamento, o que na floresta é quase uma sentença de morte. É claro que outro bando pode aceitar o desertor, mas sua reputação certamente dificultará tal empreitada (Cavalli-Sforza e Cavalli--Sforza, 2002).

Para Boyd e Richerson (2000), a organização tribal social evoluiu por meio de uma espiral de mudanças coevolucionárias entre genes e cultura. À medida que as tribos foram aumentando de tamanho e complexidade, com uma divisão de trabalho mais especializada, a colaboração passou a ser necessária em âmbito maior do que a família, e instituições cooperativas rudimentares favoreceram os genótipos mais colaborativos e seguidores das normas sociais. Os egoístas que não eram capazes de evitar punições por descumprir o contrato social tinham menos probabilidade de sobreviver – a não ser que trapaceassem, convencendo os outros de que eram colaborativos.

Encontramos evidências sobre a evolução desse comportamento nas observações do primatologista Frans de Waal, que nos remetem aos primitivos rascunhos de sentimentos morais em primatas não humanos. O pesquisador e sua colaboradora Sarah Brosnan (Brosnan e De Waal, 2003) treinaram pares de macacos capuchinhos marrons para trocarem fichas por comida, e normalmente os animais trocavam uma ficha por um pepino. No entanto, a observação de outros macacos em situações de "injustiça" deixava os animais revoltados. Ao observar outro macaco ser recompensado sem entregar a ficha ou receber uma passa de uva (o que é equivalente a uma iguaria) em vez do modesto pepino pela entrega de uma ficha, o macaco injustiçado rebelava-se em 4 de cada 5 casos, ou jogando o pedaço de pepino para fora da jaula, ou se recusando a entregar sua ficha, ou mesmo jogando-a com arrogância no pesquisador.

O primatologista Marc Hauser fez uma observação notável em suas pesquisas com macacos Rhesus (*Macaca mulatta*), realizadas em uma colônia com 900 desses animais na pequena ilha de Caya Santiago, em Porto Rico. Quando um macaco descobre comida, depois de uma inspeção no ambiente, emite, em geral, um chamado para os outros, que logo aparecem para dividir o alimento. No entanto, Hauser observou que alguns macacos mantinham-se em silêncio e comiam antes de chamar os outros. Esses animais mostravam sinais de apreensão e vasculhavam o ambiente para verificar se não estavam sendo observados. O primatologista descreve ainda que, quando os mentirosos são pegos em flagrante, são agressivamente atacados e feridos pelos membros da comunidade que tentavam enganar (Hauser, 1997).

O jogo de trocas sociais pode, caso percebamos injustiças, desencadear reações emocionais como revolta, indignação e ressentimento. Segundo Price e colaboradores, existe uma espécie de "senso de justiça" abrigado nos circuitos do cérebro, sensível às situações de trapaça (Price et al., 2002). Existiria um *módulo mental especializado* para a detecção de trapaceiros, que, em situações de injustiça, ativaria um sentimento punitivo. Punindo os trapaceiros, impede-se que eles alcancem os benefícios e as vantagens de "pegar carona" (que alguns pesquisadores chamam de comportamento *free-rider*) nos empreendimentos resultantes de ações coletivas.

Pesquisas recentes têm apontado que o impulso para punir os trapaceiros está enraizado na neurobiologia de nosso cérebro – os mecanismos dopaminérgicos de recompensa cerebral são ativados quando punimos alguém que trapaceia em um jogo (Shermer, 2004). Em outros experimentos (Ferh e Renninger, 2005; Sigmund, Ferh e Nowak, 2002), os participantes "pagam", com o dinheiro que poderiam retirar ao final da experiência, para punir os violadores das regras estabelecidas no jogo. Se enganar os outros é vantajoso em certas condições, ser descoberto trapaceando pode ser altamente custoso. Os mecanismos de autoengano podem ter evoluído para aumentar a eficácia da trapaça, ocultando os sinais faciais e corporais reveladores de uma determinada condição emocional e evitando, assim, os custos da punição.

Tal cenário evolutivo aponta para a necessidade da existência e do seguimento de regras para estruturar o comportamento dos membros de um grupo. A punição aos transgressores ajuda a garantir a obediência às regras em uma sociedade. Como observa Smith (2006, p. 138),

> a menos que exista uma crise, como um ataque de um inimigo comum, que crie um propósito transitório de unidade, as diferenças genéticas criam inevitavelmente tensões que levam a conflitos por causa da aquisição de recursos, domínio, sexo, etc. A ausência de regras sociais daria, portanto, carta branca à coerção, manipulação e violência interpessoal sem obstáculos, em detrimento de todos. É apenas limitando os interesses individuais que os sistemas sociais humanos podem ser sustentados.

> A mente humana foi projetada para adotar uma postura cínica em relação às regras sociais.

A mente humana foi projetada para adotar uma postura cínica em relação às regras sociais, pois se por um lado elas nos protegem dos egoístas e nos trazem boa reputação (se convencemos os outros de que as seguimos), por outro lado, restringem a expressão de nossos interesses exploradores. A melhor estratégia para lidar com essa ambivalência talvez tenha sido adotada pela evolução: ocultar da mente consciente as manobras egoístas.

> Proclamamos piamente que os membros de nosso grupo de referência (classe, raça, nação, e assim por diante) são "boas" pessoas para convencê-las a manter suas inclinações egoístas sob controle; assim, teremos bastante espaço para exercer as nossas. Para conseguir isso, a maioria de nós se ilude acreditando que tem um profundo compromisso com a ética da equidade para todos. (Smith, 2006, p. 139)

9
Ilusões morais

AS ILUSÕES MORAIS E O NOVO INCONSCIENTE

O psicólogo Jonathan Haidt (2002) sistematizou as emoções que integram o senso moral humano, utilizando a teoria do altruísmo recíproco como suporte. Emoções como raiva, desprezo e repulsa evoluíram para impulsionar o sujeito a *punir os trapaceiros*. A gratidão e a reverência moral *reforçam o comportamento altruísta*. A solidariedade, a compaixão e a simpatia *impelem ao altruísmo*, enquanto a culpa, a vergonha ou o embaraço pressionam para *evitar trapacear* ou corrigir os resultados da trapaça. Podemos agrupar essas emoções em duas categorias básicas: as reforçadoras do altruísmo em si (solidariedade, compaixão, simpatia) e nos outros (gratidão) e as punidoras da trapaça em si (culpa, vergonha) e nos outros (raiva, desprezo, repulsa). Esse processamento emocional inconsciente ajudou a conduzir o comportamento de nossos ancestrais em uma direção que foi adaptativa no contexto social primitivo.

Podemos tomar consciência dos resultados das emoções que são processadas inconscientemente, pois eles são representados em nossa mente consciente por meio dos *sentimentos morais* (Damásio, 2004). O afloramento consciente de sentimentos morais, resultado do processamento emocional inconsciente, pode enviesar nosso sistema de crenças e impelir-nos a uma série de distorções cognitivas, verdadeiras *ilusões morais*, conforme documentou Haidt (2001, 2002) em uma sofisticada série de pesquisas. Acreditamos que nosso julgamento moral está baseado em uma consideração racional sofisticada, mas, na realidade, a não ser sob escrutínio e reflexão, somos guiados por sentimentos viscerais embutidos na organização neurobiológica do cérebro pela evolução.

> Somos guiados por sentimentos viscerais embutidos na organização neurobiológica do cérebro pela evolução.

Tais sentimentos direcionam a cognição consciente para elaborar justificativas e racionalizações (Haidt, 2001, 2002), distorcendo o conceito daquilo que é justo de forma conveniente, de maneira que, no final das contas, acabamos convictos de agir corretamente e estar no lado do bem.

As evidências sobre o cenário do ambiente ancestral, no qual os comportamentos complexos da mentira e do autoengano se aperfeiçoaram em uma longa corrida armamentista, sugerem que evoluíram na mente humana mecanismos psicológicos construídos pela seleção natural que nos possibilitam identificar pistas sobre alianças e trapaças. De acordo com o modelo do novo inconsciente, apesar de não representar conscientemente os resultados dessas computações inconscientes, nosso comportamento é influenciado e modelado pelas interpretações enviesadas que fazemos de coalizões e conflitos.

A teoria do novo inconsciente revela aspectos sombrios da mente. Como animais sociais, tendemos a favorecer nossos aliados e a denegrir grupos rivais, e a mentira e o autoengano são poderosos instrumentos de manipulação e persuasão. Conforme o modelo do novo inconsciente, sistemas psicológicos especializados evoluíram de modo a exercer, silenciosamente, domínio sobre nossa percepção, sobre nossa memória, sobre nossa emoção e sobre nosso comportamento, tecendo uma narrativa autobiográfica entremeada de autoengano e acobertando dos outros e de nós mesmos nossos interesses socialmente condenáveis.

Segundo Cartwright (2000), a moralidade pode ser entendida como um dispositivo social por meio do qual os membros de um grupo tentam induzir nos outros o comportamento que segue as regras (ou moralismo) em seu próprio interesse (embora muitas vezes sem consciência disso). Nosso senso moral não evoluiu para garantir o bem de todos e a justiça, mas para aumentar a *aptidão*, mesmo que nossa narrativa consciente encubra com habilidade as manobras egoístas que executamos de modo sorrateiro.

A retribuição envolvida na cooperação e no jogo social selecionou a necessidade de *marketing* pessoal, em que os dispositivos de autoengano do novo inconsciente nos impelem a *parecer* cooperativos e leais às normas do grupo. Se parecer cooperativo garante pontos preciosos na reputação social, acreditar nisso nos torna ainda mais persuasivos. Os mecanismos de autoengano do novo inconsciente tornam-se uma excelente ferramenta de *marketing* pessoal, pois nos confere uma aura de excepcional autenticidade e convicção.

Se os sentimentos morais foram esculpidos pela seleção natural para maximizar a replicação de nossos genes nas futuras gerações, nosso senso de justiça é naturalmente construído para criar uma visão conveniente da realidade. Além dos devastadores efeitos do autoengodo no plano pessoal, existem as perigosas formas coletivas de autoengano que assolam as sociedades humanas, como o patriotismo e o fanatismo religioso. Recentemente, o evolucionista Richard Dawkins (2007) atacou de forma corajosa o autoengano que cerca as crenças religiosas em seu livro *Deus, um delírio*, denunciando seus graves efeitos prejudiciais na humanidade. Dawkins sugeriu hipóteses darwinistas para nossa predisposição psicológica a acreditar em uma entidade divina e causou furor ao abordar as raízes do autoengano que permeia as crenças religiosas, apontando que não precisamos iludir a nós mesmos para garantir uma vida moral plena, fazer o bem ou apreciar a natureza.

O evolucionista Robert Wright (1996), em seu livro *O Animal Moral*, apresenta um excelente argumento distinguindo as ilusões morais da moralidade verdadeira. Wright baseia-se na constatação de que não somos naturalmente animais morais, mas pondera que, apesar disso, podemos usar nossa capacidade de reflexão crítica para nos tornarmos *verdadeiramente morais*.

O estudo da mentira e do autoengano pode conduzir a uma concepção da mente em que o escrutínio reflexivo das implicações de nosso comportamento estará alicerçado no conhecimento sobre as armadilhas do processamento inconsciente, o que permite o uso de estratégias conscientes para cercear sua influência. A mais elementar dessas estratégias parece ser o reconhecimento do caráter onipresente da mentira e do autoengano em nossas relações, que pode nos conduzir à maior abertura para reestruturar a leitura das situações e de nosso próprio comportamento na direção do melhor gerenciamento dos direitos e deveres interpessoais em uma sociedade complexa.

No entanto, a seleção natural construiu nosso cérebro de forma a dificultar a própria compreensão do processo de autoengano e as consequentes ilusões morais que derivam desses mecanismos deturpadores. Quando Freud mencionou a resistência à psicanálise no plano individual ou coletivo, não tinha ideia de que estava arranhando a superfície de uma verdade profunda, a de que não queremos revelar certos aspectos da natureza humana.

A teoria do novo inconsciente revela os mecanismos de autoengano que fazem a mente se tornar obtusa em se autoexaminar. No modelo do novo inconsciente, a resistência a perceber nossos próprios vieses faz parte do *design* da mente. Como bem observou Richard Alexander, "em todo universo, o único tópico que literalmente não queremos que seja bem entendido é o do comportamento humano" (1987, p. 223).

RETORNO À SÍNDROME DA ANOSOGNOSIA

Mas qual a contribuição da curiosa anosognosia para o entendimento dos mecanismos do novo inconsciente? Retornamos a essa estranha síndrome, dessa vez equipados com os conceitos da teoria do novo inconsciente. Discutindo as ideias de Trivers sobre a evolução do autoengano, Ramachandran (1996) apresenta uma hipótese neurobiológica sobre o correlato neural dos mecanismos de autoengano, argumentando que a verdadeira razão da evolução dos programas na mente humana é a imperiosa necessidade que todos nós temos de criar um sistema de crenças *coerente*, de forma a impor estabilidade a nosso comportamento. Para ele, os benefícios evolutivos do autoengano foram somados posteriormente, selecionados por sua funcionalidade adaptativa. Ou seja, postula uma origem evolucionária mais complexa, baseada na convergência desses fatores.

Esta ideia está alicerçada na chamada *especialização hemisférica* – o fato bem conhecido de que o hemisfério direito coordena tarefas visuais e espaciais, enquanto o esquerdo é especializado para a linguagem na maioria das pessoas. Existem concepções populares bastante equivocadas e uma série de mitos sobre a especialização dos hemisférios (Springer e Deutsch, 1998; Kinsbourne, 1978; Galin, 1974, 1976; Bryden, 1982; Paredes e Hepburn, 1976), e devemos ter em mente que as funções não estão divididas dicotomicamente – hoje sabemos, por exemplo, que o "mudo" hemisfério direito é linguisticamente muito mais sofisticado do que se supunha (Gazzaniga, 1995, 1998) e que mulheres processam a linguagem com os dois hemisférios (Springer e Deutsch, 1998). A especialização é mais relativa do que absoluta, mas existem de fato notáveis diferenças entre as funções destes dois cérebros, o direito e o esquerdo.

Ramachandran argumenta (Ramachandran, 1996) que o hemisfério esquerdo corresponde, grosso modo, ao que Freud chamou "Ego". Seres humanos precisam desesperadamente de coerência e consistência em suas vidas mentais – um senso de continuidade no tempo, como um roteiro (*script*).

Ante a avassaladora quantidade de dados que aflui ao cérebro a cada instante, existe a imperiosa necessidade de selecionar esses dados e integrá-los aos registros de memória (tal noção se aproxima do *self* autobiográfico de A. Damásio [1996, 2000]). Dessa forma, nosso cérebro cria um "sistema de crenças", um roteiro que nos indica o que é verdadeiro a nosso respeito e a respeito do mundo e que faz sentido à luz das evidências disponíveis, pelo menos aquelas disponibilizadas à mente consciente. Ramachandran sugere que o cérebro esquerdo tenta impor essa consistência o tempo todo, mesmo quando algo não bate com o roteiro. Nesse caso, frente a uma incoerência, não jogamos simplesmente todo o roteiro fora e começamos a reescrevê-lo do zero, mas sim "aparamos as arestas" da realidade para que ela se adapte a nosso modelo.

DISSONÂNCIA COGNITIVA

O modelo do novo inconsciente recebe forte influência da pesquisa na psicologia social, como a teoria da "redução da dissonância cognitiva" do psicólogo Leon Festinger (Festinger, 1962, 1964), o qual, embora não tenha a pretensão de oferecer um correlato neural, encontra apoio na neurobiologia do cérebro e tem especial afinidade com a ideia de Ramachandran. Festinger influenciou toda uma linhagem de pesquisadores em psicologia social (ver revisão em Wood, 2000) que demonstraram com experimentos engenhosos a forte tendência apresentada pelos seres humanos de inventar uma justificativa ou uma nova opinião para resolver uma contradição em suas mentes.

As pesquisas indicam (Wood, 2000) que tendemos a *reduzir a dissonância* entre duas cognições conflitantes, isto é, "a dissonância cognitiva é um estado motivador" (Festinger, 1962, p. 3). Em um exemplo, a crença de que o álcool faz mal é dissonante com a consciência de que o sujeito tem de beber abusivamente, e ele tentará eliminar ou reduzir a dissonância, o que pode ser feito de várias maneiras diferentes: parar de beber, invalidar e desacreditar nos malefícios do álcool (processo equivalente ao mecanismo psicodinâmico da *racionalização*), sustentar a crença atenuante de que "todos morrem um dia mesmo" ou, o que é comum, acreditar que sua ingestão alcoólica é pequena e inofensiva, mesmo quando na verdade não é ("bebo socialmente"), o que corresponde a uma *negação*.

Quanto maior a dissonância, maior a pressão para reduzi-la. Festinger observou três meios importantes de reduzir a dissonância: comportamento, mudança de atitude ou convicção e adição de novos elementos cognitivos. Se estou na chuva, posso procurar abrigo (comportamento). Na ausência de abrigo, posso mudar a atitude, ficando exposto e pensando "não tinha percebido como é gostoso uma chuva de verão". Por fim, posso reduzir a dissonância imaginando novos elementos cognitivos que sejam consoantes com a situação: "é bonito observar os relâmpagos", "está muito calor e a chuva está refrescante" ou "a adversidade fortalece a alma", e assim por diante.

Em um experimento clássico (Festinger, 1962, 1964; Pinker, 1998, p. 444), os sujeitos faziam uma tarefa maçante e depois tinham que recomendar essa tarefa a outras pessoas. Quando recebiam uma quantia irrisória para isso, apresentavam a tendência a lembrar que tinham apreciado a tarefa, enganando a si mesmos para reduzir a dissonância entre as cognições "a tarefa era insuportável" e "estou dizendo que gostei da tarefa". Os sujeitos que receberam um pagamento generoso lembravam com precisão que a tarefa era chata, uma vez que a dissonância foi reduzida: "estou dizendo que gostei da tarefa porque fui bem pago para isto", o que se assemelha ao que Freud chamava de "racionalização", um mecanismo de defesa que atua revestindo de uma roupagem racional uma ideia ou um desejo inaceitável. A racionalização, sob tal prisma conceitual, pode ser entendida como um estratagema para evitar o conflito entre proposições, um artifício redutor da dissonância.

Uma forma de manifestação de nossa tendência a reduzir a dissonância é a distorção que acontece depois de uma decisão – avaliamos como mais acertada a escolha que fizemos *depois* de escolher. Se ao comprar um carro estamos indecisos entre dois modelos que nos parecem igualmente atraentes, após considerar e titubear entre duas possibilidades e, finalmente, fazer a escolha, passamos a acreditar que o carro escolhido é, sem dúvida, o mais vantajoso, reduzindo, assim, a dissonância.

O psicólogo Daniel Schacter (2003) nos adverte que a pressão para reduzir a dissonância pode provocar fortes distorções, mesmo quando as pessoas não têm recordação consciente da situação que a causou. Schacter e colaboradores realizaram um experimento usando uma variação de um procedimento já bastante pesquisado, no qual os sujeitos devem escolher entre duas gravuras que antes haviam avaliado e indicado que gostavam da mesma maneira. Os participantes então selecionam uma das gravuras e, para reduzir a dissonância, tendem a afirmar que gostam muito mais da que escolheram, além de denegrir a gravura preterida. A variação do procedimento realizada por Schacter foi o uso de pacientes amnésicos como sujeitos, e o dado fascinante que emergiu foi a constatação de que

> (...) os pacientes com amnésia também reduziram a dissonância criada pela escolha entre duas gravuras de que gostavam igualmente ao exagerar mais tarde o quanto gostavam da gravura escolhida em comparação com a preterida. Mas, para começar, os pacientes com amnésia não tinham memória consciente para fazer a escolha causadora da dissonância! Essas descobertas sugerem que uma variedade de operações para redução da dissonância (...) ocorrem mesmo quando as pessoas têm uma percepção limitada da fonte de conflitos que estão tentando resolver. (Schacter, 2003, p. 178-9)

Todavia, qual o substrato neural desta força motivadora, a bem documentada *redução da dissonância*, que imprime esforço para reduzir as contradições entre cognições díspares em uma procura incessante por coerência mesmo que pagando o preço da adulteração dos fatos? A resposta pode estar na especialização dos hemisférios cerebrais.

O cérebro esquerdo é o artífice da busca de consistência e estabilidade, mesmo que reconstruindo memórias e tecendo narrativas fictícias (Gazzaniga, 1995, 1998; Galin, 1975, 1976; Kinsbourne, 1978; Ramachandran, 1995) para encaixar a realidade no modelo internalizado do mundo e, sobretudo, de si mesmo – de si mesmo em relação ao mundo, melhor dizendo. O conservador cérebro esquerdo tenta manter o modelo a todo custo, lançando mão dos mecanismos de defesa (racionalização, negação, projeção, etc.) quando confrontado com nova informação que não se encaixa, em um esforço para reduzir a dissonância entre "como as coisas *deveriam acontecer*" (o modelo) e "como meus sentidos me informam que as coisas estão *realmente acontecendo*" (a *percepção* da realidade).

> A realidade percebida, a consciência do nosso comportamento e do mundo, é, na verdade, uma composição conveniente que construímos.

O ponto sutil aqui é que a realidade percebida, a consciência do nosso comportamento e do mundo, é, na verdade, uma composição conveniente que construímos, como a psicanálise já apontara e as neurociências vêm a elucidar em termos de funcionamento neural. Em outras palavras, distorcemos nossa percepção da realidade por meio dos mecanismos de autoengano para manter um modelo *coerente*, e esse processo é orquestrado pelo hemisfério esquerdo com seu poder narrativo.

O cérebro direito, por sua vez, contrabalança essa tendência sugerindo revisão do modelo ao detectar anomalias demais, quando o excesso de dissonância leva o progressista hemisfério direito a obrigar o esquerdo a uma revisão do modelo (Ramachandran, 1996). As forças conservadoras localizadas no cérebro esquerdo (que tentam manter nossas teorias sobre a realidade) travam contínuo embate com as forças revolucionárias do hemisfério direito (que procura convencer o esquerdo a construir novas teorias quando as velhas não predizem adequadamente os novos *inputs* sensoriais). Se não houvesse essa disputa dialética, jogaríamos fora a realidade, nos ancorando em teorias delirantes.

Muitas condições psicopatológicas envolvem precisamente a manutenção de um sistema de crenças sem corroboração nos fatos observáveis, mas a anosognosia se destaca como um fascinante modelo para compreender os processos do novo inconsciente. Sabemos que, após um derrame que danifica os circuitos cerebrais do hemisfério direito, surge a negação de uma evidente paralisia profunda de toda a metade do corpo, e que os sujeitos usam vários mecanismos de defesa de forma exagerada. A interpretação é que a lesão impede o cérebro direito de executar sua função fundamental de forçar o esquerdo a uma revisão do modelo original quando certo limiar de anomalia é atingido. Os sujeitos então confabulam livremente, com eventuais ilusões e outras deformações que se tornam necessárias para reduzir as discrepâncias – uma paciente paralisada na cama há duas semanas disse que podia andar e que recém havia vindo de outra sala.

ANOSOGNOSIA COMO MODELO EXPERIMENTAL

Ramachandran conduziu experimentos geniais com pacientes para testar aspectos desta teoria. Em um deles, construiu o que chamou de "caixa de realidade virtual", uma engenhoca com arranjos de espelhos que faziam a visão da mão direita da paciente (Sra. FD) ser substituída pela imagem da mão de uma assistente de pesquisa. A paciente vestia uma luva em sua mão direita e a colocava dentro da caixa, e era levada a acreditar que estava olhando para a sua mão, quando, na verdade, era a mão da assistente vestida com uma luva idêntica. Pediu-se então para a paciente mover a mão para cima e para baixo no ritmo de um metrônomo, e como o braço direito não estava paralisado, ela realmente o moveu conforme solicitado.

No entanto, a paciente olhava para a mão da assistente, que ficou imóvel. Se a teoria está correta, o hemisfério direito, lesado pelo derrame, falharia em detectar a anomalia. Foi precisamente o que ocorreu, pois a paciente FD sustentou que *viu* claramente seu braço direito movendo-se para cima e para baixo, negando a informação visual que estava recebendo!

Em outro experimento, a ideia era testar a profundidade da negação. Os pacientes com anosognosia podiam escolher uma entre várias tarefas unimanuais e bimanuais, sendo as primeiras recompensadas com prêmios menores. Por exemplo, uma tarefa unimanual realizada corretamente rendia uma caixa pequena de doces, enquanto uma bimanual, como atar os laços de um sapatinho de bebê, era premiada com uma caixa grande. Isso tornava mais atraente escolher uma das tarefas bimanuais, embora os pacientes obviamente não pudessem executá-la por conta da paralisia.

Surpreendentemente, os pacientes não só escolhiam atar os laços (tarefa bimanual), como também tentavam realizar isso pateticamente com uma única mão durante vários minutos, sem demonstrar sinais de frustração. Quando recebiam nova chance 10 minutos após a tentativa anterior, partiam novamente para a tarefa bimanual, como se tivessem uma amnésia seletiva para as desastradas experiências anteriores. Ramachandran (1996, p. 354) relata o seguinte diálogo travado entre um estudante e a paciente LR, logo após várias tentativas frustradas de atar os laços de um sapatinho de bebê com uma só mão:

Estudante: Sra. LR, lembra o que aconteceu há alguns momentos?
LR: Sim, eu lembro.
Estudante: O que a senhora fez?
LR: Aquele médico gentil... Ele me pediu para atar estes laços... Eu consegui, *usando ambas as mãos*.

A paciente LR não tem qualquer problema em lembrar detalhes do ambiente ou das experiências pelas quais passou, mas não lembra seu fracasso ocorrido havia 10 minutos e voluntariamente comentou que tinha conseguido com as duas mãos, o que sugere que, em alguma parte de seu cérebro, ela "sabe" que está paralisada. Para Ramachandran, ela está exibindo o que Freud chamou de "formação reativa" (Ramachandran, 1996, p. 354).

O mais curioso experimento foi desenhado para estudar a repressão de memórias na anosognosia. A informação sobre a paralisia estaria "reprimida"?

Quando se irriga, com ajuda de uma seringa, água gelada no canal do ouvido esquerdo, em alguns segundos os olhos do paciente começam a se mover vigorosamente (*nistagma*). Esse procedimento é normalmente usado para testar a função do nervo vestibular, mas o neurologista italiano Bisiach realizou um experimento em um paciente com anosognosia que negava a paralisia de seu braço esquerdo e que, durante a irrigação, admitiu que seu braço estava inerte. Ramachandran decidiu replicar o experimento com sua paciente BM, uma senhora que desenvolveu paralisia no lado esquerdo do corpo, sequela de um derrame no hemisfério direito.

BM negou com veemência a paralisia respondendo a uma série de questões e foi então submetida à irrigação do canal do ouvido esquerdo. Quando seus olhos iniciaram os movimentos, foi novamente questionada sobre o uso das mãos, dessa vez afirmando que não conseguia mover o braço esquerdo! Mais interessante, quando inquirida sobre o início da paralisia, respondeu: "Meu braço está paralisado continuamente há muitos dias...". Essa asserção é no mínimo intrigante para alguém que afirmou o contrário alguns minutos antes!

Aparentemente o efeito da água fria permitiu o afloramento das memórias reprimidas, e a paciente confessou sua paralisia. Mas assim que o efeito passou, BM de imediato voltou a negar sua admissão anterior da paralisia, como se estivesse reescrevendo seu roteiro autobiográfico.

O efeito quase miraculoso da água fria não foi ainda devidamente compreendido. Uma hipótese elege as conexões do nervo vestibular que se projetam ao córtex vestibular do lobo parietal e outras partes do hemisfério direito, cuja estimulação pelo choque da água gelada acabaria ativando o cérebro direito, que então momentaneamente exerceria a função de detecção de anomalias. Além disso, a ativação do cérebro direito faz com que a pessoa preste maior atenção às informações sensoriais do lado esquerdo, ressaltando a paralisia.

Durante os últimos 30 anos, o trabalho árduo em laboratórios aplicados às neurociências revelou um quadro surpreendente e anti-intuitivo de nosso funcionamento mental. Descortinou-se um cenário onde existe um cérebro esquerdo empenhado em manter seu conjunto de crenças, mesmo que seja necessário deformar os aspectos da realidade que produzem dissonância. Regulando o excesso ficcional está o honesto cérebro direito, que busca uma mudança paradigmática quando o grau de discrepância atinge um ponto crítico.

Na anosognosia, o nocaute do hemisfério direito leva à exacerbação dos mecanismos deformadores do esquerdo, e observam-se no comportamento dos pacientes fenômenos análogos (em nível descritivo, e não etiológico) à negação, à racionalização, à confabulação, à amnésia seletiva, à repressão e à formação reativa.

No entanto, parece difícil acreditar que no funcionamento mental de um cérebro intacto espreitam tais mecanismos, e que nossa apreensão consciente do mundo e de nós mesmos pode ser mais ilusória do que realista. Como veremos, a extraordinária capacidade do cérebro esquerdo de construir narrativas (convincentes, mas pouco realistas) pode ser melhor compreendida à luz da teoria do "intérprete", formulada pelo neurocientista Michael S. Gazzaniga com base em décadas de estudo de pacientes com o "cérebro dividido".

> Nossa apreensão consciente do mundo e de nós mesmos pode ser mais ilusória do que realista.

10
A mente dividida

ESPECIALIZAÇÃO CEREBRAL: O CÉREBRO DIVIDIDO (*SPLIT BRAIN*)

O psicólogo Roger Sperry, vencedor do Prêmio Nobel, foi um dos mais importantes impulsionadores da pesquisa na especialização dos hemisférios cerebrais, demonstrando que cada hemisfério é, na verdade, um cérebro em separado. Sperry (1964) cortou o corpo caloso do cérebro de gatos e, posteriormente, de primatas, demonstrando que a informação apresentada visualmente a um hemisfério não era reconhecida pelo outro.

Na década de 1970, descobertas contundentes obtidas com humanos levaram a revolucionários *insights* sobre a organização do cérebro e da consciência. A equipe de Sperry (que incluía nomes como J. Bogen, P. J. Vogel e J. Levy) estudou pacientes que foram submetidos à cirurgia, seccionando a super-rodovia inter-hemisférica de neurônios, o corpo caloso. Os pacientes procuravam alívio para a severa e incapacitante epilepsia, uma vez que a separação dessa ponte neurológica impedia, antes dos avanços de controle farmacológico, que os ataques epiléticos se propagassem de um hemisfério para outro, reduzindo bastante sua gravidade.

As funções dos dois cérebros são normalmente integradas em nossa mente e em nosso comportamento, uma vez que 200 milhões de fibras nervosas garantem a comunicação. A fiação nervosa é, em muitos casos, contralateral, ou seja, o hemisfério direito processa informação do campo visual esquerdo, e o hemisfério esquerdo lida com os dados do campo visual direito. Com os movimentos das mãos e dos dedos ocorre o mesmo. Embora ambos os hemisférios possam controlar os músculos superiores de ambos os braços, somente o hemisfério contralateral pode controlar os movimentos das mãos e dos dedos.

No entanto, se as conexões nervosas que ligam os dois hemisférios forem interrompidas, cada cérebro trabalhará sozinho, não se comunicando mais com o outro – é o chamado "cérebro dividido" (*split brain*). Utilizando pacientes com o cérebro dividido como modelo experimental, foi documentado grande parte do que conhecemos hoje sobre a especialização dos hemisférios, como a orientação linguística do esquerdo e visuoespacial do direito.

Um dos alunos de Sperry, Michael Gazzaniga, destacou-se por prosseguir na investigação do cérebro dividido e por impulsionar o campo das neurociências cognitivas a partir da década de 1980 (Gazzaniga, 1985, 1995, 1998, 1998a; Gazzaniga e LeDoux, 1978). Segundo Gazzaniga, o cérebro está organizado em unidades funcionais relativamente independentes que funcionam em paralelo, os "módulos mentais". Nosso funcionamento mental inconsciente é produzido por uma coletividade de módulos que realizam várias operações relativamente independentes.

> Nosso funcionamento mental inconsciente é produzido por uma coletividade de módulos que realizam várias operações relativamente independentes.

Um desses módulos, no entanto, requer especial atenção daqueles que procuram esclarecer a dinâmica entre o processamento consciente e inconsciente: o "intérprete" do hemisfério esquerdo. Tal módulo está encarregado de *interpretar* as respostas eventualmente discordantes dos outros módulos do cérebro, enquanto outro módulo traduz em palavras o resultado. Mesmo que a pessoa esteja se comportando por razões desconhecidas, aparentemente sem sentido à mente consciente, ainda assim esse componente do cérebro esquerdo esforça-se em atribuir significado ao comportamento. É evidente que esse mecanismo tem imenso interesse para o avanço no estudo do inconsciente.

Consideremos as implicações do experimento das "faces quiméricas" (Gazzaniga, 1985, 1995, 1998b) com os pacientes de cérebro dividido. Pede-se aos sujeitos que focalizem o olhar no centro de uma tela. Projeta-se então na tela uma *face quimérica,* o desenho de um rosto dividido exatamente ao meio, com a metade direita da face de uma pessoa (uma criança, digamos) e a metade esquerda de outra (uma senhora). Os pacientes, em geral, não têm consciência de que observam informações antagônicas nas duas metades da imagem.

O sujeito observa a face quimérica posicionado de forma que seu campo visual direito leva a informação da criança ao cérebro esquerdo, e o campo visual esquerdo leva a imagem da senhora ao hemisfério direito. Logo a seguir, o sujeito observa na tela quatro rostos de pessoas diferentes, sendo dois deles os usados para compor a face quimérica (da criança e da senhora). Então o sujeito deve responder *verbalmente* à pergunta "Quem você viu?". Como o cérebro esquerdo é dotado de linguagem, responde que viu a criança, pois foi a imagem que chegou pelo campo visual contralateral. Mas quando se pede que a pessoa *aponte* o que viu, usando a mão esquerda, ela aponta para o rosto da senhora. Como o cérebro está dividido, a mente consciente verbal (o hemisfério esquerdo) responde que viu a criança, mas, sem que o sujeito tenha qualquer percepção, a mão esquerda responde que viu a senhora.

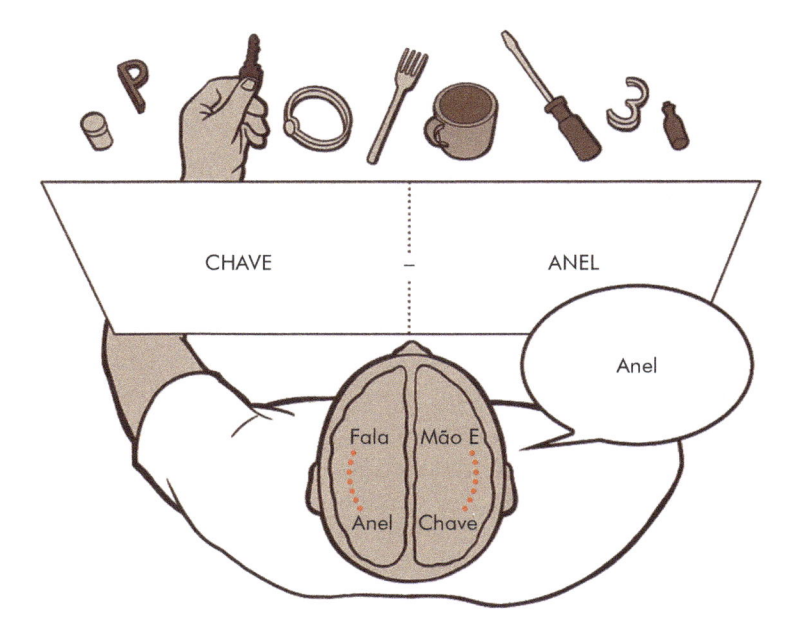

FIGURA 10.1 Um experimento com um paciente que teve o cérebro secionado, interrompendo a conexão entre os dois hemisférios. O paciente com o cérebro dividido relata, através do hemisfério que organiza a fala, apenas os itens mostrados na metade direita da tela (anel) e nega estar vendo estímulos no campo esquerdo ou reconhecendo os objetos apresentados para a mão esquerda, como a chave. A mão esquerda encontra corretamente os objetos apresentados no campo visual esquerdo, no entanto, o sujeito nega verbalmente ter qualquer conhecimento consciente disto.

SÍNDROME DA MÃO ALIENÍGENA (*ALIEN HAND*)

Certa vez, há mais de 50 anos, uma mulher de meia-idade entrou no consultório do grande neurologista Kurt Goldstein. A paciente parecia normal e conversava fluentemente. No entanto, de vez em quando sua mão esquerda avançava para sua garganta, tentando sufocá-la. A paciente lutava com sua mão direita para controlar a esquerda, muitas vezes recorrendo a sentar-se na mão assassina, tal a determinação dela em asfixiá-la. Goldstein a examinou e foi obrigado a concluir que ela não era psicótica ou histérica, como tinha sido diagnosticada anteriormente, nem tinha déficits neurológicos evidentes.

Para explicar o comportamento bizarro, Goldstein formulou uma teoria interessante (Ramachandran, 2002, p. 36). Temos dois cérebros, normalmente unidos por um feixe de mais de 200 milhões de fibras nervosas chamado de corpo caloso. Essa ponte inter-hemisférica garante a comunicação e a sincronia entre os dois cérebros. Em geral, impulsos inibitórios são transmitidos pelo cor-

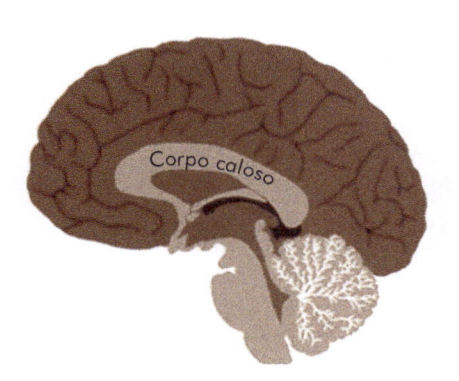

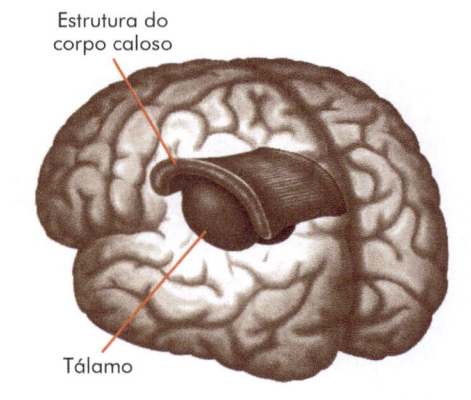

FIGURA 10.2 O corpo caloso, um feixe maciço de cerca de 200 milhões de fibras nervosas (prolongamentos de neurônios ou axônios) que conectam os dois hemisférios cerebrais. Nos pacientes de cérebro dividido (split-brain), o corpo caloso é desconectado cirurgicamente e os hemisférios cerebrais perdem a capacidade de trocar informações entre si.

po caloso, tornando nosso comportamento coeso e sem conflitos. Sabemos que o cérebro direito tende a ser emocionalmente instável – pessoas com derrames no cérebro esquerdo (nesse caso, quem "assume" é o direito) são angustiadas, deprimidas e excessivamente preocupadas. Já com sujeitos lesionados no cérebro direito, a predominância do hemisfério esquerdo que segue a lesão imprime uma alegre indiferença e atitude despreocupada (Gainotti, 1972; Robinson et al., 1983). Kinsbourne (1989), por exemplo, procurou explicar a depressão após o derrame no hemisfério esquerdo com base na especialização cerebral.

No caso de sua paciente, Goldstein supôs que a comunicação entre os dois cérebros estava interrompida, e seu hemisfério direito, sem os impulsos inibitórios do esquerdo, passou a manifestar por meio da mão esquerda (que é controlada pelo cérebro direito) suas tendências suicidas. Sem os modernos recursos de mapeamento cerebral para apoiar seu raciocínio, Goldstein levantou essa hipótese que foi recebida com ceticismo até que a paciente faleceu, não muito tempo depois de sua primeira consulta. A autópsia revelou que ela sofrera um maciço derrame no corpo caloso antes de começar com o descontrole da mão esquerda, de forma que seu cérebro direito estava desconectado exatamente conforme suspeitava o perspicaz neurologista. Mais tarde, um segundo derrame foi a causa de sua morte (aparentemente, sua mão direita venceu – ela não se estrangulou).

Esta síndrome raríssima foi denominada por J. Bogen como síndrome da "mão alienígena" (do inglês *alien hand*; na língua portuguesa é conhecida como "síndrome da mão alheia"), cujos sintomas às vezes afligem tanto as pessoas em que uma lesão danificou o corpo caloso como pacientes com o cérebro dividido (Bogen, 1993; Bundick e Spinella, 2000). Este quadro segue a lesão e, muitas vezes, desaparece ao longo do tempo, sendo tão bizarro e pouco estudado que é associado a relatos anedóticos. No entanto, a equipe de Roger Sperry e J. Bogen confrontou-se com o fenômeno ao lidar com pacientes de cérebro dividido. Em princípio, o hemisfério direito entra em conflito com o esquerdo, assumindo o controle da mão esquerda.

Os relatos das pessoas afligidas pela síndrome da mão alheia são intrigantes (Bogen, 1993; Bundick e Spinella, 2000). Uma paciente acordou no meio da madrugada sendo asfixiada pela própria mão esquerda, tendo que lutar contra ela para desvencilhar-se. Um sujeito acariciava um gato quando a mão alienígena quase matou o animal, apertando-o com extrema força. Nem sempre são ações malignas, mas é evidente que existe um outro "eu", com desejos diferentes, expressando-se por meio da mão: o eu gerado pelo cérebro direito, incapaz de falar e de se comunicar com o mundo pela linguagem. Uma senhora acometida pela síndrome se vestia para sair e, enquanto a mão direita abotoava a camisa, a mão esquerda desfazia o trabalho. Podemos especular que talvez o *eu* produzido pelo processamento neural inconsciente do cérebro direito não apoiasse o projeto de sair, manifestando-se da forma que pode ao controlar a mão esquerda.

Uma das pacientes com o cérebro dividido foi solicitada a desenhar um estímulo apresentado, mas a cada metade de seu cérebro foi exibido um estímulo diferente. A mão direita desenhou então o que o cérebro esquerdo viu. Já a mão esquerda estava sob controle do cérebro direito, que não concordou com a resposta, pois não foi o que *ele* (podemos dizer que existia ali verdadeiramente um "eu", com percepção, memória, lógica e motricidade próprias) havia recebido de informação visual. A paciente entrou em conflito aberto entre as duas mãos – a direita era apoiada pela sua linguagem, mas a esquerda segurava e empurrava a outra, tentando impedi-la de escrever a resposta, apagando o que a outra tinha escrito e sinalizando que "não" com o indicador. O patético duelo durou alguns minutos, pois a moça se esforçava para se comportar adequadamente, solícita, mas acabou completamente constrangida e envergonhada pelo mau comportamento de sua mão.

EVOLUÇÃO DO CÉREBRO ESQUERDO: SOMANDO OU PERDENDO?

A síndrome da mão alheia é um exemplo radical da natureza dual de nossos processos mentais. De forma geral, a regra no reino animal é a ausência de lateralização (a especialização dos hemisférios cerebrais). Alguns primatas exibem sinais de pequenas diferenças nas capacidades dos dois hemisférios, mas tais achados são raros e inconsistentes. Por essa razão, a visão tradicional aponta que a evolução adicionou mecanismos e habilidades ao hemisfério esquerdo que não estão presentes no direito.

No entanto, experiências recentes conduzidas na Itália por Gaetano Kanizsa e também pela equipe de Gazzaniga (1998a) revelam um quadro bem diferente. O hemisfério esquerdo de um pequeno camundongo pode ser mais "esperto" do que nosso cérebro esquerdo na tarefa de perceber contornos ilusórios de retângulos. Isso sugere que essa capacidade foi perdida na disputa por espaço cortical durante a evolução primata. Segundo Gazzaniga, ocorreram pressões seletivas para o cérebro ganhar novas faculdades sem perder as antigas, e a lateralização pode ter sido a solução. Uma mutação pode ter ocorrido em nossos ancestrais em uma região cortical homóloga, criando diferenças que se mostraram adaptativas. Novas funções podem ter sido adicionadas, e as antigas perdidas (o que economiza espaço e recursos neurais) sem qualquer prejuízo ao animal, uma vez que os cérebros direito e esquerdo normalmente conversam entre si através da comissura do corpo caloso. Desse modo, a complementaridade permite ao sistema uma maior flexibilidade.

Cada cérebro tem suas capacidades e limitações, e ambos são aparentemente dotados de experiência consciente (que se integra em um cérebro intacto), embora a do interpretativo cérebro esquerdo seja muito mais ampla que a do literal e realista cérebro direito. Já vimos que o esquerdo perdeu a capacidade específica de resolver certos problemas perceptuais em que até um pequeno camundongo se sai melhor. Entretanto, o cérebro esquerdo supera de longe o direito na capacidade de deduzir estratégias para pesquisar eficientemente um arranjo de itens similares em busca de exceções. Além disso, em muitas outras tarefas é o hemisfério esquerdo o dominante para a maioria das atividades cognitivas requeridas para a resolução de problemas difíceis.

Talvez a lateralização tenha sido um dos elementos cruciais na expansão das faculdades mentais que nos tornam humanos ao permitir a canalização dos recursos para a emergência de novas propriedades computacionais sem perder as antigas, que são conservadas no hemisfério vizinho. No entanto, um efeito colateral dessa configuração pode ter sido a complexificação das relações entre processamento consciente e inconsciente, por meio da evolução de um módulo, o intérprete, cuja missão é unificar nossa experiência subjetiva construindo um roteiro explicativo internamente coerente.

O "INTÉRPRETE"

Em um estudo clássico feito há três décadas (Gazzaniga e LeDoux, 1978) com pacientes com cérebro dividido, Michael Gazzaniga e Joseph LeDoux, seu aluno na época, endereçaram a seguinte questão: como o hemisfério esquerdo responde aos comportamentos produzidos pelo silencioso cérebro direito? Para investigar as relações entre os dois hemisférios, os pesquisadores realizaram um experimento em que foi apresentada uma fotografia diferente para cada hemisfério. Depois, o sujeito com o cérebro dividido sentava-se diante de uma mesa com quatro fotografias ao alcance da mão direita e outras quatro ao alcance da mão esquerda. A tarefa de cada mão era apontar para uma das quatro fotos, sendo que a correta era a que se relacionava mais fortemente com a foto vista anteriormente por um dos hemisférios.

Conforme o previsto, o cérebro direito levou a mão esquerda a apontar o estímulo que tinha visto, e o hemisfério esquerdo conduziu a mão direita

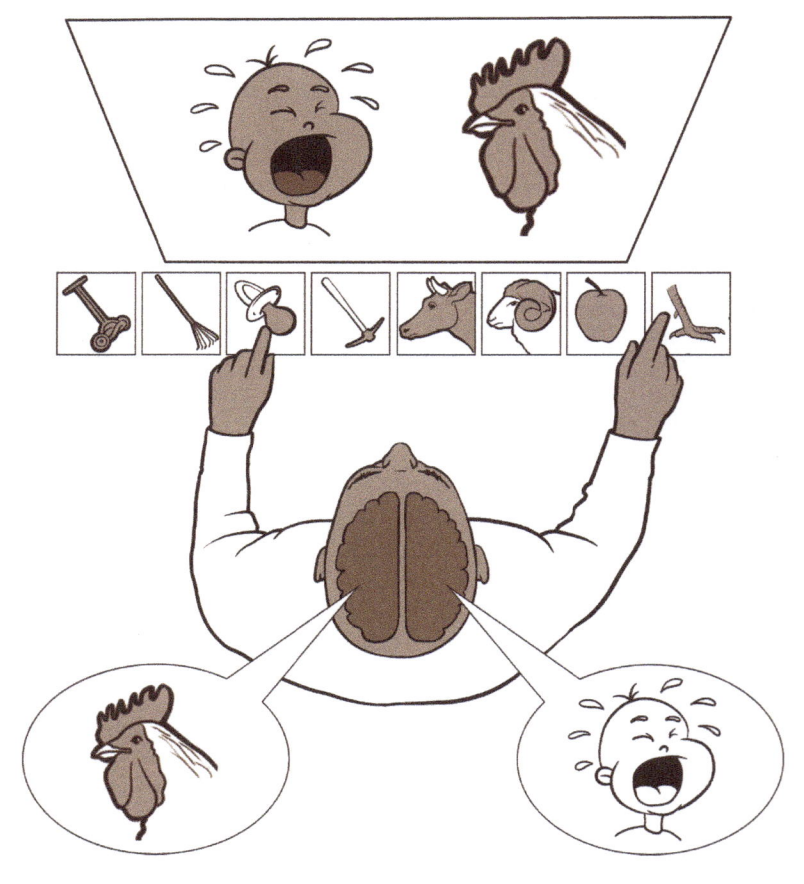

FIGURA 10.3 Experimentos com pacientes com cérebro dividido (*split brain*) mostram estímulos visuais diferentes para o hemisfério direito e esquerdo, onde o sujeito deve apontar qual das quatro opções de fotografias está relacionada com o estímulo visto. Como os hemisférios estão separados, cada mão aponta um objeto diferente.

à fotografia que havia visto anteriormente: ambos acertaram a escolha. O sujeito se viu na estranha situação de apontar cada uma das mãos para fotografias diferentes. Os resultados mais interessantes, na verdade, foram as respostas dos sujeitos sobre as razões pelas quais sua mão direita estava apontando para uma foto que nunca tinha visto antes. Lembre que sua mente consciente verbal do cérebro esquerdo estava literalmente desconectada do silencioso "eu" do cérebro direito, sem ter acesso a seu sistema sensorial, mnemônico e volitivo; em suma, sem saber nada sobre os conteúdos mentais do antigo parceiro e agora obscuro vizinho que passou a dividir o controle do corpo.

Quando questionados sobre as razões de a mão direita estar apontando fotografias "desconhecidas", os sujeitos obviamente não sabiam explicar, mas, rápidos como um raio, desenvolviam uma resposta, *uma teoria*. Por exemplo, um paciente cujo cérebro direito foi apresentado a uma foto de um carro atolado em uma estrada obstruída com neve escolheu corretamente, comandando a mão esquerda, a fotografia de uma pá. No entanto, o estímulo que seu cérebro esquerdo viu foi o de uma galinha, escolhendo apontar com a mão direita, também corretamente, para o estímulo relacionado, a foto de uma pata de galinha. Quando questionado sobre a razão de ter apontado com a mão esquerda para a pá, o sujeito imediatamente se justificou dizendo que escolheu a pá "para limpar o cocô da galinha". LeDoux e Gazzaniga denominaram esse mecanismo criativo dotado de imensa capacidade narrativa de "intérprete" do cérebro esquerdo.

Este padrão explicativo foi encontrado sistematicamente no discurso do hemisfério esquerdo (Metcalfe, Funnell e Gazzaniga, 1995). Em uma investigação posterior (Gazzaniga, 1998a), os experimentadores criaram uma tarefa em que controlavam um ponto brilhante na tela do computador. O ponto poderia aparecer em cima ou embaixo, mas 80% das vezes aparecia em cima, em uma sequência aleatória programada pelos pesquisadores. Pedia-se então aos sujeitos para pressionar um botão abaixo ou no alto da tela, antecipando onde o ponto brilhante iria aparecer da próxima vez. O padrão era facilmente percebido, pois, a cada 10, o ponto aparecia 8 vezes na parte superior da tela. Ratos e outros animais ganhavam recompensas pelo desempenho correto e aprendiam com rapidez a maximizar os acertos apertando somente o botão superior – assim acertavam 80% das vezes.

Curiosamente, os humanos com o cérebro dividido acertavam menos quando a tarefa era executada pelo hemisfério esquerdo, em média 67%, saindo-se pior que um rato. Já o cérebro direito se comportava sempre da mesma maneira: não tentava interpretar sua experiência e encontrar um significado mais profundo, atendo-se ao "aqui e agora" do momento presente – e assim acertava 80% das vezes. Mas o esquerdo insistia em tentar descobrir o padrão da sequência (na verdade, aleatória) e *interpretar* a situação, construindo uma *teoria,* mesmo que absurda e distanciada da realidade.

Nosso cérebro, como qualquer outro, foi desenhado pela seleção natural para orientar o comportamento do organismo em questão, adaptando-se ao complexo ambiente de forma a maximizar o número de genes replicados nas próximas gerações. Nosso sistema nervoso central, como o dos outros animais, não é um computador unificado em que cada parte é responsável por uma função. A teoria do novo inconsciente, baseada em pesquisas realizadas nas últimas décadas em neurociências, inteligência artificial, ciências cognitivas e, mais recentemente, psicologia evolucionista, sustentam uma visão menos romantizada: nosso cérebro é composto por uma coleção de *módulos especializados*, selecionados gradualmente em nossos antepassados pela capacidade de processar informação específica e resolver problemas adaptativos. No entanto, nossa experiência subjetiva consciente é de um eu integrado e unificado. Como isso é possível se somos uma *confederação* de unidades nada consensuais? Como atingimos um *senso de unidade*?

A resposta, segundo Gazzaniga, está no "intérprete", que busca explicações sobre as razões pelas quais os eventos ocorrem. Indo além da simples representação de eventos e perguntando por que eles ocorrem, um cérebro pode lidar com esses eventos de forma mais adaptativa quando ocorrerem novamente. O resultado é um cérebro esquerdo inventivo que trabalha duro na procura de *ordem* e *razão*, mesmo quando *não dispõe de informações* que possibilitem a construção de um modelo explicativo satisfatório. Ao preencher as lacunas construindo narrativas fictícias, ao reprimir informações, racionalizar e distorcer os fatos para reduzir a dissonância, o hemisfério esquerdo produz os mecanismos de autoengano e representações equivocadas da realidade, fenômenos que são parcialmente descritos pela psicanálise como mecanismos psicodinâmicos. Veremos agora, na Parte II do livro, como a memória é influenciada intensamente por esses mecanismos.

> Ao preencher as lacunas construindo narrativas fictícias, ao reprimir informações, racionalizar e distorcer os fatos para reduzir a dissonância, o hemisfério esquerdo produz os mecanismos de autoengano e representações equivocadas da realidade.

II

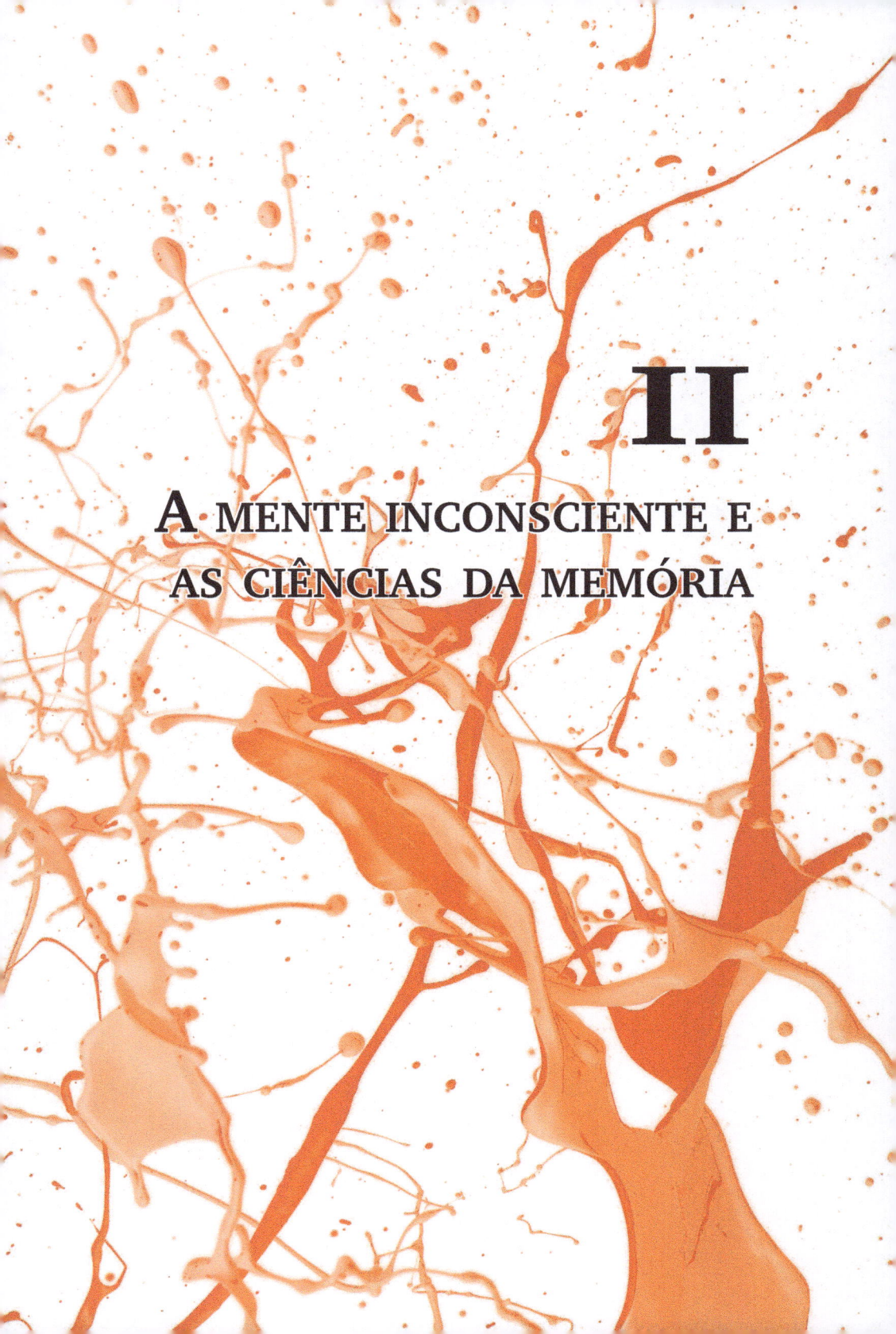

A MENTE INCONSCIENTE E AS CIÊNCIAS DA MEMÓRIA

11
A construção do significado consciente

O "INTÉRPRETE" E AS DISTORÇÕES DA MEMÓRIA

Como vimos anteriormente, o mecanismo descrito como "intérprete" por Gazzaniga pode estar na origem dos fenômenos de distorções da memória. Para o neurocientista, no esforço para tentar criar *ordem* e impor *coerência* em nosso mundo psicológico, o intérprete do hemisfério esquerdo pode criar distorções utilizando o *conhecimento geral* e as *experiências passadas* como matéria-prima. Examinaremos agora o papel do intérprete do hemisfério esquerdo na produção de distorções de memória e como esse mecanismo interpretativo pode estar na origem de uma percepção consciente distorcida, que edifica um *modelo do self e do mundo* muitas vezes distante da realidade objetiva. Os novos *insights* derivados da teoria do novo inconsciente permitem o avanço do conhecimento sobre vários fenômenos descritos de forma pioneira pelos psicanalistas, como negação, racionalização e outras formas de representação consciente distorcida. Tais fenômenos revelam um traço fundamental do modelo do novo inconsciente: a disparidade entre o sistema de crenças conscientes do sujeito e seu comportamento.

Em um experimento sobre a influência do intérprete nas memórias, Gazzaniga e a psicóloga Elisabeth Phelps mostraram a pacientes com o cérebro dividido (*split brain*) *slides* com cenas de atividades comuns no dia a dia, como um homem acordando, olhando o despertador e se preparando para ir ao trabalho (Phelps e Gazzaniga, 1992). A apresentação da sequência de *slides* foi de uma cena que se encaixava bem em um padrão comum, um *estereótipo* da ida ao trabalho – o que os psicólogos cognitivos chamam de "esquema". Em um momento posterior, apresentava-se a sequência de *slides* novamente aos sujeitos, mas perguntava-se (com uso das técnicas especialmente desenvolvidas para pacientes com o cérebro dividido), a cada hemisfério *em separado*, sobre quais dos *slides* lembravam ou não. A fascinante possibilidade de utilizar como sujeitos os pacientes com cérebro dividido e testar as lembranças dos cérebros direito e esquerdo em separado viabiliza a investigação do papel específico de cada um na memória e nas eventuais distorções.

O artifício sutil usado pelos pesquisadores foi introduzir na segunda sequência cenas que não tinham sido mostradas anteriormente, como *slides* com o homem sentando-se na cama ou escovando os dentes. Apesar dessas cenas não terem sido vistas anteriormente pelos sujeitos, elas se encaixavam bem no estereótipo ou no *esquema cognitivo* da situação geral, pois é bastante provável e esperado que uma pessoa sente-se na cama e escove os dentes antes de ir ao trabalho – no entanto, objetivamente falando, os sujeitos não poderiam lembrar-se corretamente de ter visto essas cenas, pois na realidade não as tinham visto.

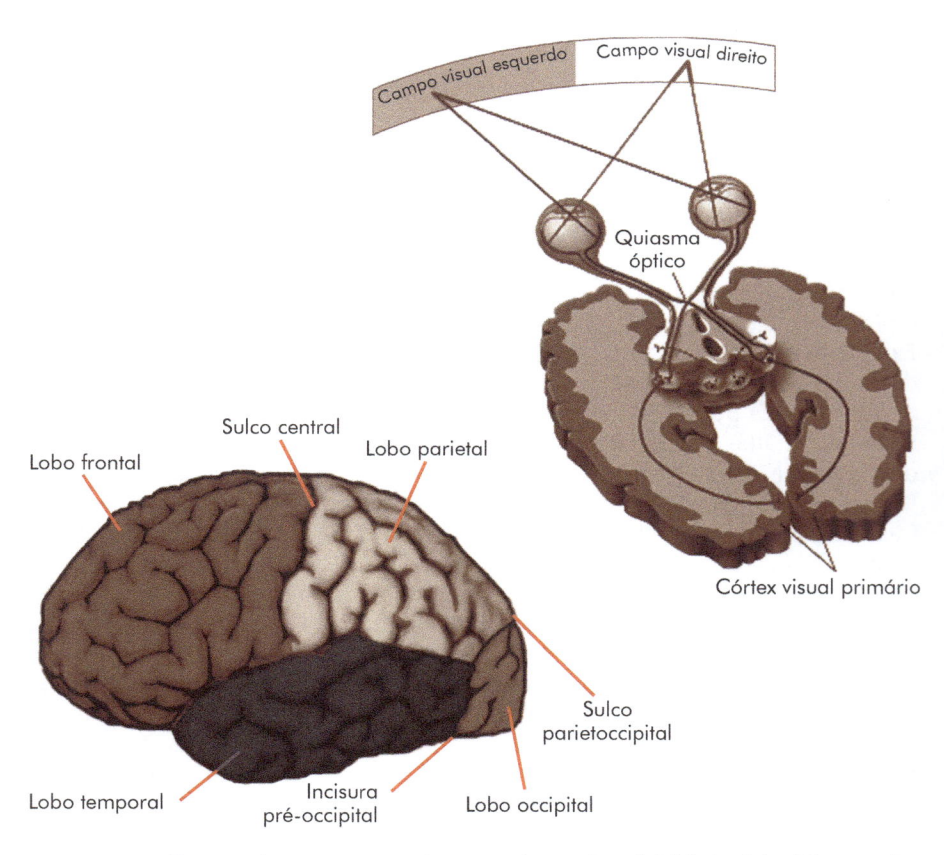

FIGURA 11.1 Em experimentos com pacientes com o cérebro dividido (*split brain*), estímulos são apresentados somente ao campo visual direito ou esquerdo. Como as vias neurais que levam informação dos olhos ao córtex occipital são projetadas no hemisfério oposto, os estímulos apresentados no campo visual direito são processadas pelo córtex visual do hemisfério esquerdo e vice-versa. Na figura à esquerda, na parte posterior do cérebro encontra-se o lobo occipital, região onde ocorrem as etapas iniciais do processamento visual.

Conforme a predição teórica, os hemisférios se lembravam de forma diferente da sequência original de *slides*, descoberta que foi replicada por estudos posteriores, utilizando diferentes metodologias (Metcalfe, Funnell e Gazzaniga, 1995). O literal cérebro direito lembrou-se dos *slides* que tinha realmente visto, e o interpretativo cérebro esquerdo, muitas vezes, *reconheceu incorretamente* as cenas não apresentadas, mas que eram coerentes com o estereótipo geral da situação.

O hemisfério esquerdo é mais expansivo e sujeito a erros do que o direito, conforme estudo realizado com ressonância magnética funcional (fMRI) no laboratório de Daniel Schacter (2003, p. 196). Schacter e colaboradores mostraram objetos aos sujeitos em duas ocasiões, sendo que algumas vezes era apresentado um objeto *diferente*, embora parecido com o original. Parte do córtex visual *direito* conseguia detectar se o objeto apresentado era igual ou diferente ao anteriormente exibido. No entanto, o córtex visual do hemisfério *esquerdo* respondeu da mesma maneira, seja com objetos iguais, seja com objetos apenas parecidos, o que ressalta a tendência à distorção desse hemisfério. Em seu conjunto, tais evidências apontam para a atuação do intérprete como um agente ativo no papel de buscar explicações que reduzam a *dissonância cognitiva*, de modo semelhante às *racionalizações* identificadas inicialmente pela psicanálise.

Uma forma bastante interessante de distorção de memória produzida pelo intérprete é a chamada *distorção de compreensão tardia,* que nos faz acreditar, *depois* de saber como foi o resultado de uma situação, que sempre soubemos o que iria acontecer – lembramos seletivamente fatos e incidentes que confirmam um resultado já conhecido. Para tornar o passado coerente com o que sabemos atualmente, reconstruímos inconscientemente nossas lembranças de um modo tal, que o desfecho de uma dada situação é visto como inevitável em retrospectiva. Schacter (2003, p. 179-84) aponta vários exemplos do cotidiano sobre essa distorção, como previsões sobre o resultado de jogos ou eleições políticas – segundo estudos realizados, *depois* de saber quem venceu o jogo ou a eleição, as pessoas lembram que *sempre souberam disso*, embora tal crença não tenha corroboração em registros objetivos de suas avaliações efetuadas *antes* de saber o desfecho. O mecanismo interpretativo do hemisfério esquerdo, segundo Schacter, entra em ação sobretudo quando o sujeito busca uma *explicação pós-fato* para a causa daquele determinado desfecho, sendo geradas a partir de então racionalizações poderosas que podem beirar ao delírio.

> Para tornar o passado coerente com o que sabemos atualmente, reconstruímos inconscientemente nossas lembranças de um modo tal, que o desfecho de uma dada situação é visto como inevitável em retrospectiva.

Schacter (2003) acredita que o fundamento neural das distorções de memória repousa na atuação do mecanismo interpretativo do cérebro esquerdo, o *intérprete* de Gazzaniga, que "recorre a deduções, racionalizações e generalizações quando tenta relacionar o passado e o presente".

> O intérprete também pode nos ajudar a ter uma sensação de ordem em nossas vidas, fazendo com que conciliemos atitudes do presente com ações e sentimentos do passado. Isso cria a confortadora sensação de que sempre soubemos como as coisas iriam terminar, ou mesmo melhora nossa opinião sobre nós mesmos. Mas também tem o potencial de nos guiar para o caminho das ilusões. Se as explicações e as racionalizações simples oferecidas pelo intérprete criam fortes distorções que nos impedem de ver a nós mesmos sob uma luz realista, obviamente corremos o risco de repetir os fracassos passados no futuro. (Schacter, 2003, p. 196)

A tendência literal e objetiva do hemisfério direito pode contrabalançar o viés narrativo e interpretativo do hemisfério esquerdo. Assim, no cérebro de pessoas normais, funciona um sistema de equilíbrio e controle recíproco, o qual pode ser rompido por uma série de condições, sendo a mais radical delas a síndrome da mão alheia (*alien hand*) que comentamos anteriormente, na qual a conexão das fibras do corpo caloso que interligam os hemisférios é rompida, e o resultado do extremo desbalanceamento é um conflito intenso entre percepção, avaliação, emoção, pensamento e motivação dos cérebros direito e esquerdo, levando os dois "eus" a uma disputa contralateral pelo controle do comportamento por meio do movimento das mãos. Na condição também referida da anosognosia, uma lesão no cérebro direito impede o controle dele sobre o inventivo cérebro esquerdo, deixando o intérprete livre para criar todo gênero de distorções, negações, racionalizações e confabulações que possam reduzir a dissonância cognitiva.

Não sabemos ainda a extensão em que este modelo pode ser aplicado no funcionamento da mente sadia e nos casos de transtornos mentais, mas é provável que as implicações sejam tremendamente importantes, e que graus variados de disfunção nesse sistema estejam relacionados a inúmeras consequências no relacionamento humano normal e patológico.

Mesmo quando se trata de pessoas sem lesões ou transtornos mentais, o sistema de equilíbrio produz muitos lapsos. Segundo observa sensatamente Schacter,

> as várias formas de distorção estão tão enraizadas na percepção humana, que existem poucos bons remédios para evitá-las por completo. O melhor que podemos fazer talvez seja aceitar que o conhecimento, as opiniões e os sentimentos atuais podem influenciar nossas recordações do passado e moldar nossas impressões de pessoas e objetos no presente. Ao exercer a devida vigilância e ao reconhecer as possíveis fontes de nossas convicções tanto sobre o presente como sobre o passado, podemos atenuar as distorções que surgem quando a memória age como um fantoche a serviço de seus mestres. (2003, p. 197)

Como vimos, a busca de *coerência* promove o autoengano, em grande medida, por meio da geração de mecanismos de memória que distorcem a realidade. A pesquisa científica deu os primeiros passos na direção de uma elucidação desses mecanismos na primeira metade do século XX com o trabalho de um dos fundadores da psicologia cognitiva, Frederic Bartlett (1886-1969), que introduziu a noção de uma *memória construtiva*, elemento importante do novo inconsciente que investigaremos a seguir.

CONSTRUINDO MEMÓRIAS COERENTES

Os psicólogos cognitivos tradicionalmente dividem os processos da memória em três operações básicas: codificação, armazenamento e recuperação das informações. A *codificação* é a transformação de uma entrada (*input*) sensorial em uma representação na memória; o *armazenamento* refere-se à manutenção desse registro; já a *recuperação* é a operação que dá acesso à informação arquivada. Essas operações aparentemente ocorrem em sequência, mas, na verdade, são processos interdependentes, pois um influencia o outro.

Um dos pioneiros na pesquisa da codificação e recuperação da memória, o psicólogo cognitivo britânico Frederic Bartlett, reconheceu, ainda nos anos de 1930, a necessidade de estudar os "efeitos do conhecimento prévio" (Bartlett, 1932). O conhecimento e as expectativas prévias afetam significativamente a memória, às vezes intensificando, distorcendo ou interferindo nos processos pelos quais codificamos, armazenamos e recuperamos as informações experienciadas.

Bartlett pediu aos sujeitos de um estudo para lerem em inglês a tradução de um mito indígena norte-americano, uma lenda estranha chamada "A Guerra dos Fantasmas" (reproduzida integralmente em Sternberg, 2000, p. 243). Ele descobriu que os sujeitos recuperavam a lenda de acordo com seu aprendizado cultural e com esquemas previamente existentes, distorcendo a evocação, de forma que a história tornou-se mais compreensível. Em outras palavras, os sujeitos moldavam a história de acordo com o contexto de experiências prévias, alterando os trechos esquisitos para que fizessem sentido.

O trabalho de Bartlett e de outros pesquisadores que prosseguiram nesta linha de investigação revelou um aspecto importante da memória, que nos interessa particularmente para compreender os fenômenos do inconsciente: a recuperação não é literal e fidedigna, mas fortemente influenciada pelas experiências prévias do sujeito. Não só recuperamos os aspectos originais das situações vivenciadas, como também ajustamos as recordações a nosso modelo

> Não só recuperamos os aspectos originais das situações vivenciadas, como também ajustamos as recordações a nosso modelo internalizado do *self* e do mundo, lembrando seletivamente, esquecendo ou adicionando elementos.

internalizado do *self* e do mundo, lembrando seletivamente, esquecendo ou adicionando elementos. A memória deixou de ser vista como apenas *reconstrutiva* (o armazenamento de informação sobre eventos ou fatos é depois reconstruído literalmente) e foi reconhecida como essencialmente *construtiva* (o armazenamento é afetado pelo conjunto de crenças preexistentes e mesmo por novas informações, construindo-se uma lembrança ajustada para ser *coerente*). Atualmente são realizados muitos estudos sobre os aspectos construtivos da memória (ver, por exemplo, Schacter, 1996; Schacter et al., 1996a, 1996b; Schacter, Harbluck e MacLachlan, 1984; Schacter et al., 1997; Schacter, Norman e Koutstaal, 1998; Schacter, Verfaellie e Pradere, 1996; Schacter et al., 1998; Schacter et al., 1997a, 1997b).

Para investigar o grau de precisão da memória, foi realizada uma série de estudos baseados na metodologia bastante simples de pedir aos sujeitos que lessem histórias e depois recontassem o que haviam lido (Squire, 1987; Squire e Cohen, 1987; Loftus, 1994). A análise do material relembrado mostrou que as passagens eram mais curtas e coerentes, reordenando, reconstruindo e condensando as originais. As lembranças eram carregadas de distorções, mas os sujeitos fizeram isso sem se dar conta de que estavam editando os originais. O mais curioso é que os sujeitos, quando confrontados mais tarde com as duas versões, a original e a distorcida, demonstravam mais convicção em sua versão, a qual havia sido editada de modo a fazer sentido.

Não havia confabulação nem mentira, pelo menos ao *eu* consciente dos sujeitos. Eles *interpretaram* a história. Nossa percepção é antes um processo de *transformação*, de *interpretação* e de *síntese* das informações sensoriais do que um registro fiel do mundo externo. A recuperação ou a lembrança da memória armazenada depende da capacidade de *remontar*, a partir das modalidades sensoriais específicas, a imagem da situação vivida, e nesse processo nosso cérebro lança mão de diversas estratégias cognitivas para gerar uma recordação coerente, como *excluir elementos díspares*, *adicionar os que faltam*, *construir suposições implícitas* e *acreditar nelas*, *fazer inferências*, etc.

> Nossa percepção é antes um processo de *transformação*, de *interpretação* e de *síntese* das informações sensoriais do que um registro fiel do mundo externo.

Em relação a certos conceitos importantes como estes, talvez exista apenas uma superficial barreira semântica separando a tradição psicanalítica de *Viena* e a cultura de psicologia experimental de *Leipzig*: os mesmos mecanismos atualmente pesquisados pelos neurocientistas podem ter sido identificados de forma pioneira pela psicanálise, mas utilizando terminologia diversa (embora as hipóteses explicativas pertencentes ao corpo teórico do inconsciente dinâmico e do novo inconsciente sejam divergentes).

Para entender o caráter construtivo da memória, temos que compreender como nosso *cérebro modular* trabalha armazenando e relembrando a representação de objetos, de eventos e de pessoas. Nossa experiência consciente é de uma representação unificada – a imagem de nossa mãe em dada situação, por exemplo. Porém, na verdade, em nenhum lugar de nosso cérebro existe algo como um filme de nossa mãe.

> O conhecimento não é armazenado como representações gerais, mas é subdividido em diversas categorias. Assim, lesões seletivas nas áreas de associação no lobo temporal esquerdo podem levar à perda de uma categoria especial de conhecimento – a uma perda do conhecimento sobre as coisas vivas, especialmente pessoas, sem perda do conhecimento de objetos inanimados. Essas categorias ainda são mais subdivididas em função das modalidades sensoriais. Assim, uma pequena lesão no lobo temporal esquerdo pode destruir o reconhecimento dos nomes de coisas vivas, sem interferir em seu reconhecimento visual. (Kandel e Swartz, 1997, p. 15)

Um exemplo interessante de memória construtiva nos é fornecido pela situação de "falsas memórias" experienciada pelo pesquisador suíço Jean Piaget (Sternberg, 2000, p. 245). O psicólogo lembrava vividamente um incidente de infância, que sempre acreditou ser piamente verdadeiro, até descobrir que a história fora inventada por uma babá para enganar seus pais. As descrições falsas foram repetidas tantas vezes, que Piaget acreditava não só que o fato ocorrera, como também que o tinha presenciado, com detalhes minuciosos sobre sua interação com pessoas, sobre o ambiente, etc.

O psicólogo cognitivo brasileiro Bernard Rangé contou-me certa vez que vivenciou algo semelhante. Rangé assistiu ao filme *Dersu Uzala* de Akira Kurosawa e lembrava claramente uma cena em que uma bela metáfora foi utilizada. Como terapeuta cognitivo, repetia a seus pacientes a metáfora, uma reflexão sobre o fino e flexível bambu que resiste mesmo ao vento mais forte, enquanto o rígido carvalho é derrubado. Até que um dia um paciente lhe disse que também tinha assistido ao filme e que nunca tinha visto tal cena, muito menos a passagem citada. Intrigado, Rangé assistiu ao filme novamente e, para sua surpresa, não havia cena alguma, muito menos a metáfora que ele vivia a repetir.

Na verdade, tanto Piaget com Rangé foram vítimas de um autêntico *implante de memória*, nesse caso algo relativamente inofensivo. Mas os implantes de memória podem causar dor e sofrimento, como veremos a seguir.

12
A mente iludida

IMPLANTANDO FALSAS MEMÓRIAS

> As memórias que estão dentro de nós não são gravadas em pedra; não só elas tendem a se apagar com a passagem dos anos, mas também muitas vezes mudam ou mesmo aumentam ao incorporar características estranhas.
>
> Primo Levi,
> escritor Italiano (1919-1987).

Em 1992, um conselheiro de igreja no Estado do Missouri, nos Estados Unidos, ajudou sua paciente Beth Rutherford, na época com 22 anos, a lembrar-se, durante a terapia, de que seu pai, um clérigo, a violentara regularmente entre a idade de 7 e 14 anos, e que sua mãe teria colaborado ocasionalmente, segurando-a durante o estupro bárbaro (Loftus, 1997, p. 51). Seu pai a engravidou duas vezes, forçando-a a abortar sozinha, com uma agulha de tricô – durante a psicoterapia, essas memórias reprimidas foram estimuladas a vir à tona, e os fatos inaceitáveis e doloridos foram conscientizados, com o estímulo do terapeuta. O pai de Beth abdicou do posto que ocupava quando as acusações foram tornadas públicas e teve a reputação e a vida destruídas, passando a fechar-se em casa para não ser agredido ou linchado.

No entanto, exames médicos revelaram com segurança absoluta que ela simplesmente continuava virgem e que nunca tinha passado por nenhuma gravidez. Desse modo, ficou evidente que as memórias dos improváveis abusos foram involuntariamente implantadas durante a terapia. Em 1996, a família ganhou a ação movida contra o terapeuta e recebeu uma indenização de 1 milhão de dólares.

O caso verídico desta moça é apenas um entre as centenas de relatos semelhantes do que foi chamado de "síndrome da falsa memória". A década de 1990 foi marcada, nos Estados Unidos, pela polêmica em torno das repercussões do grande número de relatos de lembranças de abuso sexual na infância que, em geral, teria sido cometido pelos pais. A grande maioria dos relatos era de mulheres da classe média que tinham iniciado psicoterapia e que durante o trabalho terapêutico teriam sido auxiliadas a lembrar eventos "reprimidos". Os pais foram duramente acusados de abuso sexual e de negação de uma realidade difícil de aceitar. No entanto, estes quase sempre reagiam com indignação e repudiavam a versão das filhas, afirmando que tal coisa nunca tinha acontecido.

É plausível, embora controverso (Schacter, 1996; Loftus, 1993), que alguns relatos de resgate de memórias supostamente reprimidas de abuso sexual sejam verdadeiros, mas, mesmo assim, esse fato dificilmente justificaria a dimensão epidêmica de queixas, acusações e processos que irromperam no início dos anos de 1990, atingindo o auge em 1992 – o próprio caráter súbito da avalanche de ocorrências tornou visível que muitas das memórias resgatadas não eram precisas. Segundo apontaram pesquisas realizadas neste período (Poole et al., 1995), o uso de técnicas sugestivas como hipnose ou imagens mentais assistidas era corrente, pois muitos terapeutas acreditavam que assim estariam estimulando a lembrança perdida de acontecimentos significativos da infância que poderia estar reprimida. Desconhecendo os mecanismos de nossa memória construtiva, alguns terapeutas adeptos dessas práticas estavam, involuntariamente, implantando falsas recordações nos pacientes mais sugestionáveis.

> Desconhecendo os mecanismos de nossa memória construtiva, alguns terapeutas estavam, involuntariamente, implantando falsas recordações nos pacientes mais sugestionáveis.

Como as pessoas atingidas pelas acusações tiveram irremediavelmente suas vidas profissionais e pessoais destroçadas, resolveram reagir e juntar forças criando, em 1992, uma organização dedicada ao estudo dessa forma de distorção, a "Fundação Síndrome da Falsa Memória". Os pais que dirigiam a entidade procuravam dar apoio às vítimas da síndrome, cujo número aumentava cada vez mais.

A enxurrada de acusações foi logo associada ao uso destas práticas por alguns terapeutas, e os psicólogos que estudavam a memória foram convocados a se manifestar em julgamentos, no meio acadêmico e nos meios de comunicação (Schacter, 2003). A sociedade demandava respostas mais precisas sobre as questões emergentes – seria possível criar memórias sobre eventos pessoais nunca de fato experimentados? A pressão por respostas cientificamente consistentes impulsionou uma verdadeira corrida dos pesquisadores da área por dados elucidativos, e uma intensa polêmica atravessou a década. Segundo Schacter,

> no final da década de 1990, existiam sinais nítidos de que a crise de memórias resgatadas estava começando a se atenuar. A incidência de novos casos envolvendo disputas em torno de memórias resgatadas despencou. Isso talvez possa ser atribuído aos novos conhecimentos sobre sugestionabilidade e memória, que encorajam os terapeutas a adotar uma postura mais conservadora em relação ao resgate de memórias.

Outra razão pode ter sido o número de processos contra terapeutas impetrados na justiça pelos pacientes que depois se arrependeram de suas memórias. (2003, p. 162)

A psicóloga cognitiva Elisabeth F. Loftus ocupou um lugar central nesta discussão, uma vez que vem estudando o assunto de forma pioneira desde 1970. Reconhecidamente uma especialista em certos aspectos da memória humana, já realizou com sua equipe cerca de 200 experimentos envolvendo mais de 20 mil sujeitos. Foi eleita presidente da *American Psychological Society* em 1998 e já publicou mais de 250 artigos científicos e 18 livros sobre o assunto, sendo regularmente chamada como especialista nos tribunais, uma vez que estudou a validade do depoimento de *testemunhas oculares*.

Seu trabalho ajudou a esclarecer uma série de crimes, apontando como a memória construtiva pode levar a um depoimento convicto, mas equivocado, de uma testemunha ocular. Existe uma série de *distorções sistemáticas* ou vieses de nossa memória construtiva que tornam potencialmente problemático condenar alguém apenas com base nesse tipo de evidência (Loftus, Feldman e Dashiell, 1995; Loftus, 1993; Loftus e Pickrell, 1995; Loftus e Ketchan, 1994; Loftus, 1997). Por exemplo, nos Estados Unidos, erros de identificação aumentam se os suspeitos em reconhecimento são de raça diferente da testemunha. Se a testemunha parece altamente confiante quando depõe, o júri tende a condenar o acusado, mesmo que o depoimento forneça poucos detalhes percebidos ou respostas contraditórias. Um interrogatório policial sugestivo pode implantar *memórias falsas* das afirmações embutidas com facilidade nas perguntas.

Um dos estudos (Loftus e Ketchan, 1994) traz implicações importantes para a condução das investigações policiais, pois documenta experimentalmente que a simples apresentação de fotos de suspeitos aumenta a chance de um falso reconhecimento posterior. A nova informação (as fotos vistas na delegacia) mistura-se com o cenário original (a cena do crime) sob certas condições. Quando abrimos um arquivo antigo em um computador e adicionamos informações novas, no final podemos ou não salvá-las. O cérebro salva na memória as novas informações muitas vezes automática e *inconscientemente*, o que já levou testemunhas convictas, mas equivocadas, a convencerem o júri a uma condenação. Mais tarde, a confissão de responsabilidade por parte de outro suspeito revela o engano, muitas vezes tarde demais.

MEMÓRIAS REPRIMIDAS

Loftus e colaboradores pesquisaram também as supostas *memórias reprimidas*, demonstrando como podem ser implantadas na mente das pessoas sem que elas percebam, manipulando experimentalmente as situações para que acreditem estar lembrando fatos que nunca de fato experimentaram (Loftus,

Feldman e Dashiell, 1995; Loftus, 1993; Loftus e Pickrell, 1995; Loftus e Ketchan, 1994). No entanto, é preciso deixar claro que o fato de existirem falsas memórias que o sujeito supõe reprimidas não invalida a possibilidade de existirem memórias *verdadeiramente reprimidas*, fenômeno que analisaremos adiante ao examinar a repressão sob o enfoque do novo inconsciente.

O caso verídico da Senhorita Rutherford, que teve implante de memórias de abuso sexual na infância, não é o único. Em 1986, a assistente de enfermagem Nadean Cool foi vítima de falsas memórias no Wisconsin, Estados Unidos, ao passar por processo de terapia bastante questionável (Loftus, 1997). O psiquiatra usou hipnose e outras técnicas (incluindo um exorcismo que durou 5 horas), as quais Loftus chama de *sugestivas,* para escavar as supostas memórias reprimidas de abuso sexual que causariam os problemas emocionais. A assistente tornou-se convencida de ter estado em cultos satânicos, de comer bebês em rituais, de fazer sexo com animais e outros disparates, até perceber que as memórias tinham sido implantadas. Ela processou o psiquiatra, e, em 1997, depois de cinco semanas de julgamento, a corte decidiu por uma indenização de 2,4 milhões de dólares.

Na realidade, estes dois casos são a ponta de um *iceberg* de ocorrências menos graves de implantes de memória, experiências que fazem parte de nosso cotidiano mental e que não requerem hipnose nem sequer a intenção deliberada. Os implantes são fenômenos decorrentes de nossa memória construtiva e revelam aspectos do funcionamento do novo inconsciente. A construção de uma versão consciente distorcendo os acontecimentos ocorre muitas vezes em suspeitos pressionados por policiais em interrogatórios, em pacientes submetidos a determinadas técnicas psicoterápicas que estimulam o uso da imaginação e também em pessoas em situações que estimulam experiências esotéricas, como regressão a supostas "vidas passadas". Sob certas condições, nossa memória construtiva absorve novas informações sensoriais, sugestões ou dados da imaginação, assimilando-os às memórias verdadeiras (Loftus, Miller e Burns, 1978; Loftus e Loftus, 1980; Loftus, 1993; Loftus, Feldman e Dashiell, 1995; Loftus e Pickrell, 1995).

Loftus iniciou suas investigações estudando o efeito da desinformação, demonstrando que pessoas que testemunharam um evento têm frequentemente suas memórias distorcidas quando expostas a novas informações com outra narrativa sobre o fato. Seus sujeitos "lembraram" ter visto vidros quebrados e filmadoras em cenas nas quais não havia nada disso, um carro azul em vez de um branco em uma cena de crime, e coisas como ter apertado a mão do coelho Pernalonga em uma visita à Disneylândia (Pernalonga não é um personagem Disney). Mas se implantar detalhes é relativamente fácil, seria possível implantar uma memória completa de uma experiência de infância?

Quanto mais distante no tempo, mais sujeita à distorção está a memória, o que deveria inspirar maior cautela e conhecimento das vicissitudes desse fenômeno por parte de psicanalistas e psicoterapeutas que trabalham com lembranças da infância de seus pacientes. Em um estudo (Loftus e Pickrell, 1995), depois de entrevistas com familiares garantirem que os sujeitos nunca haviam se perdido na infância, os pesquisadores tentaram implantar a falsa memória que incluía elementos complexos: ficar perdido em uma grande loja de departamentos por um período prolongado, chorar compulsivamente, ser socorrido e confortado por uma velhinha e por fim ser ajudado a reunir-se novamente com a família. Os participantes leram textos da extensão de um parágrafo com quatro informações sobre um incidente de infância, sendo três verdadeiros e o outro contendo os elementos fictícios. Os fatos verdadeiros eram lembrados por 68% dos sujeitos, mas, de modo surpreendente, cerca de um terço lembrava parcial ou completamente o evento fictício. Os implantes se fixaram na memória, pois os sujeitos com falsas lembranças continuavam mantendo sua confiança na veracidade das recordações mesmo em duas entrevistas de seguimento realizadas meses depois.

Existiam pequenas diferenças entre as verdadeiras e as falsas memórias: os sujeitos tendiam a usar mais palavras para descrever as verdadeiras e tinham maior clareza quanto aos episódios reais. No entanto, sem evidências objetivas não é possível saber se uma pessoa está relatando algo que realmente ocorreu, ou se está descrevendo uma falsa memória. Mesmo que um detector de mentiras futurista hipotético tenha precisão de 100%, nada revelaria, pois a pessoa *não está mentindo*: sua mente consciente acredita que realmente vivenciou a experiência.

O fenômeno chamado por Loftus de "inflação da imaginação" (Loftus, 1997) refere-se ao crescimento, com o tempo, da confiança do sujeito de que o fato ocorreu quando o evento fictício é *imaginado* – cada vez acredita-se mais convictamente nas histórias que vamos construindo sobre um passado fictício. Ao reconstruir verbalmente repetidas vezes as lembranças e assumir compromisso social sobre elas, estamos inflacionando a convicção em nossa versão. *Quem conta um conto, aumenta um ponto*, diz um sábio ditado popular. Quando recontamos aos amigos uma discussão ou outra interação emocionalmente significativa, nossa memória construtiva vai editando cada vez mais os fatos, e as crenças errôneas e as memórias falsas vão se cristalizando como uma narrativa integrada ao *self* autobiográfico.

O ambiente terapêutico pode ser bastante propício à sugestionabilidade, criando as condições favoráveis aos implantes de memória. Um procedimento comum em psicoterapia, por exemplo, é o uso da *interpretação dos sonhos*, que foi investigado pela psicóloga italiana Giuliana Mazzoni em colaboração com Loftus (Mazzoni e Loftus, 1998). A princípio, as pesquisadoras solicitaram aos sujeitos que avaliassem se determinadas experiências tinham ou não realmente ocorrido, para ter certeza de que certos eventos não haviam acontecido – três eventos sobre lembranças desagradáveis anteriores aos 3 anos de idade (ficar perdido em um lugar público, estar sozinho e perdido em lugar desconhecido ou ser abandonado pelos pais).

O próximo passo foi testar a hipótese de que a interpretação dos sonhos pode ajudar, por meio da sugestionabilidade, a criar experiências do passado em nossa memória construtiva. Os sujeitos foram distribuídos em dois grupos, sendo então submetidos à atividade terapêutica de interpretação de sonhos com um psicólogo. Em um dos grupos, não foram feitas sugestões e, no outro, o psicólogo insinuou que os sonhos interpretados continham lembranças reprimidas de eventos que teriam acontecido antes dos 3 anos, precisamente as experiências que os sujeitos afirmaram anteriormente nunca terem vivenciado.

Duas semanas mais tarde, a maioria dos sujeitos que receberam as sugestões lembrava *pelo menos uma* das três experiências sugeridas, enquanto os sujeitos que não receberam as insinuações não recordaram *nenhum* evento implantado. Esse resultado aponta para a inquietante possibilidade de que a interpretação sugestiva dos sonhos pode induzir a construção de uma estrutura fictícia de lembranças de experiências passadas, alterando para sempre nosso conhecimento consciente autobiográfico.

A equipe do psicólogo Ira Hyman tem investigado a hipótese de que *imaginar visualmente* um evento tem um papel-chave para aumentar a chance de implantá-lo na memória. Hyman tem utilizado metodologia semelhante à de Loftus para produzir falsas lembranças (Hyman, Husband e Billings, 1995; Hyman e Billings, 1998; Hyman e Pentland, 1996), fazendo perguntas sugestivas sobre eventos que, de acordo com familiares, comprovadamente não ocorreram. É espantoso constatar que cerca de um terço dos participantes lembra os acontecimentos falsos em entrevistas realizadas mais tarde, e metade dos sujeitos que implantaram memórias pode citar *detalhes específicos* (não fornecidos pelos experimentadores), como o local e outras minúcias sobre o incidente, além de declarar que tais memórias eram bastante *claras* e que se sentiam *seguros* de que estavam lembrando incidentes reais. Esses sujeitos que tiveram falsas lembranças tinham maior pontuação se comparados aos participantes do estudo que não apresentaram distorções significativas de memória quando submetidos a uma escala que avalia a capacidade de imaginação visual (Hyman e Billings, 1998). Além disso, as falsas memórias *aumentavam* quando os pesquisadores pediam aos participantes que imaginassem o evento e *diminuíam* quando os sujeitos eram estimulados a ficar em silêncio e refletir sobre a ocorrência ou não do incidente (Hyman e Pentland, 1996).

> O funcionamento da memória construtiva e os implantes de memória ajudam a compreender como nosso comportamento pode estar tão distanciado de nossa versão explicativa.

No sistema teórico do novo inconsciente, o funcionamento da memória construtiva e os implantes de memória ajudam a compreender como nosso comportamento pode estar tão distanciado de nossa versão explicativa. Segundo as pesquisas, seja em ambientes terapêuticos, seja na vida cotidiana, temos maior probabilidade de construir uma percepção consciente, com vivências emocionais completas e com um forte sentimento de engajamento pessoal, quanto maior for a presença destas três condições externas: *demandas sociais* que incentivam as pessoas a lembrar algo, encorajamento explícito para *imaginar eventos* e o estímulo para as pessoas *não pensarem* se suas construções são *reais* (Loftus, Feldman e Dashiell, 1995; Loftus, 1997).

Emergem dessas investigações pelo menos dois alertas importantes: primeiro, mesmo o mais experiente e qualificado clínico não tem muito a fazer para diferenciar um implante de uma memória verdadeira se não existirem dados que *corroborem* objetivamente as lembranças; segundo, qualquer profissional de saúde mental precisa *conhecer* e *limitar* a poderosa influência exercida pelas situações em que a imaginação é usada como instrumento para relembrar o passado.

O conhecimento dos mecanismos de processamento do novo inconsciente, em especial de nossa memória construtiva, inspira uma atitude cautelosa com o fenômeno da sugestionabilidade. Como argumenta Schacter (2003, p. 160),

> os efeitos perniciosos da sugestionabilidade reforçam a teoria de que lembrar o passado é mais do que uma simples ativação de um vestígio dormente ou de uma imagem mental. Lembrar o passado envolve uma interação muito mais complexa entre o ambiente atual, o que se espera recordar e o que ficou guardado do passado. Os métodos sugestivos afetam o equilíbrio entre esses três fatores, de forma que as influências do presente desempenham um papel bem mais importante na determinação do que é lembrado do que aquilo que realmente aconteceu no passado.

CULPADOS INOCENTES

A corroboração de um evento por outra pessoa é uma técnica eficaz de promover implantes de memória (Kassin, 1997; Kassin e Kiechel, 1996; Rubin, 1996). Se outras pessoas alegam ter visto alguém agir de certo modo, isso pode levar algumas pessoas altamente sugestionáveis a admitirem o fato que nunca ocorreu. De modo surpreendente, podem levar a pessoa a confessar a realização do ato (Kassin, 1997; Kassin e Kiechel, 1996), remoendo-se em *sentimentos de culpa* e relatando *detalhes* de sua participação (muitas vezes baseando-se em informações obtidas bem depois). Existem vários casos documentados pela justiça norte-americana de réus confessos condenados, cuja inocência foi demonstrada por evidência irrefutável anos mais tarde. Esses réus acreditavam em suas versões, mas mais tarde admitiram terem sido sugestionados, algumas vezes se dando conta de que imaginaram elementos, atordoados pelas pressões da acusação.

Este efeito foi bem ilustrado no experimento do psicólogo social Saul M. Kassin e seus colaboradores (Kassin e Kiechel, 1996), desenhado para investigar as reações de indivíduos falsamente acusados de danificar um computador "apertando a tecla errada". Os participantes no começo negavam ter apertado a tecla, pois foram advertidos enfaticamente a não o fazer sob pena de estragar a máquina. No entanto, o quadro mudava quando um experimentador disfarçado de participante, que fingia fazer a mesma tarefa em um computador ao lado, afirmava ter visto a pessoa apertando a tecla errada. Muitos sujeitos inocentes chegaram ao ponto de assinar uma confissão por escrito, demonstrando vários indicadores de internalização da culpa pelo ato. O que é fascinante é que os sujeitos *confabularam detalhes* que eram consistentes com a crença falsa de ter apertado a tecla errada.

O trabalho de pesquisadores como Loftus, Hyman e Kassin, entre outros, lança luz em questões cruciais sobre os mecanismos do novo inconsciente ao explorar a gênese das falsas memórias e investigar como as sugestões recebidas das outras pessoas se combinam com as memórias reais na mente humana. As evidências acumuladas lançam sérias dúvidas sobre a autenticidade e a fidedignidade de lembranças longínquas da infância, sobretudo quando se trata de eventos traumáticos que condizem com as expectativas teóricas de um psicoterapeuta e, muitas vezes, dos pacientes.

Na técnica analítica, por exemplo, uma *interpretação* pode claramente ser sugestiva, e mesmo técnicas aparentemente pouco diretivas, como a *pontuação do discurso* ou o uso de *metáforas*, dirigem a atenção do sujeito para temas que são valorizados sob o prisma teórico utilizado. Existem também importantes implicações epistemológicas, uma vez que o relato de lembranças da longínqua infância de casos clínicos, fonte crucial de dados para a teoria psicanalítica, está normalmente contaminado por implantes.

> Na técnica analítica uma *interpretação* pode claramente ser sugestiva, e mesmo técnicas aparentemente pouco diretivas dirigem a atenção do sujeito para temas que são valorizados sob o prisma teórico utilizado.

Em contrapartida, a teoria do novo inconsciente incorpora a hipótese da existência de lembranças verdadeiras e significativas de vivências traumáticas e da influência delas no comportamento, mesmo sem conhecimento consciente do sujeito. Esta é uma das hipóteses psicanalíticas mais consensualmente aceitas, tendo respaldo nas ciências do cérebro e do comportamento, embora sua aceitação não se estenda a muitos outros aspectos da metateoria psicanalítica, particularmente em relação às predições sobre que tipo de experiência traumática é significativa, como é processada e de que forma afeta o desenvolvimento mental. Revisaremos mais adiante as investigações sobre experiências traumáticas e lembranças que podem ser conscientes (*explícitas*) ou inconscientes (*implícitas*) e o papel de estruturas cerebrais como a *amígdala* e o *hipocampo* nesse dinamismo.

COMO O CÉREBRO CONSTRÓI FALSAS MEMÓRIAS

Como o cérebro constrói as falsas memórias? Como podemos relacionar, no sistema teórico do novo inconsciente, aquilo que sabemos sobre a especialização hemisférica, a modularidade cerebral e a memória construtiva com este fenômeno?

Utilizando uma sofisticada tecnologia de imageamento cerebral (ressonância magnética – *MRI*), Schacter e colaboradores (1996a, 1997a) apontaram evidências da existência de vias neurais diferentes para as memórias reais e para as implantadas. Em busca de corroboração para sua teoria do intérprete, Gazzaniga (1998b) interpretou o estudo como uma demonstração experimental de que as falsas memórias se originam no córtex pré-frontal esquerdo. Os resultados da pesquisa indicaram que, ao relembrar uma memória verdadeira, uma região no córtex de associação pré-frontal do hemisfério direito é ativada. Quando uma memória falsa é relembrada, ocorre um aumento de atividade na mesma região. A diferença crucial é que somente nas falsas lembranças ocorre maior atividade na região equivalente do hemisfério *esquerdo* (Gazzaniga, 1998b).

No entanto, Schacter (2003) avaliou ainda que é cedo para extrair conclusões, pois o imageamento cerebral mostrou diferenças moderadas e muitas semelhanças na atividade neural durante o processamento de lembranças tanto verdadeiras como falsas. No entanto, no todo, essa convergência de informações fornece suporte para a hipótese do mecanismo interpretativo do cérebro esquerdo como gerador das crenças errôneas, especialmente quando reforçada por estudos de falsas memórias envolvendo pacientes com o cérebro dividido (*split brain*). Uma série de investigações (Gazzaniga e LeDoux, 1978; Phelps e Gazzaniga, 1992; Metcalfe, Funnell e Gazzaniga, 1995; Gazzaniga, 1985a, 1985b, 1995, 1998a, 1998b) conduzidas com pacientes nos quais o corpo caloso foi secionado cirurgicamente revela que o hemisfério esquerdo confabula, enquanto o direito produz um relato muito mais verídico. A divisão do cérebro por meio do dano cirúrgico ao feixe de 200 milhões de fibras nervosas que conectam os hemisférios evidencia as diferentes formas de processamento da realidade dos cérebros direito e esquerdo: enquanto o direito presta atenção somente aos aspectos perceptuais dos estímulos, o esquerdo tem a habilidade de determinar a fonte da memória baseado nos indícios das circunstâncias presentes ou no contexto mais amplo.

A noção de memória construtiva é sustentada por essas descobertas, que revelam que as pessoas desenvolvem um *esquema* sobre suas experiências, um *modelo* da realidade vivenciada, e depois encaixam retrospectivamente os eventos irreais em suas lembranças, desde que os eventos sejam coerentes com o modelo. Em sua procura de significado e razão, ordem e consistência com o modelo internalizado do *self* e do mundo externo, o intérprete do córtex pré-frontal esquerdo comete erros, distorcendo, omitindo, negando, racionalizando e confabulando para reduzir a dissonância cognitiva entre o que *é* e o que *deveria ser*.

Ou seja, o intérprete pode ser o responsável pelo acobertamento das lembranças doloridas, que seriam insuportáveis se irrompessem à consciência. Nossa mente consciente funciona como o gerente honesto que acredita administrar sua empresa sem falcatruas, mas sem saber que está baseado em um balanço adulterado por um contador desonesto; o gerente fala a verdade, mas seu discurso reflete uma imagem maquiada por uma contabilidade alterada. Construímos uma realidade mais conveniente à necessidade de coerência do *self* do que à fidedignidade, graças a um módulo encarregado de interpretar e dar sentido às operações inconscientes dos outros módulos.

> Construímos uma realidade mais conveniente à necessidade de coerência do *self* do que à fidedignidade.

A psicanálise sugere a hipótese (Freud, 1895-1961; A. Freud, 1946) de que mecanismos de defesa operam para proteger nossa consciência de lembranças inaceitáveis. Na psicanálise, as defesas requerem o conhecimento consciente do material mnemônico e perceptual para operar, visto que os mecanismos de negação, racionalização e outros são meios de defesa do Ego, e não do inconsciente freudiano. Freud (1910/1955) argumentou que o material inconsciente, em geral, não seria influenciado pelas várias "tendências contrárias" (ou seja, as estratégias defensivas) que os sujeitos usam para atenuar o efeito de material consciente na percepção, no comportamento, na cognição e nos afetos subsequentes.

As neurociências e a teoria do novo inconsciente revelam um entendimento mais preciso do mesmo fenômeno: nossa realidade consciente é *construída* pelo intérprete, o módulo que interpreta o resultado do amplo conjunto de módulos que executam o processamento inconsciente. No entanto, não existe acesso consciente às operações realizadas, que convergem produzindo como resultado o comportamento.

A atividade monumental, mas silenciosa, dos módulos cerebrais não verbais é a origem do processamento inconsciente; o circuito neural do córtex pré-frontal esquerdo *não é o inconsciente*, mas, assim como o Ego de Freud, lança mão de vários mecanismos de distorção para criar uma narrativa coerente, mesmo que sacrificando os dados discrepantes. Assim, nosso comportamento resulta da disputa entre forças inconscientes, mesmo que o mecanismo interpretativo do cérebro esquerdo nos forneça uma versão errônea da realidade, mas internamente coerente. Não importa se as razões de nossa conduta são inacessíveis à consciência – com a ajuda do intérprete, estamos sempre no comando.

Veremos agora como a neurobiologia do funcionamento cerebral produz lembranças que podem ser conscientes (*explícitas*) ou inconscientes (*implícitas*) e o papel das estruturas cerebrais da *amígdala* e do *hipocampo* nesse processo, começando com a história da busca pela localização da memória no cérebro.

13
A descoberta da memória inconsciente

UMA BREVE HISTÓRIA DA MEMÓRIA

A memória humana não é um processo unitário, como se pensou até a metade do século XX. Devemos aos estudos de Karl Lashley, um dos mais influentes pesquisadores da psicologia fisiológica, a noção inicialmente difundida de que a memória estaria distribuída por todo o córtex cerebral. Lashley, apesar de brilhante, extraiu conclusões errôneas (Lashley, 1950) de uma cuidadosa série de experimentos com ratos, na qual usou várias tarefas de aprendizagem em labirinto para avaliar o efeito de lesões em áreas cerebrais específicas. Se o animal apresentar um desempenho fraco em uma tarefa já aprendida como resultado da lesão, raciocinou Lashley, é sinal de que a área danificada está envolvida na memória. No entanto, os ratos sempre achavam o caminho correto no labirinto, demonstrando estar com a memória perfeita mesmo após a retirada cirúrgica de várias porções corticais. Parecia clara a evidência de que a memória estaria distribuída em todo o córtex, não sendo função de nenhum sistema em particular.

Esta interpretação confundiu os pesquisadores da área durante décadas, os quais perderam o entusiasmo na localização anatômica da memória. Hoje sabemos que a falsa conclusão ocorreu devido às características inerentes ao próprio funcionamento do cérebro, que não trabalha apenas com uma memória geral, mas sim com *vários sistemas de memória*. Os ratos utilizavam pistas sensoriais diferentes, como tato ou olfato, para resolver as tarefas, bem como sistemas distintos de memória no momento da aprendizagem. Por conta disso, como as lesões focais destruíam um sistema, mas deixavam os outros intactos, não prejudicavam o desempenho.

A ideia de que existe não somente uma memória geral, mas vários sistemas cerebrais anatomicamente distintos, encarregados de ti-

> A ideia de que existe não somente uma memória geral, mas vários sistemas cerebrais anatomicamente distintos, começou a ser considerada a partir do trabalho pioneiro do neurocirurgião canadense Wilder Penfield.

pos qualitativamente diferentes de memória, começou a ser considerada a partir do trabalho pioneiro do neurocirurgião canadense Wilder Penfield. Ele usou métodos de estimulação elétrica direta para estudar o funcionamento cerebral, explorando, por meio de eletródios, o córtex cerebral de humanos submetidos à neurocirurgia para tratamento de epilepsia focal. O cérebro não tem receptores para dor, e a cirurgia era realizada com anestesia local, permanecendo os pacientes totalmente conscientes.

Penfield conversava com eles enquanto estimulava pontos na superfície do córtex, literalmente mapeando suas funções. Depois de investigar mais de mil sujeitos, Penfield descobriu que a estimulação de certos pontos dos lobos temporais produzia recordações, memórias evocadas de experiências vividas. Contudo, tais recordações, denominadas *respostas experienciais*, eram raras e só aconteciam como produto da estimulação do lobo temporal, e não de outras partes (Kandel e Swartz, 1997).

No entanto, a comunidade científica estava dividida. Os resultados de Penfield poderiam ser explicados por focos epilépticos convulsivos no lobo temporal, uma dificuldade que todos os seus pacientes sofriam. Afinal, seria a memória localizada ou uma propriedade geral do córtex?

A participação de uma psicóloga, Brenda Milner, foi decisiva para a elucidação do papel do lobo temporal na memória. Milner fez seu doutorado na Inglaterra e logo após passou a fazer parte do departamento de Psicologia da Universidade McGill, no Canadá, trabalhando com Penfield no estudo de casos de pacientes cujo lobo temporal havia sido removido em função de crises epiléticas violentas e intratáveis. Um dos casos estudados do grupo de pacientes com retirada cirúrgica do lobo temporal mudou a história do estudo da memória para sempre, dando uma inestimável contribuição para a compreensão da neurobiologia da aprendizagem e para o estudo dos processos inconscientes.

O CASO H.M.

Em 1953, um operário de linha de montagem chamado Henry, na época com 27 anos, teve sua porção medial do lobo temporal retirada em ambos os lados do cérebro (Milner, 1965; Kandel e Swartz, 1997; Squire, 1987; Squire e Cohen, 1984; Rubin, 1996). Finalmente o operário teve alívio para seu sofrimento, que o acompanhava há mais de 10 anos. Desde os 16 anos, não conseguia trabalhar nem viver normalmente, tamanha a intensidade das crises epiléticas pelas quais sempre passava. A cirurgia foi um sucesso, e Henry podia controlar a epilepsia apenas com uso de anticonvulsivos.

Por outro lado, o que não se previa era o surgimento de um déficit específico na memória de Henry, um fato cuja repercussão direcionou a pesquisa sobre memória das próximas quatro décadas (Rubin, 1996; Kandel e Swartz,

1997; Squire, 1987; Squire e Cohen, 1984). Henry passou a se esquecer de tudo o que acontecia poucos instantes depois, talvez perdendo a capacidade de lembrar novas informações desde a cirurgia. Ele vinha sendo minuciosamente investigado desde a cirurgia até alguns anos atrás, e a precisa localização da lesão, aliada à característica pessoal de Henry, bastante cooperativo e disponível, tornaram seu caso um dos mais conhecidos da história da neurologia, mais conhecido como *caso H.M.*

Henry (H.M.) não perdeu sua capacidade de raciocinar; seu QI era o mesmo de antes da cirurgia, um pouco acima da média. Não perdeu a memória de todos os detalhes de sua infância e de nada que aconteceu antes da cirurgia, lembrando-se perfeitamente de tudo que recordava anteriormente. A única capacidade que perdeu foi a de lembrar novas informações, de onde se concluiu que o sistema de formação de novas memórias conscientes tinha sido lesado.

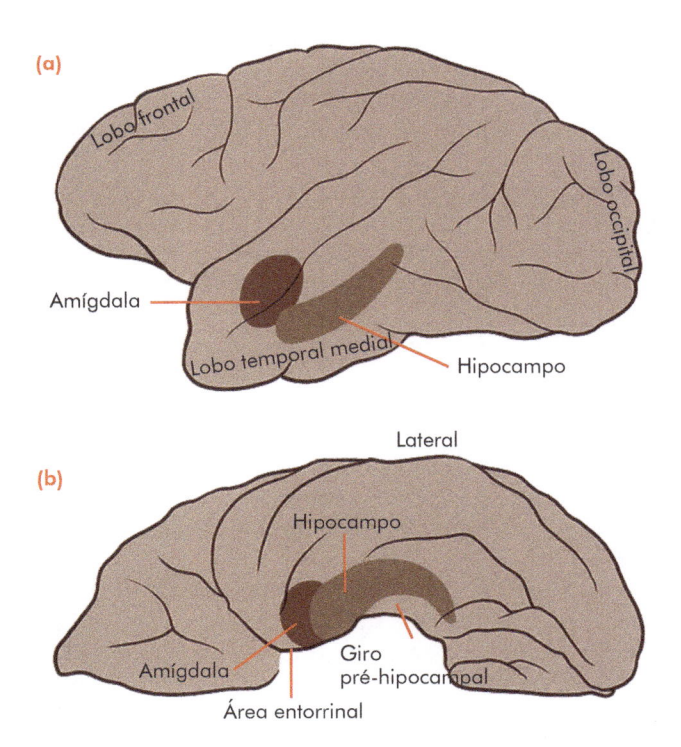

FIGURA 13.1 Visão do lobo temporal medial do cérebro de um macaco. **(a)** Visão lateral, destacando a amígdala e o hipocampo dentro do lobo temporal. **(b)** Visão da superfície ventral do mesmo hemisfério, mostrando a área entorrinal e o giro para-hipocampal, regiões próximas ao hipocampo que participam do processamento da memória.

Estão alojadas no lobo temporal medial as estruturas que na atualidade conhecemos como sistema de *memória explícita* (McClelland, McNaughton e O'Reilly, 1995; LeDoux, 1996). As áreas sensoriais (visuais, olfativas, auditivas, etc.) do córtex recebem informações trazidas pelos sentidos sobre o mundo externo, processam-nas e constroem representações, ou seja, configurações de padrões neurais. Esses padrões passam pelo chamado córtex de transição (córtex peri-rinal e para-hipocampal), onde as representações de diferentes modalidades sensoriais são fundidas em outras mais complexas e polimodais, integrando os componentes auditivos, olfativos, visuais, etc. Então as imagens misturam cheiros, sons, sabores, tato e visão; enfim, carregam os dados sensoriais de forma unificada. Tais padrões cada vez mais elaborados são enviados ao córtex entorrinal, que é a maior fonte de alimentação de dados do hipocampo. O hipocampo processa os dados e projeta-se pelas mesmas vias, percorrendo o caminho de volta até o córtex sensorial.

Existem muitas teorias sobre o funcionamento deste sistema (Squire, 1987; Squire e Cohen, 1984; Rubin, 1996; O'Keefe, 1993; LeDoux, 1996); porém, hoje em dia, é possível sustentar que um determinado traço de memória é mantido pelo sistema isoladamente ou em interação com o neocórtex. À medida que o tempo passa, o hipocampo vai perdendo o controle da memória para o neocórtex, onde ela é sedimentada ao longo dos anos, talvez para a vida toda.

O papel do hipocampo também é objeto de controvérsia. Existem inúmeras teorias, sendo uma das mais influentes (O'Keefe e Nadel, 1978; O'Keefe, 1993) a visão do hipocampo como construtor de um mapa cognitivo que cria um contexto para situar as memórias no espaço e no tempo, imprimindo um caráter autobiográfico.

Henry apresentava o que chamamos de amnésia *anterógrada*, em que o sujeito esquece tudo o que vivencia *depois* da cirurgia – na *retrógrada*, o esquecimento é relativo ao que aconteceu *antes*. Ele não sabe nada sobre o estado atual de seus parentes, embora lembre tudo referente a eles que ocorreu no passado. Não sabe sua idade atual, nem em que ano vive ou em que lugar está, muito menos sobre os acontecimentos desde sua cirurgia. Pateticamente, não se reconhece envelhecido em uma fotografia atual, embora consiga lembrar fotos antigas. Não sabe dizer onde mora e esquece totalmente, poucos minutos depois, o rosto ou qualquer informação sobre as pessoas às quais é apresentado.

Os pesquisadores, apesar de trabalharem com H.M. durante anos, tinham a necessidade de reapresentar-se continuamente, pois ele não reconhece uma pessoa com quem acabou de conversar há poucos instantes. Quando se mudou para uma casa nova, sua orientação espacial comprometida fez com que levasse cerca de um ano para aprender a andar por ela. Na verdade, Henry só conseguia manter uma informação nova por um intervalo de menos de um minuto – uma breve distração e aquilo que tentava conservar se desfazia no ar.

Graças ao trabalho de Milner e ao caso H.M., sabemos hoje em dia que existe uma memória de *curto prazo*, que dura segundos, e uma memória de *longo prazo*, que dura de dias a uma vida inteira. Nossa consciência é formada em parte com o material que podemos manter na memória de trabalho (explícita), um tipo de memória de curto prazo. Como essas represen-

> Nossa consciência é formada em parte com o material que podemos manter na memória de trabalho (explícita), um tipo de memória de curto prazo.

tações são as que mais tarde serão transferidas para a memória de longo prazo, só podemos lembrar (conscientemente) o que já foi processado pela memória de trabalho, de curto prazo. O que H.M. perdeu foi a capacidade de formar novas memórias de longo prazo, uma vez que seu sistema do lobo temporal medial foi retirado – apenas podia manter algo em sua mente durante menos de um minuto. Seu caso evidenciou que memórias de longo prazo a princípio envolvem a participação do sistema do lobo temporal medial, sendo provavelmente transferidas depois para regiões do neocórtex com o passar dos anos (Milner, 1965; Kandel e Swartz, 1997; Squire, 1987; Squire e Cohen, 1984; Rubin, 1996).

No entanto, uma das maiores contribuições da investigação do caso H.M. foi a necessidade de reconhecer a distinção entre memórias explícitas e implícitas. A psicóloga Brenda Milner já havia notado que Henry parecia aprender algumas coisas, como tarefas motoras, por exemplo. Pediu a ele, então, que tentasse seguir o traçado do contorno de uma estrela, mas olhando apenas para um espelho onde via sua mão (Milner, 1965). Essa tarefa não é tão fácil como parece, e as pessoas erram muito tão logo tentam realizá-la. A medida da precisão depende do número de vezes que o traçado da caneta sai da área delimitada entre as duas linhas que marcam o contorno. Com a prática, a habilidade vai melhorando cada vez mais.

No primeiro dia de teste, H.M. fez 10 tentativas, sendo a inicial um desastre: cerca de 30 erros. A cada tentativa, no entanto, melhorava seu desempenho, e na última chance do dia reduziu seus erros a apenas 7. No terceiro dia, suas tentativas tinham em média 2 ou 3 erros. Em outras palavras, apesar de não lembrar nada conscientemente, ele aprendeu a melhorar seu desempenho motor – existia de modo evidente outro sistema de memória para gravar as informações, o qual não dependia do lobo temporal medial.

Milner testou então os outros pacientes que apresentavam perda do lobo temporal medial (Milner, 1965) e descobriu que todos, assim como Henry, podiam melhorar habilidades motoras e reter várias formas simples de aprendizagens, como condicionamento pavloviano e operante, por exemplo. As tarefas que esses pacientes podiam aprender não exigiam atividades cognitivas mais complexas como avaliação e comparação, pois dependem mais de automatismos do que de reflexão consciente. Os pacientes não recordavam sequer ter visto a tarefa antes, mas aprendiam na mesma velocidade de uma pessoa

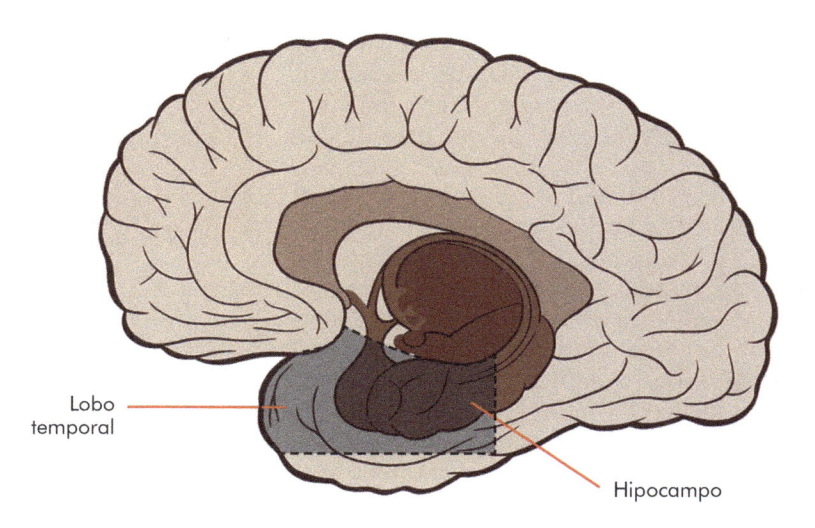

FIGURA 13.2 O lobo temporal, região que contém um conjunto de estruturas fundamentais para a memória como o hipocampo, foi retirado cirurgicamente no paciente HM, produzindo uma incapacidade de formar novas memórias conscientes.

normal. Uma das tarefas era montar uma espécie de quebra-cabeças complicado. Quando se perguntava a eles qual a razão da melhora após vários dias de prática, respondiam algo como "Sobre o que está falando? Eu nunca fiz isso antes" (Kandel e Swartz, 1997, p. 522).

Examinando H.M. e o grupo de pacientes amnésicos em função da cirurgia do lobo temporal medial, Cohen e Squire perceberam, na década de 1980, que a lesão nessa região prejudicava a habilidade de lembrar conscientemente, mas não afetava por completo a capacidade de aprender a desempenhar certos procedimentos (Squire e Cohen, 1984). Em função disso, foram denominadas memória "procedural" e memória "declarativa", que são equivalentes à memória implícita e à memória explícita, respectivamente. Squire demonstrou por meio de experimentos que os pacientes amnésicos podiam lembrar ou não certos estímulos, dependendo das instruções que recebiam para realizar as tarefas – a manipulação tornava a recordação dependente ou não do hipocampo.

MEMÓRIA E PERCEPÇÃO IMPLÍCITAS E EXPLÍCITAS

O conjunto destas observações demonstrou que existem memórias explícitas e implícitas, impulsionando uma série de pesquisadores a investigarem o fenômeno (por exemplo, Schacter, 1987; Kihlstron et al., 1992; Bornstein, 1993b; Jacoby e Kelley, 1987; Merikle e Reingold, 1992; Jacoby, Woloshyn e Kelley, 1989; Reingold e Merikle, 1988; Jacoby et al., 1990). O uso das expressões "explícita" e "implícita" foi favorecido na literatura, e essa distinção foi ampliada, mais tarde, para abranger a percepção (Bornstein, 1989b, 1990, 1992, 1993b, 1999; Zajonc, 1968; Kunst-Wilson e Zajonc, 1980; Borstein e D'Agostino, 1992, 1994; Kihlstron et al., 1992) e a motivação (McClelland, Koestner e Weinberger, 1989; Jacoby e Kelley, 1987; Schacter, 1987).

Conforme Kilhstron e colaboradores definiram (1992, p. 21), uma *memória explícita* (ou *declarativa*) é aquela que se refere a uma lembrança consciente de algum episódio prévio, em que o sujeito lembra deliberadamente algum aspecto da experiência quando questionado. Em contraste, uma *memória implícita* (ou *não declarativa*) é demonstrada por qualquer mudança no pensamento ou na ação que é atribuível a alguma experiência passada, mesmo sem lembrança consciente do evento ocorrido.

A distinção entre percepção implícita e explícita segue o mesmo caminho, reservando o termo *explícita* para a percepção *consciente* de algum objeto ou evento no ambiente dos estímulos circundantes. A *percepção implícita* é demonstrada por qualquer mudança no pensamento ou na ação atribuível a algum evento no campo de estímulos correntes, mesmo na ausência da percepção consciente daquele evento (Kihlstron et al., 1992, p. 22).

As memórias, as percepções e os motivos implícitos influenciam o comportamento, mesmo sem que a pessoa tenha consciência disso – o sujeito tem a atenção focalizada em outro conteúdo e não consegue relacionar a lembrança ou a percepção com o comportamento modificado. As expressões "implícito" ou "não declarativo" são, entre os diferentes termos utilizados, as mais adotadas na literatura para descrever a noção de processamento *inconsciente* (Squire e Kandel, 2003).

> As expressões "implícito" ou "não declarativo" são, entre os diferentes termos utilizados, as mais adotadas na literatura para descrever a noção de processamento *inconsciente*.

Psicólogos cognitivos, neuropsicólogos, linguistas e psicólogos sociais experimentais têm utilizado uma série de expressões variadas, mas que descrevem processos similares. Esses pesquisadores têm investigado o mesmo fenômeno usando termos diferentes para o mesmo conceito subjacente à percepção implícita: Bornstein e Pittman chamam de *percepção sem consciência* (1992), Erdelry de *percepção pré-consciente* (1995), Lazarus e MaCleary usam o termo *subcepção* (1951), Lewicky denomina *percepção não consciente* (1986), Bowers denomina *percepção inconsciente* (1994), e Dixon preferiu *percepção subliminar* (1971).

Esta síntese de informações, que convergiu para a nítida distinção entre *processamento implícito* e *processamento explícito*, permite trazer à luz do escrutínio científico rigoroso aspectos importantes da mente, cuja investigação foi anteriormente negligenciada, pertencendo ao domínio da psicanálise. A percepção, a memória e mesmo a motivação podem ser ou não conscientes; quando temos acesso consciente a uma memória, a uma percepção ou a um motivo, chamamos esses processos de *explícitos*. Se nosso comportamento indica que percebemos ou recordamos um estímulo, ou que estamos inclinados a agir de certo modo, mas não temos acesso consciente à percepção, à memória ou ao motivo subjacente, deparamo-nos com processos *implícitos*. A investigação do processamento implícito representa um dos alicerces do modelo do novo inconsciente e lançou as bases para a investigação científica do inconsciente. Mais do que isso, permitiu a abertura para o estudo de um conjunto de processos fundamentais que havia distanciado-se do escopo científico. O conceito de processamento implícito faz uma ponte entre dois mundos, e removido esse obstáculo semântico, podemos examinar com mais clareza as contribuições da tradição psicanalítica de Viena e da escola experimental de Leipzig para o avanço na compreensão do novo inconsciente.

SISTEMAS DE MEMÓRIA

O trabalho pioneiro da psicóloga Brenda Milner com H.M. foi replicado pelo psicólogo Larry Squire e sua equipe, que estudaram casos semelhantes com lesões bilaterais do lobo temporal medial. Os pacientes tinham perdido a capacidade de formar novas memórias conscientes, mas se mostravam capazes de desempenhar tarefas aprendidas recentemente, sem, no entanto, lembrarem a situação de aprendizado ou sequer terem aprendido. Após duas décadas de assimilação dessas novas evidências, a comunidade científica reconheceu que esse tipo aparentemente estranho de aprendizagem não era restrito a lesões cerebrais, mas uma forma fundamental de *processamento da realidade*. Atualmente sabemos que a memória inconsciente (também chamada *não declarativa* ou *implícita*) envolve um grande leque de diferentes capacidades de memória que compartilham "a notável característica de serem, em geral, inacessíveis à mente consciente. A evocação desses tipos de memória é bastante inconsciente" (Squire e Kandel, 2003, p. 36).

A importância dos estudos pioneiros com H.M. reflete-se no início de uma abordagem experimental sobre a memória inconsciente, o que contribuiu muito para o avanço das ciências da mente. Como observam Larry Squire e Eric Kandel (2003, p. 27), embora Freud tenha enfatizado o papel das memórias inconscientes, ele formulou suas hipóteses de forma nebulosa e não testável.

> De fato, uma característica central da teoria psicanalítica de Freud, que se iniciou no final do século XIX, era a de que experiências podem deixar seu traço não apenas como memórias conscientes comuns, mas

também como memórias essencialmente inconscientes. Estas últimas são inacessíveis à consciência; apesar disso, podem ter efeitos poderosos sobre o comportamento. Embora tais ideias fossem interessantes, elas por si próprias não convenceram muitos cientistas. O necessário, afinal, não era um debate filosófico, mas arguições experimentais a respeito de como o encéfalo armazena de fato a informação.

Existia uma necessidade crescente de reconhecer o *processamento inconsciente* no funcionamento mental por parte dos neurocientistas, uma vez que as ciências do cérebro mostram que a maior parte do processamento mental se dá sem consciência. No entanto, também aumentava – ao mesmo tempo – a percepção de que esse inconsciente das neurociências *não é o dinâmico* – não é povoado pelos elementos concebidos por Freud. Embora muitos neurocientistas não façam menção direta e procurem evitar confusão semântica com o termo "inconsciente" (em função da associação com o inconsciente *dinâmico*), as características do funcionamento do processamento mental inconsciente reveladas pela neurociência cognitiva atual são não somente compatíveis com o modelo do novo inconsciente, como também representam seus próprios fundamentos. O sistema teórico do novo inconsciente é implicitamente adotado pela neurociência, embora a maioria dos pesquisadores ainda não especifique esse termo por seu caráter recente. Isto é verificável pelo modo de conceber o processamento inconsciente advindo da pesquisa em neurociências, que apresenta as características definidoras do novo inconsciente, e não do que fora teorizado por Freud (embora exista eventualmente validação para algumas hipóteses psicanalíticas que, nesse caso, estão, em sua maior parte, assimiladas ao novo inconsciente, como o conceito de transferência).

> As ciências do cérebro mostram que a maior parte do processamento mental se dá sem consciência.

A possibilidade de testar experimentalmente ideias sobre o processamento inconsciente permite, pela primeira vez na história, a investigação científica de uma ampla classe de cognição e lança os alicerces metodológicos e conceituais do novo inconsciente. A descoberta de acesso experimental à memória inconsciente foi instigante para a comunidade científica pelas seguintes razões, segundo Squire e Kandel (2003, p. 36).

> Primeira, ela fornece evidências biológicas de que os processos inconscientes de fato existem. Freud, fundador da psicanálise e descobridor do inconsciente, sugeriu inicialmente que alguns processos de memória eram inconscientes. No entanto, o que é fascinante em relação à memória não declarativa é que ela apresenta semelhança apenas superficial com o inconsciente freudiano. O conhecimento não declarativo é inconsciente, mas não está relacionado a conflitos ou a desejos sexuais. Ademais, embora alguém desempenhe com sucesso as tarefas codificadas em sua memória não declarativa, esse inconsciente nunca se torna consciente.

Examinaremos a seguir uma extensa gama de fenômenos que vêm fundamentando o modelo do novo inconsciente, os diferentes sistemas que fazem parte da memória inconsciente (ou não declarativa). Tais sistemas envolvem vários tipos de *habilidades motoras* e *sensoriais*, a memória da *pré-ativação* ou *priming*, do aprendizado de *hábitos* e a memória *emocional*, bem como formas simples de aprendizado reflexo como *habituação*, *sensibilização* e a aprendizagem mais complexa derivada do *condicionamento clássico* e do *condicionamento instrumental* ou *operante*.

A profunda importância dos vários sistemas de memória não declarativas para uma compreensão da mente inconsciente foi ressaltada com propriedade por Squire e Kandel (2003, p. 208), que afirmam que essas formas de memória implícitas

> são antigas, em termos evolutivos, além de confiáveis e consistentes, assim como nos fornecem uma miríade de formas inconscientes de responder ao mundo. De modo não menos importante, em virtude da característica inconsciente dessas formas de memória, elas determinam muito a experiência humana. Aqui se originam as disposições, os hábitos e as preferências inacessíveis à recordação consciente, mas que, apesar

Diferentes formas de memória inconsciente

Habilidades motoras	córtex motor e córtex motor suplementar, neoestriado
Habilidades sensoriais	maquinaria perceptual do córtex
Priming ou pré-ativação	maquinaria perceptual do córtex
Habituação	depressão das conexões sinápticas
Sensibilização	facilitação das conexões sinápticas
Condicionamento clássico ou pavloviano	cerebelo (respostas motoras)
Condicionamento instrumental ou operante	neoestriado, córtex sensorial e motor
Aprendizado de hábitos	núcleo caudado
Memória emocional	amígdala

FIGURA 13.3 Diferentes tipos de memórias não declarativas e algumas estruturas neurais das quais dependem críticamente no cérebro.
Fonte: Baseado em Davis, 1997; LeDoux, 1996; Squire e Kandel, 2003.

disso, são formados por eventos passados, influenciam nosso comportamento e nossa vida mental e constituem uma parte importante daquilo que somos.

Examinaremos brevemente alguns destes importantes aspectos da memória inconsciente, iniciando com o estudo de um tipo de memória denominada *priming* ou *pré-ativação*, uma das primeiras formas de memória não declarativa investigada cientificamente que deu origem a uma linha de pesquisa no referencial do novo inconsciente.

A MEMÓRIA INCONSCIENTE DO *PRIMING*

O fenômeno intitulado de *priming* ou pré-ativação envolve uma melhora na capacidade do sujeito de identificar estímulos, como palavras ou objetos, depois de uma experiência prévia com eles. Sua função principal é aprimorar a percepção de estímulos encontrados recentemente, permitindo um reconhecimento mais rápido (Schacter e Buckner, 1998). O *priming* depende da maquinaria perceptual do córtex, que, quando *pré-ativada*, reage mais rápida e fortemente na próxima apresentação de um estímulo. Do ponto de vista evolutivo, tal mecanismo é bastante antigo e parece ter sentido adaptativo, pois existe grande probabilidade de encontrar outra vez os estímulos já percebidos, e um aumento da velocidade e da eficiência ao lidar com eles é, em geral, vantajoso para a maioria dos animais.

O *priming* é um fenômeno de memória totalmente *inconsciente*, como fica demonstrado pela conservação perfeita dessa forma de aprendizagem em amnésicos. Quando esses pacientes sem qualquer capacidade de lembrança consciente de novas informações foram apresentados às primeiras três letras de palavras de uma lista previamente estudada por eles (por exemplo, as letras BAR como dica de recuperação da palavra BARCO), a dica surtiu efeito, e a palavra foi reconhecida. No entanto, os sujeitos não mostraram qualquer capacidade de recordar o fato de terem estudado a lista e achavam que se tratava de pura adivinhação (Schacter, 1992, 1996).

> O *priming* é um fenômeno de memória totalmente *inconsciente*, como fica demonstrado pela conservação perfeita dessa forma de aprendizagem em amnésicos.

Os psicólogos Brown e Murphy (1989) conduziram um experimento desenhado para verificar como a pré-ativação poderia levar ao plágio involuntário de ideias de outras pessoas. Nessa experiência, os pesquisadores disseram uma determinada palavra e depois pediram aos sujeitos, sempre em grupos de quatro, para que dessem mais exemplos de palavras daquela mesma categoria. Por exemplo, o pesquisador falava *martelo*, e os sujeitos, um a um, deveriam pensar em palavras relacionadas, como *serrote* ou *alicate*. Os sujeitos então eram testados de novo mais tarde, sendo orientados explicitamente a não repetir os exemplos citados pelos outros participantes de seu grupo. Apesar de instruídos, os sujeitos às vezes copiavam sem querer os exemplos dos outros, em uma espécie de plágio inconsciente – uma vez que as palavras ouvidas estavam pré-ativadas, vinham à mente com mais facilidade. No entanto, como o *priming* é uma memória não declarativa, inconsciente, os sujeitos não recordavam ter ouvido as palavras serem sugeridas pelos outros, embora tenham manifestado em seu comportamento a disposição produzida por essa memória.

A pré-ativação, portanto, pode ajudar a entender o *plágio inconsciente*, um curioso fenômeno também conhecido como *criptomnésia*, um tipo de distorção de memória baseado em uma atribuição errônea. A criptomnésia envolve uma sensação de novidade ao ver algo já familiar, ao contrário do intrigante *déjà vu*, onde somos invadidos por uma sensação de familiaridade frente a uma situação na verdade ainda não encontrada. Na primeira situação, achamos que é novo algo que já conhecemos. Na segunda, temos a sensação de que já vivenciamos um evento que ainda é inédito; aquele sentimento de familiaridade em relação aquilo que nunca foi visto, experiência pela qual todos nós já passamos.

Para ilustrar as influências inconscientes do *priming* em nosso comportamento, consideremos a situação de ouvir uma música e, mais tarde, não nos recordarmos disso. Com a influência da pré-ativação, podemos evocar e cantarolar a melodia da música que foi ativada com a impressão de que a estamos criando naquele momento. Shacter (2003, p. 138-9) cita o exemplo verídico do psicólogo Graham Reed, que flagrou a si mesmo em um episódio cômico de criptomnésia. Reed acordou com uma música em mente e, empolgado, passou o dia elaborando melhor sua fabulosa composição, até que percebeu que se tratava, na realidade, do clássico *Danúbio azul*. Schacter descreve, além deste, inúmeros outros exemplos de plágio inconsciente de ideias na ciência e na literatura, como a constatação da criptomnésia de Nietzsche em seu *Assim falou Zaratustra* pelo psicanalista Carl Jung, e a frustrante descoberta do psicólogo B. F. Skinner de que plagiava seus próprios artigos já publicados. Para Schacter (2003), a criptomnésia acontece quando as pessoas sofrem influência da pré-ativação por serem expostas às ideias dos outros e não examinam, ou não recordam, a fonte da informação lembrada, atribuindo erroneamente a memória a uma origem equivocada.

SENSIBILIZAÇÃO E HABITUAÇÃO

A memória inconsciente da *habituação* envolve aprender a identificar e aos poucos ignorar um estímulo que se repete, considerando estímulos familiares sem importância e assim evitando utilizar a consciência desnecessariamente em situações monótonas. A base neural da habituação é um *enfraquecimento* na efetividade das conexões entre os neurônios que reagem aos estímulos repetitivos. Nós nos habituamos a um ruído que se repete, às sensações produzidas pelas roupas que usamos, aos nossos batimentos cardíacos e assim por diante, e o estímulo penetra na consciência somente quando existe uma anomalia ou outra razão que justifique a atenção – nesse momento, o piloto automático é desligado, e a consciência assume o comando.

Já a memória inconsciente da *sensibilização* difere da habituação, pois envolve o aumento da intensidade sináptica em resposta ao aprendizado de respostas aos estímulos *nocivos* (e não *benignos ou inofensivos* como na habituação). O mecanismo da sensibilização evoluiu para preparar o organismo de animais humanos e não humanos na *retirada* e na *fuga* de uma situação ameaçadora, melhorando os reflexos defensivos. É a sensibilização que leva uma pessoa a reagir mais intensamente a um toque de ombro depois de receber um choque elétrico, e, da mesma forma, a sensibilização nos faz pular ao menor estímulo imediatamente depois de ouvir um tiro, por exemplo.

A *sensibilização* e a *habituação* são dois processos que atuam modulando as conexões sinápticas em sentidos opostos. A sensibilização *aumenta* a efetividade das sinapses onde esse tipo de memória é armazenado, enquanto a habituação *diminui*; em outras palavras, a sensibilização envolve a *facilitação*, enquanto a habituação é produto da *depressão* das conexões sinápticas. O mesmo conjunto de sinapses pode, em momentos diversos, ser modulado (por meio de facilitação ou depressão) em direções diferentes por várias formas de aprendizado, o que confere grande versatilidade ao sistema.

A sensibilização e a habituação são formas simples de memória inconsciente, pois servem para aprender as propriedades de apenas um tipo de estímulo – são chamadas por essa razão de memórias *não associativas*. A aprendizagem inconsciente mais complexa é *associativa*, requerendo a associação entre dois elementos, como no caso do *condicionamento clássico* (associação entre dois eventos) e o condicionamento

> O mesmo conjunto de sinapses pode, em momentos diversos, ser modulado (por meio de facilitação ou depressão) em direções diferentes por várias formas de aprendizado, o que confere grande versatilidade ao sistema.

operante ou *instrumental* (associação entre uma resposta comportamental e uma consequência, que pode ser punidora ou reforçadora).

O modelo do novo inconsciente nutriu-se do desenvolvimento de metodologia de estudo objetivo e científico das formas associativas de aprendizagem. Essa área de estudo foi bastante impulsionada por um grupo de psicólogos seguidores de uma tradição empírica chamada mais tarde de *behaviorismo* (ou *comportamentalismo*). Uma das mais importantes raízes desse movimento foram as pesquisas pioneiras realizadas, na Rússia, por Pavlov, cuja história nos ensina sobre a descoberta do *condicionamento clássico*.

14

Behaviorismo e processamento inconsciente

PAVLOV E O CONDICIONAMENTO CLÁSSICO

O grande fisiologista Ivan Petrovich Pavlov nasceu na Rússia central, em 1849, e trabalhou ativamente até sua morte, aos 87 anos. Durante sua carreira científica, esteve interessado na regulação nervosa das funções cardiovasculares e digestivas, desenvolvendo técnicas inovadoras para estudar de modo integrado os processos fisiológicos em condições biológicas o mais proximamente possível das naturais. Seus estudos sobre o funcionamento do sistema digestivo foram amplamente reconhecidos e o consagraram com o prêmio Nobel de Medicina e Fisiologia.

Em 1903, no Congresso Internacional de Medicina, em Madri, com a conferência "A psicologia e a psicopatologia experimental nos animais", o cientista fez sua primeira exposição do conceito de *reflexo condicionado*. Com a descoberta do reflexo condicionado, Pavlov ultrapassou a fisiologia, penetrando no terreno dos fenômenos psíquicos e possibilitando a ascensão do movimento behaviorista e de uma *análise experimental do comportamento* (Piñero, 2004).

O reflexo condicionado, também chamado de *condicionamento clássico* ou *pavloviano*, aumenta ainda mais a responsividade de um reflexo, além de produzir efeitos mais duradouros do que a sensibilização. Essa notável descoberta ocorreu quando Pavlov estudava reflexos digestivos em um cão, medindo a quantidade de saliva secretada pelo animal em diferentes condições, até notar que a chegada de seu assistente de laboratório sempre produzia uma salivação quase tão intensa quanto a originada pela visão direta de um prato de carne. O assistente era o responsável pela alimentação do cão, e a simples visão dele, mesmo sem a carne, despertava o reflexo de salivação no animal.

Pavlov raciocinou então que um estímulo a princípio neutro poderia tornar-se capaz de produzir a mesma resposta e um estímulo inato (um estímulo naturalmente deflagrador de reações reflexas), desde que aquele fosse *associado* a este repetidas vezes. No caso do assistente, existia no início um reflexo não aprendido: a apresentação da carne (o *estímulo*) seguida de salivação (a *resposta*). Pavlov chamou o estímulo e a resposta, no reflexo inato, de *incondicionados*, e o estímulo e a resposta aprendidos, de *condicionados*. Um condicionamento clássico acontece quando um estímulo a princípio neutro é *pareado* (associado repetidas vezes) a um *estímulo incondicionado* (EI), tornando-se então um *estímulo condicionado* (EC), capaz de despertar por si só a mesma *resposta incondicionada* (RI) acionada no reflexo biológico original, que, nesse caso, passa a ser chamada de *resposta condicionada* (RC).

Consideremos o exemplo fornecido pelo experimento famoso em que Pavlov testou sua hipótese sobre o condicionamento clássico. Pavlov fez soar um sino, um estímulo neutro, a cada vez que colocava um suculento naco de carne (EI) na boca de um cão, e o animal passou a salivar, depois de várias repetições desse procedimento (pareamento), somente ao escutar o som do sino (EC). Podemos visualizar melhor o processo de condicionamento clássico seguindo o esquema da Figura 14.1.

No condicionamento clássico, o estímulo condicionado (EC) deve *preceder*, em um intervalo crítico, o estímulo incondicionado (EI) – o animal aprende que o estímulo condicionado *prediz* o incondicionado. Esse intervalo crítico é bastante similar em todas as espécies no que diz respeito ao *aprendizado associativo*. O organismo aprende de forma mais efetiva quando o estímulo condicionado (EC) precede o estímulo incondicionado (EI) por um intervalo

Condicionamento clássico

Estímulo Incondicionado (EI) → Resposta Incondicionada (RI)
(Reflexo biológico inato)

Pareamento (associação repetida):

Estímulo Neutro + Estímulo Incondicionado (EI) → Resposta Incondicionada (RI)
(SINO)   (CARNE)   (SALIVAÇÃO)

Mais repetições do pareamento (associação):

Estímulo Neutro + Estímulo Incondicionado (EI) → Resposta Incondicionada (RI)
Estímulo Neutro + Estímulo Incondicionado (EI) → Resposta Incondicionada (RI)
....
....

Estímulo neutro passa ser EC (produz sozinho a resposta – RI):

Estímulo Condicionado (EC): SINO → Resposta Incondicionada (RI): SALIVAÇÃO

FIGURA 14.1 O condicionamento clássico ocorre quando um reflexo biológico (um estímulo que gera uma resposta sem depender de aprendizagem ou de experiência prévia), como a salivação frente ao alimento, é associado repetidas vezes a um estímulo neutro. Com o pareamento repetido, tal estímulo é condicionado (EC) e passa a despertar a resposta incondicionada (RI).

de cerca de 0,5 a 1 segundo. Mais precisamente, as pesquisas mostram que ocorre aprendizado com intervalo crítico (início do EC até o início do EI) com uma duração de 200 até 1.000 milissegundos. Existem casos especiais que examinaremos mais adiante, como o chamado *condicionamento clássico de traço*, no qual o intervalo pode ser maior.

O condicionamento clássico é, na realidade, um mecanismo fabuloso desenhado pela seleção natural durante a evolução do cérebro. É ele que permite *associar eventos* que ocorrem juntos e estabelecer *predições* que ajudam o animal a lidar com as relações de causa-e-efeito que governam o mundo. Segundo o modelo do novo inconsciente, nosso sistema nervoso está devidamente equipado para, rápida e automaticamente, detectar correlações e responder a elas de acordo com previsões que envolvem elaborados cálculos de probabilidade, em um intenso processo de *computação neural inconsciente*. O comportamento sem aprendizado seria regido apenas pelo conhecimento inato, limitando muito o repertório de respostas frente às exigências externas. Com esse tipo de aprendizado pavloviano, o animal pode reconhecer os novos estímulos que *ocorrem juntos* e responder a eles de imediato em função de suas experiências anteriores, o que torna o comportamento muito mais flexível e adaptado a diferentes condições ambientais.

> Nosso sistema nervoso está devidamente equipado para, rápida e automaticamente, detectar correlações e responder a elas de acordo com previsões que envolvem elaborados cálculos de probabilidade, em um intenso processo de *computação neural inconsciente*.

Um exemplo do cotidiano pode ilustrar melhor o funcionamento desta forma de aprendizagem inconsciente. O perfume usado por uma mulher nos encontros amorosos com um homem pode tornar-se associado à sua excitação sexual, nesse caso tornando a fragrância específica do perfume (em especial se for pouco comum) um estímulo condicionado (EC). Se a mesma fragrância for inalada incidentalmente em um elevador, tal estímulo pode despertar a resposta condicionada de excitação sexual, mesmo sem qualquer percepção consciente. Sem saber da verdadeira razão do surgimento da resposta de excitação, o sujeito pode cometer um *erro de atribuição* em relação à garota à qual foi apresentado logo ao sair do elevador. O sujeito pode apresentar consciência apenas de uma sensação difusa de ter achado a garota sensual, sem perceber que a excitação atribuída a ela foi, na realidade, disparada por uma memória inconsciente.

O CONDICIONAMENTO DO MEDO E O PEQUENO HANS

Outro exemplo de condicionamento pavloviano e memória inconsciente é o *aprendizado de medo*, um tema de profundas implicações clínicas. Freud tornou famoso o caso do *Pequeno Hans*, um garoto de 5 anos que passou a ter medo de cavalos depois de testemunhar uma experiência assustadora de queda. A hipótese de Freud para o caso era a de que a fobia desenvolvida representava a expressão de um conflito edipiano inconsciente não resolvido, sendo o medo do cavalo, na realidade, o medo *deslocado* de ser castrado pelo pai por ter desejado sua mãe.

O psiquiatra sul-africano Joseph Wolpe (Wolpe e Rachman, 1960) oferece uma explicação alternativa mais parcimoniosa. Revisando a documentação sobre o caso do Pequeno Hans, Wolpe e Rachman concluíram que se tratava, na realidade, de um caso simples de *condicionamento pavloviano*, em que o cavalo, um estímulo inicialmente neutro, foi *associado ao medo* e passou a ser um estímulo condicionado (EC) que despertava as reações de ansiedade. Em sua revisão do caso, Wolpe e Rachman (1960) criticam duramente o viés de Freud para confirmar sua teoria, selecionando a informação a favor e descartando a evidência contrária, como a pouca importância que deu às declarações de Hans e de seu pai sobre a forte ansiedade que sucedeu ao incidente da queda. Como todo ser humano, Freud pode ter sido mais uma vítima involuntária das imperfeições de nossa memória declarativa e das vicissitudes do processamento do novo inconsciente.

No aprendizado do medo, um estímulo condicionado torna-se um *gatilho aprendido* que dispara *reações defensivas*. Tais reações, contudo, não são aprendidas – fazem parte de um conjunto de respostas de defesa que foram esculpidas pela evolução para salvar a vida do animal no caso de uma ameaça. Tanto a visão de um predador (um *gatilho natural*, que não requer aprendizado) quanto um EC (um estímulo condicionado, que funciona como *gatilho aprendido*) podem levar o animal a reagir com mudança no ritmo cardíaco e na pressão arterial, com diminuição da resposta de dor, com reflexos mais sensíveis e com outras alterações que aumentam a probabilidade de sobrevivência ao ataque. De acordo com o modelo do novo inconsciente, a experiência dos antepassados do animal cristalizou a sabedoria comportamental nos genes que ajudam a construir seus circuitos cerebrais. Esse sistema de reação e aprendizagem do medo sofreu um longo processo de sintonia fina pela seleção natural ao longo de milhões de anos e encontra-se conservado no cérebro de animais invertebrados e vertebrados, uma vez que reagir rápido ao perigo é crucial para a subsistência do organismo.

> A experiência dos antepassados do animal cristalizou a sabedoria comportamental nos genes que ajudam a construir seus circuitos cerebrais.

NEUROBIOLOGIA DO CONDICIONAMENTO CLÁSSICO

Apesar de Pavlov sempre procurar explicações fisiológicas, o movimento behaviorista que o sucedeu não enfatizava esse nível de análise, concentrando seus esforços no estudo objetivo do comportamento observável. No entanto, hoje em dia conhecemos cada vez mais sobre a neurobiologia do condicionamento clássico, e os neurocientistas mapearam grande parte das vias envolvidas no processo de aprendizagem pavloviano.

Existem diversas estruturas neurais envolvidas na aprendizagem pavloviana, uma vez que, para ocorrer uma associação entre o estímulo condicionado e o incondicionado, o processo de condicionamento deve ocorrer em regiões encefálicas nas quais as informações sobre os dois estímulos convergem. No caso do condicionamento clássico de *respostas motoras*, o cerebelo é o lugar no qual o traço de memória é formado e armazenado, mais especificamente nos circuitos do córtex cerebelar e no núcleo interpósito (Squire e Kandel, 2003). Em se tratando de condicionamento clássico do medo (Davis, 1997), a convergência crítica de informações ocorre em uma pequena estrutura chamada amígdala cerebelar, que coordena as reações naturais e aprendidas de medo e outras emoções. Nesse sentido, a aprendizagem de respostas de medo por meio do condicionamento clássico é também uma forma de *aprendizagem emocional*, representando uma das mais relevantes memórias inconscientes, com desdobramentos importantes na psicopatologia (LeDoux, 1999).

No caso da aprendizagem clássica de reações de medo, a amígdala parece estar no eixo de um sistema neural encarregado de adquirir e talvez armazenar as respostas emocionais (positivas ou negativas) associadas às situações ou aos objetos. O conhecimento desse sistema é essencial para compreendermos, na parte final do livro, os transtornos de ansiedade e a atuação da psicoterapia no cérebro.

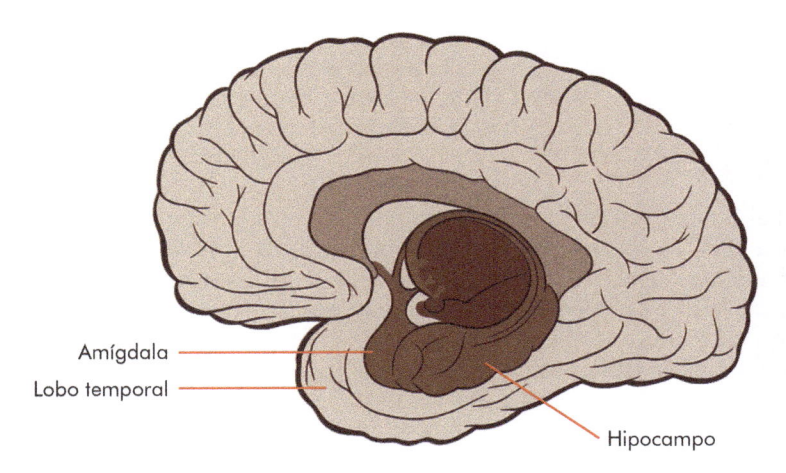

FIGURA 14.2 O lobo temporal contém estruturas fundamentais para o processamento emocional, como a amígdala, um conjunto de doze núcleos que orquestra o sistema de percepção e resposta a estímulos ameaçadores.

O sistema de reação ao medo depende de forma crucial da amígdala, uma estrutura em forma de amêndoa alojada no lobo temporal de ambos os hemisférios cerebrais. Na realidade, a amígdala é um conjunto de pelo menos 12 sub-regiões ou núcleos (aglomerados de neurônios funcionalmente interligados), sendo que cada um exerce funções específicas. A informação sobre o EC trafega dos órgãos sensoriais para o tálamo, que a envia ao núcleo basolateral da amígdala e aos córtices insular e perirrinal adjacentes, estruturas ricamente interconectadas. Então, o núcleo central da amígdala comunica-se com as diversas áreas-alvo que efetuam as respostas incondicionadas de medo, como podemos verificar na Figura 14.3.

A descoberta de Pavlov acerca do condicionamento clássico ajudou a esclarecer como os organismos adaptam-se dinamicamente às condições ambientais novas, para as quais não encontram respostas já estabelecidas em seus genes. Por meio da aprendizagem, os estímulos ganham *significado* individual para aquele organismo, e o comportamento é modificado para responder de forma adequada – no caso do medo condicionado, gatilhos aprendidos deixam o animal em alerta e deflagram de imediato reações adaptativas. No caso de humanos, os gatilhos aprendidos podem ser *internos* (mentais) ou *externos* (ambientais), *reais* ou *imaginários*, *concretos* ou *abstratos*, *verbais* ou *não verbais*, o que confere enorme plasticidade ao sistema.

A rapidez da resposta é crucial, pois pode significar a sobrevivência em uma condição hostil. Um animal que sobrevive ao ataque de um predador em um determinado lugar vai evitar aproximar-se novamente do mesmo local ou ficará hiper-reativo se precisar fazê-lo, apresentando todas as alterações fisiológicas, cognitivas e comportamentais que preparam seu organismo para lutar ou fugir. Essa rapidez de todo um conjunto de reações só é possível sem o acionamento do processamento consciente, que é mais elaborado e, necessariamente, mais lento.

> Um animal que sobrevive ao ataque de um predador em um determinado lugar vai evitar aproximar-se novamente do mesmo local ou ficará hiper-reativo se precisar fazê-lo.

Segundo demonstraram os neurocientistas especializados na neurobiologia do medo, Michael Davis (1997) e Joseph LeDoux (1996), a informação sobre o *gatilho condicionado,* o EC do medo, trafega por uma via direta que vai do tálamo até o núcleo basolateral da amígdala em 12 milissegundos, possibilitando reações rápidas e inconscientes. Já o processamento consciente desse mesmo EC perpassa uma via mais longa pelo córtex, que é capaz de discriminações mais complexas sobre o estímulo, na qual a informação transita em 19 milissegundos até atingir a amígdala. Nessa via mais lenta, o córtex pode avaliar com mais detalhes a situação e o estímulo, e atenuar as reações disparadas automaticamente pela amígdala se concluir que não existe perigo real. No entanto, ainda assim é importante notar que a velocidade do sistema inconsciente ativa as reações defensivas enquanto o córtex está *ainda os avaliando* conscientemente (Davis, 1997; LeDoux, 1996).

O novo inconsciente 147

```
Estímulo incondicionado ou condicionado de medo
                    ↓
Vias sensoriais levam informação ao tálamo
                    ↓
Núcleo basolateral da amígdala: processamento
                    ↓
Núcleo central da amígdala
                    ↓
```

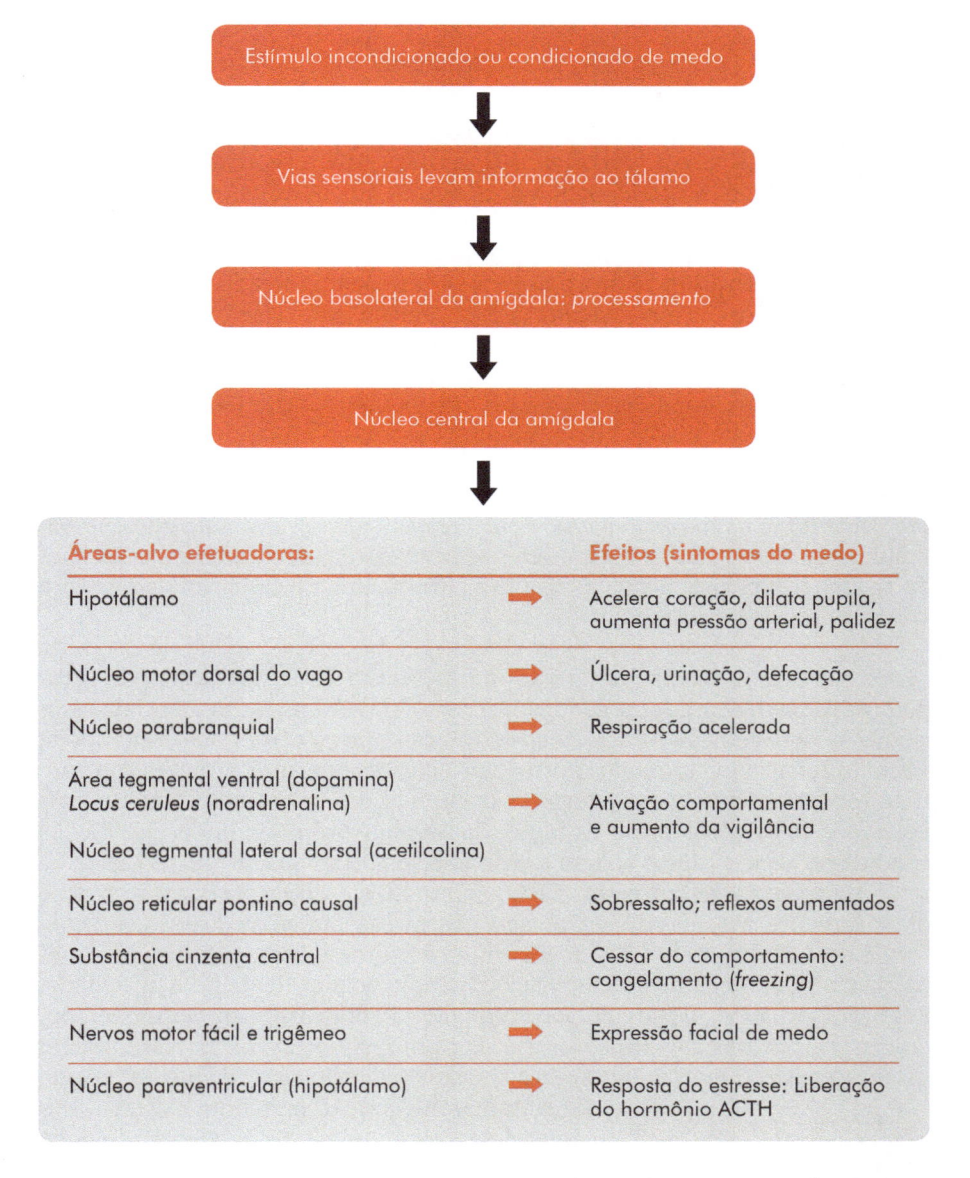

Áreas-alvo efetuadoras:		Efeitos (sintomas do medo)
Hipotálamo	→	Acelera coração, dilata pupila, aumenta pressão arterial, palidez
Núcleo motor dorsal do vago	→	Úlcera, urinação, defecação
Núcleo parabranquial	→	Respiração acelerada
Área tegmental ventral (dopamina) *Locus ceruleus* (noradrenalina) Núcleo tegmental lateral dorsal (acetilcolina)	→	Ativação comportamental e aumento da vigilância
Núcleo reticular pontino causal	→	Sobressalto; reflexos aumentados
Substância cinzenta central	→	Cessar do comportamento: congelamento (*freezing*)
Nervos motor fácil e trigêmeo	→	Expressão facial de medo
Núcleo paraventricular (hipotálamo)	→	Resposta do estresse: Liberação do hormônio ACTH

FIGURA 14.3 O estímulo condicionado (EC) ou incondicionado (EI) atinge o tálamo, que o retransmite ao núcleo basolateral da amígdala. A informação sobre o estímulo é processada por circuitos que interconectam a amígdala ao córtex perirrinal e insular. O resultado do processamento é enviado ao núcleo central da amígdala, que tem conexões com os alvos anatômicos efetuadores dos sintomas do medo (Adaptado de Davis, 1997; LeDoux, 1996; Squire e Kandel, 2003).

EXTINÇÃO

O condicionamento de medo por meio da aprendizagem associativa pavloviana é uma forma de memória não declarativa *duradoura*, cujos efeitos perduram talvez para a vida toda. No entanto, com a repetida exposição ao estímulo condicionado (EC) sem a presença do incondicionado (EI), ocorre o que Pavlov chamou de "extinção" – ou seja, a resposta vai *enfraquecendo* com o tempo. Se o animal atacado pelo predador retorna muitas vezes ao local do ataque, suas respostas de medo associadas ao local são cada vez mais reduzidas. No entanto, o termo *extinção* é enganoso, pois reflete a noção inicial de que tais reações aprendidas eram literalmente extintas. O próprio Pavlov notou mais tarde que, apesar de extinta, uma resposta condicionada poderia reaparecer em um momento posterior, denominando esse fenômeno *recuperação espontânea*.

A *extinção* fornece a base para algumas formas de terapia comportamental de fobias e de outros transtornos de ansiedade, abordados na parte final do livro. Uma fobia é um medo patológico aprendido de um estímulo que, na realidade, não é perigoso, e a exposição continuada ao estímulo sem as reações do medo (a extinção) acaba diminuindo drasticamente a chance de o sujeito voltar a apresentar a resposta fóbica.

No entanto, descobertas da equipe de LeDoux sobre o efeito de lesões no córtex pré-frontal medial confirmam a observação de Pavlov acerca da recuperação espontânea de um condicionamento clássico. Essas evidências, associadas às derivadas de outros estudos, indicam que o córtex pré-frontal pode sofrer influência inibidora dos hormônios do estresse e, assim, diminuir o controle sobre a amígdala, o que tornaria o aprendizado pavloviano de medo mais potente e mais resistente à extinção, "possivelmente permitindo que medos condicionados já extintos voltem a se manifestar" (LeDoux, 1998, p. 229).

Além disso, o hormônio CRF, secretado em situações de estresse, é drasticamente aumentado no núcleo central da amígdala nesta condição, tornando-a muito mais ativa, facilitando os processos de aprendizado e memória e ainda intensificando as reações condicionadas de medo e ansiedade. Em outras palavras, o estresse pode *estimular* a amígdala e, ao mesmo tempo, *diminuir o controle cortical* sobre ela. Portanto, situações de estresse podem tornar as pessoas mais vulneráveis a transtornos ansiosos e produzir a recaída de sintomatologia aparentemente extinta – sob efeito de estresse, uma fobia já controlada pode ressurgir.

> Situações de estresse podem tornar as pessoas mais vulneráveis a transtornos ansiosos e produzir a recaída de sintomatologia aparentemente extinta.

LeDoux e sua equipe descobriram que o córtex pré-frontal medial lesionado produz resistência à extinção do medo condicionado. Segundo o neurocientista, a memória inconsciente do medo não desaparece simplesmente –

pelo contrário, pode deixar marcas permanentes em nossos circuitos neurais, que podem ser reativadas em certas circunstâncias.

> (...) a extinção impossibilita o expressar de respostas de medo condicionado, mas não apaga as memórias implícitas subjacentes a essas respostas. Em outras palavras, a extinção envolve o controle cortical sobre as informações da amígdala, e não a faxina da memória da amígdala. (1998, p. 229)

A compreensão do processo de condicionamento pavloviano e da extinção é essencial para uma visão mais ampla sobre as memórias inconscientes de medo e sobre as perturbações emocionais que elas podem causar. Retornaremos ao condicionamento clássico e à extinção na parte final, na qual a psicoterapia será examinada em mais detalhes. No entanto, uma outra descoberta foi somada à de Pavlov e impulsionou o movimento intitulado de *behaviorismo* (ou comportamentalismo) – a descoberta de outro tipo de aprendizado, que foi chamado de *operante* ou *instrumental* pelo influente psicólogo B. F. Skinner (1953).

CONDICIONAMENTO OPERANTE

O condicionamento clássico resulta da associação entre dois estímulos, sendo um deles um *sinal* e o outro um estímulo evolutivamente importante, como a carne para o cão de Pavlov. No condicionamento operante, a associação se dá entre um *comportamento* e sua *consequência*, que pode ser um evento com significado evolutivo (ou um estímulo que sinalize esse evento, associado por condicionamento pavloviano). Tal consequência afeta a ocorrência daquele padrão de comportamento, basicamente *fortalecendo* ou *enfraquecendo* a probabilidade de a resposta comportamental ser repetida. Os estímulos que fortalecem a resposta são chamados *reforçadores*, e os que a enfraquecem, *punidores*. Se um sujeito trabalha e recebe um bom pagamento, isso aumenta sua chance de trabalhar novamente; se uma criança é punida por suas explorações sexuais, tende a reduzir a emissão desses comportamentos, e assim por diante.

A extinção também acontece no condicionamento operante, pois a resposta comportamental reforçada previamente vai se reduzindo se o reforço cessar. Skinner descobriu a extinção no comportamento operante por acidente (1979, p. 95), quando o mecanismo que utilizava para fornecer comida automaticamente aos animais em seu laboratório emperrou, deixando-os sem o reforço programado. No entanto, assim como no caso do condicionamento clássico, a extinção operante também sofre a chamada recuperação espontânea – o pesquisador S. J. Rachman (1989) descobriu que um comportamento que sofreu extinção pode retornar posteriormente de modo espontâneo.

O conceito de reforço e punição foi um avanço teórico significativo, pois forneceu uma definição operacional objetiva e mensurável, contornando a subjetividade de conceitos anteriores, como recompensa ou castigo, por exemplo. Como definir uma recompensa se o que é recompensador para um não é para outro, ou se, para o mesmo indivíduo, o que era recompensa em um momento já não é mais no seguinte? O conceito de reforço, por sua vez, evita qualquer referência subjetiva, sendo inequívoco e individualizado – o estímulo que aumenta a frequência do comportamento de um determinado organismo é um *reforçador*, e aquele que diminui é um *punidor*.

Alimento, abrigo ou sexo são exemplos de *reforçadores* comuns, uma vez que, durante a evolução, foram consequências do comportamento que aumentaram sistematicamente a probabilidade de sobrevivência e de reprodução de nossos antepassados. Já as consequências negativas como dor, frio, fome ou doença, que diminuíram regularmente a chance de sobrevivência durante a trajetória evolutiva de nossos ancestrais, atuam como *punidores*, estímulos que enfraquecem o comportamento que os antecede.

Tais reforçadores com sentido evolutivo são denominados *incondicionais* ou *primários*, pois não dependem de aprendizagem. No entanto, os estímulos que sinalizam reforçadores incondicionais tornam-se, por meio de aprendizagem pavloviana, *reforçadores condicionais*, também chamados de *adquiridos* ou *secundários*. O dinheiro, por exemplo, é um reforço condicional, pois não nascemos atribuindo um significado reforçador a ele, embora nossa aprendizagem na infância logo faça com que se torne *sinalizador* de alimento e de acesso a muitos outros estímulos incondicionalmente reforçadores. São inúmeros os reforçadores e punidores condicionais passíveis de aprendizado no meio natural e nas sociedades humanas em diferentes épocas e culturas, o que confere a esse tipo de aprendizagem um amplo espectro de possibilidades ao influenciar o comportamento humano.

O MOVIMENTO BEHAVIORISTA E O INCONSCIENTE

A partir do entusiasmo produzido pela descoberta do condicionamento clássico, na década de 1920, o norte-americano John Watson lança as bases do movimento behaviorista, que defendia o estudo objetivo do comportamento, utilizando o mesmo rigor empregado nas ciências naturais. Na década de 1930, o conceito de aprendizagem instrumental, por meio do *condicionamen-*

to operante, passou a ser tão importante como o condicionamento pavloviano, imprimindo vigor ao movimento comportamental.

O foco de estudo da psicologia, para os behavioristas, deveria ser o comportamento observável, e naquela época o que podia ser observado e mensurado eram os estímulos e as respostas comportamentais. Os eventos mentais e a experiência consciente, segundo o argumento dos comportamentalistas, não podiam ser investigados cientificamente e não eram importantes para obter a previsão e o controle do comportamento. O psicólogo B. F. Skinner, um dos principais expoentes do movimento behaviorista, considerava improdutivo tentar estudar o interior da mente, a qual comparava a uma *caixa- -preta* – para ele, a psicologia deveria abandonar explicações mentalistas e concentrar-se na correlação entre os estímulos de entrada com o *output* (saída) comportamental. Skinner desenvolveu uma importante área de teoria e pesquisa com extensas aplicações clínicas e educacionais, a *análise experimental do comportamento*.

Apesar de Skinner ter adotado uma posição estímulo-resposta (E-R) em seus escritos iniciais, afastou-se pouco a pouco desse enfoque, preferindo conceituar o comportamento como *selecionado* por seus resultados ambientais *contingentes*, aquelas consequências que seguem regularmente o comportamento. Ao formular a noção de comportamento *selecionado pelo meio*, Skinner focalizou sua pesquisa nas correlações entre o comportamento e suas consequências, verificando a ocorrência sistemática de um aumento na frequência, seguindo-se ao reforçamento e à diminuição da frequência frente a resultados punitivos.

Segundo Larry Squire e Eric Kandel (2003, p. 37), os behavioristas podem ser considerados pioneiros no estudo do inconsciente, uma vez que foram os primeiros a pesquisar cientificamente a aprendizagem não declarativa do condicionamento clássico e operante. Tais formas de aprendizagem são observáveis e passíveis de investigação experimental controlada, o que levou os behavioristas a centrarem-se em seu estudo na primeira metade do século XX.

> No entanto, concentrando-se na aquisição do conhecimento, e não na retenção do mesmo, eles falharam em verificar (e na verdade não se importaram com isso) que a retenção do conhecimento não declarativo é inconsciente. Assim, tratando o conhecimento não declarativo como se explicasse a aquisição de *todo* o conhecimento, os behavioristas ignoraram completamente aquilo que agora denominamos memória declarativa.

As formas de memória não declarativa nas quais os behavioristas se especializaram não representam toda a memória, pois refletem ape-

> As formas de memória não declarativa nas quais os behavioristas se especializaram não representam toda a memória, pois refletem apenas um tipo de aprendizagem.

nas um tipo de aprendizagem, cuja característica principal é produzir desempenho no comportamento sem consciência do sujeito.

Skinner rejeitava o *mentalismo*, a explicação do comportamento em referência aos estados mentais internos. Os sentimentos, as intenções, as crenças e os pensamentos são simples epifenômenos ou "produtos colaterais" (Skinner, 1975, p. 44) dos fatores ambientais que causam o comportamento. Os behavioristas, portanto, tinham razões teóricas para evitar referências a termos mentalistas e vagos como "inconsciente". Apesar da restrição teórica, hoje em dia podemos, por ironia, considerá-los como alguns dos primeiros desbravadores que lançaram luz no estudo científico dos processos mentais inconscientes, revelando as leis que governam a aprendizagem clássica e operante – duas formas de memória implícita.

15
Behaviorismo, revolução cognitiva e neurociências

REVOLUÇÃO COGNITIVA E BIOLÓGICA

Uma vez que a mente era vista como inacessível, os behavioristas procuraram oferecer, em sua estrutura teórica, construtos "não mentalistas" para explicar as funções cognitivas, como o pensamento, entendido como *comportamento encoberto*. Para Skinner (1953, 1969), o comportamento é essencialmente controlado por estímulos, modelado e mantido por consequências punitivas ou reforçadoras. Uma forma especial de consequências são *regras*, estímulos verbais discriminativos que indicam instruções, relações entre comportamentos e suas consequências, como "plantou, colheu" ou "se você fizer X, acontecerá Y". Para explicar aspectos do que chamamos de pensamento, raciocínio, formulação de ideias ou criatividade, Skinner (1969) criou o conceito de comportamento *precorrente*, aquele que produz os estímulos que o controlam. Esse comportamento funcionaria como uma autoinstrução, privada e vocal, do tipo "se *eu* fizer X, acontecerá Y". O diálogo interno que chamamos de pensamento pode ser considerado, para Skinner, como comportamento verbal no qual ocupamos os papéis de falante e ouvinte ao mesmo tempo, instruindo-nos sobre *regras* (autoinstruções).

Embora Skinner tenha se esforçado para explicar os processos mentais sem recorrer ao mentalismo, sua análise permaneceu limitada e restrita, além de inteiramente voltada ao pensamento verbal e *consciente*. No entanto, na década de 1960, os avanços nas ciências do cérebro, na linguística, na antropologia e na área da inteligência artificial, somados a uma insatisfação crescente quanto às limitações do behaviorismo, convergiram para a *revolução cognitiva*, um movimento científico importante que procurou aventurar-se no interior da misteriosa caixa-preta, enfocando o *processamento de informação* realizado na mente que desemboca na produção do comportamento. Na década de 1970, a *psicologia cognitiva* já era reconhecida e ocupava um lugar firmemente estabelecido como importante campo de estudo e como conjunto de métodos de investigação sobre como as pessoas aprendem, estruturam, armazenam e usam o conhecimento (Sternberg, 2000, p. 29-31).

A posição de Skinner foi importantíssima em seu contexto histórico e *Zeitgeist* (expressão que literalmente quer dizer "espírito do tempo") em que foi formulada. Seu argumento, verdadeiro naquele contexto, era baseado na necessidade de mais objetividade para o avanço do conhecimento científico. Já que a mente é inacessível, temos que explicar o comportamento como selecionado pelo meio. A vantagem dessa abordagem é a facilidade de observação, registro e medida do comportamento, o que, sem dúvida, impele o avanço científico. Esse nível de análise, contudo, também tem a custosa desvantagem de excluir os mecanismos neurais que de fato processam os estímulos e produzem o comportamento. A análise de Skinner sobre as causas do comportamento só pode ser entendida em relação ao *Zeitgeist* – se não sabemos o que se passa dentro da caixa-preta, o modelo científico deve considerar os eventos externos. Assim, a causalidade do comportamento é externa, e os eventos internos são subprodutos.

O que se tornou cada vez mais nítido a partir da revolução cognitiva e do acúmulo de conhecimento sobre o cérebro é o fato de que o processamento dos circuitos neurais chave, que regulam recompensas e motivação, representa a verdadeira origem e a *causa* do comportamento – é esse processamento que responde aos estímulos reforçadores com *fortalecimento* e aos punidores com *enfraquecimento* da probabilidade de emissão do comportamento. Como existe alta correlação entre a ativação dos mecanismos neurais internos e a consequente saída externa, foi possível aos behavioristas prever e controlar o comportamento, construindo uma psicologia sem referência aos eventos mentais.

> O movimento behaviorista contribuiu enormemente para a compreensão do aprendizado, dissecando seus princípios fundamentais e suas regras de associação entre os estímulos.

O movimento behaviorista contribuiu enormemente para a compreensão do aprendizado, dissecando seus princípios fundamentais e suas regras de associação entre os estímulos, além de demonstrar como diferentes padrões de consequências do comportamento afetam sua frequência. Os métodos objetivos e o rigoroso controle experimental empregado renderam um precioso legado para as ciências do comportamento naquelas áreas em que a pesquisa conseguiu avançar, mas deixou lacunas importantes pela restrição de seus métodos e pelas limitações de seus objetivos de estudo – a mente, *consciente* e *inconsciente*, foi banida como tópico investigativo por ser considerada como um conceito não testável sobre eventos não observáveis. Para Squire e Kandel, os comportamentalistas deixaram fora do foco investigativo temas importantes sobre os processos mentais que intermedeiam as reações frente aos estímulos. Além disso,

(...) ignoraram as evidências levantadas pela psicologia gestalt, pela neurologia, pela psicanálise e mesmo pelo bom senso que indicavam a importante maquinaria neural que intervém entre um estímulo e uma resposta. Os behavioristas definiram essencialmente toda a vida mental em termos das técnicas limitadas que empregavam para estudá-la. Restringiram os domínios da psicologia experimental a um conjunto limitado de problemas e excluíram dos estudos algumas das características mais fascinantes da vida mental, como os processos cognitivos que ocorrem quando aprendemos e quando lembramos. Os processos mentais que, no encéfalo, intervêm nessas situações constituem os fundamentos da percepção, da atenção, da motivação, da ação, do planejamento e do pensamento, além do próprio aprendizado e memória. (Squire e Kandel, 2003, p. 17)

Os psicólogos cognitivos, por sua vez, concentraram-se mais na estrutura mental do sujeito do que nos estímulos provenientes do ambiente – o objetivo é obter um modelo do processamento realizado pelo cérebro e dos padrões de atividade neural envolvidos na *representação interna* da informação. No entanto, foi válida a crítica dos behavioristas sobre a dificuldade de estudar cientificamente as representações internas – os cognitivistas tinham dificuldade para abordar de forma experimental e analisar de forma objetiva os processos mentais, recorrendo a formas indiretas de comprovação, situação que conduzia, muitas vezes, a construtos teóricos e a modelos hipotéticos empiricamente frágeis.

No final da década de 1970, o acúmulo de conhecimento e as novas metodologias das ciências do cérebro permitiram uma aproximação gradual com a psicologia cognitiva, em especial devido aos avanços na compreensão dos mecanismos moleculares e no mapeamento de sistemas envolvidos com as funções cognitivas. Essa associação crescente entre tais áreas complementares do conhecimento, em que os modelos cognitivos podem ser testados por meio dos métodos das neurociências dos sistemas, permitiu o desenvolvimento de uma abordagem consistente sobre mente, cérebro e comportamento – as neurociências *cognitivas*.

Tais noções sobre a inacessibilidade dos processos mentais sustentadas pelos behavioristas radicais têm sentido se pensarmos no contexto dos anos de 1930, em que a psicologia estava profundamente submersa em um pântano de subjetividade. No entanto, desde a década de 1960, a revolução que originou a psicologia cognitiva permitiu o estudo científico das operações mentais, com o surgimento de modelos para mapear o processamento realizado desde a entrada do estímulo até o *output* comportamental. Com o advento das modernas técnicas de imageamento, é possível visualizar a mente em funcionamento enquanto submetemos os sujeitos a tarefas experimentais cuidadosamente desenhadas para testar hipóteses sobre as funções cognitivas, uma estratégia que funde a psicologia cognitiva com as neurociências e que inquestionavelmente gerou um avanço do conhecimento sobre o comportamento e sobre as operações mentais subjacentes que o produzem.

Portanto, na atualidade, a mente é observável e acessível ao escrutínio científico, e parece perder sentido a crença (uma velha provocação é afirmar que os comportamentalistas não *acreditam* em crenças), sustentada por behavioristas radicais, de que os cientistas não têm acesso aos processos mentais, os quais eles deveriam então ser explicados em termos comportamentais – tal posição afasta a psicologia dos rumos do fascinante horizonte descortinado pelas neurociências cognitivas, indo na contramão da *mainstream* da ciência contemporânea. No entanto, alguns teóricos do behaviorismo têm realizado esforços para impedir que a manutenção dessa crença isole a escola comportamental da comunidade científica, e, na segunda metade da década de 1990, surgiu uma importante tentativa de unificação epistemológica com as neurociências: a *análise biocomportamental*.

ANÁLISE BIOCOMPORTAMENTAL DE DONAHOE

O behaviorista radical J. W. Donahoe percebeu o rumo equivocado e, com seus colaboradores, apresentou uma interessante proposta de assimilação das neurociências na análise comportamental clássica, que intitulou de *análise biocomportamental* (Donahoe, 2002, 2004; Donahoe e Burgos, 2000; Donahoe e Palmer, 1994; Donahoe, Palmer e Burgos, 1997). Inspirado em Skinner, Donahoe acredita que os meios de investigação do comportamento já evoluíram de forma a permitir maior precisão no registro do comportamento encoberto, e, por esta razão, muitos aspectos da conduta que antes não eram observáveis passaram a sê-lo, devendo ser incluídos na análise experimental do comportamento – assim, as relações funcionais entre eventos registrados na análise do comportamento seriam melhor compreendidas com a inclusão dos eventos "subcomportamentais", registrados com métodos neurocientíficos.

Segundo Silva (2005, p. 43), a proposta da análise biocomportamental pode ser uma ferramenta importante para pesquisadores de neurociências e um guia produtivo na interpretação de comportamentos complexos:

> Na análise de Donahoe, a compreensão do comportamento humano complexo exige a integração dos níveis fisiológico e comportamental de análise, sem que isso represente quebra dos princípios comportamentais que regem a relação funcional entre eventos do ambiente e comportamento. Em ambos os níveis, pressupõem-se comprovações experimentais independentes. A especificação dos eventos neurais que ocorrem no lapso temporo-espacial entre eventos ambientais e comportamento complementa a explicação comportamental, sem substituí-la.

Donahoe levanta a importante questão do correlato neural do reforço, perguntando-se sobre a base neurobiológica dos estímulos reforçadores condicionados (denominados *Sr;* na linguagem técnica behaviorista). Os reforçadores, tanto os incondicionados como os condicionados, ativam a liberação de dopamina no sistema de recompensa, fortalecendo sinapses entre neurônios que são estimulados em conjunto. Com a presença de neuromoduladores como dopamina, a potenciação de longo prazo (LTP), mecanismo de fortalecimento sináptico, promove o aumento da eficácia da comunicação entre os neurônios. A seleção, em nível celular, ocorre quando dois neurônios são ativados conjuntamente e, na ligação entre eles, ocorre a liberação de um neurotransmissor como a dopamina, fortalecendo a sinapse.

Mantendo uma ótica estritamente selecionista, Donahoe acredita que qualquer comportamento deriva da seleção do ambiente, seja o ambiente ancestral, que seleciona por meio dos genes, seja o ambiente atual, que seleciona por meio de reforço. As conexões elementares são determinadas geneticamente e teriam sua eficiência sináptica ajustada por seleção ontogenética, por meio do reforçamento.

Na perspectiva da análise biocomportamental, a unidade de análise é a relação ambiente-comportamento, e o que é selecionado é, na realidade, uma *relação* entre comportamento, contexto e consequências do comportamento. Os teóricos da área de equivalência de estímulos, como Sidman (2000), vêm demonstrando experimentalmente que não só os estímulos discriminativos entram na relação de equivalência: todo o contexto está envolvido, como os estímulos reforçadores condicionados e incondicionados, os estímulos condicionados e as respostas.

Donahoe utiliza ainda redes neurais artificiais como modelos de estudo da aprendizagem por meio de reforço, simulando a seleção do comportamento por interconexões em unidades artificiais de entrada sensorial, processamento de interneurônios e saída comportamental. Portanto, a análise biocomportamental integra ferramentas conceituais e metodológicas do comportamentalismo com as neurociências, renovando a teoria behaviorista com a assimilação da revolução biológica.

CONDICIONAMENTO PREPARADO PELA EVOLUÇÃO

Devido à aparente obscuridade dos mecanismos internos, suposição baseada nas limitações no conhecimento científico anterior à revolução cognitiva e biológica, o modelo de causalidade behaviorista apresentou-se como uma alternativa viável, pois permitiu prever razoavelmente o comportamento por meio da correlação dos estímulos com as respostas, mesmo omitindo os mecanismos neurais que as causam e as controlam. Skinner observou regularidades nas reações aos estímulos e procurou estabelecer leis gerais que seriam válidas para todos os organismos. As regularidades existem devido à ancestralidade comum dos sistemas nervosos dos mamíferos e das aves que foram os sujeitos experimentais mais pesquisados pelos behavioristas (os pombos eram os favoritos de Skinner).

No entanto, as pesquisas posteriores sobre condicionamento preparado pela evolução demonstraram que, apesar de partilharem certas características de aprendizado, as diferenças entre as espécies eram enormes. Mesmo em uma espécie, os indivíduos também diferem de modo significativo, o que torna as "leis gerais do aprendizado" mais parecidas com tendências estatisticamente frequentes nos padrões de reações comportamentais da maioria das espécies pesquisadas.

Segundo os psicólogos evolutivos Cosmides e Tooby (1992), a visão do aprendizado behaviorista contribuiu para o "modelo padrão das ciências sociais", que considera a mente uma *tabula rasa* com uns poucos reflexos biológicos, atribuindo nosso comportamento e nossa forma de pensar à aprendizagem do ambiente cultural – o mecanismo dessa aprendizagem é *geral*, independe do conteúdo. Os psicólogos evolucionistas (Pinker, 1999, 2004), por sua vez, argumentam que a aprendizagem é direcionada por uma série de *módulos mentais especializados*, que processam informação dependente de conteúdo, como módulos para aquisição da linguagem ou para suposição de estados mentais em outras pessoas.

O debate sobre a aquisição da linguagem é um exemplo das diferenças dos modelos. Em seu clássico livro, *Verbal Behavior*, Skinner (1957) procurou explicar o desenvolvimento da linguagem por meio de um princípio geral de aprendizagem. Os argumentos de Skinner logo foram rebatidos pelo linguista Noam Chomsky (1959), que defendeu a ideia, hoje amplamente aceita, de que a aquisição do comportamento verbal é orquestrada por um conjunto de mecanismos neurais especializados que chamou de *gramática generativa*.

O modelo tradicional de aprendizagem que concebe a mente como uma *tabula rasa* foi abalado definitivamente por pesquisas ulteriores realizadas com a mesma metodologia experimental preconizada pelos behavioristas (McNally, 1987; Garcia e Garcia Y Robertson, 1985; Seligman, 1970, 1971; Seligman e Hager, 1972). Os experimentos (realizados com ratos em caixas de Skinner usando os paradigmas de condicionamento da escola comportamental) demonstraram que a seleção natural não criou um mecanismo geral de aprendizagem, mas uma série de mecanismos específicos da espécie em questão, desenhados para resolver problemas de adaptação ao ambiente ancestral. O sistema nervoso não é uma massa de neurônios indiferenciada tipo *tabula rasa*, capaz de aprender igualmente a reagir a qualquer estímulo que se apresente (Pinker, 2004). Pelo contrário, a aprendizagem

> O sistema nervoso não é uma massa de neurônios indiferenciada tipo *tabula rasa*, capaz de aprender igualmente a reagir a qualquer estímulo que se apresente

é altamente específica, pois é direcionada por mecanismos especializados processadores de informação, que são construídos para aprender com maior ou menor facilidade, dependendo da importância biológica da situação – uma *preparação biológica* para o aprendizado. Como sintetiza a psicóloga Susan Cloninger (1999, p. 305):

> Embora Skinner descrevesse os comportamentos operantes como estritamente aprendidos, em comparação com os comportamentos reflexos biologicamente determinados, sabe-se hoje que ele subestimou a separação entre os comportamentos biologicamente determinados e os aprendidos. A maioria dos psicólogos hoje aceita uma ideia mais recente, a do conceito de *preparo* ou *aprendizagem preparada*, segundo a qual a biologia pode nos predispor para aprender certas associações, embora só o façamos diante da ocorrência de certos tipos de experiências.

O psicólogo Martin Seligman, um dos muitos pesquisadores behavioristas que mais tarde se converteu ao movimento cognitivo, propôs, ainda nos anos de 1970, a atualmente clássica teoria que reúne o aprendizado ambiental com a teoria da evolução (Seligman, 1970, 1971; Seligman e Hager, 1972). Seligman introduziu o conceito de "aprendizado preparado" (*prepared learning*), que basicamente sugere que aprendemos com mais agilidade a conferir valor emocional para estímulos que estiveram sempre presentes ao longo da jornada evolutiva de nossos antepassados. Segundo Seligman, nosso cérebro foi preparado pela seleção natural para *aprender* mais rápida e consistentemente certos tipos de informação relevante de uma forma facilitada – a aprendizagem do medo de cobras, aranhas e escorpiões fornece um bom exemplo de condicionamento preparado.

Aprendemos a temer um determinado estímulo por meio do processo de condicionamento e em geral precisamos de várias exposições ao estímulo para que a aprendizagem ocorra. Assim, quando um choque brando é aplicado ao mesmo tempo em que se exibe para um sujeito *slides* de estímulos que não estiveram presentes ao longo da evolução humana, como armas e carros, o resultado é um processo lento de condicionamento. Precisamos aplicar vários choques ao mesmo tempo em que exibimos os *slides* de carros e armas para produzir reações condicionadas de medo e ansiedade, medidas pela sudorese nas palmas das mãos (para tal, utiliza-se um aparelho GSR, que mede a resistência galvânica da pele).

Isso acontece porque os estímulos que estiveram presentes na evolução, geração após geração, em especial aqueles potencialmente ameaçadores à sobrevivência, são reconhecidos por nosso cérebro, que está biologicamente preparado para aprender informações com mais velocidade e intensidade do que quando lidamos com estímulos sem significado evolutivo. Nossos ancestrais sobreviveram e assim transmitiram seus genes a nós porque aprenderam com rapidez a temer os estímulos potencialmente perigosos para a sobrevivência (McNally, 1987; Garcia e Garcia Y Robertson, 1985).

Tal processo garante um comportamento mais flexível e adaptado ao meio, pois não nascemos com reações programadas, como medo inato de cobras, mas com uma *preparação biológica* para o condicionamento. Se as experiências de vida associarem cobras ao medo (uma criança pode observar a expressão facial de medo da mãe ao ver uma cobra), pode-se adquirir uma fobia condicionada com um único contato com o estímulo. Já em ambientes onde as cobras não são venenosas, e sim mais uma fonte alimentar (como em algumas culturas orientais), tal associação com o medo não ocorre.

Outro exemplo já amplamente estudado é a preparação biológica para condicionamento de comportamento alimentar, na qual o gosto do alimento que foi ingerido antes de uma reação de defesa contra intoxicação, como o vômito ou a diarreia, é associado, com uma única experiência, a uma intensa aversão, mesmo que o alimento em questão não tenha nenhuma ligação causal com as reações – nosso organismo supõe que aquilo que ingerimos *causa* o que vem depois. A seleção natural privilegiou os organismos que aprenderam rapidamente a evitar alimentos tóxicos, desenhando um mecanismo de aprendizagem específico para lidar com esse tipo de informação.

O CONDICIONAMENTO OPERANTE E O SISTEMA DE RECOMPENSA

A análise skinneriana do comportamento é uma exploração externa, de fora da caixa-preta, da atuação interna dos mecanismos de recompensa e motivação cerebral, os quais foram desenhados pela seleção natural para mobilizar nosso comportamento de forma a aumentar a chance de sobrevivência e reprodução no meio ambiente ancestral. Assim como o condicionamento clássico, o operante também se baseia na sabedoria obtida pelas experiências de nossos ancestrais, que é cristalizada, por influência dos genes, na fiação e no funcionamento dos circuitos cerebrais do *sistema de recompensa*. Todas essas formas de memória implícita fundamentam o processamento do novo inconsciente e permitem a regulação automática do comportamento de modo adaptativo, sem recorrer aos processos conscientes.

Na caixa-preta, temos um complexo circuito de regulação motivacional e motora, simplificada aqui para uma melhor compreensão. Entre as principais estruturas envolvidas estão o hipocampo e a amígdala, os quais têm projeções excitatórias para a *área tegmentar ventral* (ATV), uma área que, quando ativada, promove a liberação de dopamina no *núcleo acumbens* (NA). A atividade na rota neural ATV-NA é experimentada subjetivamente como prazerosa pelo sujeito, e a estimulação desse circuito neurobiológico implica o que chamamos de *recompensa* ou *satisfação*. O organismo é impulsionado para ação motora e engaja-se em um comportamento que leva a obter essa recompensa cerebral, o que equivale a dizer, em termos behavioristas, que o comportamento é seguido de *reforço*.

> O cérebro usa um sistema do tipo recompensa e punição para garantir que persigamos e obtenhamos as coisas de que precisamos para sobreviver. Um estímulo vindo de fora (a visão de alimento, digamos) ou do corpo (níveis de glicose em queda) é registrado pelo sistema límbico, que cria um impulso que é conscientemente registrado como desejo. O córtex então instrui o corpo a agir de qualquer maneira que seja necessária para realizar seu desejo. A atividade envia mensagens de resposta ao sistema límbico, que libera neurotransmissores parecidos com opioides que elevam os níveis circulantes de dopamina e criam uma sensação de satisfação. (Carter, 2004, p. 118)

É esse sistema, representado esquematicamente na Figura 15.1, que permite ao organismo aprender com os resultados de uma ação, ao aproximar-se de reforçadores e evitar punidores, adaptando-se melhor ao tipo específico de ambiente em que vive. Tal sistema ajudou a dirigir o comportamento de organismos muito simples de forma totalmente inconsciente, uma vez que evoluiu muito antes da própria consciência. No caso de seres humanos, o sistema de conhecimento declarativo pode, em certos casos, conforme analisaremos mais tarde, trabalhar em paralelo ao aprendizado inconsciente, permitindo a representação de um desejo consciente.

Somos impulsionados a agir de forma a sobreviver e deixar descendentes, com impulsos motivacionais relacionados à satisfação de necessidades como fome, sede e sexualidade. Dessa forma, movemo-nos para buscar reforçadores e evitar punidores, que são estímulos geralmente relacionados à dor, ao desconforto ou ao perigo. As consequências de nosso comportamento, não arbitrariamente reforçadoras ou punidoras, são produtos de uma longa história evolutiva. Essa história engendrou paulatinamente na fiação cerebral mecanismos de regulação motivacional para impelir o organismo rumo à satisfação de suas *necessidades*, o que significa perseguir as metas últimas de sobrevivência e deixar descendentes para as futuras gerações. Os reforçadores são, portanto, essencialmente estímulos que, de forma inata ou aprendida, satisfazem nossas necessidades, e os punidores são aqueles que nos afastam de atendê-las e, dessa maneira, diminuem nossa chance de sobrevivência e reprodução. Como elemento crucial no modelo do novo inconsciente, a busca do

> Como elemento crucial no modelo do novo inconsciente, a busca do prazer e a evitação do desprazer é um princípio extraordinariamente eficiente de regulação da vida, o qual independe de uma representação consciente sofisticada.

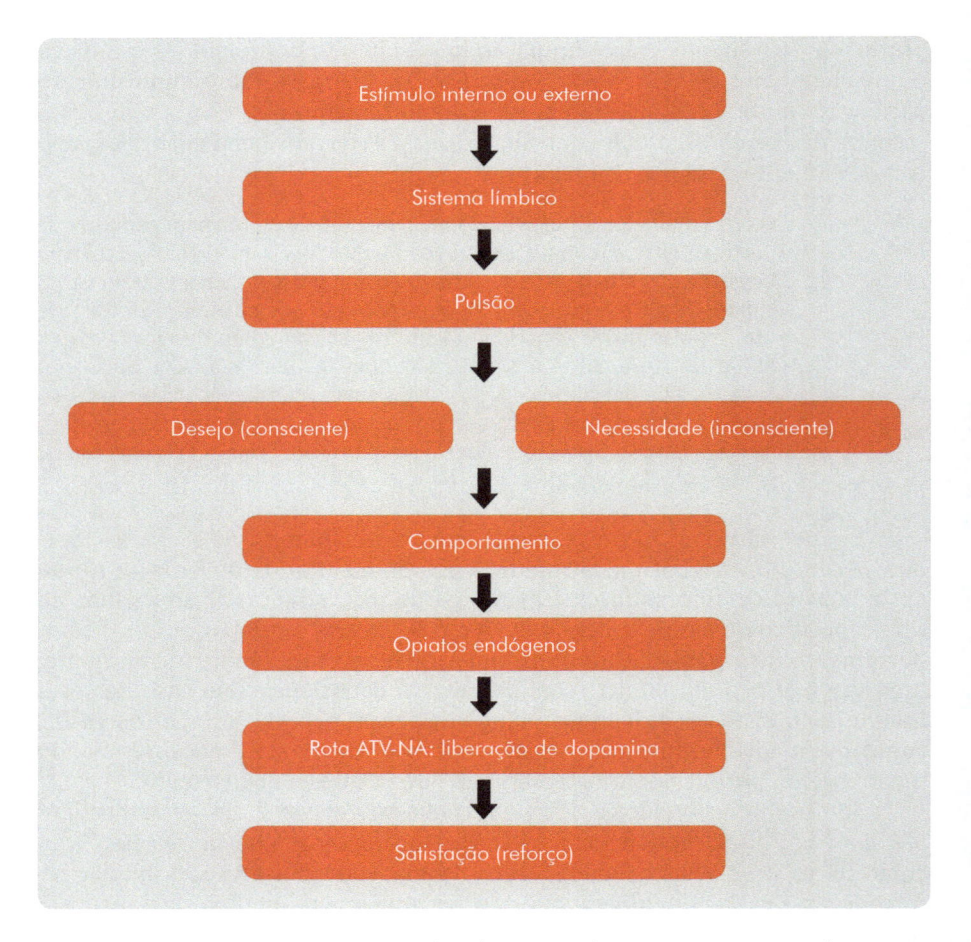

```
┌─────────────────────────────┐
│  Estímulo interno ou externo │
└─────────────┬───────────────┘
              ▼
┌─────────────────────────────┐
│      Sistema límbico        │
└─────────────┬───────────────┘
              ▼
┌─────────────────────────────┐
│           Pulsão            │
└─────────────┬───────────────┘
              ▼
┌──────────────────┐      ┌──────────────────────────┐
│ Desejo (consciente) │   │ Necessidade (inconsciente) │
└──────────────────┘      └──────────────────────────┘
              ▼
┌─────────────────────────────┐
│       Comportamento         │
└─────────────┬───────────────┘
              ▼
┌─────────────────────────────┐
│      Opiatos endógenos      │
└─────────────┬───────────────┘
              ▼
┌─────────────────────────────────────┐
│ Rota ATV-NA: liberação de dopamina  │
└─────────────┬───────────────────────┘
              ▼
┌─────────────────────────────┐
│     Satisfação (reforço)    │
└─────────────────────────────┘
```

FIGURA 15.1 Representação esquemática do sistema de recompensa e sua relação com o desejo consciente e com as necessidades inconscientes.

prazer e a evitação do desprazer é um princípio extraordinariamente eficiente de regulação da vida, o qual independe de uma representação consciente sofisticada.

À medida que o conhecimento sobre o funcionamento do cérebro progride, é possível avançar de uma concepção behaviorista na atribuição da causalidade de nosso comportamento para uma visão baseada nas neurociências, mantendo as enormes contribuições da escola comportamental. A teoria behaviorista atribui aos estímulos reforçadores e punidores o papel de controle do comportamento, enquanto na visão da neurociência seria mais exato dizer que agimos movidos pelas particularidades do funcionamento do sistema de recompensa cerebral diante de estímulos. No lugar de conceber o comportamento como selecionado pelo meio, poderíamos dizer que ele é selecionado pelo processamento interno realizado pela interação complexa do sistema de recompensa com outras áreas encefálicas em resposta às consequências reforçadoras e punidoras. O estudo pelas neurociências das respostas dos mecanismos neurais do sistema de recompensa em relação ao meio enfoca as causas imediatas ou *próximas* do comportamento, enquanto a teoria de evolução ilumina as causas finais ou *últimas* – dois níveis de análise do mesmo fenômeno que se complementam.

16
A investigação científica do inconsciente

A PSICOLOGIA COGNITIVA ESTUDA O INCONSCIENTE

A revolução cognitiva e biológica aumentou consideravelmente a amplitude dos objetivos e métodos disponíveis para abrir a caixa-preta e começar a construir modelos e *testar* hipóteses sobre o funcionamento mental, inclusive sobre o processamento inconsciente de informações, abrindo portas para o desenvolvimento do novo inconsciente. A teoria de Freud sobre o inconsciente dinâmico influenciou alguns pesquisadores de orientação cognitiva, que procuravam inspiração nas ideias freudianas para avançar no estudo do inconsciente e produzir uma nova teoria, mais ampla e cientificamente satisfatória, que assimilasse as contribuições da psicanálise àquelas advindas da revolução cognitiva e biológica – um novo modelo neurocognitivo do inconsciente, ainda em seus primórdios.

Os pesquisadores desta orientação procuravam assimilar sugestões da psicanálise sobre o processamento inconsciente. Uma das hipóteses mais influentes de Freud (1914/1956) prevê que o material inconsciente que não pode ser expresso diretamente é, muitas vezes, expresso por meios indiretos no comportamento da pessoa. Podemos predizer, a partir disso, que a memória implícita de estímulos antes percebidos pode influenciar indiretamente vários julgamentos, mesmo que os estímulos não sejam reconhecidos de forma consciente pelos sujeitos. Os psicólogos cognitivistas têm realizado, a partir da revolução cognitiva, experimentos fascinantes sobre *memórias inconscientes*, examinando seus efeitos na percepção, na cognição, na emoção, na motivação e no comportamento. Os resultados obtidos sustentam empiricamente essa predição derivada da hipótese de Freud, que passa a ser incorporada à nova teoria sobre o inconsciente.

Um dos modelos mais utilizados é baseado na observação de que a simples exposição a um estímulo é suficiente para aumentar a atitude positiva do sujeito diante dele, mesmo que a percepção seja *subliminar* (abaixo do limiar necessário para ser representado na consciência). O psicólogo cognitivo Zajonc (1968) foi o pioneiro a estudar o que chamou de efeito da "mera exposição subliminar" (*subliminal mere exposure*). Até o momento, já foram publicados mais de 200 experimentos nessa área (ver revisões em Bornstein, 1989b, 1990, 1992, 1993b).

> Um dos modelos mais utilizados é baseado na observação de que a simples exposição a um estímulo é suficiente para aumentar a atitude positiva do sujeito diante dele.

Um dos estudos que forneceram estratégias metodológicas para a investigação desse fenômeno foi o realizado por Zajonc e Kunst-Wilson (Kunst-Wilson e Zajonc, 1980). Os pesquisadores apresentaram uma série de imagens de polígonos irregulares para os sujeitos, sendo cada estímulo exibido durante apenas um milissegundo. Cada série foi repetida cinco vezes; mesmo assim, os sujeitos não perceberam conscientemente os estímulos nenhuma vez. No entanto, de alguma forma, a informação entrou no cérebro dos sujeitos, foi processada e armazenada, como demonstrado pela análise do desempenho na tarefa de julgamento de "escolha forçada" (*forced choice*), uma forma engenhosa de estudar a influência do processamento inconsciente no comportamento criada pelos psicólogos cognitivos.

Os sujeitos do experimento eram então apresentados à imagem de dois polígonos durante um segundo, e um segundo é mais do que suficiente para ocorrer percepção consciente do estímulo. Em seguida, se pedia que os sujeitos apontassem qual dos dois polígonos eles reconheciam como tendo visto antes (o julgamento de *reconhecimento* consciente). Pediu-se também aos sujeitos para que indicassem qual dos polígonos preferiam (o julgamento da *preferência* inconsciente). Nesse caso, a interpretação é a de que a preferência revelaria o efeito da memória implícita, pois a mera exposição prévia leva à maior preferência pelo estímulo. Jacoby chamou de "fluência perceptual" (Jacoby e Kelley, 1987; Jacoby et al., 1989, 1992) o fato de que a percepção e a recordação de estímulos já vistos subliminarmente, quando reencontrados, são traduzidas em preferência por certos estímulos sem que a pessoa saiba conscientemente a razão.

Os resultados do experimento têm implicações profundas. Sob estas condições rigorosamente padronizadas e controladas, a média de acerto dos sujeitos no reconhecimento consciente dos polígonos realmente vistos é de apenas 48% (a chance de reconhecer ao acaso é de uma em cada duas tentativas, ou 50%). Ficou evidente que os sujeitos não lembravam conscientemente os polígonos. O mais interessante é a taxa de acerto quando se pediu que indicassem quais dos polígonos preferiam: 60% das vezes as escolhas apontaram os estímulos vistos subliminarmente antes. Em outras palavras, os participantes preferiram *inconscientemente* os estímulos que viram antes, mas não revelaram nenhum reconhecimento consciente.

Na realidade, muitos estudos já foram publicados replicando essas descobertas fascinantes, o que revela uma frutífera estratégia de pesquisa do processamento implícito. Existem evidências de que o efeito dos estímulos processados inconscientemente é, por vezes, até mais intenso do que o proveniente dos estímulos acessíveis à consciência, o que sustenta a hipótese de Freud (1914/1956). Meta-análises (a análise global dos resultados das pesquisas já publicadas sobre o assunto) dos estudos de mera exposição prévia (Bornstein, 1989a, 1989b) demonstraram que o efeito é robusto: a média do reconhecimento consciente dos estímulos era igual ou ligeiramente inferior ao acaso (49%), enquanto a média do julgamento de preferência foi substancialmente maior (65%).

O psicólogo cognitivo Robert F. Bornstein tem defendido em seus livros e artigos (1989a, 1989b, 1990, 1992, 1993b, 1999; Bornstein e Pittman, 1992; Bornstein e D'Agostino, 1992, 1994; Bornstein e O'Neill, 1992) a necessidade de uma aproximação entre os conceitos psicodinâmicos e da psicologia cognitiva para o avanço no estudo dos processos inconscientes. Segundo o autor (Bornstein, 1999), as pesquisas sobre os efeitos da percepção, da motivação e da memória implícita fornecem subsídio para uma perspectiva que integre teoricamente as ideias de cientistas cognitivos com aquelas discutidas pelos psicanalistas. Essa proposta de integração que surgia de psicólogos cognitivos teve um marco importante na concepção do inconsciente cognitivo por Kihlstron (1987) e culminou no desenvolvimento do modelo do novo inconsciente (Hassin, Uleman e Bargh, 2005).

ATRIBUIÇÃO ERRÔNEA E TERAPIA DE *INSIGHT*

Um fenômeno relevante para a compreensão do funcionamento do novo inconsciente que foi observado nas pesquisas com o "efeito da mera exposição" envolve a *explicação* dos participantes sobre a razão pela qual escolhiam os estímulos (Kihlstron et al., 1992; Bornstein e D'Agostino, 1992; Jacoby e Kelley, 1987; Jacoby et al., 1992). Lembre-se de que os sujeitos não reconheciam conscientemente os estímulos, e sua mente consciente não tinha a menor ideia da razão de sua preferência. Os sujeitos claramente construíram uma teoria para explicar a razão da escolha. Podiam dizer que preferiam os estímulos porque "gostaram" deles ou algo assim (fatores disposicionais), enquanto os sujeitos que foram expostos durante tempo suficiente para o reconhecimento consciente atribuíram a preferência a fatores situacionais, como a própria manipulação experimental. Ou seja, os sujeitos que não lembravam ter visto os estímulos *confabulavam*, apresentando razões para um comportamento cuja causa não conheciam, fazendo uma *atribuição errônea*.

A psicanálise tem sustentado que os sintomas psicológicos, em especial os sintomas neuróticos, originam-se, em parte, de memórias reprimidas de experiências traumáticas dolorosas que ocorreram na infância (Erdelyi, 1985). A terapia psicanalítica tem como um dos objetivos (Bornstein, 1993b) tornar o material inconsciente acessível ao conhecimento consciente, um processo conhecido como *insight*, uma espécie de introvisão em que o sujeito toma consciência de determinados conteúdos mentais que influenciavam seu comportamento, mas dos quais não tinha conhecimento. Segundo Bornstein (1999), no contexto dos resultados das pesquisas sobre o efeito da mera exposição, torna-se fácil entender como a terapia de *insight* pode ter efeitos terapêuticos, uma vez que os pacientes tornam-se cada vez mais conscientes das verdadeiras fontes de suas dificuldades e, assim, podem revisar as *atribuições errôneas* que fazem sobre a origem e sobre a natureza desses problemas.

A discussão sobre o *insight* deve ser contextualizada, pois mesmo na abordagem terapêutica da psicanálise este é considerado necessário, mas não suficiente, para a mudança de conduta do paciente (Freud, 1915/1956; Grennberg e Mitchell, 1983; Schafer, 1983). Os clínicos experientes sabem que os *insights* podem ser superficiais, intelectuais apenas, tornando-se necessário um período de *working through* (ou seja, um período em que o paciente continua a análise para um entendimento mais profundo sobre as formas pelas quais as memórias de vivências infantis influenciam seu funcionamento atual), no qual é necessário adicionar a experiência emocional. Na teoria psicanalítica, a tomada de consciência não produz necessariamente a "cura" analítica, mas seria um passo fundamental para tanto (Bornstein, 1999).

As descobertas sobre memória e percepção implícitas produzem um entendimento revolucionário sobre o mecanismo subjacente ao efeito terapêutico do *insight*. As experiências infantis traumáticas deixam marcas tênues na memória *declarativa*, *consciente* ou *explícita*, que opera por meio do sistema de memória do lobo temporal medial. Como veremos adiante,

> As descobertas sobre memória e percepção implícitas produzem um entendimento revolucionário sobre o mecanismo subjacente ao efeito terapêutico do *insight*.

o hipocampo tende a esquecer os fatos com o tempo transcorrido desde a infância, e o sujeito experimenta uma lembrança frágil e imprecisa, ou mesmo não recorda conscientemente as vivências traumáticas. No entanto, os sistemas de memória implícita (entre os quais está a memória emocional da amígdala) registram fortemente as experiências de medo e de ansiedade, mantendo as vigorosas reações adaptativas quando se depara com os estímulos associados aos traumas. O sujeito se vê, então, em uma situação difícil: reage comportando-se de forma que não compreende diante de certos estímulos disparadores – está sendo conduzido por processos dos quais não tem consciência.

As memórias implícitas de experiências traumáticas geram atitudes, pensamentos e condutas que poderiam originar-se em padrões de reação automatizados na infância para fazer frente a essas experiências. No entanto, o paciente constrói uma *falsa teoria de causalidade*, atribuindo erroneamente as causas de seu comportamento a fatores disposicionais do momento presente, exatamente como fizeram os participantes dos experimentos sobre o efeito de mera exposição. Os pacientes de cérebro dividido ou com outras lesões que impedem a mente consciente de conhecer as verdadeiras razões de um impulso ou motivo apresentam também a mesma tendência, originária muito provavelmente do intérprete do hemisfério esquerdo.

A tomada de consciência ou *insight* pode funcionar à medida que o sujeito se torna consciente do material anteriormente inacessível, e a amnésia da origem de suas dificuldades se esvai, permitindo ao paciente mudar suas atribuições errôneas sobre a causa de seus sintomas e adquirir maior conhecimento sobre si e sobre seu ambiente. Logo, pode ganhar um maior grau de controle consciente sobre sentimentos e pensamentos que emergiam por razões anteriormente desconhecidas.

O reverso deste argumento é o perigo do paciente construir falsas atribuições a partir de relações causais inexistentes identificadas à luz da própria teoria psicanalítica e apontadas pelo analista – o sujeito pode ser levado a uma teoria errônea sobre a suposta origem de seu sofrimento. No entanto, esse risco não é exclusividade da psicanálise, pois qualquer abordagem terapêutica centrada na busca de relações causais entre as experiências infantis e o comportamento atual está sujeita ao forte viés da memória humana, que é, em essência, *construtiva*. O passado passa a ser construído à luz da teoria terapêutica utilizada, e, desse modo, falsas conexões causais podem ser facilmente inferidas.

17
Raízes das estruturas inconscientes

OS PAIS SÃO IMPORTANTES?

As conexões causais entre nossa infância e a personalidade que desenvolvemos no futuro não são tão claras como pressupõe a teoria psicanalítica. A noção de que nosso comportamento atual deriva da forma como fomos criados por nossos pais, tão intuitiva que é profundamente arraigada tanto no pensamento popular como no meio acadêmico da psicologia, enfrenta sérios questionamentos quando submetida ao escrutínio da metodologia da genética comportamental (Plomin e McClearn, 1993; Bouchard e McGue, 1990; Seligman, 1995; Harris, 1998; Dunn e Plomin, 1990; Plomin, 1990; Plomin e Bergeman, 1991; Heath, Eaves e Martin, 1988) e não tem sustentação em evidências controladas.

A chamada "hipótese da criação" (*nurture assumption*) é a visão mais tradicional sobre o desenvolvimento psicológico da personalidade. Essa popularidade repousa no caráter intuitivo da noção que basicamente credita aos *pais* e a seu *estilo de criação* a responsabilidade pelas características de personalidade apresentadas pelo indivíduo na idade adulta. A psicóloga Judith Rich Harris atacou essa ideia em seu livro *The Nurture Assuption*, revisando os estudos sobre o desenvolvimento da personalidade (Harris, 1998). Harris refuta a tendência a superestimar o papel causal da criação dos pais em contraste com um "pacote" de estimulação ambiental extremamente negligenciado, mas muito mais influente na formação da personalidade que não se passa somente na primeira infância: a socialização dos filhos a partir de seu grupo de amigos.

A teoria da socialização causou controvérsia, pois é anti-intuitiva e desconcertante. No entanto, recebeu apoio de grandes pesquisadores, como o psicólogo especialista em genética da personalidade David Likken (1999, p. 170), que afirmou ser a obra de Harris (1998) um "trabalho fascinante que tive o privilégio de ler ainda no original. Nesse livro importante, divertido e profundo, Harris consegue banir como mitos da psicologia popular a maior parte das crenças (...) sobre a importância dos pais". O psicólogo evolucionário Steven Pinker usou seu renome mundial para apostar em Harris, escrevendo em seu prefácio ao livro que sua "previsão é a de que o livro será reconhecido como um marco crucial na história da psicologia" (Harris, 1999, p. 14). Pinker acredita que a ideia de que a ligação de um bebê com sua mãe determine um padrão para as relações posteriores dele com o mundo é um "dogma" destruído por Harris:

> As relações com os pais, com os irmãos, com os parceiros e com os estranhos não poderiam ser mais diferentes, e o cérebro humano de trilhões de sinapses dificilmente carece de força computacional que ele requereria para manter cada uma dessas relações em uma conta mental em separado. A hipótese da criação deve sua popularidade a uma noção já esgotada que Freud e os behavioristas nos legaram: a mente de um bebê vista como uma pequena lousa em branco que irá reter para sempre as primeiras e poucas inscrições nela escritas. (Steven Pinker, em prefácio ao livro de Harris, 1999, p. 14)

Se o que estamos procurando é um período "modelar" no desenvolvimento e um conjunto de fatores que possam prever e explicar o padrão de comportamento de um sujeito adulto, não parece existir fundamento científico para acreditar na noção de que a forma de criação pelos pais durante a primeira infância desenhe decisiva e exclusivamente a personalidade. As evidências que sustentariam essa hipótese são escassas e carregadas de falhas metodológicas graves, como apontei em outro trabalho (Callegaro, 2001a). Um dos problemas mais graves é a atribuição de relações *causais* a estudos que meramente medem a *correlação* entre características da criação e variáveis de personalidade. Podemos encontrar fatores causais de maior poder preditivo olhando para o *DNA* e, no aspecto ambiental, para os *grupos sociais* com os quais a criança interage.

O argumento de Harris (1998) envolve uma compreensão mais sofisticada do tipo de ambiente psicológico para o qual nossa mente teria sido preparada para lidar. Em geral, uma das premissas implícitas presentes no raciocínio dos teóricos do desenvolvimento e da personalidade é a consideração de que os pais são nossa principal fonte de estímulos na principal idade de moldagem da personalidade. No entanto, essa premissa pode ser infundada, derrubando toda a cadeia de raciocínio edificada sobre tal alicerce.

Por meio de uma ampla revisão em estudos etológicos, em primatologia comparativa, em experimentos em psicologia social, em dados etnográficos de sociedades caçadoras-coletoras e em estudos com bebês humanos, Harris (1998) conclui que as crianças não foram projetadas para aprender exclusivamente com os pais. Eles são importantes no início do desenvolvimento da criança, e certas formas de aprendizagem na primeira infância podem deixar marcas profundas. No entanto, sua influência vai perdendo a importância no decorrer de uma longa caminhada de aprendizagem social, que se dá interagindo com as outras crianças, sobretudo observando e imitando as mais velhas. Os estudos revelam que tal cenário possivelmente ocorreu em nosso passado evolucionário,

> As crianças não foram projetadas para aprender exclusivamente com os pais. Eles são importantes no início do desenvolvimento da criança, e certas formas de aprendizagem na primeira infância podem deixar marcas profundas.

(...) talvez configurando o cérebro humano para processar informação específica do meio social, e assim buscando a inserção do sujeito nas complexas hierarquias de dominância características de nossa espécie. Em outras palavras, a informação assimilada através da socialização pela interação com crianças seria prioritária e mais influente (pelo menos na formação da personalidade do adulto) do que a informação adquirida das interações com os pais em um período limitado da infância. E o período de moldagem seria, portanto, mais extenso, incluindo aspectos importantes como os grupos de referência na adolescência. (Callegaro, 2001a, p. 6)

Em um trabalho anterior (Callegaro, 2001a), procurei revisar as evidências disponíveis sobre a hipótese de que a criação dos pais molda definitivamente nossa personalidade e causa nossa forma atual característica de reagir. Os métodos de estudo da nova disciplina da Genética do Comportamento permitem isolar o peso das experiências vividas na infância (o ambiente *compartilhado*) dos fatores genéticos e ainda estimar a influência da criação dos pais no desenvolvimento (o chamado ambiente *não compartilhado*). Isso é possível correlacionando-se uma série de medidas de personalidade, atitudes e habilidades cognitivas em pares de gêmeos monozigóticos (que partilham 100% de genes), dizigóticos (que partilham 50% de genes) e ainda em irmãos fraternos (que também partilham 50%, mas não o ambiente uterino). Na realidade, todos nós compartilhamos cerca de três quartos de nossos genes, pois são eles que nos tornam seres humanos, e não outros animais. Mas cerca de um quarto de nossos locais dos genes podem ser ocupados por entre 2 a 20 genes polimórficos, que são um pouco diferentes. São os genes polimórficos que produzem as diferenças individuais entre as pessoas (Lykken, 1999).

A COMPLEXA INTERAÇÃO NATUREZA-AMBIENTE NO DESENVOLVIMENTO

Se os pares de gêmeos são criados juntos na mesma família, partilham muitas das variáveis ambientais, como classe social, religião, escolaridade e

> Se os pares de gêmeos são criados juntos na mesma família, partilham muitas das variáveis ambientais, como classe social, religião, escolaridade e hábitos alimentares.

hábitos alimentares. São criados pelos mesmos pais, embora cada um tenha seu "nicho" ou microambiente psicológico, uma vez que passam por experiências individuais diferentes desde sua concepção, no útero e no meio externo. Já os gêmeos separados após o nascimento são praticamente clones genéticos (embora existam diferenças pequenas), mas têm ambientes muito diferentes.

Comparando-se o desenvolvimento daqueles pares de irmãos que são criados juntos na mesma família e daqueles que são criados separados logo após o nascimento, constata-se uma influência surpreendentemente pequena da criação dos pais (Plomin e McClearn, 1993; Dunn e Plomin, 1990; Plomin, 1990; Plomin e Bergeman, 1991; Bouchard e McGue, 1990; Heath, Eaves e Martin, 1988) e forte influência dos genes:

> (...) de modo geral podemos dizer que, se de um lado temos pouca evidência convincente sobre a influência de eventos atribuíveis às interações com os pais durante a infância na personalidade adulta, por outro temos estudos apontando que gêmeos idênticos são muito mais semelhantes um com o outro quando adultos do que gêmeos fraternos criados juntos – e isso acontece mesmo que os gêmeos idênticos sejam criados em continentes diferentes, experienciando culturas diversas, diferentes sistemas religiosos, estrutura social, tipo de alimentação e outros fatores ambientais. Essas semelhanças foram verificadas em características como habilidades e deficiências cognitivas, depressão, raiva, bem-estar subjetivo, otimismo, pessimismo e mesmo traços como religiosidade, autoritarismo, satisfação no trabalho e muitos outros. (Callegaro, 2001a, p. 6)

Nestes estudos de adoção, foi possível observar também que os filhos adotados não crescem com personalidade semelhante à de seus pais adotivos; na verdade, são muito mais parecidos com seus pais biológicos, embora muitas vezes não tenham sequer os conhecido. Os genes são responsáveis por cerca de metade das diferenças de personalidade entre as pessoas, e as experiências ambientais pela outra metade (Bouchard e McGue, 1990; Dunn e Plomin, 1990; Plomin, 1990; Plomin e Bergeman, 1991; Heath, Eaves e Martin, 1988; Plomin e McClearn, 1993; McGue, 2002; Jang et al., 1996; Lesch, 2002; Loehlin, 1992; Loehlin et al., 1998; Losoya et al., 1997). No entanto, o que aparentemente molda o comportamento atual, no aspecto puramente ambiental (Harris, 1998), são experiências sociais de relacionamento huma-

> Os genes são responsáveis por cerca de metade das diferenças de personalidade entre as pessoas, e as experiências ambientais pela outra metade.

no ao longo de períodos mais extensos do desenvolvimento como infância e adolescência, e não exclusivamente a interação com os pais nos primeiros anos de vida ou no "período edipiano", como postula a psicanálise.

O psicólogo evolucionista Steven Pinker (1999, p. 471) afirma que dezenas de estudos com milhares de pessoas de muitos países examinaram a origem de nossos traços de personalidade, e duas grandes surpresas emergiram. Um dos resultados tornou-se mais conhecido: boa parte da variação na personalidade (cerca de 45-50%) tem forte influência genética. No entanto, os dados não apoiam a conclusão de que os 50-55% restantes sejam atribuíveis aos efeitos da criação dos pais e do lar. É oportuno observar que tais estimativas são meras aproximações, pois expressam o peso relativo do ambiente e da carga genética para determinado traço, medido de determinada maneira, em uma determinada amostra. Além disso, os genes interagem com experiências de vida de forma extremamente complexa (Bateson e Martin, 2000). No entanto, meta-análises (comparação dos resultados de todos os estudos publicados) confirmam essas tendências.

O resultado menos conhecido, que causou surpresa inclusive para os geneticistas do comportamento, refere-se ao pequeno efeito da criação na personalidade. Likken (1999, p. 169) afirma, por exemplo, que uma das descobertas mais desconcertantes sobre a relação entre comportamento e genética foi a de que crianças criadas na mesma família "não se tornam mais parecidas entre si quando adultas, seja no QI, seja na personalidade. Isso significa que os pais, se não maltratarem seus filhos, se não forem corrompidos ou insanos, são essencialmente permutáveis". Steven Pinker (Pinker, 1999, p. 471) resume as implicações desses resultados empíricos:

> Ser criado em um lar e não em outro responde, no máximo, por 5% das diferenças de personalidade entre as pessoas. Gêmeos idênticos separados ao nascer não são apenas semelhantes; eles são praticamente tão semelhantes quanto gêmeos idênticos criados juntos. Irmãos adotivos no mesmo lar não são apenas diferentes; eles são quase tão diferentes quanto duas crianças escolhidas aleatoriamente na população. A maior influência que os pais têm sobre os filhos é no momento da concepção. (Pinker, 1999, p. 471)

Existem duas sutilezas importantes na interação natureza-ambiente que precisam ser discutidas. A primeira pode ser resumida da seguinte forma: a estimulação básica que, em média, é proporcionada pela maior parte dos pais a seus filhos (como doses elementares de amor, carinho, proteção e orientação) funciona como matéria-prima essencial ao desenvolvimento do cérebro e da personalidade, pois sabemos das terríveis consequências da privação desses elementos. Portanto, são as diferenças individuais no estilo parental que afetam apenas 5% dos traços de personalidade – as características particulares do casal e seu modo de criação. No entanto, ser criado por pais que *privam* os filhos dessa estimulação (que normalmente é fornecida de modo razoável por um casal média normal) pode afetar drasticamente o desenvolvimento, como acontece com a privação de estimulação linguística, que (como sabemos pelos casos de meninos encarcerados ou criados por lobos) produz deficiências graves e irreversíveis no desenvolvimento da linguagem.

Outro exemplo do efeito deletério da privação é a descoberta de que negligência, espancamento e abuso sexual ou emocional intenso e repetido na infância alteram o *hardware* cerebral, a própria fiação dos circuitos emocionais, produzindo modificações neuroanatômicas na *amígdala* e no *hipocampo* e predispondo ao comportamento antissocial (Teicher, 2002). O psiquiatra Martin Teicher e sua equipe encontraram reduções significativas no tamanho do hipocampo e da amígdala esquerda em pacientes que foram vítimas de abuso sexual ou emocional quando comparados com pacientes-controle, e o próprio hemisfério esquerdo de pessoas vitimadas por uma criação violenta desenvolve-se significativamente menos. Segundo Teicher (2002), a exposição precoce ao estresse produz efeitos moleculares e neurobiológicos que alteram o desenvolvimento neuronal, que ocorreria de forma adaptativa no contexto do ambiente ancestral, preparando o cérebro adulto para sobreviver e se reproduzir em um mundo potencialmente perigoso. O estresse esculpe o cérebro para mobilizar a reação luta ou fuga de forma intensa, respostas agressivas rápidas e sem hesitação e um estado de alerta em relação ao perigo que, é bem provável, será encontrado no cenário antevisto de um ambiente turbulento.

Poderíamos concluir, a partir dos dois exemplos, que a criação dos pais é fundamental e que realmente ocorre um período de molde inicial do cérebro, mas seria um raciocínio falacioso. No caso do estresse, a resposta é genérica ao ambiente inicial como um todo, e não à criação dos pais especificamente – fome, exposição a guerras ou miséria acionam essas mudanças adaptativas, sendo o comportamento dos pais parte de uma sinalização de um futuro ambiente adverso.

O argumento da privação, por sua vez, não valida absolutamente a hipótese da criação: o *input* inicial é necessário, mas não suficiente. Podemos ilustrar a falha na argumentação recorrendo a uma comparação do desenvolvimento da personalidade com o do sistema visual, já bem estudado. A privação precoce de estímulo visual de um filhote de gato atrofia o córtex visual, mas ninguém diria que a visão é decorrente da estimulação visual inicial, embora a privação desta cause sério déficit. O cérebro não espera ser privado de *input* visual logo após o nascimento, e essa estimulação é, de fato, crucial para a devida ligação das redes neuronais envolvidas com a visão.

Da mesma maneira, o cérebro de uma criança não espera privação de todo um conjunto de estímulos que a maioria dos casais (submetidos a um nível de estresse adequado) oferece instintivamente, fornecendo o *input* sensorial adequado ao desenvolvimento básico do cérebro. Da mesma forma que qualquer ambiente estimula adequadamente o sistema visual, o que as intrigantes revelações empíricas da genética do comportamento apontam é que quase todas as famílias estimulam as crianças com as entradas sensoriais necessárias para a formatação básica dos circuitos neurais. O desenvolvimento da personalidade envolveria a expressão das predisposições temperamentais em interação com as experiências de criação e, sobretudo, de socialização em complexas etapas de desenvolvimento (Martin e Bateson, 2000; Harris, 1998, 1999).

> O cérebro de uma criança não espera privação de todo um conjunto de estímulos que a maioria dos casais oferece instintivamente, fornecendo o *input* sensorial adequado ao desenvolvimento básico do cérebro.

A segunda sutileza deste complexo processo de interação natureza-ambiente é a possibilidade de interferência ambiental positiva. Nos estudos de genética comportamental, muitos fatores ambientais ocorrem de modo mais ou menos homogêneo em uma dada população (sobretudo no mundo globalizado da atualidade). Na medida em que existe uma influência mais intensa de algum fator ambiental, o meio passa a ser mais responsável, em termos relativos, pelas diferenças observadas entre os sujeitos. Conforme argumentei, a privação materna ou paterna pode afetar de forma negativa o desenvolvimento da personalidade, mas uma interferência positiva acima da média também pode afetar o desenvolvimento da criança, pois se os pais atuam de forma vigorosa, conduzindo a estimulação adequada, podem compensar déficits e administrar melhor tendências genéticas fortes.

Um exemplo disso é o *treinamento de pais*, estratégia da abordagem cognitivo-comportamental do transtorno de déficit de atenção e hiperatividade (TDAH). O comportamento dos pais não causa o transtorno, mas, com o treinamento adequado, pode oferecer estimulação especial, direcionada a manejar melhor o ambiente e a interação com a criança – e dela com seus colegas e amigos, reduzindo os problemas enfrentados (Barkley, 2007). Da mesma forma, uma criança com predisposição genética à timidez e ao retraimento social pode ser auxiliada pelo *treinamento de habilidades sociais*, técnica cognitivo-comportamental que desenvolve suas habilidades de comunicação (Caballo, 2003). A intervenção dos pais com estratégias adequadas pode impedir o estabelecimento de *círculos viciosos* (retraimento levando à rejeição, que leva a maior retraimento) e o início de um *ciclo virtuoso* (incentivo às habilidades de comunicação, levando ao reforçamento social, que gera melhor interação com os outros).

É importante ressaltar que quantificação da influência dos genes em um dado traço não implica o "determinismo genético". *Biologia não é destino*, e os recentes estudos em genética comportamental na verdade *confirmam* a importância dos fatores ambientais. Mesmo uma característica fortemente hereditária, como a fenilcetonúria (quem herda o gene a desenvolve em 100% dos casos com a alimentação regular) pode ter sua expressão fenotípica modulada de modo decisivo pelo ambiente. Alterações nutricionais que retiram da dieta certas proteínas podem permitir uma vida normal aos portadores desses genes. No entanto, sem essa intervenção ambiental de mudanças da dieta, certamente desenvolveriam o problema genético.

REPRESSÃO: CONSCIENTE OU INCONSCIENTE?

Ao investigar os sistemas de memória inconscientes e sua relação com o novo inconsciente, não podemos deixar de examinar o processo da repressão de memórias declarativas, que é concebido na teoria psicanalítica como um mecanismo de defesa. Existe considerável controvérsia, mesmo na literatura atual, sobre os mecanismos de defesa: seriam eles processos conscientes ou inconscientes? A repressão seria igual à *supressão* de um conteúdo com acesso à consciência? A discussão envolve tanto psicanalistas como psicólogos cognitivos interessados em equacionar o conceito de repressão com termos que consideram "psicologicamente corretos" (como, por exemplo, *evitação cognitiva*, *inibição de recuperação* ou *supressão*).

Autores como Cramer (2000) e Holmes (1990) defendem a posição de que os mecanismos de defesa, incluindo-se a repressão, são usados sem intenção, sendo *necessariamente* processos inconscientes. Holmes (1990), por exemplo, examinou 60 anos de pesquisas à luz do critério de inconsciência dos processos defensivos, avaliando com olhar crítico os estudos que permitiam a interpretação de que os mecanismos defensivos também podem ser conscientes.

Matthew H. Erdelyi, um consagrado psicólogo cognitivo, tem procurado demonstrar, em várias publicações (1990, 1996, 2001), uma interpretação diferente da tradicional sobre a inconsciência das defesas. Para ele, os processos de defesa, sobretudo a repressão, não precisam necessariamente ser inconscientes. Erdelyi revisou exaustiva e profundamente a obra de Freud – entre suas credenciais está a autoria do clássico (Erdelyi, 1985) "Psicanálise: a Psicologia Cognitiva de Freud" (*Psychoanalysis: Freud's Cognitive Psychology*) – e acredita que o fundador da psicanálise não estava realmente preocupado com a distinção entre repressão e supressão, alternando o uso dos termos ao longo de sua produção intelectual.

Segundo Erdelyi (2001), a influência de Anna Freud e das distorções nas chamadas fontes secundárias (a psicanálise explicada por outros autores) conduziram à visão difundida de que Freud, depois de 1895 (particularmente em *o Ego e o Id*, de 1923), supostamente adotou a posição de que os processos de defesa são inconscientes. Erdelyi (1990, p. 12) revisou de modo criterioso os textos freudianos como a monografia de 1915 ("Repressão"), na qual Freud alertava contra a inferência de que a repressão é apenas um processo consciente. Mesmo que processos conscientes sejam responsáveis por uma determinada constelação mental, o próprio processo de repressão, junto com o conteúdo reprimido, poderia ser esquecido (Erdelyi, 1996; Ionescu e Erdelyi, 1992). O título de artigo publicado (Erdelyi, 2001) no periódico *American Psychologist* deixa bem claro este ponto de vista: "processos defensivos podem ser conscientes ou inconscientes".

> Mesmo que processos conscientes sejam responsáveis por uma determinada constelação mental, o próprio processo de repressão, junto com o conteúdo reprimido, poderia ser esquecido.

Podemos contornar essa discussão adotando uma conceituação da repressão que *independa* das ideias de Freud, *definindo* repressão apenas como o processo por meio do qual um determinado conteúdo mental é impedido de atingir a mente consciente, ou ainda nas palavras do neurocientista Iván Izquierdo (2004, p. 106), "o esforço consciente ou inconsciente que fazemos para não recordar continuamente ou fora do momento oportuno episódios dolorosos, humilhantes ou aterrorizantes". Talvez existam diferentes graus de possibilidade de acesso ao processo de repressão.

Umas das principais dificuldades relacionadas à noção de repressão é a aparente impossibilidade de testar as hipóteses lançadas sobre esse fenômeno tão significativo em nossa vida mental. No entanto, as novas tecnologias de imageamento cerebral estão acelerando as mudanças nesse cenário, permitindo investigar temas antes inacessíveis. Seria possível examinar o que acontece no cérebro quando um conteúdo mental é reprimido?

Um estudo recente (Anderson et al., 2004) lançou luz sobre este tópico, submetendo sujeitos a uma tarefa experimental desenhada para provocar a supressão de informações previamente aprendidas enquanto seus cérebros eram escaneados por ressonância magnética funcional (*fMRI*). O psicólogo Michael Anderson e seus colaboradores apresentaram aos sujeitos de sua pesquisa 36 pares de palavras (como *vapor/trem*, *chiclete/dentes*, e assim por diante) e pediram a eles que decorassem cada par. Depois que os sujeitos aprenderam os pares de palavras, foram instruídos a tentar esquecer a segunda palavra daquele par quando escutassem a primeira. Os sujeitos tomaram a decisão consciente de reprimir esse conteúdo e conseguiram efetivamente bloquear a lembrança da palavra-alvo, e os pesquisadores descobriram que a repetição reiterada desse procedimento acabava levando ao esquecimento real e talvez definitivo da palavra bloqueada ou reprimida. Quando comparados com outro grupo que não recebeu a orientação de esquecer as palavras, os sujeitos tinham desempenho muito pior.

No entanto, a descoberta mais interessante do experimento de Anderson foi a neurofisiologia subjacente ao processo da repressão, que até então era tida por muitos como um fenômeno misterioso e sem qualquer correlato neural. As imagens do cérebro foram reveladoras, pois a cada vez que um sujeito era apresentado a uma palavra não reprimida e ocorria efetivamente o bloqueio da outra palavra do par, *aumentava* a atividade do córtex pré-frontal dorso-lateral e *diminuia* a atividade do hipocampo. Em outras palavras, a decisão consciente de reprimir a informação partia como sinal inibitório do córtex pré-frontal dorso-lateral em direção ao hipocampo, quase paralisando essa região fundamental para a evocação da memória. A repressão *consciente* de informação, segundo as conclusões desse estudo, seria produto do córtex pré-frontal desativando o sistema hipocampal de memória declarativa.

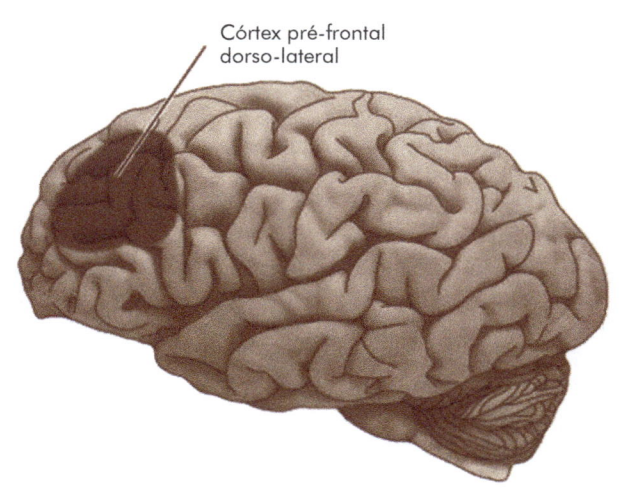

FIGURA 17.1 O córtex pré-frontal dorso-lateral, região que entra em elevada atividade neural quando ocorre repressão de informação armazenada na memória declarativa consciente.

O EFEITO URSO BRANCO E A LIVRE-ASSOCIAÇÃO

Tentar reprimir memórias indesejáveis pode dar certo em determinadas condições a curto prazo, mas é de especial interesse enfocar a repressão a longo prazo de memórias emocionalmente perturbadoras em nosso empreendimento de descortinar os mecanismos neurocognitivos do novo inconsciente. No experimento de Anderson, o alvo dos esforços conscientes de repressão foram pares de palavras sem significado emocional, durante um período de tempo limitado. Na vida real, as pessoas, muitas vezes, tentam sem sucesso reprimir a lembrança de acontecimentos traumáticos, que insistem em se intrometer na vida mental do sujeito, podendo levar a uma série de problemas psicológicos, como o *transtorno de estresse pós-traumático* (TEPT), condição em que a consciência é perturbada persistentemente por memórias intrusivas do trauma. Até que ponto podemos reprimir memórias emocionais intensas de forma bem-sucedida por períodos de tempo maiores?

O psicólogo Daniel Wegner, um dos pesquisadores protagonistas do novo inconsciente (Wegner, 2005), descobriu em uma série de experimentos de laboratório (Wegner e Enler, 1992; Wegner, 1994) que a tentativa de reprimir pensamentos indesejados leva, paradoxalmente, a um *aumento* das lembranças negativas a longo prazo. Wegner (1994) chamou esse fenômeno curioso de "efeito urso branco", pois, em um dos estudos mais conhecidos, verificou que a tentativa de instruir os sujeitos a *não* pensarem em um urso branco levava a um *aumento* do fluxo consciente de pensamentos sobre esse conteúdo, o que chamou de "processo irônico". Tal descoberta é fundamental para compreender o fluxo de associações do pensamento consciente, que Freud acreditava ser uma via de acesso para a lógica do inconsciente. Freud conferia tanta importância à observação atenta do fluxo de pensamentos, que baseou toda a sua teoria no método que chamou de *livre-associação*, em que os pacientes sob análise são instruídos a falar sem censura aquilo que passa em seu fluxo de pensamentos conscientes. O método da psicanálise é essencialmente a escuta flutuante da livre-associação, cuja análise permitiria inferir o processamento inconsciente.

No entanto, a pesquisa de Wegner mostra a dinâmica do novo inconsciente por trás de nossas associações espontâneas e das intrusões mentais. Para Wegner, quando o processamento consciente tenta influenciar o pensamento, cria uma meta explícita e aciona processos de monitoramento da meta, os quais servem para corrigir o desempenho e avaliar quando atingimos o objetivo. De forma irônica, os processos automáticos vasculham a consciência continuamente para evitar o pensamento, mas essa tentativa introduz o pensamento indesejado de forma cada vez mais forte. Isso acontece pela ativação automática da representação mental do conceito de urso branco. Tente não pensar em um urso branco, e logo surge a vívida imagem desse belo animal. Ou seja, a representação mental do conceito "urso branco" é ativada em cada tentativa pelos processos automáticos, e o produto consciente é uma imagem.

Uma representação neural é uma rede de neurônios que estabelecem sinapses em uma configuração característica, de forma que os padrões de ativação dessa rede simulem propriedades dos estímulos que são representados. É um processo irônico que seja preciso ativar a rede neural do conceito que deveria ser reprimido. Ao tentar monitorar a meta consciente de evitar um estímulo, os processos inconscientes evocam automaticamente o estímulo, produzindo intrusões mentais e pensamentos obsessivos. Wegner produz obsessões experimentais em seu laboratório ao pedir que os sujeitos reprimam a evocação de um determinado estímulo, pois a imagem reprimida volta com frequência.

Este processo está na origem das obsessões intrusivas e recorrentes que acompanham o transtorno obsessivo-compulsivo (TOC). Os portadores de TOC são perturbados por pensamentos obsessivos que produzem ansiedade e procuram afastá-los, mas as obsessões tornam-se mais frequentes. A ansiedade gerada por esses pensamentos obsessivos é aliviada por meio da realização de rituais ou pela evitação de determinados estímulos. Uma das técnicas mais eficazes de terapia cognitiva do TOC (Cordioli, 2007) é instruir o paciente a não tentar afastar os pensamentos obsessivos, deixando que desapareçam naturalmente. Além disso, as crenças que conferem um significado de ameaça aos pensamentos são reestruturadas, de forma que não desencadeiem mais ansiedade, diminuindo, assim, os rituais ou os comportamentos evitativos.

Freud formulou a hipótese de que os pensamentos intrusivos, as obsessões, os lapsos ou os atos falhos seriam manifestações de conteúdos que escapavam da censura e se apresentavam de forma dissimulada no discurso de seus pacientes. No modelo do novo inconsciente, pesquisas revelam que as associações indesejadas sobre conteúdos como agressão ou impulsos sexuais são frequentemente desencadeadas pelo fato de tentarmos afastar esses pensamentos. Como comenta Haidt (2007, p. 19-20),

> No modelo do novo inconsciente, pesquisas revelam que as associações indesejadas sobre conteúdos como agressão ou impulsos sexuais são frequentemente desencadeadas pelo fato de tentarmos afastar esses pensamentos.

Freud baseou grande parte de sua teoria da psicanálise em tais intrusões mentais e livres associações e descobriu que muitas delas têm conteúdo sexual ou agressivo. A pesquisa de Wegner, porém, oferece explicação mais simples e mais inocente: os processos automáticos geram milhares de pensamentos e imagens diariamente, muitas vezes por meio de associações aleatórias. As que não saem de nossa cabeça são as que mais nos chocam, as que tentamos suprimir ou negar, e o motivo pelas quais as suprimimos não é por que sabemos que, no fundo, sejam verdadeiras (embora algumas possam ser), mas por que são amedrontadoras ou vergonhosas. Entretanto, depois de ter tentado suprimi-las e falhado, estas se tornam a espécie de pensamento obsessivo que nos faz acreditar nas noções freudianas de uma mente inconsciente obscura e malévola.

Ou seja, os conteúdos de sexo e agressão (por razões evolutivas) têm maior chance de produzir ansiedade e vergonha; assim, são feitas tentativas de banir tais pensamentos, que se tornam obsessivos pelo efeito urso branco.

A MEMÓRIA INCONSCIENTE DA HABITUAÇÃO E O EFEITO REBOTE DA REPRESSÃO

Outros pesquisadores replicaram a descoberta de Wegner (Koutstaal e Schacter, 1999), e um estudo fora do laboratório (Clohessy e Ehlers, 1999) conduzido com paramédicos portadores de transtorno de estresse pós-traumático (TEPT) confirma essa noção, também chamada de "efeito rebote". Um em cada cinco dos profissionais paramédicos que trabalham em ambulâncias de atendimento emergencial apresentava transtorno de estresse pós-traumático, uma vez que trabalhar na tentativa de salvar a vida de crianças seriamente queimadas e outras experiências intensas geram traumas. Os resultados do estudo revelaram que é uma estratégia de enfrentamento comum nas pessoas acometidas pelo TEPT reagir ao trauma tentando evitar as lembranças intrusivas, mas tais esforços, com o passar do tempo, aumentam a ansiedade e a ruminação dos eventos perturbadores (Clohessy e Ehlers, 1999).

Wegner conduziu experimentos (Wegner e Enler, 1992; Wegner, 1994) em que orientava os sujeitos a evitar pensar sobre um tema, sendo os temas neutros ou com significados emocionais. Quando os sujeitos tentavam reprimir os temas com significado emocional (como pensar em uma ex-amante, por exemplo), após um período de cessação do pensamento, eram acometidos pelo *efeito rebote* – lembravam o tema proibido com mais intensidade e frequência do que aconteceria se nunca tivessem tentado "reprimir" essa lembrança. Segundo Wegner, embora pareça razoável usar a estratégia de evitar pensar em uma ocorrência dolorosa para superá-la, a tentativa de esquecer pode paradoxalmente prolongar e intensificar o sofrimento.

Uma hipótese explicativa para esse fenômeno de efeito rebote das memórias traumáticas é a atuação da propriedade da memória não declarativa chamada de *habituação*, que, como vimos anteriormente, reduz as reações a um estímulo na medida em que este é reapresentado ao sujeito. Em psicoterapia, uma das técnicas mais eficazes para tratamento do TEPT e de fobias (McNally et al., 1998) é a terapia comportamental da *exposição*, que inclui uma forma gradual chamada de *dessensibilização sistemática* (Wolpe, 1988) baseada na memória não declarativa da habituação. Nesse procedimento terapêutico, submete-se o paciente, frequentemente pela imaginação supervisionada, a uma exposição gradual à fonte de seu temor, enquanto se monitora o nível de tensão procurando manter um estado de relaxamento induzido por meio de técnicas específicas.

> Em psicoterapia, uma das técnicas mais eficazes para tratamento do TEPT e de fobias é a terapia comportamental da *exposição*, que inclui uma forma gradual chamada de *dessensibilização sistemática*.

Da mesma forma, as pessoas que por meio da *exposição em imaginação* têm a coragem de enfrentar a dor de lembrar certas experiências vão, pelo efeito da habituação, deixando de reagir com tanta intensidade e, dessa forma, é provável que superem parte dos efeitos perniciosos das vivências traumáticas. Assim, os esforços bastante comuns de sobreviventes de traumas e mesmo as tentativas corriqueiras que fazemos para evitar lembranças ruins podem produzir um *aumento* de intensidade e de duração dessas memórias indesejadas por *evitar* a exposição e, consequentemente, impedir o processo natural de habituação.

18
Repressão

OS REPRESSORES

Existirão pessoas que têm maior probabilidade de usar o mecanismo da repressão em suas vidas? Alguns estudos indicam que de fato existem diferenças individuais importantes no uso da repressão, delimitando um subgrupo de indivíduos que se caracteriza por uma grande distância entre sua *percepção subjetiva* (o que declaram ter consciência) e aquilo que é objetivamente denunciado por seus indicadores biológicos de *reações emocionais*. Uma pessoa incluída nesse subgrupo pode, por exemplo, negar ativamente estar envergonhada ou constrangida em uma situação, mas ao mesmo tempo apresentar o rosto claramente ruborizado. Tais sujeitos foram chamados de "repressores" pelos estudiosos, pois manifestam e relatam baixos níveis de ansiedade e tensão, mesmo quando as medições fisiológicas objetivas indicam intensas reações emocionais a pessoas ou a situações. Uma série de pesquisas realizadas apontaram que os repressores têm uma forte tendência a esquecer os acontecimentos dolorosos ou humilhantes de suas vidas (Schacter, 2003).

> Os repressores têm uma forte tendência a esquecer os acontecimentos dolorosos ou humilhantes de suas vidas.

Em uma destas pesquisas, os repressores foram estudados pelos psicólogos clínicos ingleses Myers e Brewin (Myers, Brewin e Power, 1998), que submeteram os sujeitos a um experimento em que estudavam listas de palavras classificadas como *agradáveis* e *desagradáveis*. Depois de aprenderem uma lista, os sujeitos eram orientados pelos pesquisadores a tentar bloquear a recordação das palavras já memorizadas, inibindo as recordações. O grupo dos repressores destacou-se em relação ao grupo dos não repressores, exibindo maior capacidade de bloquear a evocação das palavras *desagradáveis*. No entanto, o resultado mais interessante do experimento de Myers e Brewin foi o fato de que não se notou nenhuma diferença entre os dois grupos na capacidade de reprimir a evocação das palavras *agradáveis* aprendidas. Ou seja, aparentemente a repressão está vinculada a eventos desagradáveis, o que fornece evidência favorável para sustentar a hipótese freudiana de que esse mecanismo está intrinsecamente ligado aos esforços para afastar da consciência experiências perturbadoras em termos emocionais.

REPRESSÃO OU ESQUECIMENTO?

Um aspecto importante que deve ser destacado ao discutir a repressão é o entendimento de que este é um fenômeno relacionado à memória *declarativa*, consciente. As demais formas de memórias são *não declarativas*, implícitas e, por definição, inconscientes. Uma informação reprimida é aquela que foi devidamente *codificada* e *armazenada*, mas tem sua *evocação* bloqueada, sob certas circunstâncias, impedindo o acesso da memória à mente consciente.

No entanto, a repressão não pode ser confundida com outra função importante da memória, que vem sendo muito estudada por psicólogos cognitivos e neurocientistas mais recentemente; além de codificar, armazenar e evocar, a memória conta também com a operação do *esquecimento*. O esquecimento pode parecer uma deficiência da memória, pois muitas vezes tentamos lembrar sem sucesso fatos e informações relevantes, como um compromisso assumido ou aquilo que estudamos com tanto empenho. Para nossa frustração, as memórias que no início eram claras e cheias de detalhes, vão se esvanecendo com o passar do tempo, o que leva a pensar no esquecimento como uma falha da memória.

O fenômeno do esquecimento, a perda da eficácia da memória com o tempo, é, na verdade, um mecanismo importante do funcionamento sadio da mente, por meio do qual eliminamos o excesso de informação, especialmente aquilo que não é utilizado ou que não tem significado emocional. Se não fosse pelo esquecimento, nossa consciência seria assolada por um turbilhão de informações irrelevantes e perderíamos a capacidade de *generalizar*, *abstrair* e *unificar* o conhecimento, como ilustra o notável caso do mnemonista russo D. C. Shereshevskii, estudado pelo grande neuropsicólogo Alexander Luria (1903-1978) em torno de 1920.

> O fenômeno do esquecimento, a perda da eficácia da memória com o tempo, é, na verdade, um mecanismo importante do funcionamento sadio da mente, por meio do qual eliminamos o excesso de informação, especialmente aquilo que não é utilizado ou que não tem significado emocional.

Luria acompanhou Shereshevskii durante mais de 30 anos (Luria,1968), documentando a prodigiosa memória desse jornalista que, mais tarde, passou a ganhar a vida explorando suas habilidades e tornou-se um *mnemonista* de palco. Além de apresentar desde cedo uma memória extraordinária relacionada à capacidade de gerar imagens mentais marcantes em resposta às suas impressões sensoriais, ele ainda utilizava uma técnica de colocar cada uma das imagens que fluiam de modo espontâneo em sua mente em uma rua conhecida e, depois disso, facilitava a evocação do material codificado dessa forma caminhando mentalmente pela rua e coletando as imagens na sequência correta. Luria (1968) certa vez apresentou a ele uma fórmula matemática contendo mais de 30 letras e números, e, após três ou quatro segundos de exposição, o virtuoso russo reproduziu a fórmula sem qualquer erro, da mesma forma que o fez 15 anos depois.

Apesar da fantástica memória, Shereshevskii não conseguia organizar os conteúdos armazenados de forma a focalizar as partes comuns e traçar generalizações úteis, abstraindo e formando sínteses que permitem uma visão do todo a respeito das experiências vividas – suas memórias eram por demais sobrecarregadas de imagens isoladas e detalhes para que pudesse extrair os pontos essenciais (Luria, 1968). Ele não conseguia funcionar em um nível mais abstrato porque estava inundado com detalhes sem importância de suas experiências, detalhes que deveriam ser excluídos para não sobrecarregar o sistema de memória.

O esquecimento, portanto, nos auxilia a abstrair os pontos principais da profusão de detalhes e impressões que inundam nosso cérebro em cada instante de experiência, conservando os *significados essenciais*, e não um registro literal de tudo o que foi experimentado em cada momento da vida. O estabelecimento de uma representação rica de uma experiência que possa ser evocada com precisão mais tarde depende basicamente de uma codificação atenta e bem-elaborada, o que em geral ocorre com os acontecimentos mais significativos. No caso de Shereshevskii, tanto eventos significativos como os banais eram memorizados detalhadamente (Luria, 1968). O mecanismo de guardar melhor as informações mais elaboradas protege a mente de uma sobrecarga, pois assegura que somente as experiências com maior significado sejam codificadas mais aprofundadamente (Schacter, 2003). Se os acontecimentos não chamaram a atenção e, por tal razão, não sofreram codificação elaborada, é bem provável que seja porque são pouco importantes e inúteis uso no futuro, podendo ser esquecidos com mais facilidade.

O neurocientista Iván Izquierdo, autoridade no estudo da memória, recentemente dedicou um livro ao esquecimento (Izquierdo, 2004), intitulado *A arte de esquecer*, no qual cita o caso de Funes, personagem literário do escritor argentino Jorge Luis Borges. Funes, a partir de um acidente sofrido, seria capaz de uma memória perfeita.

> Podia recordar a cor exata das nuvens na hora em que tal ou qual acontecimento preciso teve lugar. Podia recordar, em detalhe, a forma dos galhos de uma árvore em um dia de vento. Podia recordar com precisão total um dia inteiro de sua vida. Claro que, para esse último, necessitava de um dia inteiro... Sua extraodinária capacidade, entretanto, não lhe permitia deter-se por um momento sequer em uma determinada me-

mória e analisá-la, comparado-a com outras. Borges, que inventou esse personagem, raciocinou que a extrema precisão e abundância de sua memória, que o impediam de esquecer qualquer detalhe, impediam-no também, justamente por isso, de poder generalizar, e, portanto, poder pensar. Para pensar, diz Borges, é necessário poder esquecer, para assim poder generalizar. (Izquierdo, 2004, p. 95)

Desta forma, tanto o personagem de Borges como o caso real do russo Shereshevskii nos mostram que o esquecimento não é uma imperfeição da memória, mas uma operação fundamental e necessária, pois a memória extraordinária desses dois casos não lhes beneficiava e tornava-os cognitivamente limitados.

Se reconhecermos a importância do esquecimento nas operações da memória, podemos questionar e redimensionar o papel da repressão na evocação da memória declarativa. Até que ponto esquecemos de fato, danificando o registro das informações memorizadas (*esquecimento*), ou perdemos a capacidade de evocar memórias que estão armazenadas no cérebro e que podem, em circunstâncias especiais, tornar-se outra vez acessíveis à mente consciente (*repressão*)? O estudo de uma importantíssima forma de memória não declarativa, a memória emocional, pode acrescentar elementos importantes para entender a questão.

MEMÓRIA EMOCIONAL, ESTRESSE E REPRESSÃO

A memória emocional registra a valência afetiva de uma situação vivenciada, a *tonalidade emocional* que se associa a uma memória declarativa. A amígdala ativa reações hormonais e autonômicas que alteram o funcionamento do organismo, produzindo impacto no corpo. Nossa consciência das lembranças emocionais ocorre pela representação dessas mudanças nos padrões corporais por meio do mapeamento contínuo que fazemos dos estados somáticos que acompanham a memória declarativa (Damásio, 2000). Em outras palavras, a memória emocional é um sistema implícito de registro de aspectos de uma experiência, que imprime um significado positivo ou negativo a cada acontecimento. Quando evocamos uma memória declarativa consciente, sentimos nosso corpo sendo ativado e sofrendo o impacto relacionado à lembrança da situação, e esse mapeamento imprime a tonalidade afetiva da lembrança. O sistema de memória emocional é inconsciente, mas os produtos de sua operação podem ser representados conscientemente por meio de sensações corporais que acompanham

> O sistema de memória emocional é inconsciente, mas os produtos de sua operação podem ser representados conscientemente por meio de sensações corporais que acompanham as memórias declarativas.

as memórias declarativas. Ao recordar uma situação, ativamos padrões de reação corporal associados a lembrança e assim passamos a ter uma recordação consciente do fato e das sensações somáticas associadas.

Quando estamos submetidos ao estresse crônico, ocorre uma alteração neuro-hormonal no funcionamento dos sistemas de memória emocional e declarativa, a qual tem implicações extremamente importantes para compreender o fenômeno da repressão. A seleção natural desenhou mecanismos que nos adaptam a situações de estresse, diminuindo nossa memória declarativa e aumentando a memória inconsciente. A memória inconsciente emocional depende muito da atividade da amígdala e, sob certas condições de estresse, tem sua atividade exacerbada. A excitação da amígdala favorece nossas reações automáticas em situações de perigo, deixando-nos mais rápidos, alertas e reativos (LeDoux, 1996).

Por outro lado, a memória consciente depende essencialmente do funcionamento do hipocampo, que tem sua atividade reduzida pela ação continuada dos hormônios do estresse. Durante a exposição a certos níveis de estresse agudo, a memória declarativa pode ser aumentada, talvez pela ação da adrenalina. Até um certo nível de estresse, parece adaptativo lembrar bem o contexto no qual a sobrevivência foi ameaçada. No entanto, altos níveis podem ocasionar uma redução da memória declarativa com predomínio da memória emocional, o que pode ser interpretado como um mecanismo que protege a mente consciente do sofrimento produzido pelas lembranças traumáticas, enquanto exacerba as reações autonômicas, hormonais e comportamentais que adaptam o organismo à situação ameaçadora.

Com a permanência dos fatores estressores, o cortisol, hormônio produzido em grande quantidade no estresse crônico, causa danos nos neurônios hipocampais, produz poda das ramificaçoes dendríticas e morte neuronal, além de reduzir drasticamente a chamada neurogênese, a produção de novos neurônios (Davis, 1997; LeDoux, 1996; Squire e Kandel, 2003). Dessa forma, à medida que o estresse se cronifica, a capacidade de evocação de uma memória consciente de uma determinada situação diminui, enquanto a memória emocional fica fortalecida. Em outras palavras, sob estresse crônico, nossa tendência é a dificuldade de evocação das recordações conscientes de uma situação, ao mesmo tempo em que reagimos emocionalmente de forma mais intensa. O sentido evolutivo desse padrão inverso é produzir uma mudança adaptativa em situações de estresse para aumentar as chances de sobrevivência, uma vez que os processos automáticos ganham em rapidez.

Esta adaptação dos sistemas de memória ao estresse crônico auxilia a compreender a repressão, pois torna possível entender com mais precisão a inter-relação entre a memória consciente e a inconsciente. Eventos traumáticos e emocionalmente carregados são acompanhados de liberação massiva de hormônios de estresse, que ativam a amígdala e favorecem a codificação, o armazenamento e a evocação de memórias emocionais inconscientes.

Tais hormônios também enfraquecem a capacidade de evocar memórias conscientes dos eventos traumáticos. O resultado pode ser interpretado, muitas vezes, como sendo repressão, pois o sujeito reage emocionalmente a situações e pessoas sem saber por que está se comportando daquela forma. Além disso, o sujeito às vezes tem acesso a representações conscientes e pode lembrar os acontecimentos negativos se o estresse causou apenas perturbação da evocação, mas não da codificação e do armazenamento. Esse fenômeno do efeito inverso do estresse na memória pode explicar alguns aspectos clínicos descritos por Freud como sendo parte do mecanismo que denominou repressão.

MEMÓRIAS PERMANENTES

O debate sobre a premissa freudiana de que a maior parte das memórias é permanente, ficando registrada em alguma parte de nossas mentes, é crucial para redimensionar o fenômeno da repressão, tradicionalmente pertencente ao inconsciente dinâmico, como um aspecto do processamento neural, dessa forma assentando o conceito no domínio das neurociências e assimilando-o à teoria do novo inconsciente.

O psicólogo Larry Squire faz notar que essa discussão vem de longa data, relatando resultados de pesquisas que realizou junto a colaboradores (Squire e Kandel, 2003, p. 88-9), em diferentes momentos históricos, e que revelaram as crenças populares e também aquelas presentes no próprio meio científico sobre o tópico. Ainda no final da década de 1960, o casal de psicólogos Elisabeth e Geoffrey Loftus pediram a leigos e graduados em psicologia para escolherem uma das duas asserções a seguir que revelam as crenças subjacentes ao funcionamento da memória:

1. Tudo o que é aprendido é permanentemente armazenado na mente e, embora alguns detalhes sejam, em circunstâncias normais, não evocáveis, eles podem ser, às vezes, recuperados pela hipnose e por outras técnicas especiais.
2. Alguns detalhes daquilo que aprendemos podem ficar permanentemente perdidos da memória, tornando-se irrecuperáveis mesmo com a ajuda da hipnose ou de outras técnicas especiais, pois a informação simplesmente não está mais presente.

Embora esta observação não tenha sido explicitada pelos autores do estudo, é evidente que a primeira afirmação aponta para um conceito *dinâmico* do inconsciente, enquanto a segunda para o modelo do novo inconsciente, refletindo o conhecimento corrente em psicologia cognitiva e neurociências. Os resultados naquela época mostraram clara inclinação para o modelo *dinâmico*, pois cerca de 70% dos leigos concordaram com a primeira asserção.

Surpreendentemente, entre os psicólogos a concordância foi bem *maior*, com 84% dos profissionais acreditando em *memórias permanentes*.

A primeira afirmativa também sugere o mito de que a hipnose pode aumentar de forma considerável a evocação da memória. Segundo um dos maiores especialistas mundiais em memória, o psicólogo cognitivo Daniel Schacter (2004), não existe evidência de que o aumento de fato ocorra, apesar de alguns relatos anedóticos de lembranças espetaculares. Além disso, a hipnose é uma técnica *sugestiva*, e, por tal razão, potencialmente produtora de falsas memórias. Como observa Schacter (2004, p. 148) referindo-se às lembranças de testemunhas,

> (...) o uso de testemunhos obtidos através de hipnose continua polêmico. Com frequência o uso de hipnose resulta em informações incorretas e, às vezes, amplia os efeitos sugestivos de informações enganadoras. Artigos recentes de publicações científicas apresentaram pouco ou nenhum sinal de que a hipnose ajuda a melhorar a precisão das lembranças de testemunhas.

Esta pesquisa envolvendo as duas asserções referidas a respeito das crenças relacionadas ao funcionamento da memória, iniciada pelo casal Loftus na década de 1960, foi replicada, em 1996, por Larry Squire e colaboradores, que perguntaram a uma amostra de mais de 600 profissionais da saúde (psicólogos clínicos, assistentes sociais e enfermeiros que participavam de um encontro sobre memória) qual das duas afirmativas era correta. Cerca de 60% dos profissionais escolheram a primeira afirmativa. Quando os autores perguntaram, ainda em 1996, para 67 cientistas com graus avançados de conhecimento em biologia, neurociência ou psicologia experimental, somente cerca de 10% escolheram a primeira alternativa, enfatizando a mudança de conceituação subjacente sobre o funcionamento da memória na comunidade científica.

Os neurocientistas que estudam a memória acreditam que, muitas vezes, ocorre uma perda real de informação no cérebro, refletida na regressão das modificações sinápticas que acontecem no momento do aprendizado. A falta de utilização de uma informação implica um enfraquecimento gradual da memória, que ainda é apagada pelas novas informações que vão sendo sempre armazenadas, esculpindo outra vez e de forma contínua as representações já existentes.

> O esquecimento e a repressão ocorrem com a *memória declarativa*.

O esquecimento e a repressão ocorrem com a *memória declarativa*. Portanto, nos dois casos observa-se o mesmo fenômeno: a ausência de conhecimento consciente acerca de uma experiência que foi efetivamente codificada e armazenada no cérebro do sujeito. A diferença essencial entre os dois processos está na *perda real do arma-*

zenamento, no caso do *esquecimento*, e no *impedimento da evocação* sob certas circunstâncias, no caso da *repressão*.

No entanto, tanto a repressão como o esquecimento podem ser acompanhados de *comportamento modificado pela experiência*, revelando que existe memória armazenada no cérebro do sujeito e que tal memória afeta seu desempenho sem que ele tenha consciência disso. É provavelmente por essa razão que os dois fenômenos são com frequência confundidos, inclusive pelo fundador da psicanálise. O ponto crucial aqui é entender que, no caso do esquecimento, na verdade não resta registro das modificações neurais envolvidas com a memória declarativa, mas, como o comportamento do sujeito demonstra claramente, permanecem *memórias não declarativas* atuando e produzindo mudança no desempenho.

> O desaparecimento gradual da memória declarativa para algum evento, entretanto, não significa que não reste no encéfalo qualquer traço do evento. Em primeiro lugar, algumas memórias não declarativas podem persistir, incluindo disposições e preferências formadas como resultado de algum evento agora esquecido, mas essas memórias têm por base alterações sinápticas em regiões do encéfalo diferentes daquelas que servem de base para a memória declarativa. (Squire e Kandel, 2003, p. 89)

Em outras palavras, podemos esquecer ou reprimir a memória consciente de um acontecimento e, ainda assim, agir sob a influência desse episódio que não lembramos. Do ponto de vista de um observador externo, simplesmente não existe como efetivamente verificar se alguém está reprimindo ou esqueceu as informações que estão governando seu comportamento, até

> Podemos esquecer ou reprimir a memória consciente de um acontecimento e, ainda assim, agir sob a influência desse episódio que não lembramos.

que, em algum momento, por alguma razão ou condição especial, o sujeito demonstre ter recobrado a consciência, declarando algo que revele inequivocamente o conhecimento do fato.

Ainda assim, isso não pode ser considerado uma comprovação objetiva de que se trata de repressão, pois não podemos afirmar com segurança absoluta que o indivíduo na realidade tinha a informação armazenada em algum lugar de sua mente, mesmo sem saber disso até a recuperação posterior. Tal lembrança poderia de igual maneira ser *falsa*, um implante de memória realizado *a posteriori* e motivado por *expectativas* e *informações recentes*. A situação analítica parece ser um solo ideal para cultivar esse tipo de falsa memória, uma vez que são semeadas previamente expectativas sobre a tomada de consciência de recordações longínquas do passado à medida que a análise prossegue. Essas expectativas são um lugar comum em filmes e livros, e a maioria das pessoas está embebida nessa cultura popular, como percebe-se na alta proporção de pessoas que concordaram com a primeira afirmativa ("tudo o que é aprendido é permanentemente armazenado na mente" e as informações "podem ser eventualmente recuperadas pela hipnose com a ajuda (...) de técnicas especiais") nas pesquisas citadas sobre as crenças a respeito do funcionamento da memória.

Neste cenário, parece provável que pelo menos algumas memórias supostamente reprimidas e resgatadas por meio do trabalho analítico sejam *ficções* de nossa memória construtiva. Nem o fato de essas recordações serem confirmadas por outras pessoas que testemunharam o acontecimento pode ser considerado evidência inequívoca de que são memórias verdadeiras resgatadas, pois a informação correta poderia ser adquirida mais recentemente e em outra fonte, funcionando como matéria-prima básica na edificação de uma memória cujos detalhes de acabamento seriam depois preenchidos pela imaginação.

Como observam Squire e Kandel (2003, p. 89), a noção de que registramos tudo o que aprendemos e o que não lembramos deve-se ao processo de repressão tem suas raízes na popularização das ideias de Freud.

> A crença bastante disseminada de que a memória é permanente origina-se provavelmente de noções populares sobre hipnose e psicologia, assim como a experiência familiar de que podemos evocar com sucesso, por vezes, algum detalhe aparentemente esquecido da memória do passado. De fato, essa visão popular está de acordo com a proposta de Freud de que a repressão é a principal causa de lapsos comuns de memória. Embora Freud, de fato, considerasse a maior parte do esquecimento como tendo motivações psicológicas, ele também reconhecia a possibilidade de esquecimento literal ou biológico.

É provável que Freud tenha superestimado a repressão e minimizado o papel do esquecimento (embora admitisse sua existência) essencialmente por duas razões. Em primeiro lugar, as novas descobertas das neurociências cognitivas não estavam ainda disponíveis, e ele passou a enfocar apenas a memória declarativa ou explícita por meio do emprego da livre associação ao discurso verbal de seus pacientes, explorando memórias declarativas sobre sonhos e lembranças infantis, entre outras coisas. Assim, a distinção fundamental entre memória declarativa e os vários tipos de memória implícita não estava clara para Freud, que passou a interpretar as manifestações comportamentais ou atuações (*acting-out*) das memórias não declarativas sem conhecimento explícito do sujeito como evidência de operação do mecanismo de repressão.

Dito de outro modo, as argutas observações clínicas dos psicanalistas indicavam, corretamente, que o sujeito não tinha percepção consciente, mas que estavam atuando disposições inconscientes, e essas observações funcionaram como evidência da repressão e do inconsciente dinâmico. No entanto, o que Freud observava na maioria das vezes era a influência de *memórias não declarativas* no comportamento *sem representações explícitas ou conscientes*, cujo armazenamento tinha se desvanecido – o esquecimento do conhecimento declarativo na presença de memórias implícitas.

A segunda razão que levou Freud a superestimar a repressão foi o desconhecimento de outro aspecto fascinante da evocação da memória declarativa chamado de *dependência de estado* (Izquierdo, 2004). A evocação de uma lembrança consciente depende do estado da mente de alguém, de modo que evocamos melhor um episódio na presença de um contexto parecido com aquele no qual codificamos a memória. Em geral, afetam bastante nossa capacidade de recordação (Squire e Kandel, 2003, p. 86-7) o tipo de *estado de humor* (lembramos mais fatos tristes quando estamos tristes e mais fatos alegres quando estamos com humor positivo), os *estados mentais* (sob efeito de alcool ou não, etc.) e o *contexto ambiental* (mergulhadores lembram mais sob a água do que na superfície ao evocar uma lista de palavras aprendidas a 10 metros de profundidade, por exemplo).

> Evocamos melhor um episódio na presença de um contexto parecido com aquele no qual codificamos a memória.

Muitas vezes, a *dependência de estado* é responsável pela variabilidade na capacidade de evocação, pois precisamos das *dicas* que estavam presentes no momento da aprendizagem para evocar corretamente a memória. Assim, a exposição alternada a essas dicas em diferentes contextos emocionais ou ambientais pode explicar grande parte das situações em que, para nossa surpresa, lembramos eventos que pareciam ter sido esquecidos. O desconhecimento desse sutil aspecto do funcionamento da memória declarativa possivelmente levou Freud a aventar a hipótese de repressão para explicar os aparentes lapsos na lembrança consciente que observava em seus pacientes. Ou seja, tanto o *esquecimento,* auxiliado pela *memória construtiva,* como a *dependência de estado* produziam forte influência nas disposições e preferências comportamentais *sem consciência* do sujeito, fenômeno que foi incorretamente contabilizado pelos psicanalistas como repressão. Naturalmente, isso levou Freud a *superestimar* a repressão, pois encontrava evidências para sustentar essa hipótese a cada momento que desenvolvia suas observações clínicas.

19
Evolução da transferência

TRANSFERÊNCIA

Depois de examinar o fenômeno da repressão por meio da perspectiva neurocognitiva do novo inconsciente, podemos destacar as contribuições das ciências do cérebro na compreensão da noção de *transferência*. A transferência é um importante construto da metateoria de Freud, e a *análise da transferência* tem sido considerada um componente central na terapia psicanalítica (Kernberg, 1970; Dorpat, 1985; Guntrip, 1971). A visão clássica da psicanálise sobre a transferência é a de que ela representa uma expressão indireta de medos, impulsos e desejos sobre os quais o paciente não tem conhecimento e controle consciente. Conforme o mestre vienense (Freud, 1914/1956), quando a transferência ocorre, o paciente não lembra nada do que esqueceu e reprimiu, mas *atua* no comportamento (*acting out*). Freud acreditava que o sujeito reproduz os sentimentos não como memória, mas como ação, que ele repete sem saber que está repetindo, e que isso é, em última análise, uma forma de relembrar (Freud, 1914/1956, p. 222). Tal hipótese evidencia um dos problemas teóricos do modelo dinâmico do inconsciente, demonstrando que Freud não distinguia a memória declarativa da procedural e confundia a ação desencadeada por memórias não declarativas com a repressão de lembranças conscientes.

> A transferência é o fenômeno psicológico pelo qual são redirecionados os sentimentos de um relacionamento para outro.

Essencialmente, a transferência é o fenômeno psicológico pelo qual são redirecionados os sentimentos de um relacionamento para outro. A psicanálise enfatiza a importância das primeiras relações infantis na construção de um padrão que, mais tarde, desenhará os sentimentos sobre as pessoas. Desse modo, quando adultos, podemos reagir com intensos sentimentos ao comportamento de uma pessoa, mas, muitas vezes, em nossas reações afloram, furtivamente, *expectativas inconscientes* baseadas na transferência, e não nas circunstâncias presentes.

A descrição pioneira do fenômeno, feita pelos psicanalistas, é extremamente perspicaz, mas a explicação das razões subjacentes, como seria de esperar, recorre à intricada teia de conceitos da metateoria psicanalítica. A hipótese de que construímos um *modelo do self* em interação com o mundo é inevitável e inegável, bem como o reconhecimento de que, por vezes, aplicamos esse modelo aos relacionamentos presentes. No entanto, isso não significa que precisamos recorrer à teoria do complexo edípico e a outras explicações psicanalíticas para reconhecer a importância da transferência.

Além disso, a hipótese de que o padrão de reação transferido é configurado pelas primeiras relações estabelecidas na infância é vulnerável em um ponto crucial: será de fato da interação com os pais, em um período restrito do desenvolvimento, durante a fase edípica (Melanie Klein concentrou-se no primeiro ano de vida), a exclusiva responsabilidade pela construção desse modelo?

Como já citado, a chamada "hipótese da criação" (*nurture assumption*) tem sido recentemente questionada, e com ela podem ruir as ideias tradicionais que inspiraram gerações de teóricos em psicologia. Mas isso não significa que as experiências infantis são estéreis na determinação do comportamento atual; o que está em cheque é o foco *exclusivo* na primeira infância e na criação dos pais, que passa a ceder espaço para uma visão mais ampla dos complexos fatores sociais envolvidos na constituição do *self* e no desenvolvimento da personalidade humana. Em outras palavras, as experiências infantis podem deixar marcas importantes, mas o estilo de criação pelos pais na primeira infância não é o único conjunto de estimulação relevante a ser considerado.

A convergência dos estudos em psicologia cognitiva, em neurociências e em psicologia evolucionista levam a hipóteses alternativas interessantíssimas para explicar a transferência no modelo do novo inconsciente. Larry Jacoby, um dos teóricos do novo inconsciente (Payne, Jacoby e Lambert, 2005), Robert Bornstein e outros pesquisadores relacionam o processo de transferência com os efeitos observados nos experimentos de percepção e memória implícita (Bornstein, 1999; Bornstein e D'Agostino, 1992; Jacoby et al., 1989), defendendo a ideia de que a transferência representa, na verdade, uma *expressão de memórias e percepções implícitas*.

Segundo a teoria psicanalítica, a transferência está em operação quando um paciente em análise percebe e reage ao analista como se ele fosse uma importante figura do passado, como o pai ou a mãe, mas não mostra consciência disso. Bornstein (1999) relaciona esse conceito com as memórias implícitas, apontando que no início da análise o sujeito demonstra não conseguir perceber a conexão entre a reação de transferência quanto ao analista e as memórias implícitas dos pais, mas, à medida que a análise prossegue, gradualmente o paciente vai atingindo *insight* sobre os elos existentes entre as experiências passadas e o funcionamento atual. De acordo com a perspectiva psicanalítica, isso poderia permitir que a percepção, tanto do terapeuta como dos pais, torne-se pouco a pouco mais madura, positiva e realista (Gruen e Blatt, 1990).

Podemos imaginar vantagens adaptativas na construção de representações mentais sobre o funcionamento das outras pessoas com base em nossas experiências primitivas. Os psicólogos evolucionistas Nesse e Lloyd (1992) argumentam que esse mecanismo faz parte não somente do funcionamento neurótico, mas também ocorre no desenvolvimento de pessoas saudáveis, citando como exemplo a construção de um modelo pessoal sobre as motivações e sobre os sentimentos dos outros, uma teoria da mente. De certo modo, todos nós desenvolvemos um conjunto de expectativas sobre as outras pessoas que é baseado em repetidas interações com o mundo social inicial.

No entanto, algumas expectativas desenvolvem-se a partir de experiências individuais: uma criança bem-amada espera ser, novamente, bem-tratada pelas novas pessoas que conhece, enquanto outra que sofreu graves abusos pode esperar ser maltratada ou rejeitada, e assim proteger-se melhor. É mais adaptativo aprender o que esperar das pessoas com as interações estabelecidas inicialmente na vida – sobretudo se pensarmos no ambiente ancestral das pequenas comunidades caçadoras-coletoras nas quais nossa espécie foi modelada em termos sociais.

Uma das observações mais interessantes da psicanálise sobre a transferência refere-se à *inflexibilidade* do modelo do *self* (ou autoconceito) adquirido na infância. Estudos psicanalíticos demonstraram que as expectativas transferidas são vigorosas e persistem mesmo com evidência contrária. O mais surpreendente, no entanto, é que as pessoas parecem agir de tal modo que *induzem* os outros a preencherem essas expectativas, de forma que elas, muitas vezes, assumem um papel análogo ao objeto original da transferência. Depois de sofrer abusos, por exemplo, mais tarde na vida uma pessoa pode vir a repetir padrões de comportamento submissos e escolhe como parceiro alguém que a maltrata, aparentemente provocando esse tipo de relação pela forma como age, sem, no entanto, demonstrar percepção consciente disso.

As razões adaptativas de tal comportamento não parecem claras: como um sistema assim inflexível poderia oferecer mais benefícios do que custos durante a evolução humana? Nesse e Lloyd (1992) oferecem duas explicações: a primeira delas deriva da observação de que os padrões de interação eram muito mais estáveis nos bandos caçadores-coletores que caracterizaram nosso passado evolucionário. No meio social atual globalizado e diversificado, transferir rigidamente expectativas das situações infantis para as adultas tem pouca probabilidade de acerto, enquanto no ambiente primitivo, em comunidades em torno de 100 a 150 indivíduos, nossos antepassados tinham uma maior chance de prever de modo eficaz o comportamento dos outros com base nos padrões de interações estabelecidas precocemente no desenvolvimento. Isso poderia justificar a utilidade de um mecanismo *programado para aprender* o tipo de relacionamento encontrado com as figuras mais importantes no ambiente inicial.

O conceito que já examinamos de "aprendizado preparado" (*prepared learning*) proposto por Martin Seligman (Seligman, 1970, 1971; Seligman e Hager, 1972) sugere que aprendemos com mais rapidez a conferir valor emocional a estímulos que estiveram presentes ao longo da jornada evolutiva de nossos antepassados, uma vez que nosso cérebro foi preparado para *aprender* mais rápida e consistentemente certos tipos de informação relevante de uma forma facilitada (McNally, 1987; Garcia e Garcia e Robertson, 1985).

Sob este prisma, alguns aspectos da transferência podem ser originados de uma forma específica de aprendizado evolucionariamente preparado, que facilitaria assimilar o padrão de interação estabelecido nas primeiras experiências. Dessa forma, seria possível construir um *modelo preditivo do self* ou "eu relacional", em que uma das vantagens seria a antecipação das reações dos outros, inserindo o sujeito na arquitetura básica das relações interpessoais de sua cultura. As relações hierárquicas em animais sociais são de extrema importância, e a rápida aprendizagem de sua posição hierárquica com base nas primeiras experiências de interação poderia ser adaptativa no contexto evolutivo no qual viveram nossos ancestrais. Ao ser maltratado, um jovem primata poderia beneficiar-se ao assimilar um autoconceito de inferioridade, pois seus gestos submissos e apaziguadores poderiam aplacar um acesso de raiva fatal no macho alfa dominante, poupando-lhe a vida. Da mesma forma, seria proveitoso formar um autoconceito expansivo se as primeiras experiências sinalizarem que se é tratado de forma especial. Um jovem primata nascido em uma família dominante tem regalias e reverência por parte dos outros, e um autoconceito inflado ajuda a ocupar esse espaço, produzindo um comportamento dominante.

Conforme argumentaram Nesse e Lloyd (1992), existe também uma segunda possível explicação para a persistência das expectativas da transferência. As relações estabelecidas inicialmente na vida resultam na facilitação de certas estratégias de condução de relacionamento, e a prática posterior torna essas estratégias cada vez mais reforçadoras. Algumas estratégias são incompatíveis com outras, como influenciar os outros pelo domínio ou pela submissão, por exemplo. Assim, depois de adotar um padrão, a prática e o consequente reforçamento social vão amalgamando as características, que acabam cristalizando-se em traços estáveis de personalidade, conforme sugere o psicólogo evolucionário David Buss (1984).

AUTOCONCEITO E MEMÓRIA

Mas qual seria o papel deste modelo internalizado do *self* em relação com o mundo na memória, na percepção e nas motivações implícita e explícita? Existe uma relação complexa e sinergística entre as percepções e as memórias de uma pessoa e seu autoconceito, como notaram Kihlstrom e Cantor (1984). O autoconceito é construído em parte com base nas percepções e nas memórias do *self*, das outras pessoas e das interações do *self* com as outras pessoas (Bornstein, 1993a; Blatt, 1991; Main, Kaplan e Cassidy, 1985). Diversos estudos (Johnson e Sherman, 1990; Kihlstrom e Cantor, 1984) apontaram que as pessoas distorcem sistematicamente suas percepções e memórias para que elas se encaixem em seu autoconceito e lembram seletivamente as experiências que confirmam suas crenças sobre si mesmas e sobre os outros.

Bornstein (1999) sugere que uma representação mental do *self* quando recordamos ou percebemos é condição necessária e suficiente para que experimentemos estados conscientes. Ele sugere que o termo "percepção (ou memória) autoatribuída" como mais preciso do que "percepção (ou memória) explícita". Kihlstrom e colaboradores (1992) argumentam que o *self* pode ser conceitualizado como uma estrutura de conhecimento que reside na memória de trabalho (*working memory*), na qual a pessoa rotineiramente entra em contato com a informação sobre o ambiente que a cerca. Essa conexão, esse senso de possessão que define o *self* como agente do evento que está ocorrendo é crucial para a experiência consciente; sou *eu* quem percebe, quem recorda.

Para Kihlstrom e colaboradores (1992, p. 41-42), nos casos de percepção subliminar, pode ser que a informação sobre o estímulo nunca entre na memória de trabalho (explícita) e, assim, não se conecte com a autorrepresentação, mantendo a percepção fora da consciência. Quando percebemos um evento, ativamos fragmentos de conhecimentos preexistentes estocados na memória, e quando respondemos ao evento, sua representação mental correspondente torna-se parte de nossa memória de trabalho. Bornstein (1999) observa que a percepção, a memória e a motivação *implícitas* afetam nosso comportamento automática e inconscientemente, são difíceis de controlar ou inibir e não estão ligadas ao autoconceito do indivíduo, diferindo da percepção, da memória e da motivação *explícitas*, nas quais a presença do *eu* é fundamental para a experiência consciente.

> Quando percebemos um evento, ativamos fragmentos de conhecimentos preexistentes estocados na memória, e quando respondemos ao evento, sua representação mental correspondente torna-se parte de nossa memória de trabalho.

No modelo do novo inconsciente, a teoria do *self* relacional inconsciente (Andersen e Chen, 2002; Andersen, Reznik e Glassman, 2005) oferece uma forma sofisticada e testável de conceber as relações entre nosso autoconceito e as relações interpessoais. Em tal teoria, representações sobre as outras pessoas significativas em nossa história de relações interpessoais são ativadas por estímulos imediatos contextuais, e esse processo recruta certos aspectos de nosso *self*, construindo um *self* relacional inconsciente. Examinaremos essa fascinante teoria com mais aprofundamento na parte final do livro, sobre psicoterapia.

DISTORÇÕES EGOCÊNTRICAS

Nosso autoconceito ou modelo de *self*, portanto, tem um papel central na organização e na regulação da atividade mental consciente. Estudos têm demonstrado que as novas informações codificadas são melhor lembradas quando estão relacionadas com o *self* do que quando não fazem autorreferência – por exemplo, lembramos mais as mesmas palavras descrevendo atributos (como "sincero" ou "aberto") quando são atribuídas a nós mesmos do que quando são aplicadas a outra pessoa (Symons e Johnson, 1997).

Várias evidências apontam para o fato de que o *self* não é neutro ou imparcial em sua observação do mundo. Recebemos forte incentivo social em nossa cultura para apresentar uma visão positiva a respeito de nós mesmos, superestimando nossas habilidades e nossos talentos, além de nossa capacidade de atingir metas. A psicóloga social Shelley Taylor descreve em seu livro *Positive Ilusions* uma série de estudos mostrando que o *self* distorce as memórias de forma a exagerar na percepção consciente de nosso próprio valor (Taylor, 1991). Segundo as pesquisas da equipe de Taylor, em geral as pessoas tendem a ver traços positivos de personalidade como aplicáveis a si mesmas, e os traços indesejáveis como sendo mais adequados aos outros. Além disso, a maioria das pessoas tem forte tendência a responsabilizar-se pelos *acertos*, enquanto os *erros* são atribuídos a fatores fora de controle – em outras palavras, as distorções egocêntricas fazem com que evoquemos *memórias declarativas* amoldadas para confirmar nosso autoconceito, fazendo com que o *self* se perceba como agente causal dos *êxitos* e como vítima impotente das circunstâncias no caso dos *fracassos*.

> Várias evidências apontam para o fato de que o *self* não é neutro ou imparcial em sua observação do mundo.

Em um estudo que fornece substrato empírico para a ideia de distorções egocêntricas, por meio de manipulação experimental engenhosa (Sanitioso, Kunda e Fong, 1990), estudantes foram induzidos a crer que a *introversão* é um característica positiva de personalidade, e que os introvertidos teriam mais sucesso acadêmico do que os extrovertidos. O próximo passo dos pesquisadores foi orientar os estudantes a procurar evocar memórias de situações em que teriam agido de forma tipicamente *introvertida* ou *extrovertida*. Os sujeitos lembravam-se muito mais frequentemente de episódios nos quais agiram de forma *introvertida*, confirmando a ideia de que tendemos a apresentar uma visão positiva de nós mesmos, evocando seletivamente memórias declarativas. Já o resgate de memória de incidentes reveladores de *extroversão* foi muito maior no outro grupo de estudantes que foi levado a acreditar na ideia oposta, a de que era a *extroversão* o atributo desejável.

As distorções de memória que tendem a uma visão melhorada do *self* têm uma participação importante na produção de implantes de memória, como observa Schacter (2003, p. 186):

> O papel predominante do *self* na codificação e na evocação de fatos, combinado à forte tendência de se apresentar uma visão positiva de si mesmo, cria um terreno fértil para as distorções da memória, que fazem com que lembremos o passado colorido por uma luz positiva de nós mesmos.

Sistematizando o resultado de inúmeros estudos empíricos sobre as distorções egocêntricas de memória, Schacter (2003, p. 188) argumenta que elas são impulsionadas por "várias manobras relacionadas que cercam o *self* no presente de uma aura de ilusões positivas": a *recordação seletiva dos eventos* (que filtra somente as lembranças que confirmam nosso modelo de *self*), o *exagero das dificuldades passadas* (amplificamos as adversidades superadas para magnificar o *self*) e a *autodepreciação no passado* (lembrar-nos de nós mesmos menos favoravelmente no passado pode aumentar nosso valor no presente). Como bem observa, as evidências indicam que as "distorções que melhoram a imagem que temos de nós mesmos são características que permeiam os esforços de reconstrução de nosso passado pessoal" (p. 184).

Além disso, nossas recordações são distorcidas para se encaixarem em nosso *modelo de self e do mundo* e nas expectativas baseadas nos estereótipos e conhecimentos relacionados a esse modelo. Reeditamos o passado para enquadrá-lo no que é esperado no presente, à semelhança do Ministério da Verdade do clássico da literatura *1984*, de George Orwell, no qual a história era revisada e inventada de forma coerente com os preceitos oficiais.

* * *

Examinamos até aqui teorias sobre o funcionamento mental inconsciente baseadas na neuropsicologia e na ciência cognitiva, que fornecem subsídios para a visão moderna do novo inconsciente. Os mecanismos da memória que estão sendo desvendados pela neurociência cognitiva revelam um cenário fascinante, no qual a mente consciente e o conhecimento declarativo são construtivos, funcionando com espantosa autonomia quanto à mente inconsciente e ao conhecimento implícito que governa grande parte de nosso comportamento. Em tal cenário, o eixo da vida mental passa a ser deslocado, como teorizou Freud, para o *processamento inconsciente*, embora os atores e os processos envolvidos sejam diferentes dos imaginados faz mais de um século pelo fundador da psicanálise. A partir do desbravamento pioneiro aventurado pelos psicanalistas no estudo naturalístico do amplo território desconhecido da vida mental, inspirado pelos *insights* penetrantes de Freud e seu conjunto de hipóteses sobre o inconsciente dinâmico, emerge o modelo do novo inconsciente como uma nova forma de conceber o processamento inconsciente.

Mas de que forma as teorias e as técnicas psicoterápicas podem assimilar proveitosamente o novo inconsciente? Discutiremos nesta parte final do livro algumas implicações clínicas da nova conceituação do inconsciente para a psicoterapia. Iniciamos com a trajetória de Freud como neurocientista e com o modelo neuropsicológico que ele desenvolveu, e de como isso influenciou os rumos (e descaminhos) das tentativas de aproximação da psicanálise com as neurociências. A seguir, analisaremos a recente proposta de uma nova disciplina, a neuropsicanálise, cuja ambição é tornar a psicanálise o grande modelo que nortearia as ciências do cérebro. Depois, examinaremos as ideias daqueles pensadores que partilharam com Freud do entusiasmo pelo desbravamento do continente desconhecido do inconsciente, mas ousaram discordar de premissas centrais em seu pensamento, fundando o movimento renovador da *neopsicanálise*. Apresentamos a teoria da neopsicanalista Karen Horney e sua influência no desenvolvimento da abordagem de Albert Ellis sobre terapia comportamental racional emotiva. Depois de uma incursão nas raízes do modelo cognitivo de Aaron Beck e na visão da terapia cognitiva sobre o processamento inconsciente, investigaremos com mais profundidade a terapia do esquema de Jeffrey Young e sua descrição dos mecanismos inconscientes. A neurobiologia subjacente aos esquemas iniciais desadaptativos é examinada junto a uma descrição da teoria do *self* relacional inconsciente, enfocando as relações entre as neurociências, a psicoterapia e o novo inconsciente.

III

A MENTE INCONSCIENTE
E A PSICOTERAPIA

20
Surge a neuropsicanálise

A NEUROPSICANÁLISE

As neurociências vêm conquistando territórios importantes na compreensão da mente humana, e à medida que abrem a "caixa preta" do sistema mente/cérebro, geram conhecimentos que pouco a pouco iluminam áreas anteriormente deixadas na penumbra da investigação científica. Os novos métodos e o conhecimento gerado produzem, inevitavelmente, modificações importantes nas disciplinas que estudam a cognição e o comportamento. Hoje em dia, existe um verdadeiro exército de pesquisadores, distribuídos em milhares de laboratórios no mundo todo, que agrega, a cada dia, novas descobertas reveladoras ao conhecimento já acumulado. Estamos presenciando uma das maiores revoluções científicas, aquela que permitiu investigar o universo interior da mente humana em sua arquitetura íntima. O impacto das neurociências se faz presente nas áreas mais diversas, como educação, psicoterapia, medicina, psicologia e muitas outras disciplinas, cada vez mais empenhadas em assimilar e aplicar os novos conhecimentos sobre o cérebro.

> Estamos presenciando uma das maiores revoluções científicas, aquela que permitiu investigar o universo interior da mente humana em sua arquitetura íntima.

Nas teorias psicoterápicas, as neurociências têm sido debatidas cada vez mais intensamente, embora com resistência de algumas abordagens. Se concordarmos quanto a uma posição monista, abandonando o filosoficamente insustentável dualismo, torna-se uma questão de coerência buscar respaldo neural para uma teoria psicoterápica, ou, no mínimo, não contradizer o conhecimento corrente em neurociências. Portanto, a maioria das escolas psicoterápicas procura, de forma mais ou menos ativa, um *correlato neural* para suas suposições.

A psicanálise foi fundada por um neurocientista cuja primeira tentativa foi unificar a psicologia e a neurologia (Freud, 1990/1895). Freud desistiu da abordagem, pois o conhecimento da época era insuficiente, percebendo que a tentativa de construir uma neuropsicologia desembocaria em uma teoria especulativa e imprecisa (Shore, 1997; Sacks, 1998). Apesar de sua origem na neurociência, a psicanálise tem historicamente se distanciado das ciências biológicas e experimentais.

Se na época em que Freud desenhava suas teorias ainda não existia massa crítica de conhecimento para um modelo neuropsicológico da mente, na atualidade o cenário é bem diferente: aprendemos mais sobre o cérebro nos últimos 50 anos do que no restante de toda história e dispomos de todo tipo de recursos para investigação do sistema nervoso. Frente ao inevitável crescimento das neurociências e cada vez mais criticados por seu isolamento, alguns setores das várias correntes psicanalíticas mobilizaram-se, sob a liderança do psicanalista Mark Solms, para tentar integrar a psicanálise nas ciências do cérebro. Esse movimento em busca de unificação culminou na recente proposta de criação de uma nova disciplina, denominada ambiciosamente de *neuropsicanálise*, termo que tem recebido críticas (por exemplo, Houzel, 2005).

A ideia de diálogo entre a psicanálise e a neurociência é sedutora, entre outras razões, por abrir o leque de mercado potencial para os dois mundos, beneficiando quem adere a esse ponto de vista com maior público, prestígio e outros reforçadores. Mark Solms articulou muito bem o movimento, convidando neurocientistas e psicanalistas do mais alto nível para a revista *Neuro-psychoanalysis,* criada em 1999. Os membros do corpo editorial da revista são neurocientistas renomados, como Eric Kandel, Antônio Damásio, Oliver Sacks, Joseph LeDoux, Vilanayur Ramachandran, entre outros – e famosos psicanalistas – como Charles Brenner, André Green, Otto Kernberg e Daniel Widlöcher.

A primeira Conferência Internacional de Neuropsicanálise, realizada em julho de 2000, em Londres, envolveu a participação de 300 psicanalistas e neurocientistas, tendo sido fundada na ocasião a Sociedade Internacional de Neuropsicanálise. O primeiro Congresso Internacional de Neuropsicanálise foi realizado em Nova York, em 2001, e ainda no mesmo ano, o tema geral do congresso da Associação Americana de Psiquiatria abordou a integração da psiquiatria, da psicanálise e da neurociência, apresentando painéis de discussão sobre o diálogo entre psicanálise e neurociência (Cheniaux, 2004).

O Congresso Internacional de Neuropsicanálise realizado no Brasil, em julho de 2005, teve como tema "Perspectivas Neuropsicanalíticas sobre os Sonhos e Psicose", marcando uma mudança de ênfase, pois até então, nos encontros da área, os mesmos temas eram debatidos sob as diferentes perspectivas. Adotar uma perspectiva "neuropsicanalítica" implica tacitamente aceitar a noção espinhosa de que existe uma perspectiva compartilhada entre neurociência e psicanálise, o que é, em si, bastante controverso (Houzel, 2005), uma vez que são duas abordagens com estrutura conceitual e epistemológica diversa e que utilizam diferentes métodos de investigação.

O argumento básico subjacente à ideia de diálogo entre a psicanálise e as neurociências é a noção de que se poderia chegar a um entendimento mais amplo da mente a partir do enfoque subjetivo da psicanálise aliado à perspectiva objetiva das neurociências (Andrade, 2001; Doin, 2001; Opatow, 1999) e de outras disciplinas e abordagens, como a psicologia cognitiva, a teoria de evolução e a ciência cognitiva (Migone e Liotti, 1998; Semenza, 2001; Soussomi, 2001, 2006; Opatow, 1999).

Como procurei demonstrar ao longo deste livro, é tremendamente fértil a exploração da mente por meio da neurociência cognitiva e da teoria de evolução, particularmente se enriquecida com *insights* provenientes da perspectiva psicanalítica. É, contudo, uma visão neurocientífica sobre o processamento inconsciente realizado pelo cérebro que emerge – o inconsciente das neurociências, o novo inconsciente. Não é a unificação mágica da neuropsicanálise proposta por Solms que desponta no horizonte contemporâneo da pesquisa do cérebro, mas sim um novo conjunto de hipóteses sobre o processamento inconsciente, o novo inconsciente como um *novo modelo do inconsciente* que incorpora e expande algumas das perspicazes observações descritas pelos psicanalistas em uma estrutura conceitual mais abrangente.

Apesar das dificuldades inerentes a uma integração entre neurociência e psicanálise, a primeira tentativa importante de construir uma neuropsicologia de suporte às ideias sobre o inconsciente dinâmico – uma verdadeira neuropsicanálise – foi feita há mais de 100 anos pelo fundador da psicanálise, Sigmund Freud.

FREUD NEUROCIENTISTA

Freud iniciou sua carreira como neurocientista, pesquisando na área de neuroanatomia, e como neurologista no hospital geral de Viena, trabalhando nos laboratórios do fisiologista Ernst Brücke e do neuroanatomista e psiquiatra Theodor Meynert. Escreveu monografias sobre síndromes neuropsicológicas como afasia e paralisia cerebral infantil antes de desenvolver a psicanálise (Gay, 1989; Sacks, 1998). Freud sempre acreditou que os fenômenos mentais têm um substrato biológico e até o final de sua vida defendeu essa ideia (Gedo, 1997; Sacks, 1998; Solms, 1998). Em um de seus últimos trabalhos (*Esboço de Psicanálise*), afirmou que a psicanálise deveria ocupar "seu lugar como uma ciência natural como qualquer outra" (Freud, 1975/1938).

Freud escreveu, em 1895, um livro sobre neuropsicologia, o *Projeto para uma psicologia científica* (Freud, 1990/1895), uma teoria geral sobre o funcionamento psíquico humano normal e patológico. O pai da psicanálise esforçou-se para tentar tornar a psicologia uma ciência natural e utilizou linguagem da rudimentar neurologia daquela época nesse trabalho, bem como o substrato teórico dos modelos da mecânica de fluidos em sistemas conservativos e da termodinâmica. Naquela época, o conhecimento sobre o cérebro e seu funcionamento ainda engatinhava – a anatomia dos neurônios havia sido descrita poucos anos antes por Waldeyer e Santiago Ramon y Cajal, e ainda era uma descoberta recente e controvertida (Cheniaux, 2004). A neuropsicologia construída por Freud no *projeto* não tinha base empírica e era baseada em um conjunto de hipóteses altamente especulativas, e talvez esta tenha sido a razão pela qual o criador da psicanálise tenha decidido não publicar o trabalho. O *Projeto para uma psicologia científica* só foi publicado depois de sua morte.

Apesar do precário conhecimento do cérebro disponível na época, o *projeto* apresenta hipóteses que anteciparam descobertas posteriores, como a antevisão de mecanismos de facilitação da transmissão da energia nervosa na formação das memórias e o que Freud denominou "barreiras de contato" entre os neurônios (Strachey, 1990; Shore, 1997; Sacks, 1998). São intuições surpreendentes, se considerarmos que Sherrington descreveu a sinapse (ligações entre os neurônios) dois anos depois do *projeto*, em 1897, e que somente bem mais tarde os mecanismos de memória foram descritos como facilitações na transmissão sináptica. Neurocientistas como Kinsbourne (1998) e Karl Pibram (Pibram e Gill, 1976) resgataram no *projeto* conceitos que fornecem subsídios para aspectos de seus modelos em neuropsicologia cognitiva.

A importância do *projeto* reside não só na clara disposição do criador da psicanálise em buscar nas neurociências o substrato para a compreensão da mente, mas também no fato de que as principais ideias de Freud estavam contidas, de forma embrionária, nesse seu trabalho inicial (Cheniaux, 2004). Alguns psicanalistas acreditam que só foi possível compreender os artigos metapsicológicos de Freud depois da publicação do *projeto* (Andrade, 1998). Os conceitos de *processo primário* e *secundário*, *ego* e *regressão*, bem como *energia psíquica* (que Freud chamou de *energia nervosa* no *projeto*) já estavam presentes e permaneceram essencialmente os mesmos ao longo de sua obra até seus últimos escritos. A relevância do *projeto* para o entendimento da metapsicanálise foi destacada por vários autores da literatura neuropsicanalítica como Pibram (1998), Kaechele (1997), Strachey (1990) e Shore (1997), que apontaram a justaposição entre a teoria neuropsicológica proposta no *projeto* e a teoria do aparelho psíquico, descrita no Capítulo VII da obra de Freud de 1900, *A Interpretação dos Sonhos*.

21
Os desafios da psicanálise e das duas neuropsicanálises

PROBLEMAS NA PSICANÁLISE

A psicanálise vem estudando a mente há um século, centrando suas investigações particularmente nos aspectos emocionais e na afetividade, razão pela qual poderia fornecer importante substrato para o levantamento de hipóteses neurobiológicas testáveis no contexto das metodologias atuais em neurociências (Soussumi, 2006; Cooper, 1985; Kandel, 1999; Olds e Cooper, 1997; Panksepp, 1999). Só mais recentemente a ciência cognitiva e a neurociência têm estudado as emoções (Shore, 1997; Watt, 2000), tema que vem recebendo maior atenção a partir do trabalho de neurocientistas como LeDoux (1996, 1998) e Damásio (1999, 2004). A psicanálise especializou-se no estudo do ser humano por meio do relato verbal de suas experiências internas, e autores como Kandel (1999), Bucci (2000), Panksepp (1999) e Solms (1997) sugerem que a neurociência poderia receber contribuições nesse campo da subjetividade humana.

No entanto, a psicanálise apresenta uma série de problemas metodológicos e conceituais difíceis de resolver. O método adotado pelos psicanalistas não utiliza experimentação controlada e é eminentemente clínico, ou seja, a observação da livre-associação guiada pela teoria no *setting* terapêutico. A observação clínica pode ser uma rica fonte de hipóteses, mas não permite extrair conclusões replicáveis sem teste experimental. Para o neurocientista Eric Kandel (1999), depois de 100 anos escutando o discurso de pacientes, o método psicanalítico parece ter alcançado os limites e esgotado a formulação de novas ideias.

> A observação clínica pode ser uma rica fonte de hipóteses, mas não permite extrair conclusões replicáveis sem teste experimental.

Segundo Kandel, "(...) a psicanálise entra no século XX com sua influência em declínio". Para ele, a psicanálise pode ser lida como um texto filosófico moderno ou poético: "(...) se o campo aspira evoluir e contribuir para uma emergente ciência da mente, então a psicanálise está bastante atrasada" (Kandel,1999, p. 522).

As condições que cercam a situação analítica implicam dificuldade de controle das variáveis e de avaliação objetiva de uma série de procedimentos, o que segundo Gedo (1997) e Kandel (1999) impede a validação científica da teoria (Gedo, 1997; Kandel, 1999). Em razão disso, Adrover e Duarte (2001) defendem que uma das vantagens de uma aproximação com as neurociências e do uso de experimentação controlada seria a possibilidade de optar entre hipóteses ou teorias psicanalíticas rivais com base em seu respaldo empírico. Esta seria uma maneira de atenuar uma das críticas mais frequentemente formuladas à psicanálise, ou seja, a falta de teste de suas hipóteses. Vários autores (Winograd et al., 2007; Andrade, 1998; Cooper, 1985; Olds e Cooper, 1997) têm apontado que as teorias de Freud devem ser recicladas pelas descobertas experimentais, abandonando-se aquelas hipóteses que entram em contradição com as evidências atuais nas ciências do cérebro. Tal posição encontra apoio inclusive de alguns psicanalistas, como o analista didata Victor Manoel Andrade, que, em seu livro *Um diálogo entre a Psicanálise e a Neurociência* (2003), defende a ideia de que Freud desejava ver a psicanálise como uma metapsicologia científica edificada sobre uma infraestrutura neurobiológica, não somente um resgate da neuropsicologia do *projeto*, como também uma teoria atualizada pelo conhecimento atual em neurociências cognitivas e em teoria de evolução.

> É um mito acreditar na neutralidade do psicanalista frente às suas observações durante as sessões, uma vez que a teoria irá inevitavelmente contaminar o exame do material clínico apresentado pelo paciente.

Cooper (1985) argumenta que é um mito acreditar na neutralidade do psicanalista frente às suas observações durante as sessões, uma vez que a teoria irá inevitavelmente contaminar o exame do material clínico apresentado pelo paciente. De modo irônico, tal contaminação da observação pela teoria ocorre a maior parte das vezes *inconscientemente* – a ironia está no fato de que os mecanismos de processamento do novo inconsciente, e não aqueles do inconsciente *dinâmico*, são os maiores candidatos a produzir as prováveis distorções. Os implantes de memória, por exemplo, podem levar a pessoa em processo de análise a produzir passagens da infância longínqua compatíveis com a teoria, ao mesmo tempo gerando um viés no terapeuta que selecionam e reforçam, mesmo que sem intenção consciente, a direção esperada das evocações de memória. Gedo (1997) faz uma observação importante sobre o sentimento de validação errôneo que deriva de uma confirmação recíproca durante o *setting* terapêutico. O autor acredita que o discurso do analisando tende, de forma *tautológica*, a confirmar a teoria, uma vez que, quase sempre, terapeuta e paciente concordam com a pertinência de determinada interpretação. Esse tipo de confirmação não corrobora a teoria nem implica validação.

Gedo (1997) faz outra crítica pertinente, apontando a crença de que os conceitos freudianos são metafóricos como um problema lógico, o que origina um obstáculo epistemológico intransponível em relação às neurociências, uma vez que decorre dessa visão uma *não testabilidade* do conceito. Se construtos teóricos como "inconsciente" (dinâmico) ou "Id" são metáforas, não têm correlato neural nem poderiam ser testados. Na ausência de preocupação metodológica em testar as hipóteses psicanalíticas, predomina nessa área do conhecimento o falacioso *argumento da autoridade,* em que o peso da autoridade que afirmou algo é o que conta para atestar a veracidade da afirmação – é verdade, uma vez que Freud ou Lacan disseram que é assim (Fonagy, 1999). Dessa forma, o conhecimento produzido em psicanálise afasta-se do domínio científico e passa a ser *religioso,* pois depende de fé naquela crença específica, o que acaba criando uma *escolástica* psicanalítica em tempos modernos, à semelhança das doutrinas medievais.

Segundo observa Fonagy (1999), não existe uma única psicanálise, pois as diferentes escolas não concordam entre si nem mesmo em relação aos construtos teóricos mais elementares. Divergências conceituais profundas afastam os vários movimentos internos à psicanálise. A estrutura teórica da psicanálise não é coesa, e não se pode afirmar que existe um conjunto de hipóteses coerentes e consensuais, mas sim *inúmeras psicanálises* (Fonagy et al., 1999; Cheniaux, 2004).

> A estrutura teórica da psicanálise não é coesa, e não se pode afirmar que existe um conjunto de hipóteses coerentes e consensuais, mas sim *inúmeras psicanálises.*

Segundo admitiu um dos biógrafos mais respeitados de Freud, Peter Gay (1989), existem contradições no cerne de algumas das formulações teóricas mais relevantes da teoria psicanalítica. Os conceitos da psicanálise apresentam contradições internas e não são formulados com precisão, o que permite várias leituras, sem que seja possível definir quem fez a interpretação correta do conceito. Os textos de Freud são passíveis de diferentes traduções e interpretações, e algumas dessas escolas psicanalíticas degladiam-se na disputa do privilégio de ser a vertente que, verdadeiramente, segue os ensinamentos de Freud. Logo, como aponta Kaechele (1997), a falta de cuidado na busca de base empírica e experimental pulveriza a psicanálise em diferentes escolas e teorias contraditórias, uma vez que não é seguido o critério norteador de verificação e testagem das hipóteses enunciadas (Kaechele, 1997).

CRÍTICAS À NEUROPSICANÁLISE

Mark Solms é um dos maiores articuladores do movimento batizado de Neuropsicanálise (Solms, 1995, 1997, 2000, 2004, 2005; Solms e Saling, 1986). Psicanalista e diretor de um centro de formação e psicoterapia em Nova York, Solms tem adotado uma posição proeminente de defesa das ideias freudianas em suas palestras, em seus livros e artigos, representando uma vertente um tanto radical que afirma que as descobertas advindas das neurociências validam o esboço geral da mente delineado por Freud há quase um século. Em um artigo recente, concluiu, de forma convicta, que as proposições freudianas sobre a mente que sonha "são tão consistentes com os dados neurocientíficos disponíveis, que seria bastante aconselhável usarmos o modelo de Freud como guia para a próxima fase de nossas investigações neurocientíficas" (2005, p. 36). Poucos neurocientistas concordariam com essa afirmação. Para a neurocientista Suzana Herculano-Houzel (2005, http://www.jornaldaciencia.org.br/Detalhe.jsp?id=34117), o modelo de Freud não é adotado em neurociências pelo fato inegável de que, na realidade, as evidências disponíveis *refutam* muitas de suas hipóteses:

> Há um impedimento prático muito grande para tanto: se a neurociência adotasse a teoria psicanalítica de Freud como um conjunto de hipóteses de trabalho testáveis, a teoria seria refutada em vários aspectos e, como um conjunto, não se aplicaria à pesquisa do cérebro.

O radicalismo da abordagem de Solms ao problema da unificação entre as ciências do cérebro e a psicanálise é sintetizado na proposição-chave de que o grande arcabouço teórico do modelo metapsicológico freudiano deve guiar a pesquisa, uma vez que, para ele, as descobertas das neurociências vão progressivamente se encaixando nesse modelo e confirmando as ideias de Freud. Neurocientistas são, em sua essência, cientistas, e, para um cientista, é fundamental que as evidências norteiem as teorias. Ou seja, a posição do neurocientistas é justamente a antítese da asserção de Solms – a teoria psicanalítica é que naturalmente deve ser reformulada em função das descobertas das ciências do cérebro e do comportamento. Como aponta Herculano-Houzel (2005), "Freud estava muito longe de qualquer neurociência vagamente parecida com a atual" – ele propôs aquilo que era possível com os escassos conhecimentos da época. Para a pesquisadora, seria "um equívoco, um anacronismo querer buscar confirmação das ideias de Freud nas descobertas atuais sobre o cérebro".

DISSECANDO SOLMS

Em seu conjunto, os argumentos de Mark Solms, quando examinados detidamente como faremos a seguir, são frágeis e tendenciosos. Como existem vários trabalhos publicados pelo autor, seguiremos a discussão crítica de suas ideias enfocando um artigo no qual resume seu ponto de vista (Solms, 2004).

Como pressupostos básicos da psicanálise, Solms enumera a *motivação inconsciente* e a *repressão*. Uma visão abrangente sobre a mente não pode deixar de lado os fenômenos do inconsciente, uma vez que a maior parte das operações mentais – a base do *iceberg*, para usar uma boa metáfora freudiana – se dá fora do âmbito consciente.

No entanto, a teoria psicanalítica sobre motivação inconsciente e repressão é obscura e não encontra evidências satisfatórias que a sustentem, muitas vezes entrando em choque direto com o conhecimento corrente em neurociências. Ao contrário do que Solms procura forçosamente demonstrar, a comunidade científica não precisa necessariamente adotar as ideias de Freud sobre o inconsciente ou então cair na posição de rejeitar a existência do processamento implícito. Podemos aceitar a ideia geral de inconsciente e utilizar o modelo do novo inconsciente, que está atualmente em fase explosiva de pesquisa. A teoria do novo inconsciente é uma visão alternativa sobre os processos inconscientes que apresenta mais coerência e compatibilidade com as neurociências, uma vez que é solidamente alicerçada nas ciências do cérebro e partilha a mesma base epistemológica, ao contrário da psicanálise.

Para Solms, o objetivo da psicoterapia psicanalítica está em rastrear as raízes inconscientes e confrontá-las com uma análise racional. O autor faz uma descrição tendenciosa, pois evidenciou apenas uma faceta bastante razoável dos objetivos terapêuticos da psicanálise, sem ressaltar que eles estão inextricavelmente emaranhados com uma série de outros pressupostos teóricos, não tão razoáveis, que outras formas de psicoterapia não compartilham. Como examinaremos mais tarde, Aaron Beck, um psiquiatra seguidor da psicanálise que estava insatisfeito com o progresso de seus pacientes, fundou, na década de 1970, a terapia cognitiva, uma abordagem que postula o mesmo objetivo terapêutico: a substituição de pensamentos irracionais por leituras da realidade mais maduras e baseadas nas evidências. Também examinaremos o trabalho de Jeffrey Young, que ampliou essa teoria ao descrever o que chamou de *esquemas iniciais desadaptativos* (Young, 1999, 2003; Young e Klosko, 1994; Young, Klosko e Weishaar, 2003), um conjunto de crenças e sentimentos incondicionais sobre si mesmo que *filtra*, *codifica* e *avalia* os estímulos, dessa forma reagindo a eles de acordo com padrões inconscientes infantis, o que leva a uma aproximação interessante com a noção psicanalítica de raízes inconscientes, sendo substituídas por pensamentos mais racionais – sem, no entanto, aceitar a metateoria freudiana. Hoje em dia a prática da terapia cognitiva está em ascensão mundial com cada vez maior reconhecimento da comunidade científica, em parte pela grande eficácia demonstrada em estudos controlados, resultado que a psicanálise não obtém (no entanto, para ser justo, é preciso notar que eficácia terapêutica não atesta necessariamente a correção de uma teoria).

Outro equívoco do autor é confundir níveis *complementares* de análise com níveis *mutuamente exclusivos*. Segundo Solms, para Freud, a depressão é produto da destruição das primeiras ligações sentimentais na infância, enquanto na "psicologia moderna" é vista como um desequilíbrio químico cerebral. As modificações neuroquímicas nas monoaminas e neuro-hormônios não excluem de forma alguma a possibilidade de implicação de experiências infantis na gênese da depressão, pois são níveis diferentes e complementares de abordagem. Em um experimento ilustrativo (Nathan, 1995), ratos recém-nascidos foram separados de suas mães por breves períodos durante cerca de 10 dos seus 21 primeiros dias de vida, antes de deixá-los crescer (depois de desmamados) em uma colônia normal de ratos. Quando adultos, os ratos que foram privados de suas mães mostraram sinais claros de alterações nos neurônios que contém CRF, as mesmas observadas em pacientes depressivos – como aumentos no hormônio adrenocorticotrófico (*ACTH*) induzidos por estresse e elevações de concentrações do fator liberador de Corticotropina (*CRF*) em várias áreas do cérebro. O nível de corticosterona (o cortisol dos ratos) também se elevou. Tais descobertas sugerem que um aumento permanente na expressão do gene CRF e consequentemente na produção de CRF ocorreu nos ratos que foram privados de suas mães – ou seja, uma alteração neuroquímica causada por distúrbios na interação mãe-filhote.

Atualmente, o modelo predominante para depressão é o *estresse-diátese*, que engloba as variáveis neuroquímicas, genéticas e ambientais em diferentes níveis de análise complementares – uma predisposição genética pode somar-se a experiências infantis produzindo alterações neuroquímicas, por exemplo – sem necessariamente concordar com os complicados pressupostos psicanalíticos sobre o tipo de experiências ambientais envolvidas na gênese da depressão.

Solms argumenta que os neurocientistas concentram-se em pontos específicos e não veem o quadro geral (Solms, 2004). Falta uma teoria geral, e a de Freud é bastante abrangente. Como o especialista em sono e sonhos J. Allan Hobson aponta em seu contraponto ao artigo, sua abrangência não é virtude se Freud estiver equivocado. A abrangência nos seduz, pois promete atender ao apelo de *explicar*, *prever* e *controlar* um grande conjunto de fenômenos. No entanto, precisamos de evidências de que as promessas teóricas se traduzem em *real* poder preditivo e explicativo, pois, caso contrário, corre-se o risco de construir um sistema de crenças religiosas.

Uma das afirmações mais forçadas de Solms é a de que os neurocientistas estão chegando a uma espécie de consenso em relação à teoria psicanalítica e considerando-a o novo mapa geral da área. A realidade é bem distante disso, pois as referências à teoria psicanalítica são ocasionais, em geral relacionadas a temas específicos classicamente investigados por Freud como sonhos ou memórias traumáticas. Segundo avalia a neurocientista Suzana Herculano-Houzel (2005), nenhum entre mais de 60 mil trabalhos fez menção a Freud ou à psicanálise nos dois últimos anos das reuniões da Sociedade de Neurociências norte-americana. Em artigos científicos, um ou outro grupo menciona a psicanálise ao investigar as bases cerebrais de fenômenos específicos reconhecidos por Freud, como a repressão de memórias.

O quadro descrito por Solms é tendencioso e faz parecer que neurocientistas famosos como Kandel, LeDoux, Damásio e Ramachandran compartilham a teoria freudiana da mente. Basta uma breve consulta às obras de divulgação científica desses autores (Kandel, 2003; LeDoux, 1997; Damásio, 1999, 2000, 2003; Ramachandran, 1996; Ramachandran e Blakeslee, 2002) para verificar que isso é incorreto. Aqui o raciocínio falacioso está em confundir uma *total adesão* à teoria de Freud (o que é bastante raro entre neurocientistas) com uma posição de abertura intelectual para examinar cientificamente as hipóteses freudianas ("não jogar o bebê fora com a água do banho", como diz Ramachandran), reinterpretando-as à luz das neurociências (essencialmente, a ideia de um novo inconsciente).

O autor procura enumerar descobertas fascinantes das neurociências na tentativa de embasar biologicamente as ideias de Freud, citando os sistemas de memória explícita e implícita, a amnésia infantil e a anosognosia. Solms escolheu exemplos frágeis, cujo exame atento acaba expondo não virtudes, mas *limitações* da teoria psicanalítica. Os neurocientistas atualmente sabem que existem vários sistemas de memória, e o trabalho de LeDoux (1997) mostrou que certas condições, como o estresse, podem alterar o funcionamento do sistema explícito (memória declarativa), mediado sobretudo pelo hipocampo, e exacerbar o sistema de memória implícita (ou não declarativa), orquestrado, no aspecto da memória emocional, primordialmente pela amígdala cerebelar. Assim, estímulos associados ao perigo poderiam eliciar uma reação de medo sem que o sujeito tenha acesso consciente às razões de seu comportamento. Como vimos, a hipótese básica de que fatores inconscientes atuam no comportamento é corroborada pela evidência neuropsicológica, mas isso não equivale a validar a metateoria freudiana. A inevitabilidade da aceitação da noção de inconsciente não implica concordar com toda a teoria de Freud sobre o inconsciente – ou seja, os neurocientistas podem apoiar-se no novo inconsciente, que descreve o processamento inconsciente de informação que ocupa a maior parte do funcionamento do cérebro.

Solms consegue enxergar corroboração para a explicação psicanalítica no fenômeno da amnésia infantil, um dos pontos mais vulneráveis da teoria freudiana. Citando mais uma "evidência", comenta que, "como supôs Freud, não é que tenhamos esquecido nossas lembranças mais antigas, simplesmente não conseguimos trazê-las à consciência" (2004, p. 53). Como discutimos na seção sobre memória, as memórias declarativas da tenra infância não foram reprimidas – apenas *não foram codificadas*, por causa da imaturidade hipocampal. O hipocampo amadurece de modo bem mais lento do que a amígdala, e somente aos 3 ou 4 anos é que pode registrar as primeiras lembranças conscientes, no caso, memória *explícita* ou *declarativa*. No entanto, o sistema de memória *implícita* emocional, mediado pela amígdala cerebelar (LeDoux, 1999) amadurece muito mais cedo (já apresenta funcionalidade desde o nascimento) e aprende a reagir ao mundo de acordo com as experiências vivenciadas, de forma que o efeito dessas experiências pode se manifestar mais tarde no comportamento, sem que o sujeito tenha acesso consciente às razões subjacentes à sua conduta.

É difícil estimar qual desses argumentos apresenta maior distorção, mas uma boa aposta seria a citação de Ramachandran como apoio à noção de repressão freudiana. Repressão é um mecanismo fundamental para compreender o inconsciente (tanto o dinâmico como o cognitivo), e o estudo do neurocientista Ramachandran sobre a anosognosia lança luz sobre como o cérebro pode reprimir memórias seletivamente. Ramachandran, em seu livro *Fantasmas no Cérebro* (2002), rejeita completa e explicitamente a explicação freudiana sobre anosognosia e sustenta que o hemisfério esquerdo produz negações, repressão, confabulações e outras formas de autossugestão.

Os pacientes com um padrão diferente de lesão no hemisfério direito têm noção normal de suas deficiências, e aqueles com lesão idêntica, só que no hemisfério esquerdo, não desenvolvem a anosognosia. Antônio Damásio deixa clara sua posição de rejeição das explicações psicanalíticas sobre a anosognosia ao comentar esse fato, criticando uma explicação em termos de "motivação psicodinâmica" (Damásio, 2000, p. 270).

> A atitude dos neurocientistas é a de *aproveitar* e *remodelar* as hipóteses freudianas, e não a de fornecer um apoio integral à sua metapsicologia.

A atitude dos neurocientistas é a de *aproveitar* e *remodelar* as hipóteses freudianas, e não a de fornecer um apoio integral à sua metapsicologia. Segundo Ramachandran (2002, p. 198), "toda a comunidade da neurociência tem profunda desconfiança de Freud (...)". Mais adiante, reconhece o crédito de Freud por apontar o papel das defesas psicológicas na organização de nossa vida mental.

> Infelizmente, os esquemas teóricos que construiu para explicá-los eram nebulosos e não eram testáveis. Apelou com demasiada frequência para uma terminologia obscura e tinha verdadeira obsessão pelo sexo para explicar a condição humana. Além disso, nunca fez experiências para confirmar suas teorias.

De modo curioso, Solms atribui a Freud a noção revolucionária de homem como animal, quando nós sabemos que é um legado darwinista. Freud tinha profunda admiração por Darwin (mas, a admiração não era recíproca);

em contrapartida, como observam Nesse e Lloyd (1992), um pensamento evolucionista equivocado e antropologicamente ingênuo permeou sua obra, pois suas explicações eram lamarckistas e baseadas na seleção de grupo. Depois de defender modelos animais, Solms cita o trabalho de Jaak Panksepp e outros neurocientistas que concebem os sistemas motivacionais de forma diferente da psicanálise, admitindo corretamente que "os neurocientistas modernos não aceitam a classificação freudiana da vida instintiva como simples dicotomia entre sexualidade e agressão" (Solms, 2004, p. 55).

Freud, segundo Solms, "não via motivo para o antagonismo entre psicanálise e psicofarmacologia" (p. 55). A integração com tratamentos medicamentosos é parte do modelo psicoterápico da terapia cognitiva, em que se pesquisa em detalhes as diferentes formas de interação dos fármacos e de estratégias terapêuticas. Para muitos transtornos como depressão, a melhor abordagem é o chamado *tratamento combinado*, no qual o paciente se beneficia dos avanços na psicofarmacologia associada à psicoterapia cognitivo-comportamental. Também é correta a afirmação de Solms de que "tecnologias de imagem mostram que a psicoterapia atua no cérebro de modo semelhante aos medicamentos" (p. 55). Baxter e colaboradores (1992) estudaram grupos de pacientes obsessivos-compulsivos e demonstraram através de tomografias computadorizadas por emissão de pósitrons (*PET Scan*) que tanto a psicoterapia comportamental como antidepressivos (*fluoxetina*) promoveram os mesmos resultados clínicos e, mais interessante, a mesma alteração neural no *núcleo caudado*. Dessa forma, foi demonstrado que a psicoterapia promove seus resultados em determinado transtorno psicológico graças à sua capacidade de alterar o padrão de funcionamento da atividade neural. Esses mesmos resultados foram posteriormente replicados com sucesso (Schwartz et al., 1996).

No entanto, não existe estudo mostrando modificação neural depois da psicoterapia psicanalítica – existem, sim, vários estudos demonstrando a mudança de padrões de áreas cerebrais em resposta à terapia cognitiva e comportamental –, e poucos estudos sobre psicoterapia de base psicodinâmica (ver revisão atual em Callegaro e Landeira-Fernandez, 2008). No contexto em que foi colocada, a frase do autor induz o leitor menos informado à falsa crença de que os resultados comprovados são provenientes da psicoterapia psicanalítica.

Solms (2004) argumenta ainda que o futuro aponta para uma integração que resolveria a dicotomia entre a manipulação química do cérebro pela psicofarmacologia e a valorização psicanalítica de trajetórias de vida. Tal dicotomia é falsa, uma vez que não só a psicanálise, mas todas as formas de psicoterapia valorizam as trajetórias de vida, e que a psicofarmacologia nunca excluiu tal aspecto crucial, embora atue em nível bioquímico.

Em síntese, a tese central do artigo de Solms (2004) que resume sua posição é bastante frágil. Está bem claro que é desejável neurocientistas e psicoterapeutas com uma postura de mente aberta quanto à possibilidade de revisar as hipóteses de Freud, procurando nas modernas tecnologias de pesquisa do cérebro formas de testar suas ideias. Mas afirmar que a psicanálise está sendo louvada pelos neurocientistas como o novo mapa geral da mente, como afirma Solms, é considerado por alguns como forçoso e, por outros, como um equívoco (Herculano-Houzel, 2005).

O SIGNIFICADO DOS SONHOS

Especulações sobre sonhos são uma espécie de carro-chefe da neuropsicanálise, e nesse aspecto Solms conta com a ajuda do neurofisiologista e psicanalista italiano Mauro Mancia (1999, 2004). A hipótese freudiana sobre os sonhos, que considera como formas de vislumbrar desejos inconscientes, "a satisfação alucinatória de um desejo removido na infância" (Mancia, 2004, p. 51), foi muito bem rebatida por J. Allan Hobson, autoridade na pesquisa do sono, no contraponto que os editores da *Scientific American* cautelosamente inseriram no artigo de Solms. Os sonhos são emocionalmente importantes, mas existem teorias explicativas com base em evidências que se coadunam com a visão neurocognitiva do inconsciente (Hobson, 1988, 1997), como o modelo "ativação-síntese" proposto por Hobson e Robert McCarley em 1977.

Solms defende a teoria onírica de Freud com base no argumento de que ela confere um significado aos sonhos. Os sonhos podem ter significados, mas não os imaginados por Freud, segundo afirma o neurocientista Jonathan Winson (1985, 2004). O pesquisador acredita que os sonhos refletem um processo mnemônico básico dos mamíferos, um meio pelo qual os animais formam estratégias de sobrevivência e avaliam a experiência atual à luz dessas estratégias, reprocessando durante o sono as informações adquiridas durante a vigília. Winson reconhece, como Freud, um "profundo núcleo psicológico" nos sonhos, com suas tramas complexas que envolvem inseguranças, temores, autoimagem, desejos e componentes variados. No entanto, reconhece também que a interpretação freudiana dos sonhos está fundamentalmente equivocada, pois o modelo psicanalítico do inconsciente, o inconsciente dinâmico, não consegue explicar o funcionamento da mente que sonha. Vejamos o comentário de Winson (2004, p. 65):

> Por razões que não podia conhecer, Freud apresentou em sua obra uma verdade profunda. Há um inconsciente, e os sonhos são, de fato, a via privilegiada para compreendê-los. Entretanto, as características dos processos inconscientes e associados do funcionamento do cérebro são muito diferentes daquelas imaginadas por Freud. Proponho que o inconsciente seja considerado não como um caldeirão de paixões indomáveis e desejos destrutivos, mas como uma estrutura mental continuamente

ativa e coesa que registra as experiências e reage com seu próprio esquema de interpretação. Os sonhos não são dissimulados em razão da repressão. Seu caráter incomum resulta das complexas associações que são selecionadas da memória.

O neurocientista brasileiro Sidarta Ribeiro pesquisa a relação entre sonhos e memória, e, em um artigo de revisão (2003) sobre o assunto, encontrou sustentação para duas hipóteses levantadas por Freud: a de que os sonhos envolvem o processamento das experiências do dia anterior e a facilitação de aprendizado. Por outro lado, outras teorias sobre os sonhos também partilham essas hipóteses – na realidade, nenhuma teoria as contesta. Além disso, não são hipóteses centrais da teoria psicanalítica sobre sonhos. Ribeiro (2003, p. 61) observa que

> curiosamente, os aspectos do legado psicanalítico corroborados até o momento pela biologia e pela psicologia experimental são observações marginais de Freud e Jung, discretas menções *en passant* às funções biológicas do teatro dos sonhos.

AS DUAS NEUROPSICANÁLISES

No cenário atual, podemos dizer que existem *duas neuropsicanálises*, dois enfoques diferentes sobre a integração da metateoria freudiana com as neurociências. O grupo comprometido com a psicanálise, liderado por Mark Solms, procura enxergar nas descobertas atuais sobre o funcionamento cerebral uma confirmação das ideias de Freud. O segundo grupo é composto por neurocientistas como Ramachandran, Damásio, Sacks, Kandel e LeDoux, entre muitos outros, que não aceitam a metateoria freudiana, mas vislumbram, em algumas noções psicanalíticas, o estágio embrionário de hipóteses que podem ser úteis na moderna investigação do cérebro, da mente e do comportamento. Podemos traçar uma comparação de como se posicionam as duas neuropsicanálises em relação às neurociências com os conceitos de *assimilação* e *acomodação* de Jean Piaget (1970a; 1970b). O psicólogo cognitivo chamava de assimilação o processo autoconservador dos esquemas mentais, em que as estruturas cognitivas tentam "encaixar" as novas informações incompatíveis com os esquemas, enquanto a acomodação representa o movimento contrário, quando os esquemas se modificam para encaixar as novas informações. Enquanto a neuropsicanálise do grupo de Solms busca a *assimilação* das descobertas da neurociência à metateoria psicanalítica, a neuropsicanálise dos neurocientistas e o próprio modelo do novo inconsciente buscam a *acomodação* das hipóteses freudianas que passarem por testes científicos.

A imagem de uma neuropsicanálise unificada, com psicanalistas e neurocientistas apoiando e endossando as mesmas ideias de forma homogênea, é

> A realidade é que nem os psicanalistas concordam com os pressupostos epistemológicos e teóricos das neurociências, nem os neurocientistas estão convencidos das teorias de Freud.

mais uma jogada de *marketing* do que uma descrição que verdadeiramente corresponda ao panorama contemporâneo da pesquisa sobre mente e cérebro. A realidade é que nem os psicanalistas concordam com os pressupostos epistemológicos e teóricos das neurociências, nem os neurocientistas estão convencidos das teorias de Freud.

O psicanalista Victor Manoel Andrade (2003, p. 23) explica bem o clima atualmente vigente entre os dois campos:

> A maioria de psicanalistas e neurocientistas desaprova este estreitamento de relações. Sabe-se do pouco apreço que a ciência, de um modo geral, tem pela psicanálise, por considerá-la desprovida de fundamento científico. Os psicanalistas, por sua vez, em atitudes defensivas, costumam ver na psicanálise um conhecimento transcendente, com características de nova espécie de religião. Nessa postura radical, qualquer método de investigação da mente que esteja fora dos parâmetros psicanalíticos é menosprezado. A evidência neurocientífica de que a mente é o trabalho de cérebro é recebida com incredulidade por alguns e, por outros, até com desdém arrogante, à semelhança do modo como a teoria evolucionária foi recebida pelos criacionista.

Andrade (2003) segue criticando os colegas psicanalistas que se mantêm desatualizados em termos de conhecimento em ciências do cérebro, afirmando que "não se pode continuar negando por muito tempo" (p. 23) tais evidências. Segundo o psicanalista,

> no que concerne à psicanálise, é impossível continuar desconhecendo certas descobertas neurocientíficas no campo de memória, das emoções, dos sonhos, da relação intersubjetiva, do pensamento verbal, da especificidade dos hemisférios cerebrais, assim como da própria consciência. Andrade (2003, p. 23)

Freud criou um corpo doutrinário e conceitual próprio, obtido por meio de um método exclusivo, o que cria um abismo epistemológico com os princípios norteadores da filosofia da ciência contemporânea e, assim, com a neurociência. A psicanálise é um *sistema fechado* em relação à verificação de suas ideias – tem um método próprio de obter seus conhecimentos e não pode ser refutada – enquanto a neurociência é um *sistema aberto à verificação*, com métodos que primam pela objetividade e pelo teste experimental. A psicanálise permanece isolada em instituições próprias e cultua as ideias de seu fundador de forma religiosa, enquanto os neurocientistas estão envolvidos em uma grande discussão mundial sobre hipóteses concorrentes e as evidências que as sustentam. Alguns psicanalistas, como Andrade (2003, p. 22), parecem perceber claramente o problema representado pelo pensamento religioso na psicanálise. "Chegou o momento de refrear a ânsia de produzir novas teorias que só infundem credibilidade a seus formuladores e ao pequeno séquito à sua volta, não passando de fenômenos setoriais ou regionais".

Os debates em neurociências não correm o risco de estagnação e pensamento escolástico, uma vez que existe um fluxo contínuo de novas hipóteses, normalmente publicadas em artigos com lastro empírico. Para cada proposta de novas ideias, existem dezenas de pesquisadores dispostos a questioná-las com observações ou experimentos inéditos. O destino da maioria das hipóteses é ser rapidamente refutadas por evidências contrárias, e somente aquelas que sobrevivem a um escrutínio meticuloso e são posteriormente replicadas por outras equipes de pesquisa vão, pouco a pouco, sendo aceitas pela comunidade de neurocientistas. No entanto, as hipóteses e as teorias vencedoras aguardam o inevitável momento em que serão destronadas e substituídas por modelos que predizem melhor o funcionamento da natureza.

Este espírito de *debate, verificação, replicação* e *refutação* está no cerne do empreendimento científico, ou seja, das ciências do cérebro. Se compararmos com honestidade os pressupostos epistêmicos das neurociências com os da psicanálise, revela-se uma grande fragilidade na defesa de uma idealização do pensamento de Freud. Como poderia uma mente isolada, mesmo que brilhante, dispondo apenas dos rudimentares conhecimentos disponíveis 100 anos atrás sobre comportamento, cognição, cérebro e evolução, transcender magicamente essas limitações e delinear uma teoria definitiva sobre a mente? O simples fato de considerarmos hoje hipóteses freudianas no debate em neurociências é uma prova da genialidade do fundador da psicanálise, mas, a não ser que exista um sério viés financeiro ou emocional distorcendo uma visão ponderada sobre isso, não é defensável assumir que as ideias de Freud são, *definitivamente*, o melhor modelo sobre a mente.

A NEUROPSICANÁLISE E O NOVO INCONSCIENTE

O significado positivo da *Sociedade Internacional de Neuropsicanálise* e de sua revista é de diálogo e de derrubada das barreiras semânticas entre as disciplinas para que seja possível a inspiração nas ideias de Freud, revisitadas à luz da moderna neurobiologia do cérebro – é com essa posição construtiva que grandes neurocientistas aceitaram participar da sociedade. A teoria do novo inconsciente, no entanto, tem o mesmo espírito saudável de escrutínio científico das noções psicanalíticas, mas emerge como a alternativa epistemologicamente mais coerente e cientificamente satisfatória para um modelo amplo da mente que integra o processamento consciente e inconsciente com o conhecimento corrente sobre cérebro e evolução.

Para enriquecer mais o novo modelo, convido o leitor, nesta parte final do livro, para aventurar-se em incursões teóricas inspiradas em *insights* advindos da psicologia clínica. O método clínico pode trazer elementos importantes para a compreensão do inconsciente, e agora examinaremos sob uma perspectiva histórica as contribuições das escolas psicoterápicas. Iniciaremos com o exame da abordagem psicoterápica daqueles clínicos que se formaram na psicanálise ortodoxa, mas que rejeitaram seus pressupostos e elaboraram novas conceitualizações sobre o inconsciente, construindo um movimento denominado *neopsicanálise*. Iniciamos a discussão apresentando a teoria sobre o processamento inconsciente de Karen Horney, uma das neopsicanalistas mais destacadas.

22
O legado da neopsicanálise

A NEOPSICANÁLISE

Em 1885, em Hamburgo, na Alemanha, nasce Karen Horney, uma menina de personalidade forte e caráter independente, que viria a dar imensas contribuições à psicanálise (Quinn, 1988). Horney estudou medicina e tornou-se psiquiatra, sendo analisada pelo famoso psicanalista Karl Abraham, que constituía a vanguarda do pensamento freudiano na época e fundou o *Instituto Psicanalítico de Berlin*, em 1920, publicando uma série trabalhos nas quais esboçava uma teoria do desenvolvimento feminino crítica à teoria de Freud. O círculo psicanalítico, fortemente influenciado por Freud, rejeitou suas ideias, como fazia com qualquer defensor de posições não ortodoxas. Freud reagiu a suas ideias feministas, acusando-a de não aceitar sua própria inveja do pênis (Simon, 1991).

Com uma atmosfera hostil na Alemanha, Karen Horney aceita o convite para se tornar diretora associada de um novo Instituto de Psicanálise em Chicago, em 1932. O convite veio com a aprovação de Freud; mesmo assim, dois anos depois, Horney, inquieta com sua posição incômoda, associa-se ao *Instituto Psicanalítico de Nova York*. Mulher enérgica e pouco convencional, defendia com firmeza suas posições teóricas, cada vez mais distantes do pensamento tradicional freudiano. A situação agrava-se com o passar do tempo, e os freudianos ortodoxos não aceitam mais seus pontos de vista divergentes. Em 1941, a Sociedade Psicanalítica de Nova York vota seu afastamento do cargo de professora e supervisora clínica (Quinn, 1988).

Horney começara a escrever livros sobre suas ideias, que já referia como uma nova teoria, formando com seus discípulos a *Associação para o Avanço da Psicanálise*, cujo espírito era, segundo a neopsicanalista, "evitar qualquer rigidez conceitual e responder às ideias, sejam quais forem suas fontes, em um espírito de democracia científica e acadêmica" (citado em Quinn, 1988, p. 353). O dogmatismo quase escolástico dos psicanalistas ortodoxos e a excessiva reverência a Freud sempre a inquietaram. Funda o *American Journal of Psychoanalysis*, que difunde ideias inovadoras quanto à teoria psicanalítica, sempre em um espírito de debate intelectual. Em 1952, Karen Horney retorna de longa viagem ao Japão e morre vitimada por um câncer abdominal que não havia sido diagnosticado.

> O inconsciente é um poderoso determinante da personalidade e do comportamento humano, mas não aceitou as premissas freudianas, como a ênfase nos conflitos relacionados com a expressão da libido.

Horney acreditava que o inconsciente é um poderoso determinante da personalidade e do comportamento humano, mas não aceitou as premissas freudianas, como a ênfase nos conflitos relacionados com a expressão da libido. Segundo suas observações clínicas, os conflitos mais relevantes estavam relacionados com as relações interpessoais e com as forças internas, o que chamou de conflito íntimo central. Além disso, valorizava forças culturais, questionando a suposta universalidade dos conflitos descritos por Freud (Cloninger, 1999). Tais posições foram chamadas de diversas formas, como *psicanálise interpessoal*, *psicanálise social* ou *movimento culturalista* (partilhado por teóricos dissidentes como Erich Fromm e H.S. Sullivan). O movimento de Fromm, Sullivan e Horney, entre outros, foi intitulado também de *neopsicanálise*, pois buscavam renovar o pensamento psicanalítico aceitando parte da teoria, mas rejeitando alguns aspectos.

A visão de Karen Horney sobre os processos inconscientes é lúcida e brilhante. Dotada de um excepcional espírito de observação clínica e perspicácia incomum, demonstrou também elevada capacidade de ser honesta consigo mesma ao empreender sua autoanálise, o que contribuiu para o desenvolvimento de sua teoria sobre a neurose. Sua obra seminal, *Neurose e Desenvolvimento Humano*, originalmente publicada em 1950 (Horney, 1950), é pouco conhecida pelo leitor brasileiro. Nesse livro, Horney oferece uma teoria heurística e clinicamente útil sobre o inconsciente, sem recorrer aos conceitos e às hipóteses freudianas com os quais não concordava. Sua contribuição para o desenvolvimento posterior da terapia cognitiva (uma forma de terapia que discutiremos a seguir) foi fundamental, conforme comentam os psicoterapeutas Arthur Freeman e Frank Dattilio, ao assinalar que, para Horney, "as visões do indivíduo a respeito do *self* e do mundo pessoal são fundamentais para determinação do comportamento" (Freeman e Dattilio, 1998, p. 20).

NEUROSE E DESENVOLVIMENTO HUMANO

A teoria de Karen Horney (1950) postula que uma criança sadia tem uma série de possibilidades intrínsecas, forças que não são adquiridas nem aprendidas, e que, se encontrarem condições favoráveis, se desenvolverão naturalmente, da mesma forma que uma semente em solo fértil. A criança desenvolverá

> (...) a clareza e a profundidade de seus próprios sentimentos, pensamentos, desejos e interesses; a habilidade de canalizar seus próprios recursos; o poder de sua força de vontade; as capacidades ou os talentos especiais que possa ter; a faculdade de se expressar e de se pôr em contato com os outros, por meio de seus sentimentos espontâneos. (Horney, 1964, p. 19)

Encontrando, com o tempo, seu conjunto de valores e seus objetivos na vida, o sujeito crescerá no sentido de sua autorrealização. A força interna central que busca realizar suas potencialidades é a fonte primária do desenvolvimento humano, o que Horney chamou de "eu real" (*real self*). No entanto, uma série de circunstâncias adversas atua de forma a não permitir que uma criança se desenvolva de acordo com suas próprias necessidades e possibilidades. Uma constelação de fatores interpessoais (excessiva proteção, pessoas exigentes demais, irritáveis, indiferentes, etc.) fazem com que a criança desenvolva uma grande insegurança, o que Horney chamou de *angústia básica* – a "sensação de estar isolada e desamparada em um mundo potencialmente hostil".

A criança submetida a tais pressões precisa encontrar maneiras de lidar com as pessoas que diminuam sua angústia básica, o que a leva a tornar *rígidas* e *extremadas* as atitudes de se aproximar das pessoas, rebelar-se contra elas ou afastar-se. Os impulsos de lutar, fugir ou aproximar-se estão presentes e alternam-se nas relações humanas normais, mas na criança com angústia básica o uso dessas estratégias torna-se exagerado e inadequado às situações. A afeição pode transformar-se em dependência, a obediência pode transmutar-se em sujeição, por exemplo.

> A afeição pode transformar-se em dependência, a obediência pode transmutar-se em sujeição, por exemplo.

Tal processo implica mudanças na personalidade como um todo – o desenvolvimento de *necessidades*, de *sensibilidades*, de *inibições* e de *valores* adequados à solução que adotou para seus conflitos nas relações humanas. Uma criança predominantemente submissa tende não apenas a comportar-se de forma dependente e tímida, como também a ser altruísta e boa, enquanto outra agressiva demonstra uma propensão para valorizar a força.

Os conflitos fazem com que o indivíduo sinta-se menos equipado do que os outros para a vida, isolado e cercado por um ambiente hostil, o que o leva a lançar mão de estratégias artificiais para lidar com os outros, passando por cima de seus sentimentos genuínos. À medida que a segurança torna-se primordial, seus pensamentos, sentimentos e desejos verdadeiros são silenciados, e seu *eu real* vai se desvanecendo – o sujeito não sabe mais quem *realmente* é. A prioridade passa a ser construir uma identidade que possa diminuir sua angústia e aumentar sua segurança, dispondo de um recurso para isso sua imaginação. "Gradual e inconscientemente, sua imaginação começará a trabalhar e criará uma *imagem idealizada* dele próprio. E, por meio desse processo, ele adornar-se-á com poderes ilimitados e faculdades superiores (...)" (Horney, 1964, p. 24).

A autoidealização implica em uma glorificação dos atributos do *self*, conferindo uma sensação de valor e de superioridade. Essa idealização fornece um senso de identidade e unidade e não é construída aleatoriamente, mas sim sobre os materiais fornecidos pelas experiências anteriores, pelas fantasias, pelas necessidades especiais e pelas qualidades do sujeito. "Tudo aquilo que lhe parece falha ou defeito é sempre diminuído ou retocado" (Horney 1964, p. 25). Embora o comportamento do sujeito seja submisso, sua percepção consciente é de que é bondoso. Ou então comporta-se agressivamente, mas transforma isso em força e liderança, ou mesmo maquia sua indiferença atrás das virtudes de sabedoria, de independência e de autossuficiência.

Desse modo, a imagem idealizada transforma-se aos poucos em um "eu" idealizado, que com o tempo torna-se mais importante do que o eu verdadeiro, em uma mudança profunda do centro de gravidade psicológico do indivíduo. O sujeito não se move mais na direção de realizar seu eu verdadeiro, começa a abandoná-lo para atingir os padrões da imagem endeusada que nutre de si mesmo. O eu idealizado parece-lhe como aquilo que ele *poderia* ou *deveria ser*. "Transforma-se o eu idealizado em um ponto de referência para o indivíduo se observar, em um padrão com que o indivíduo se compara" (Horney, 1964, p. 26).

Horney acreditava que esse processo tinha uma influência modeladora sobre todo o desenvolvimento da personalidade, levando a uma trágica drenagem da energia que impulsionaria o sujeito para a autorrealização, agora desviada para atingir o objetivo de *realizar o eu idealizado*. Os processos de distorção são cruciais, pois "a criação de um eu idealizado só pode ser conseguida às expensas da verdade a respeito de si próprio. A realização do "eu" exige novas deformações da realidade, e a imaginação é um servo obediente para esse intento" (1964, p. 42).

> O processo de autoidealização de Horney pode ser visto, à luz dos mecanismos do novo inconsciente, como um poderoso gerador de *dissonância cognitiva*.

O processo de autoidealização de Horney pode ser visto, à luz dos mecanismos do novo inconsciente descritos anteriormente, como um poderoso gerador de *dissonância cognitiva*. O eu ideal corresponde a um conjunto de padrões esperados que o sujeito deveria apresentar, um conjunto de expectativas sobre o comportamento. O eu "real" corresponde àquilo que o sujeito realmente apresenta em sua conduta, seu comportamento real. Quanto maior a defasagem entre os dois, maior a dissonância cognitiva e, por conseguinte, a pressão para reduzi-la. Ou seja, a distância entre as expectativas quanto ao *self* (eu idealizado) e o comportamento efetivamente demonstrado (eu real) aumenta a dissonância. Para reduzir a dissonância, o sujeito lança mão, inconscientemente, de uma série de dispositivos de deformação da realidade, como o autoengano, a memória construtiva e as falsas memórias, bem como os mecanismos de defesa que vimos antes, com a provável participação da especialização hemisférica e da habilidade narrativa do intérprete do cérebro esquerdo.

EXIGÊNCIAS IRRACIONAIS

Para Horney, o processo de autoidealização implica exigências excessivas quanto ao mundo externo. O eu idealizado, visto como um conjunto de expectativas errôneas quanto ao *self*, estende suas expectativas para prever a forma como o *self* será recebido pelos outros. Nesse processo, transforma as suas necessidades e seus desejos em exigências, cuja não satisfação leva à indignação, uma vez que o sujeito percebe suas reivindicações como "justas". A idealização de si mesmo gera uma profusão de expectativas despropositadas sobre como o mundo deve reagir ao *self*, um modelo preditivo que carrega de pressuposições errôneas as interações com as pessoas. Em outras palavras, o mundo real não trata o sujeito como ele acredita que deveria ser tratado, pois seu *eu real*, a forma como se comporta efetivamente, está bem distante de seu *eu idealizado* e de suas expectativas de ser especial.

Em suma, as forças inconscientes que levam a um processo de idealização desembocam em uma percepção consciente bastante deformada dos direitos interpessoais e da própria relação do sujeito com o mundo natural – tanto o destino como as outras pessoas deveriam respeitar suas ilusões, ter mais consideração e respeito para com suas expectativas excessivas. É evidente que a percepção consciente desse processo é minada pelos mecanismos de distorção e autoengano, de forma que o sujeito acredita ser justo em suas avaliações, apesar das enormes discrepâncias entre o que *espera* e aquilo que *realmente ocorre*. No entanto, as forças emocionais que geram a idealização e todas as grandiosas ilusões a seu respeito não permitem que veja claramente a realidade, e, para ser coerente, o sujeito só pode concluir que existe algo errado no mundo.

Assim, perde-se um importante mecanismo de autoaperfeiçoamento: a capacidade de *aprender com os erros* cometidos. As relações de causa e efeito ficam obscuras, a capacidade de avaliar de forma realista e justa as interações humanas enfraquece, e o sujeito se vê compelido a diminuir a dissonância cognitiva deformando a realidade, sem admitir suas falhas e limitações. A perda da capacidade de retroalimentação com os erros cometidos é um importante componente da *resiliência*, conceito muito discutido atualmente (tanto por terapeutas cognitivos como por neurocientistas), o qual se refere à capacidade do indivíduo de resistir e administrar dificuldades, realizando o enfrentamento das situações adversas com um mínimo de danos.

As exigências irracionais se manifestam de várias maneiras, afetando a percepção consciente da pessoa sobre as verdadeiras razões de seu modo

> As exigências irracionais se manifestam de várias maneiras, afetando a percepção consciente da pessoa sobre as verdadeiras razões de seu modo de agir.

de agir. A pessoa cujo processo de idealização engendrou a necessidade de estar sempre certa pode sentir que está acima de críticas, e aquela que apresenta a necessidade de poder passa a acreditar que tem o direito de exigir obediência cega dos outros. As pessoas que passaram a considerar a vida como um jogo, em que todos devem ser manipulados, acham que têm o direito de enganar a todos, mas de não ser enganados nunca; a pessoa arrogante e vingativa que ofende os outros, mas que, apesar disso, precisa da ajuda deles, fica "justamente" indignada quando os outros se defendem, da mesma forma que o sujeito irritado e rabugento reclama que nunca o "compreendem".

Horney observa que a exigência irracional de ser uma exceção e estar acima das *leis de causa e efeito* pode manifestar-se em relação às leis naturais ou psicológicas. O sujeito quer ser livre e independente, mas não deveria esmerar-se em assumir a responsabilidade por si próprio; deveria conseguir as coisas sem o devido esforço pelo qual todos os mortais comuns passam, ou acreditar com sinceridade que é amado sem, antes, desenvolver seu amor próprio. Tais relações de causa e efeito estão obscurecidas, e o próprio esforço requerido para transformar-se, por meio da terapia, é visto de forma nebulosa. Os pacientes recusam-se, "inconscientemente, a ver que precisam mudar suas atitudes interiores se desejarem tornar-se independentes ou menos vulneráveis e se quiserem ser capazes de acreditar na possibilidade de serem amados"(Horney, 1964, p. 50).

Segundo Karen Horney (1964, p. 57), quatro características atestam a irracionalidade de uma exigência. Em primeiro lugar, uma exigência irracional não está baseada em um *direito real*, verdadeiramente pertencente à pessoa. O direito só existe em sua imaginação, e ela não considera as possibilidades de ser ou não atendida, como, por exemplo, a exigência fantástica de não adoecer ou envelhecer. Em segundo lugar, uma exigência irracional é *egocêntrica*, confere prioridade absoluta às necessidades do sujeito, tornando-o cego em relação às necessidades dos outros. Terceiro: espera *obter as coisas sem esforços*, de forma mágica, como, por exemplo, achando injusto não conseguir emagrecer, embora não esteja realmente mudando seus hábitos de alimentação e exercício. A quarta característica das exigências irracionais, nem sempre presente, é seu caráter *vingativo* – o indivíduo se sente prejudicado e é compelido a retribuir na mesma moeda.

> O grau de consciência que o sujeito tem das exigências depende da intensidade da autoidealização – quanto mais a visão do *self* e do mundo exterior for determinada por sua imaginação, maior o grau de mecanismos de distorção cognitiva empregados.

O grau de consciência que o sujeito tem das exigências, de acordo com Horney, depende da intensidade da autoidealização – quanto mais a visão do *self* e do mundo exterior for determinada pela sua imaginação, maior o grau de mecanismos de distorção cognitiva empregados. No nível consciente, um sujeito pode reconhecer que é impaciente e inflexível, e dirá que não gosta de agradecer ou de pedir coisas. No entanto, seu comportamento, tal como é observado pelos outros, é fazer exigências de forma arrogante e agressiva. A exigência irracional subjacente é a de que os outros façam exatamente o que deseja. Em outro exemplo clínico fornecido por Horney (1964, p. 57), um paciente pode ter consciência de que, às vezes, é afoito, mas transforma essa característica com atributos de autoconfiança ou coragem. O sujeito pode abandonar um bom emprego sem ter nenhum outro em perspectiva e achar isso uma demonstração de confiança em si mesmo – no entanto, a *exigência irracional inconsciente* é a de ser um protegido do destino.

    A obra seminal de Karen Horney parece ter extraído do método psicanalítico seu vigor, incrementado pela mente arguta e observadora da grande neopsicanalista. Em especial, sua personalidade forte e assertividade, aliados à honestidade intelectual, permitiram que ousasse desafiar os dogmas teóricos de Freud e assim refinar a teoria sobre a gênese e o desenvolvimento dos processos inconscientes. Em sua trajetória teórica, parece ter abandonado grande parte da metateoria psicanalítica clássica, levantando um modelo que pode inspirar neurocientistas e psicoterapeutas cognitivos por suas incursões pioneiras no continente desconhecido do inconsciente. Karen Horney teve profunda influência na formulação de uma das primeiras terapias cognitivas, desenvolvida por um de seus admiradores, Albert Ellis.

23
Albert Ellis e a terapia racional-emotiva comportamental

A TERAPIA RACIONAL-EMOTIVA COMPORTAMENTAL DE ALBERT ELLIS

Albert Ellis doutorou-se em psicologia clínica em Nova York, em 1947, e seu treinamento foi baseado na teoria de Karen Horney (Lega, 1999, p. 425-440). Fortemente influenciado pela teoria de Horney, mas insatisfeito com a eficácia da terapia psicanalítica, Ellis desenvolveu uma psicoterapia de cunho prático e objetivo, que de certa forma conseguiu adaptar conceitos e operacionalizar alguns aspectos do pensamento de Karen Horney de forma a maximizar sua eficácia terapêutica. Ellis situou sua teoria em pressupostos epistemológicos compatíveis com a chamada *revolução cognitiva* da década de 1960 ao utilizar conceitos da emergente psicologia cognitiva, como *avaliação* e *crenças*. A psicoterapia concebida por Ellis, denominada terapia racional--emotiva comportamental (TREC), foi inicialmente publicada em 1958 (Ellis, 1958), sendo ampliada para um modelo mais preciso em 1984 (Ellis, 1984) e faz parte das terapias cognitivo-comportamentais, um conjunto de variantes psicoterápicas que integram um modelo cognitivo com as técnicas derivadas da teoria comportamental.

Ellis tinha uma ampla bagagem filosófica e recebeu vários prêmios e menções honrosas de agremiações importantes por suas contribuições ao campo da psicologia. Publicou cerca de 50 livros e monografias e mais de 500 artigos sobre a TREC, e fundou e foi presidente do Instituto de Terapia Racional-Emotiva em Nova York, onde clinica sete dias por semana, atendendo cerca de seis grupos de psicoterapia e 70 pacientes individuais. Atualmente existem Institutos de Terapia Racional-Emotiva Comportamental afiliados ao instituto de Nova York dirigido por Ellis em muitos outros lugares nos Estados Unidos e em diversos países, como Reino Unido, Austrália, Alemanha, Itália, México, Holanda e inclusive no Brasil. Por conta de seu prestígio, pesquisas feitas na década de 1980 apontaram Ellis como o segundo nome entre os 10 mais influentes no cenário da psicologia clínica da época (Smith, 1982).

O MODELO *ABC*

O eixo central da terapia racional-emotiva comportamental é obter mudança nos padrões de pensamento do sujeito, na forma de interpretação de seus acontecimentos de vida e em seus padrões de crenças sobre si mesmo, sobre os outros e sobre o mundo em geral (Ellis e Dryden, 1885). Ellis baseou-se em Epícteto, filósofo estóico que no século I d.C. enunciou a premissa "a perturbação emocional não é causada pelas situações, mas pela interpretação dessas situações" (Lega, 1999, p. 427). Segundo Ellis, o raciocínio funcional deve basear-se em dados empíricos e seguir uma sequência lógica de premissas e conclusões – crenças baseadas nesse tipo de raciocínio seriam racionais. As crenças irracionais seriam baseadas em conclusões errôneas, ilógicas e sem base em evidências objetivas.

O modelo de Ellis é simples e pragmático, pode ser compreendido facilmente por qualquer pessoa e aplicado na vida cotidiana, com bons resultados, em curto espaço de tempo. Segundo o modelo *ABC* (ver Figura 23.1), os acontecimentos ativadores (A) passam pelo sistema de crenças (B) do sujeito antes de despertarem as consequências (C) emocionais ou de conduta. Ou seja, não reagimos simplesmente aos estímulos; antes de reagirmos, *avaliamos o significado* que esses estímulos imprimem em nossas mentes, em função de nossa história passada e das circunstâncias atuais. Se a *interpretação* é a chave para o desencadeamento das reações, então mudando a interpretação, mudamos as reações.

> Se a *interpretação* é a chave para o desencadeamento das reações, então mudando a interpretação, mudamos as reações.

MODELO ABC

A → B → C

A = Acontecimento ativador
B = Crenças (*Beliefs*) – *Interpretação* do acontecimento ativador
C = Consequências (comportamentais e emocionais)

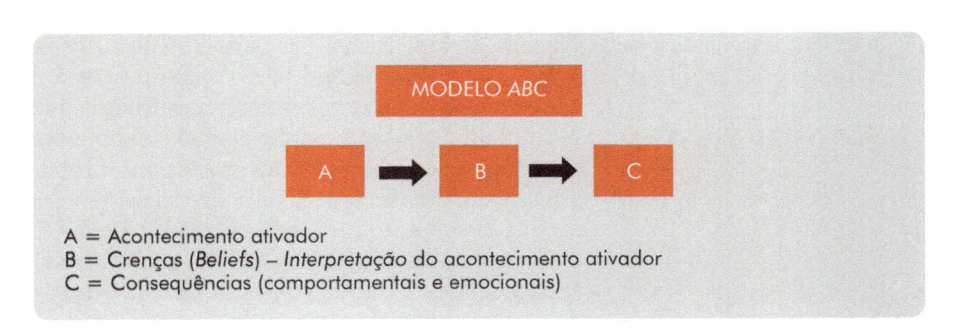

FIGURA 23.1 Modelo *ABC* da terapia racional-emotiva comportamental de Albert Ellis.

O pressuposto básico da TREC é compartilhado pelo modelo cognitivo de Aaron Beck e pela terapia cognitiva (TC), idealizado nos anos de 1960, como veremos adiante. Nesse pressuposto também percebe-se com facilidade a razão da TREC e da TC adotarem a denominação "cognitivas" – existe uma *mente* que *avalia*, *interpreta* e processa ativamente os estímulos à luz de suas *crenças*, intermediando a recepção deles e as respostas comportamentais. O reinado behaviorista do organismo como "caixa preta" que só poderia ser abordado pela relação entre estímulos e respostas cedia espaço de forma gradual para a chamada "revolução cognitiva" na década de 1960, em que a mente e seus mecanismos de processamento de informações passaram a ser objeto legítimo de investigação científica e a integrar os modelos em ciência cognitiva, psicologia cognitiva e, com Ellis e Beck, em terapia cognitiva.

A terapia racional-emotiva comportamental adota como método principal uma espécie de adaptação da epistemologia da ciência à vida cotidiana (Ellis e Dryden, 1985). Agimos como cientistas no dia a dia quando questionamos hipóteses e teorias para verificar sua validade ou não. A busca de evidências empíricas é fundamental para o cientista, e Ellis acreditava que a incorporação dessa forma de pensar, ao que chamava de *filosofia pessoal* do sujeito, era crucial durante a terapia. Se os problemas emocionais e comportamentais são originados por crenças irracionais, a TREC poderia substituí-las por crenças racionais por meio do método de *refutação* ou *debate* (Ellis, 1987; Ellis e Becker, 1982).

> Se os problemas emocionais e comportamentais são originados por crenças irracionais, a TREC poderia substituí-las por crenças racionais por meio do método de *refutação* ou *debate*

A refutação das crenças irracionais envolve três etapas. Primeiramente, os terapeutas estimulam os pacientes a descobrir as crenças irracionais que fundamentam seus problemas emocionais e comportamentais (Ellis e Harper, 1961). Depois debatem com os pacientes sobre a validade de suas hipóteses e inferências absolutistas e dogmáticas, ensinando-os a discriminar e reconhecer a irracionalidade de certas crenças e suposições. O *debate empírico* visa a atacar as inferências irracionais, enquanto o *debate filosófico* objetiva atacar os "devo" dogmáticos implícitos que subjazem às inferências irracionais (Ellis, 1987). Por último, o terapeuta desenvolve um *diálogo socrático*, no qual questiona o paciente por meio de perguntas engenhosas que estimulam a pessoa a perceber mais claramente suas distorções, por exemplo, ao perguntar sobre a real validade das crenças e sobre as evidências de que o sujeito dispõe para acreditar nelas. O diálogo socrático objetiva conduzir o próprio sujeito a refletir e dar-se conta da irracionalidade de suas suposições, passando a gerar crenças apropriadas e a reagir adequadamente.

> O terapeuta desenvolve um *diálogo socrático*, no qual questiona o paciente por meio de perguntas engenhosas que estimulam a pessoa a perceber mais claramente suas distorções.

Na abordagem da TREC, existem duas formas de perturbação psicológica humana, ambas causadas essencialmente por expectativas distorcidas e irracionais sobre si mesmo, sobre os outros e sobre a vida. Na *perturbação do eu*, predomina a autocondenação do sujeito por não corresponder aos "devo" e suas expectativas rígidas quanto ao próprio comportamento, e na *perturbação do desconforto*, as exigências desembocam em crenças de que "tenho que" obter certas condições (Ellis, 1979, 1980).

Para Ellis os transtornos psicológicos são produtos de avaliações pouco funcionais das situações de vida, avaliações que são distorcidas essencialmente pelas *exigências absolutistas* e pelos *deveres irracionais* (Ellis, 1979, 1980, 1984, 1987; Ellis e Dryden, 1985). As exigências desembocam em "tenho que" obter determinada reação da parte dos outros ou certo tratamento especial da vida, como comodidade ou consideração. Quanto a si mesmo, o sujeito exige o cumprimento dos "devo" absolutistas e dogmáticos. Nota-se que a TREC foi influenciada fortemente pela teoria de Horney, a quem devemos a formulação original do conceito de exigência e deveres irracionais e uma teoria mais complexa sobre o papel dos processos inconscientes na gênese desses mecanismos psicológicos.

Segundo Ellis, as exigências absolutistas com seus "tenho que" e os deveres irracionais com seus "devo" constituem crenças básicas que ocasionam uma série de suposições ilógicas ou *distorções cognitivas*. Ellis e Dryden (1987) enumeram algumas das distorções cognitivas mais frequentes no Quadro 23.1.

A terapia racional-emotiva comportamental explora as distorções cognitivas e procura demonstrar aos pacientes como se originam suas exigências absolutistas sobre si mesmos, sobre os outros e sobre o mundo. As pessoas podem atingir uma mudança filosófica se tomarem consciência de que são responsáveis, em grande parte, por criar suas próprias perturbações emocionais e se reconhecerem a capacidade de mudar as crenças irracionais. Dessa forma, descobrindo tais crenças e discriminando-as das alternativas racionais, passando a questionar sistematicamente as irracionais utilizando dados empíricos como fonte de evidência, o sujeito poderia atingir uma mudança filosófica em suas crenças (*B*) do modelo *ABC*, passando a corrigir de modo espontâneo suas inferências distorcidas da realidade (Ellis, 1984; Ellis e Dryden, 1987).

> As pessoas podem atingir uma mudança filosófica se tomarem consciência de que são responsáveis, em grande parte, por criar suas próprias perturbações emocionais e se reconhecerem a capacidade de mudar as crenças irracionais.

Ellis merece crédito por ter-se concentrado em aumentar a eficácia terapêutica adaptando técnicas comportamentais, cognitivas e emocionais de forma bastante inventiva. Utilizava tarefas de casa, como o Formulário de autoajuda da TREC, no qual o paciente lista os acontecimentos ativantes (*A*),

> **QUADRO 23.1 Distorções cognitivas segundo a terapia racional-emotiva comportamental de Albert Ellis**
>
> **DISTORÇÕES COGNITIVAS SEGUNDO A TREC:**
>
> Conforme a **terapia racional-emotiva comportamental**, *exigências irracionais* sobre si mesmo, sobre os outros e sobre o mundo desembocam em *suposições ilógicas* carregadas de *distorções cognitivas*, como as que seguem:
>
> **Perfeccionismo** – *"Se não for perfeito, sou incompetente."*
> **Falseamento** – *"Se eu não for como deveria ser, sou um farsante e logo as pessoas perceberão."*
> **Personalização** – *"Estou agindo muito pior do que deveria agir, e estão rindo, portanto tenho certeza de que estão rindo de mim."*
> **Rotulação** e **Supergeneralização** – *"Não deveria falhar jamais, se falhei sou um perdedor e um fracasso."*
> **Raciocínio emocional** – *"Sinto-me como um completo estúpido e portanto meus fortes sentimentos demonstram que sou assim mesmo."*
> **Minimização** – *"Minhas conquistas são resultado de sorte. Os erros são responsabilidade minha e totalmente imperdoáveis."*
> **Sempre e Nunca** – *"A vida deveria ser boa e não é, sempre será assim e nunca serei feliz."*
> **Desqualificando o positivo** – *"Quando me elogiam, só estão sendo amáveis e esquecendo-se das minhas falhas."*
> **Centrando-se no negativo** – *"Como as coisas estão indo mal e não deveriam ter dado errado, não vejo nada de bom em minha vida."*
> **Adivinhar o futuro** – *"Nunca irão me aceitar, pois vou fracassar e vão me depreciar para sempre."*
> **Saltando às conclusões** – *"Já que me viram falhar, e não deveria tê-lo feito, vão me ver como um idiota incompetente."*
> **Pensamento de "tudo ou nada"** – *"Se fracassar em algo importante, sou um fracasso total e completamente indesejável."*
>
> (Adaptado de Ellis e Dryden, 1987)

as consequências (*C*) e passa a analisar suas crenças irracionais (*B*) escrevendo refutações lógicas e, a seguir, elaborando *crenças racionais eficazes* para substituir as crenças irracionais. Outra tarefa de casa é a recomendação de leituras específicas como parte da terapia, a biblioterapia. A TRE advoga o emprego da imagem racional-emotiva (o uso de imagens ou fantasias para evocar situações ativadoras), bem como a hipnose (Lega, 1999) para explorar a conexão entre as crenças despertadas naquela situação e as consequências emocionais ou comportamentais desencadeadas.

As técnicas emocionais envolvem exercícios como o *exercício para atacar a vergonha,* em que o paciente atua deliberadamente de forma vergonhosa em público e tenta aprender a lidar com o constrangimento. Também há os *exercícios de correr risco,* no qual o paciente se expõe a uma situação que normalmente evita, como iniciar uma conversa com uma pessoa desconhecida, por exemplo. As técnicas comportamentais envolvem o uso de *reforçamento* e também a tentativa de aumentar o *nível de tolerância à frustração* com tarefas de casa baseadas em técnicas comportamentais como *inundação* (em que o sujeito é exposto ao estímulo fóbico até que se esgote e cesse a reação de medo e ansiedade) e *dessensibilização in vivo* (em que o sujeito é gradualmente exposto à situação fóbica).

Podemos reconhecer muitos elementos da teoria original de Karen Horney na TREC, que se diferenciou desenvolvendo um conjunto de técnicas e estratégias terapêuticas (incluindo a incorporação de aspectos da teoria comportamental) para atingir maior eficácia do que a terapia tradicional psicanalítica na modificação da arquitetura cognitiva subjacente ao sofrimento humano. O sofrimento e as perturbações emocionais, para Horney e Ellis, são oriundos de um conjunto errôneo de avaliações sobre si mesmo, sobre os outros e sobre a vida. Horney aprofundou sua análise sobre a origem geradora dessas expectativas, identificando o processo inconsciente de desenvolvimento gradual de um *eu idealizado,* orquestrando e dando lógica interna a todo um conjunto de distorções necessárias para reduzir a dissonância entre a realidade, as exigências externas e os deveres internos. Entretanto, o processo de autoconhecimento e as emocionalizações dos *insights* obtidos durante a análise são mais demorados, e a eficácia e a duração do tratamento dependem de uma série de fatores. Ellis concentrou-se em pragmatismo e aplicabilidade ao desenvolver a TREC, o que permitiu acrescentar suas contribuições teóricas e estender a muitos problemas humanos em diferentes campos de atuação os benefícios da neopsicanálise de Horney.

Uma das escolas mais influentes na atualidade, a terapia cognitiva desenvolvida por Aaron Beck, segue uma linha de raciocínio teórico bastante próximo da TREC e de certos elementos da neopsicanálise, como veremos a seguir.

24
Nasce a terapia cognitiva

A TERAPIA COGNITIVA DE AARON BECK

A terapia cognitiva foi desenvolvida na década de 1960 por Aaron Beck, um psiquiatra com formação inicial em psicanálise ortodoxa (Beck, 1964; 1967). Em suas primeiras pesquisas sobre depressão, Beck voltou-se para buscar apoio empírico para a teoria de Freud, segundo a qual a raiva voltada contra o *self* seria a origem da depressão. Depois de muita observação clínica e testes experimentais, Beck não encontrou "raiva retroflexa" nos sonhos e pensamentos dos pacientes deprimidos, como seria esperado no modelo freudiano, mas sim uma *tendência negativa* no processamento cognitivo. Beck desenvolveu uma teoria sobre os transtornos mentais, focalizando-se inicialmente na depressão (Beck, 1976).

> Fui um dos pioneiros da teoria e da terapia cognitiva há mais de 30 anos. Treinado como psiquiatra no modelo freudiano, tentei analisar a base empírica da teoria da depressão de Freud quando percebi que os pacientes com depressão sofriam de um fluxo consciente de pensamentos negativos automáticos, como: "Minha parceira acha que não sou bom", "Isso não vai dar certo" ou ainda "Meu parceiro está pensando em me deixar". Em meu primeiro trabalho, percebi que, quando ajudava os pacientes a mudar seu diálogo interno (seus pensamentos), ajudava-os a se sentirem melhor. Por isso, eles são treinados a pensar como cientistas e a abordar pensamentos como "Isto não vai dar certo" de maneira científica, reunindo evidências que confirmem ou não tal pensamento. (Beck e Kuyken, 2003, p. 53)

A terapia cognitiva e a terapia racional-emotiva de Ellis sofreram influência de aspectos dos sistemas mais tradicionais em terapia, como a *teoria estrutural* da psicanálise, a abordagem *fenomenológica*, o *comportamentalismo* e a *psicologia cognitiva*. A teoria estrutural "promove o conceito da estruturação hierárquica dos processos cognitivos, com ênfase na divisão em processo de pensamento primário e secundário" (Dattilio e Freeman, 1998, p. 20). A abordagem fenomenológica de Adler e Karen Horney contribui com a noção de que a visão do sujeito sobre o *self* e o mundo é crucial na gênese do comportamento humano. A psicologia cognitiva representou um substrato teórico importante na medida em que ressaltou a cognição como chave no processamento de informações e na determinação do comportamento, fornecendo um referencial científico no qual conceitos mais vagos advindos da psicanálise ortodoxa e da neopsicanálise poderiam ser recontextualizados de forma a obter validação empírica.

Muitos adeptos do comportamentalismo foram impactados pela revolução cognitiva nos anos de 1960, e na década seguinte parte da terapia comportamental deslocou-se paulatinamente para o domínio cognitivo com as contribuições relevantes da teoria da aprendizagem social de Albert Bandura (1977), o controle cognitivo do comportamento de Mahoney (1974) e o trabalho de Meichenbaum (1977) sobre modificação de comportamento cognitivo.

Inicialmente voltada para o tratamento da depressão, a terapia cognitiva (TC) foi conquistando reconhecimento por sua eficácia verificada em vários estudos, saindo-se tão bem ou melhor do que o uso de medicamentos antidepressivos nos casos de depressão unipolar. Em um estudo duplo-cego, a psicoterapia cognitiva foi mais eficaz do que a medicação na melhora da depressão (Rush, Beck, Kovacs e Hollon, 1977). Estudos adicionais sugerem que a TC produz resultados muito mais duradouros do que os antidepressivos (Kovacs, Rush, Beck e Hollon, 1981).

Beck desenvolveu conceitos importantes sobre o tratamento de pacientes suicidas, criando escalas para avaliar a *depressão*, a *ansiedade*, a *ideação suicida*, a *intenção suicida* e a *desesperança*. O modelo cognitivo foi aplicado desde então em uma enorme gama de transtornos mentais e problemas de comportamento, como os transtornos de ansiedade, as desavenças conjugais, os transtornos da personalidade, os transtornos do humor, a dor crônica, os transtornos alimentares, o estresse, a terapia cognitiva com crianças e adolescentes, a esquizofrenia, entre outros, sendo considerada hoje a terapia de escolha para muitas patologias por apresentar extraordinária eficácia em metaestudos de resultado terapêutico.

> Beck desenvolveu conceitos importantes sobre o tratamento de pacientes suicidas, criando escalas para avaliar a *depressão*, a *ansiedade*, a *ideação suicida*, a *intenção suicida* e a *desesperança*.

Boa parte das pessoas que procuram atendimento médico apresentam um transtorno mental (primário ou secundário), e o atendimento desses transtornos requer uma terapia com duração definida, pragmática e eficaz. Beck formatou a TC, a princípio, para durar entre 16 e 20 sessões, de forma a incluí-la no sistema de saúde norte-americano (procedimento adotado por outros países posteriormente), o que, junto com a publicação de estudos de resultado positivos e com seu caráter integrativo, assegurou um prestígio crescente no meio biomédico e na comunidade científica internacional.

O MODELO COGNITIVO

O modelo cognitivo e a TC de Aaron Beck compartilham muitos pressupostos com o modelo *ABC* e com a TREC de Albert Ellis. As abordagens partilham as influências filosóficas antecedentes e são fruto da mesma convergência de sistemas mais tradicionais em terapia, como psicanálise, neopsicanálise e terapia comportamental com os conceitos da então emergente psicologia cognitiva. Na realidade, a TREC e a TC são abordagens muito semelhantes se ajustarmos a terminologia específica empregada por cada uma – as diferenças são, muitas vezes, semânticas, e não conceituais. Talvez sua existência como escolas separadas deva-se menos a divergências teóricas importantes do que, poderíamos especular, a outros fatores como a personalidade de seus fundadores, a territorialidade acadêmica, a disputa de espaço mercadológico e a busca de reconhecimento. Ambas se desenvolveram em paralelo, sendo evidente ao compararmos os dois modelos a constatação de que ambos se influenciaram mutuamente em seus avanços ao longo do tempo.

Segundo Beck, a TC está baseada em uma ideia bastante simples, a noção de que as crenças que temos sobre nós mesmos, sobre o mundo e sobre o futuro determinam o modo como nos sentimos, como nos comportamos, e até sobre nossas reações fisiológicas: "*o que* e *como* as pessoas pensam afeta profundamente seu bem-estar emocional" (Beck e Kuyken, 2003, p. 53). Os transtornos mentais, de acordo com a TC, apresentam um conteúdo de pensamento típico, como, por exemplo, medo de *risco físico ou psicológico* no transtorno de ansiedade generalizada (TAG); medo descontrolado de *não ser fisicamente atraente* nos casos de transtornos alimentares; preocupação com *distúrbio médico sério*, na hipocondria; sensação de *dor insuportável* e impotência para controlá-la, nos quadros de dor crônica; uma *visão negativa de si mesmo, do mundo e do futuro* na depressão maior (Beck e Kuyken, 2003, p. 55).

> A noção de que as crenças que temos sobre nós mesmos, sobre o mundo e sobre o futuro determinam o modo como nos sentimos, como nos comportamos, e até sobre nossas reações fisiológicas.

Em outras palavras, é a *interpretação* dos acontecimentos de vida que determina a forma como vamos reagir a eles. Portanto, a ideia básica da terapia cognitiva é um trabalho conjunto entre terapeuta e paciente, em que se exploram as crenças e suas implicações, examinando e modificando as crenças disfuncionais.

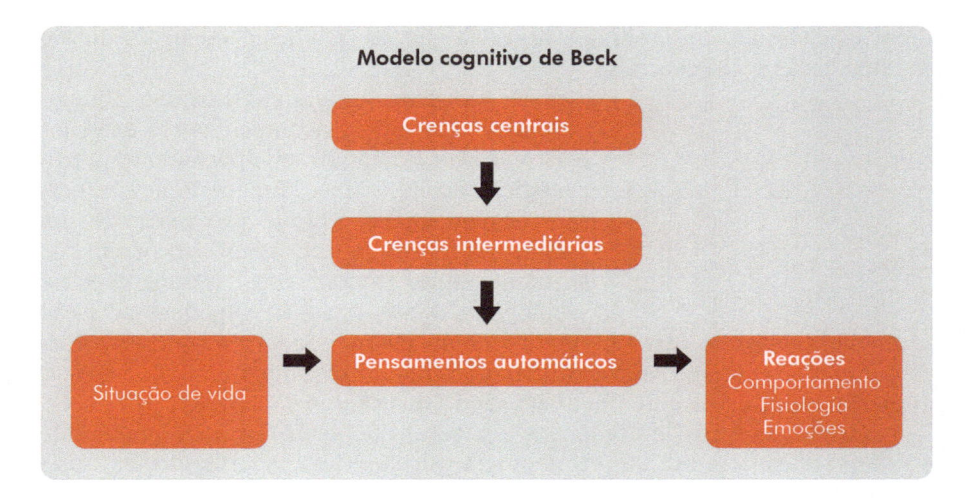

FIGURA 24.1 Modelo Cognitivo segundo a Terapia Cognitiva de Aaron Beck. As situações de vida funcionam como gatilhos que disparam pensamentos automáticos, e estes desencadeiam reações emocionais, fisiológicas e comportamentais. Os pensamentos automáticos são resultados conscientes (verbais ou imagens) do processamento inconsciente de crenças e esquemas, em um nível mais profundo da cognição.

As *crenças centrais* ramificam-se em *crenças intermediárias*, e estas, por sua vez, em *pensamentos automáticos*. As situações de vida ativam os pensamentos automáticos, e estes desencadeiam reações *emocionais*, *comportamentais* e *fisiológicas*.

No modelo cognitivo, as *crenças centrais*, também chamadas de *nucleares*, são ideias e percepções quanto a si mesmo, quanto ao mundo e quanto ao futuro que nos transtornos mentais podem estar distorcidas e irracionais, sendo então chamadas de *crenças centrais disfuncionais*. No modelo cognitivo, as crenças centrais disfuncionais são identificadas em afirmações como, por exemplo, "sou um fracassado" ou "sou incapaz", e são caracterizadas por serem absolutistas, sendo percebidas pelo sujeito como verdades absolutas e imutáveis (Beck, 1997). As crenças centrais disfuncionais são avaliações globais e excessivamente generalizadas que permanecem cristalizadas e rígidas apesar de imprecisas, e são aceitas pelo sujeito sem questionamento.

As crenças centrais disfuncionais dão origem a uma gama de *crenças intermediárias* ou *condicionais,* pressupostos também arraigados, no entanto, mais flexíveis e modificáveis do que as crenças centrais. Tais crenças têm a estrutura condicional tipo "Se..., então...", como, por exemplo, na crença "se enfrentar um problema difícil, não conseguirei resolvê-lo sem ajuda". São crenças, pressupostos, regras e atitudes que se ramificam como desdobramentos das crenças centrais.

> Os *pensamentos automáticos* são aqueles que intermedeiam os acontecimentos externos e as reações emocionais, comportamentais e fisiológicas do indivíduo.

Os *pensamentos automáticos* são aqueles que intermedeiam os acontecimentos externos e as reações emocionais, comportamentais e fisiológicas do indivíduo. "Frequentemente passam despercebidos, porque são parte de um padrão repetitivo de raciocínio e ocorrem tão seguida quanto rapidamente" (Young, Beck e Weinberger, 1999, p. 283). Qualquer situação vivenciada desperta pensamentos automáticos, que podem surgir sob forma de *pensamentos* (como "esta garota não vai querer saber de mim") ou *imagens* (imagem mental breve de um afago sendo recusado pela garota).

Os pensamentos automáticos em geral não estão em foco consciente (seriam *pré-conscientes*, na terminologia psicanalítica); no entanto, em terapia cognitiva, o paciente é treinado para reconhecer e estimulado a registrar seus pensamentos automáticos disfuncionais mais relevantes (Beck, 1997). O paciente é ensinado a usar o "Registro de Pensamentos Disfuncionais" (RPD) para anotar a situação, os pensamentos automáticos e suas reações comportamentais, fisiológicas e emocionais. A estratégia é, então, formular modos alternativos de interpretar a situação, mais realistas e racionais, e explorar as possíveis mudanças positivas nas reações comportamentais, emocionais e fisiológicas.

Na TC, o terapeuta e o paciente trabalham em equipe, de forma colaborativa, para descobrir os pensamentos específicos que precedem emoções tais como ansiedade, raiva ou tristeza. Os pensamentos automáticos podem ser revelados com o questionamento do terapeuta sobre que pensamentos ou imagens percorreram a mente do paciente em resposta a acontecimentos particulares. O terapeuta pode também pedir que o paciente relaxe, feche os olhos e evoque a situação geradora de respostas emocionais desagradáveis, o que facilita a identificação dos pensamentos automáticos disfuncionais. Da mesma forma, a dramatização pode ser utilizada quando a situação envolve acontecimentos interpessoais. Nesse caso, o terapeuta faz o papel da outra pessoa envolvida enquanto o paciente representa a si mesmo na interação vivenciada, o que desperta os pensamentos automáticos quando existe engajamento suficiente do paciente na dramatização (Young, Beck e Weinberger, 1999).

> O modelo cognitivo, apesar de centrado em processos e produtos cognitivos, não é *exclusivamente* cognitivo como sua denominação sugere.

O modelo cognitivo, apesar de centrado em processos e produtos cognitivos, não é *exclusivamente* cognitivo como sua denominação sugere. Os vários modelos cognitivos que se desenvolveram a partir do modelo de Beck são mais bem definidos como modelos *estresse-*

-*diátese* (Beck, 1987; Beck e Emery, 1985), em que os fatores cognitivos predisponentes são necessários, mas não suficientes para o desenvolvimento de um transtorno. Utilizando a depressão como exemplo, o modelo cognitivo sugere que existem elementos cognitivos negativos preexistentes, como a *tríade cognitiva* (crenças negativas sobre si mesmo, o mundo em geral e o futuro), que predispõe o sujeito a ela, constituindo a *diátese* cognitiva. Tais elementos são ativados com experiências aversivas e estressoras, ocasionando a depressão.

25
A Terapia Cognitiva e o processo inconsciente

OS ESQUEMAS MENTAIS

Para Beck (1976), um *esquema* refere-se a uma *rede estruturada e inter-relacionada de crenças* que podem ser ativadas ou desativadas conforme a presença ou ausência de experiências estressantes. Segundo Segal (1988), um esquema pode ser definido como um conjunto de "elementos organizados de reações e experiências passadas que formam um corpo de conhecimento relativamente coeso e persistente, capaz de guiar a percepção e a avaliação subsequente" (p. 147). Um esquema é uma estrutura cognitiva que processa informação e que

> (...) filtra, codifica e avalia os estímulos aos quais o organismo é submetido... Com base na matriz de esquemas, o indivíduo consegue orientar-se em relação ao tempo e ao espaço e categorizar e interpretar experiências de maneira significativa. (Beck, 1967, p. 283)

Segundo Beck (1967), os esquemas podem explicar o fenômeno da *repetição* que os psicanalistas identificaram clinicamente, sobre o qual Freud teorizou. As imagens, os sonhos e as associações-livres apresentam temas recorrentes ligados aos esquemas, que podem ficar inativos e depois ser "energizados ou desenergizados rapidamente, como resultados de mudanças no tipo de *input* do ambiente" (p. 284). Os esquemas contaminam a arquitetura mental do sujeito e governam sua forma de *interpretar* os acontecimentos, resultando em uma percepção *distorcida* e *tendenciosa*, refletindo-se "nas típicas concepções errôneas, atitudes distorcidas, premissas inválidas, metas e expectativas pouco realistas" (p. 284).

Embora o uso do termo "inconsciente" tenha sido em parte evitado por alguns teóricos de TC para designar os esquemas, podemos seguramente concluir que estes são mecanismos inconscientes – mas do novo inconsciente, e não do *dinâmico*. A razão principal que leva os teóricos a evitarem o termo é, provavelmente, o cuidado para evitar a confusão conceitual ocasionada por um problema semântico – o termo inconsciente praticamente *subentende* o inconsciente dinâmico concebido e popularizado por Freud. O terapeuta cognitivo Arthur Freeman (1998) argumenta que os esquemas são *mecanismos inconscientes* que afetam nosso comportamento, nossa cognição, nossa fisiologia e nossas emoções, e tornam-se com o passar do tempo, a própria definição da pessoa (individual e como parte de um grupo). Freeman denota o uso cuidadoso do termo por parte do terapeutas cognitivos, ao comentar, referindo-se aos esquemas, que "pode-se dizer que eles são inconscientes, usando-se uma definição do inconsciente como *ideias das quais não temos consciência*" (p. 32). Ou seja, os *esquemas* podem ser adequadamente descritos como mecanismos inconscientes caso adotemos a noção de um inconsciente cognitivo ou, mais recentemente, do novo inconsciente.

Os esquemas manifestam-se em padrões complexos de pensamentos, que são, em geral, empregados mesmo na *ausência de dados ambientais* e podem servir como um mecanismo cognitivo que transforma os dados que chegam em conformidade com ideias preconcebidas (Beck e Emery, 1979). Falhas características no processamento de informação mantêm essa distorção das experiências de vida, e Beck adotou o termo *distorções cognitivas* para descrever o conjunto de erros sistemáticos de raciocínio presentes durante o sofrimento psicológico. As crenças disfuncionais são perpetuadas por meio das distorções, modos mal-adaptativos de processar informações, como, por exemplo, a hipervigilância em relação a ameaças ambientais dos pacientes ansiosos ou à excessiva e indevida responsabilização pessoal pelas falhas e pelos erros cometidos pelos sujeitos com depressão.

As *distorções cognitivas* da TC são essencialmente os mesmos mecanismos identificados na TREC de Albert Ellis (também foram chamados de *distorções cognitivas*), existindo algumas diferenças em geral semânticas e não verdadeiramente conceituais. As distorções cognitivas da TC foram sistematizadas no Quadro 25.1.

Como poderíamos relacionar os *modelos cognitivos* da TC com o *processamento inconsciente*? Apesar de evitarem a utilização do termo "inconsciente" pela conotação psicanalítica que logo associamos à expressão, veremos a seguir que os modelos cognitivos podem ser extremamente *úteis* para compreender o processamento mental inconsciente (de acordo com o modelo do novo inconsciente) e *inventivos* para buscar técnicas e estratégias terapêuticas eficazes na modificação dos resultantes padrões disfuncionais cognitivos, comportamentais e emocionais.

> Os modelos cognitivos podem ser extremamente *úteis* para compreender o processamento mental inconsciente e *inventivos* para buscar técnicas e estratégias terapêuticas eficazes na modificação dos resultantes padrões disfuncionais cognitivos, comportamentais e emocionais.

> **QUADRO 25.1 Distorções Cognitivas segundo a Terapia Cognitiva de Aaron Beck**
>
> **DISTORÇÕES COGNITIVAS SEGUNDO A TC**
>
> Conforme a **terapia cognitiva (TC)**, erros sistemáticos no processamento de informações sobre si mesmo, sobre os outros e sobre o mundo desembocam em *distorções cognitivas*, como as que seguem:
>
> **Pensamento dicotômico** – Classificar as experiências de forma radical e dicotômica: *"Se eu não fizer um sucesso estrondoso com minha palestra, sou um fracasso como comunicador."*
> **Rotulação** – Rotular indevidamente a si mesmo de forma autodepreciativa, tendo como base falhas do passado: *"Falhei em meu casamento, portanto não valho nada."*
> **Personalização** – Atribuir a si mesmo acontecimentos externos mesmo na ausência de evidência que permita tirar uma conclusão: *"Você passou o dia chateado, devo ter sido uma companhia muito desagradável."*
> **Magnificação e Minimização** – Aumentar ou diminuir a importância de uma situação: *"Ela não me ligou, deve estar deixando de gostar de mim."*
> **Supergeneralização** – Generalizar abusivamente de algumas situações para todas: *"Já fui traída e sei que não posso confiar em nenhum homem jamais."*
> **Abstração seletiva** – Abstrair um detalhe do contexto global da situação e extrair conclusões a partir dele, ignorando outras informações: *"A festa estava boa, mas acho que não gostaram de mim, pois um dos convidados não foi simpático comigo."*
> **Inferência arbitrária** – Tirar conclusões sem base nos fatos: *"Fui demitido e isso mostra que sou um péssimo profissional."*
> **Antecipação** – Fazer previsões negativas sobre o futuro, sem perceber que tais previsões podem ser imprecisas: *"Nunca conseguirei um relacionamento duradouro."*
> **Raciocínio emocional** – Assumir que as emoções negativas refletem necessariamente os acontecimentos: *"Estou totalmente sem esperanças; portanto, a situação é irremediável."*
> **Pensamento tipo deveria** – Tentativa de motivar-se por meio de "devo" e "não posso": *"Eu não deveria estar me divertindo agora, deveria estar estudando."*
>
> (Adaptado de Beck, 1976; Beck e Kuyken, 2003)

OS ESQUEMAS E O PROCESSAMENTO INCONSCIENTE

Em 2000, a Associação Americana de Psicologia (*American Psychology Association – APA*) realizou sua convenção anual em Washington, e patrocinou um encontro entre dois clínicos de grande influência no cenário mundial da psicoterapia, Albert Ellis e Aaron Beck (Chamberlin, 2000). Ambos reconheceram, neste encontro, o valor de algumas ideias de Sigmund Freud para suas teorias, particularmente o papel de destacar a relevância dos *processos mentais inconscientes* na determinação do comportamento. Beck afirmou ter recebido forte influência da "ideia do determinismo psicológico", e Ellis declarou sobre Freud que "uma das principais coisas que ele fez foi chamar a atenção para a importância do pensamento inconsciente" (Chamberlin, 2000).

Em trabalhos mais recentes, Beck e colaboradores vêm dedicando mais atenção à noção de um novo inconsciente, baseado na ideia de uma *natureza inconsciente* no processamento cognitivo de informação (Beck e Alford, 2000). O conceito de *processamento automático de informação*, proveniente da ciência cognitiva e da psicologia cognitiva, influenciou o construto de *pensamento automático* (Beck, 2008) em TC (no entanto, não podemos reduzir o arcabouço teórico do novo inconsciente ao processamento automático, o que tem sido um equívoco comum mesmo entre os cognitivistas). A *memória implícita*, discutida extensamente na Parte II deste livro, tem sido citada por teóricos importantes em TC (por exemplo, Jeremy Safran, 2002) como substrato teórico fundamental para compreender cognições que não são acessíveis à percepção consciente do paciente, mas que podem ser modificadas pela identificação e pela testagem das crenças relacionadas aos problemas clínicos apresentados.

Uma compreensão mais sofisticada sobre os esquemas é fundamental para desvendar os mecanismos da mente inconsciente. Os esquemas, depois de desenvolvidos, servem como modelos para o processamento das experiências ulteriores e acabam desembocando em *confirmações automáticas* e *circulares* dos próprios esquemas. Uma pessoa que estruturou uma autoimagem como *incapaz de ser amada* vai processar a experiência de uma rejeição amorosa como evidência da veracidade de suas crenças, reconfirmando-as a cada experiência negativa de tal forma que, cada vez mais, parecem *certas* e *reais* suas crenças sobre si mesma – processo que cria um circuito de retroalimentação que estabiliza a ideia de ser *indigna de amor*. O comportamento, por sua vez, é influenciado de modo negativo por esse conjunto de crenças, fazendo a pessoa agir de modo a confirmar sua *profecia catastrófica* (a previsão sem fundamento de que algo catastrófico acontecerá) – que gera continuamente o que é percebido como *evidência confirmatória* dos esquemas. Se o sujeito considera-se indigno de amor, agirá de forma acabrunhada e tímida, não olhará nos olhos e falará baixo em uma situação social, conduta que certamente aumenta sua chance de rejeição. As rejeições que ocorrem, por sua vez, confirmam os esquemas em um círculo vicioso *autoperpetuador*.

> Uma pessoa que estruturou uma autoimagem como *incapaz de ser amada* vai processar a experiência de uma rejeição amorosa como evidência da veracidade de suas crenças.

Os esquemas cristalizam-se nas profundezas do *self*, processando silenciosa e inconscientemente os dados da realidade – estão amalgamados em nossas percepções, julgamentos, desejos, necessidades, pensamentos e sentimentos. Esse aspecto está presente no funcionamento mental de todos, mas torna-se particularmente evidente quando tratamos de transtornos da personalidade (um conjunto de transtornos que envolvem padrões persistentes e dificuldades crônicas, como personalidade evitativa, paranoide, dependente, histriônica, esquizoide ou *borderline*, por exemplo). Embora a terapia cognitiva, o autoexame e mesmo outras formas de terapia permitam que o sujeito se dê conta em maior grau sobre os esquemas, normalmente não estamos conscientes de sua operação, nem mesmo de sua existência, apenas dos *resultados* produzidos, que acabam compondo o núcleo de nossa personalidade. Nossa *autoimagem* é estruturada pelos esquemas e seu caráter circular, como enfatizam Guidano e Liotti (1983), pois "a seleção de dados da realidade externa que são coerentes com a autoimagem obviamente confirma – de maneira automática e circular – a identidade pessoal percebida..." (p. 88-89).

26
Jeffrey Young e a Terapia do Esquema

A TEORIA DO ESQUEMA DE JEFFREY YOUNG

Jeffrey Young é um criativo terapeuta cognitivo que completou seu pós-doutorado no Centro de Terapia Cognitiva sob a orientação de Aaron Beck, sendo fundador e atualmente diretor de pesquisa e treinamento dos centros de TC em Nova York e Connecticut. Sua colaboração com Beck impulsionou o desenvolvimento de uma expansão da teoria inicial da TC de curto prazo para o que chamou de teoria do esquema. Tal teoria é relativamente recente (foi formulada nos anos de 1990), tendo conquistado reconhecimento pelo valor heurístico e pela utilidade clínica no meio profissional, inclusive no Brasil, apesar de ainda pouco disseminada.

A terapia focada no esquema compartilha os elementos que caracterizam a terapia cognitiva, como um papel mais ativo para o terapeuta, o uso de técnicas de mudança sistemáticas, ênfase nas tarefas de casa, relacionamento terapêutico colaborativo e uso de uma abordagem empírica, em que a análise das evidências tem papel importante na mudança de esquemas.

O modelo desenvolvido por Young enfatiza a *confrontação*, a *experiência afetiva*, o *relacionamento terapêutico* como um veículo de mudança e a discussão de *experiências iniciais* da vida, aproximando a TC da abordagem da *Gestalt* terapia e da psicanálise em alguns aspectos. O modelo de Young revela-se importante para o refinamento de uma abordagem psicoterápica (alternativa à psicanálise) para abordar em profundidade os processos inconscientes. A terapia focada em esquemas é mais longa do que a TC, dedicando muito mais tempo para identificar e superar a *evitação* cognitiva, afetiva e comportamental.

> O modelo desenvolvido por Young enfatiza a *confrontação*, a *experiência afetiva*, o *relacionamento terapêutico* como um veículo de mudança e a discussão de *experiências iniciais* da vida.

Jeffrey Young propõe cinco construtos teóricos para expandir o modelo cognitivo de Beck: os esquemas iniciais desadaptativos, a sistematização de *domínios* dos esquemas e os conceitos de *manutenção*, *evitação* e *compensação* do esquema. Examinaremos a seguir com mais detalhes esses construtos, uma vez que a teoria de Young oferece uma sistematização importante sobre o nível mais profundo do processamento inconsciente e foi formulada de forma que se coaduna com os fundamentos do novo inconsciente, fornecendo um modelo de psicoterapia clinicamente útil para acessar e tratar os transtornos da personalidade. Examinaremos agora essa teoria que, no enfoque da terapia cognitiva, mapeia os vieses e mecanismos de autoengano do novo inconsciente e revela os "fantasmas" (termo aqui empregado sem conotação psicanalítica) que habitam nossa mente inconsciente.

ESQUEMAS INICIAIS DESADAPTATIVOS (EIDs)

Os esquemas iniciais desadaptativos (EIDs) ou *esquemas primitivos*, segundo Young (2003, p. 16), são "crenças e sentimentos incondicionais sobre si mesmo em relação ao ambiente", representando o *nível mais profundo da cognição*, e "operam de modo sutil, fora de nossa consciência" (p. 75). Os EIDs referem-se a "temas extremamente estáveis e duradouros que se desenvolvem cedo durante a infância, são elaborados ao longo da vida e são disfuncionais em um grau significativo" (p. 15), compõem núcleos profundos do *self* refletidos na autoimagem tácita, como uma visão orgânica e inquestionável de si mesmo. São rígidos e *incondicionais*, como, por exemplo, quando o paciente sente que, independentemente do que possa fazer, não será amado, mas sim abandonado e traído em sua confiança. O sujeito percebe o EID como uma verdade *a priori*, irrefutável e aceita como uma realidade intrínseca, essencial.

> O sujeito percebe o EID como uma verdade *a priori*, irrefutável e aceita como uma realidade intrínseca, essencial.

A definição revisada e compreensiva de um esquema inicial desadaptativo apresentada por Young e colaboradores (2003, p. 7) caracteriza o EID como:

- um padrão *amplo* e *pervasivo*
- composto de *memórias*, *emoções*, *cognições* e *sensações corporais*
- envolvendo a *si mesmo* e a *relação com os outros*
- desenvolvido na *infância* ou na *adolescência*
- elaborado ao longo da *trajetória de vida* da pessoa
- *disfuncional* em grau significante.

Outras características importantes dos EIDs são seu caráter autoperpetuador e sua resistência à mudança. Mesmo que o sujeito seja enormemente bem-sucedido na vida, isso não acarretaria alteração do esquema disfuncional. Os EIDs são o núcleo da autoimagem e vão realizar uma série de manobras cognitivas, distorcendo o processamento para manter os esquemas. São, na realidade, um *sistema de expectativas* rígidas sobre si mesmo e sobre o mundo.

Os esquemas iniciais desadaptativos implicam disfuncionalidades importantes, gerando muitas vezes transtornos mentais (os chamados *transtornos da personalidade*) ou sofrimento psicológico subclínico. São ativados por eventos significativos para a pessoa, como, por exemplo, uma atribuição difícil para uma pessoa com *esquema de fracasso*, que pode acionar pensamentos autoderrotistas com elevada carga emocional ("não vou conseguir" ou "vou falhar e ser demitido").

TEMPERAMENTO EMOCIONAL

A terapia do esquema reconhece o papel das *influências genéticas* na gênese dos EIDs, que, segundo Young, são o "resultado do temperamento inato da criança interagindo com experiências disfuncionais com pais, irmãos e amigos durante os primeiros anos de vida" (Young, 2003, p. 17). Young apresenta uma visão menos brusca e mais gradual do desenvolvimento, rejeitando a ideia de acontecimentos traumáticos isolados como origem exclusiva dos esquemas (excluindo-se o transtorno de estresse pós-traumático, que, por definição, está associado com traumas percebidos) e introduzindo a noção de *círculos viciosos desenvolvimentais* ao observar que os esquemas primitivos são "provavelmente causados por padrões continuados de experiências nocivas cotidianas com membros da família e outras crianças, que cumulativamente reforçam o esquema" (p. 17).

Young, Klosko e Weishaar (2003, p. 12), apoiando-se na pesquisa da equipe do psicólogo do desenvolvimento Jeremy Kagan, incorporam no arcabouço conceitual da teoria de esquema o reconhecimento da existência de traços temperamentais presentes na infância, traços estes notavelmente estáveis ao longo do desenvolvimento. As dimensões do temperamento emocional que, segundo Young e colaboradores (2003), podem ser inatas e relativamente resistentes à mudança (apenas pela psicoterapia), são descritas no Quadro 26.1.

De acordo com Young, Klosko e Weishaar (2003), o temperamento de uma pessoa pode ser con cebido como seu posicionamento singular nessas dimensões. O sujeito situa-se em algum ponto intermediário entre os polos de um *continuum* em que os extremos são representados pelas características temperamentais listadas no Quadro 26.1. Ou seja, um sujeito pode posicionar-se próximo ao extremo de ansiedade na dimensão *ansioso – calmo*, situar-se em uma posição intermediária na dimensão *tímido – sociável*, e assim por

> **QUADRO 26.1** As principais dimensões do temperamento emocional consideradas na teoria do esquema de Young. A maioria das pessoas se enquadra nestas dimensões em alguma posição intermediária aos extremos, compondo um perfil individual de temperamento.
>
> | | | |
> |---|---|---|
> | Lábil | ⬅➡ | Não reativo |
> | Distímico | ⬅➡ | Otimista |
> | Ansioso | ⬅➡ | Calmo |
> | Obsessivo | ⬅➡ | Distratibilidade |
> | Passivo | ⬅➡ | Agressivo |
> | Irritável | ⬅➡ | Contente |
> | Tímido | ⬅➡ | Sociável |
>
> (Adaptado de Young, Klosko e Weishaar, 2003, p. 12)

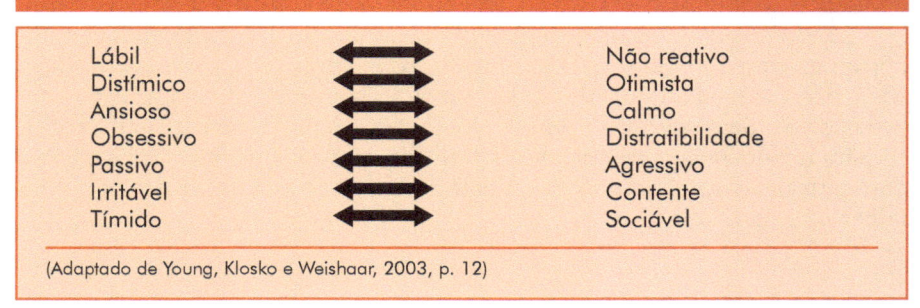

diante, de forma a constituir um *perfil temperamental único* nesse conjunto de traços e em outros que a pesquisa futura identificará.

Conforme a teoria de esquema, o temperamento emocional interage com eventos dolorosos vivenciados pelo sujeito na formação dos EIDs. Diferentes temperamentos expõem a criança *seletivamente* a diferentes circunstâncias de vida. Uma criança agressiva tem, devido a seu temperamento, maior probabilidade de despertar reações agressivas e espancamento de um pai violento do que outra passiva e tímida. Dadas as mesmas condições ambientais, diferentes temperamentos desembocam em diferentes *suscetibilidades às circunstâncias*. Por exemplo, dois garotos passam por rejeição materna, e aquele com temperamento tímido torna-se acabrunhado e fechado, cada vez mais dependente de sua mãe. Já o outro garoto, de temperamento mais sociável, aventura-se mais e estabelece conexões mais positivas, o que pode aumentar sua resiliência ao abuso e à negligência. Um temperamento excepcionalmente favorável pode suplantar um meio prejudicial, bem como um ambiente extremamente prejudicial pode superar um temperamento com tendências patológicas (Young, Klosko e Weishaar, 2003, p. 12).

> Um temperamento excepcionalmente favorável pode suplantar um meio prejudicial, bem como um ambiente extremamente prejudicial pode superar um temperamento com tendências patológicas.

Apesar de bem-sintonizada com as evidências atuais sobre as influências genéticas no comportamento, um ponto vulnerável da teoria do esquema é a *hipótese da criação* implícita, o mesmo calcanhar de Aquiles da psicologia do desenvolvimento contemporânea. Como vimos na Parte II deste livro, existe pouca evidência para essa hipótese. Estudos na área de genética do comportamento têm mostrado consistentemente uma baixa influência (em média, menos de 10% da *variância*, que mede o grau em que membros de um grupo diferem entre si) do chamado *ambiente compartilhado* (a parte do ambiente que dois irmãos criados no mesmo lar compartilham, como o estilo parental) na formação da personalidade (para os céticos, ver a discussão de Steven Pinker [2004, p. 503-540] resumindo as evidências sobre o tema). No entanto, a crença na criação é intuitiva, não sendo percebida como uma *hipótese* e, por essa razão, é tomada como uma *premissa* pela maioria dos clínicos.

> Estudos na área de genética do comportamento têm mostrado consistentemente uma baixa influência do chamado *ambiente compartilhado* na formação da personalidade.

Nesta ótica, Young mantém a hipótese da criação, mas avança em relação à visão tradicional ao reconhecer as fortes *influências temperamentais* e ao estender as experiências significativas da infância a interações com *outras crianças* – fonte maior de aprendizado social, segundo a *hipótese da socialização* de Harris (1995, 1998). No entanto, o poder heurístico e a utilidade clínica da teoria do esquema não são invalidados se os esquemas primitivos se originam mais das interações sociais do que *exclusivamente* das interações com os pais – trata-se de discordância sobre os mecanismos específicos na gênese dos esquemas primitivos, e não sobre o conceito em si.

O apoio empírico para a teoria do esquema é proveniente de estudos que utilizam o *Young Schema Questionnaire* (Questionário de Esquemas de Young). Tal instrumento é de grande utilidade clínica e de pesquisa, já traduzido para muitas línguas, inclusive o português (Young, 2003). Investigações sobre as propriedades psicométricas do Questionário de Esquemas (Schmidt, Joiner, Young e Telch, 1995) revelaram que as subescalas demonstraram alta confiabilidade teste-reteste e consistência interna, além de boa validade discriminante em medidas de estresse psicológico, autoestima e sintomatologia de transtornos da personalidade.

DOMÍNIOS DE ESQUEMA

Jeffrey Young (2003) identificou 18 esquemas iniciais desadaptativos, que são agrupados em cinco amplos *domínios de esquema*. Young acredita que os esquemas iniciais disfuncionais originam-se pela combinação de fatores biológicos e temperamentais com os estilos parentais e com as influências sociais às quais a criança é exposta. Uma criança de temperamento tímido pode estar mais predisposta a apresentar um esquema de isolamento social, e outra biologicamente hiper-reativa à ansiedade pode ter mais

> Uma criança de temperamento tímido pode estar mais predisposta a apresentar um esquema de isolamento social, e outra biologicamente hiper-reativa à ansiedade pode ter mais dificuldade de superar a dependência em direção à autonomia.

dificuldade de superar a dependência em direção à autonomia. Young (2003, p. 24) hipotetiza cinco tarefas desenvolvimentais primárias que a criança necessita realizar para se desenvolver de forma sadia – *conexão e aceitação*, *autonomia e desempenho*, *auto-orientação, limites realistas* e *autoexpressão, espontaneidade e prazer*. Quando não consegue avançar de forma sadia em função de predisposições temperamentais e experiências parentais e sociais inadequadas, a criança pode desenvolver EIDs em um ou mais *domínios de esquema*. Ou seja, problemas no estabelecimento de conexão com as outras pessoas e de um sentimento de aceitação por parte dos outros levam-na a desenvolver EIDs no domínio *desconexão e rejeição*; já dificuldades na aprendizagem de autocontrole e senso de limites podem induzir EIDs no domínio *limites prejudicados*, e assim por diante.

Como a teoria do esquema está em desenvolvimento, o autor apresenta versões diferentes da forma de classificar os domínios em outras publicações – como, por exemplo, seis domínios em vez de cinco (Young, Beck e Weinberger, 1999). Apresentaremos agora a elaboração dos cinco domínios e os EIDs pertencentes a cada um deles, sintetizando e adaptando a sistematização de Young (2003, p. 18-21).

O primeiro domínio dos EIDs é chamado de *desconexão e rejeição*, e envolve a expectativa de que as necessidades de segurança, estabilidade, carinho, compartilhamento de sentimentos, aceitação e respeito não serão atendidas.

O segundo domínio envolve *autonomia e desempenho prejudicados*, expectativas sobre si mesmo que interferem na capacidade percebida de separar-se, sobreviver, funcionar independentemente ou ter um bom desempenho.

> **QUADRO 26.2** EIDs pertencentes ao domínio Desconexão e Rejeição
>
> **EIDs: Domínio *DESCONEXÃO E REJEIÇÃO***
>
> **Abandono/Instabilidade**: Instabilidade ou falta de confiança percebida daqueles disponíveis para apoio e conexão.
>
> **Desconfiança/Abuso**: Expectativa de que os outros vão magoar, abusar, humilhar, trapacear, mentir, manipular ou tirar vantagem.
>
> **Privação Emocional**: Expectativa de que haverá privação de necessidades emocionais como *carinho*, *empatia* e *proteção*.
>
> **Defectividade/Vergonha**: Sentimento de que a pessoa é cheia de defeitos, má, inferior, indesejada ou inválida ou de que não é digna do amor das pessoas significativas.
>
> **Isolamento Social/Alienação**: Sentimento de que a pessoa está isolada do resto do mundo, é diferente das outras e não faz parte de nenhum grupo ou comunidade.

O domínio *limites prejudicados* refere-se à deficiência em limites internos, responsabilidade com os outros ou orientação para objetivos de longo prazo, além de dificuldade de respeitar os direitos dos outros, cooperar com eles e comprometer-se, ou cumprir metas pessoais.

QUADRO 26.3 EIDs pertencentes ao domínio Autonomia e Desempenho Prejudicados

EIDs: Domínio *AUTONOMIA/DESEMPENHO PREJUDICADOS*

Dependência/Incompetência: Crença de ser incapaz de manejar as responsabilidades diárias de maneira competente sem ajuda dos outros e sentimento de desamparo.

Vulnerabilidade/Incompetência: Medo exagerado de que uma catástrofe iminente (médica, emocional ou externa) aconteça a qualquer momento e de ser incapaz de evitar isso.

Emaranhamento/Self Subdesenvolvido: Excessivo envolvimento emocional e proximidade com pessoas significativas às custas da individuação plena ou do desenvolvimento social normal.

Fracasso: Crença de ter falhado, de que fracassará e de ser inadequado em relação aos iguais em áreas de realização como carreira, esportes, etc.

O domínio *orientação para o outro* envolve um foco excessivo nos desejos, nos sentimentos e nas respostas dos outros, à custa das próprias necessidades, com o objetivo de obter amor e aprovação, manter o sentimento de conexão ou evitar retaliação, muitas vezes com supressão e ausência de consciência da própria raiva e dos verdadeiros desejos.

QUADRO 26.4 EIDs pertencentes ao domínio Limites Prejudicados

EIDs: Domínio *LIMITES PREJUDICADOS*

Merecimento/Grandiosidade: Crença de ser superior às outras pessoas, de merecer direitos ou privilégios especiais, ou de não ter que obedecer a regras de reciprocidade nas relações sociais. Foco no poder e no controle, muitas vezes com excessiva competitividade ou dominação em relação aos outros.

Autocontrole/Autodisciplina Insuficientes: Dificuldade de autocontrole e tolerância à frustração ao buscar metas pessoais ou de restringir a expressão excessiva das emoções e dos impulsos. Ênfase na evitação do desconforto, à custa da realização pessoal.

> **QUADRO 26.5 EIDs pertencentes ao domínio Orientação para o Outro**
>
> **EIDs: Domínio *ORIENTAÇÃO PARA O OUTRO***
>
> **Subjugação:** Excessiva submissão ao controle dos outros por sentir-se coagido, para evitar raiva, retaliação ou abandono. Supressão das preferências, dos desejos e da expressão emocional, especialmente a raiva.
>
> **Autossacrifício:** Excessivo atendimento voluntário às necessidades dos outros à custa da própria gratificação, com aguda sensibilidade à dor alheia, muitas vezes para evitar a culpa por sentir-se egoísta, evitar causar dor nos outros e manter a conexão com pessoas percebidas como carentes.
>
> **Busca de Aprovação/Busca de Reconhecimento:** Ênfase excessiva na obtenção de aprovação, reconhecimento ou atenção das pessoas. O senso de autoestima depende das reações dos outros. Exagero da importância do *status*, da aparência, do dinheiro, da aceitação social como um meio de obter aprovação ou admiração.

O último domínio da teoria do esquema é *supervigilância e inibição*, em que ocorre ênfase excessiva na supressão dos sentimentos, dos impulsos e das escolhas pessoais espontâneas ou na criação de regras e expectativas internalizadas rígidas sobre desempenho e comportamento ético, mesmo à custa da felicidade, da saúde e da autoexpressão.

> **QUADRO 26.6 EIDs pertencentes ao domínio Supervigilância e Inibição**
>
> **EIDs: Domínio *SUPERVIGILÂNCIA E INIBIÇÃO***
>
> **Negativismo/Pessimismo:** Foco amplo e permanente nos aspectos negativos da vida (dor, morte, perda, desapontamento, conflito, culpa, problemas não resolvidos, etc.) ao mesmo tempo minimizando os aspectos positivos.
>
> **Inibição Emocional:** Inibição excessiva da ação, dos sentimentos ou da comunicação espontânea para evitar desaprovação alheia. Áreas comuns são a inibição da raiva e da agressão, dos impulsos positivos, como alegria e afeição, e da comunicação livre dos próprios sentimentos.
>
> **Padrões Inflexíveis/Crítica Exagerada:** Crença de que é preciso seguir padrões internalizados elevados de comportamento e de desempenho para evitar críticas. Manifestam-se em perfeccionismo, regras rígidas e deveres ou preocupação com o tempo e com a eficiência.
>
> **Caráter Punitivo:** Crença de que as pessoas devem ser severamente punidas por cometerem erros, com tendência a uma atitude zangada, intolerante, punitiva e impaciente consigo e com os outros que não estejam a altura de seus padrões pessoais.

PROCESSOS DOS ESQUEMAS INICIAIS DESADAPTATIVOS

Todos os organismos apresentam basicamente três respostas quando percebem uma ameaça: *luta*, *fuga* ou *congelamento (freeze)*. Segundo Young e colaboradores (2003, p. 33), a ameaça é a frustração de uma necessidade emocional profunda no desenvolvimento afetivo da criança (como *ligação segura com os outros, autonomia, autoexpressão livre, espontaneidade* e *limites realísticos*) ou mesmo o medo das intensas emoções que o esquema desencadeia, e a criança responde com um *estilo de enfrentamento (coping style)* que, a princípio, é adaptativo, mas que se torna disfuncional com a mudança das condições que ocorre à medida que a criança cresce – o que era adaptativo na infância é desadaptativo para o adulto, e o paciente fica aprisionado na rigidez de seu estilo de enfrentamento. Portanto, os estilos de enfrentamento desadaptativos, apesar de auxiliarem o sujeito a não experimentar as emoções intensas e opressivas engendradas pelos esquemas, servem como elementos importantes da *perpetuação* destes. É importante notar que os esquemas contêm "memórias, emoções, sensações corporais e cognições" (Young, Klosko e Weishaar, 2003, p. 32), mas não envolvem as respostas comportamentais: o *comportamento* não é parte do esquema – é parte do *estilo de enfrentamento*.

As respostas comportamentais de luta, fuga ou congelamento correspondem aos três estilos de enfrentamento dos EIDs, ou seja, a *supercompensação*, a *subordinação* (no inglês, *surrender*) e a *evitação* do esquema, que podem ocorrer no plano afetivo, comportamental ou cognitivo. Lutar contra o esquema equivale a supercompensar, fugir é equivalente a subordinar-se e o congelamento equivale à evitação. Os três estilos de enfrentamento, em geral, operam *inconscientemente* e, em cada situação, o paciente provavelmente utiliza um deles, mas pode exibir diferentes estilos de enfrentamento em diferentes situações ou com diferentes esquemas (Young, Klosko e Weishaar, 2003, p. 33).

> Lutar contra o esquema equivale a supercompensar, fugir é equivalente a subordinar-se e o congelamento equivale à evitação.

Tais construtos tornam o modelo cognitivo mais flexível e aberto à identificação de elementos sutis no funcionamento mental inconsciente, produzindo uma fascinante superposição com conceitos teóricos da psicanálise como *formação reativa, negação* e *repressão*. No entanto, o modelo subjacente adotado do processamento inconsciente está dentro da estrutura teórica do novo inconsciente – aceita-se a *descrição* do fenômeno, mas não a *explicação* na metateoria freudiana, buscando-se com o subsídio da teoria do esquema um modelo explicativo mais adequado (em uma conversa informal, quando tive o privilégio de almoçar com Jeffrey Young por ocasião de seu *workshop* em São Paulo, em 2006, apresentei um esboço das ideias deste livro e recebi encorajamento com a confirmação de que o modelo de inconsciente subjacente à sua teoria enquadra-se no modelo do novo inconsciente).

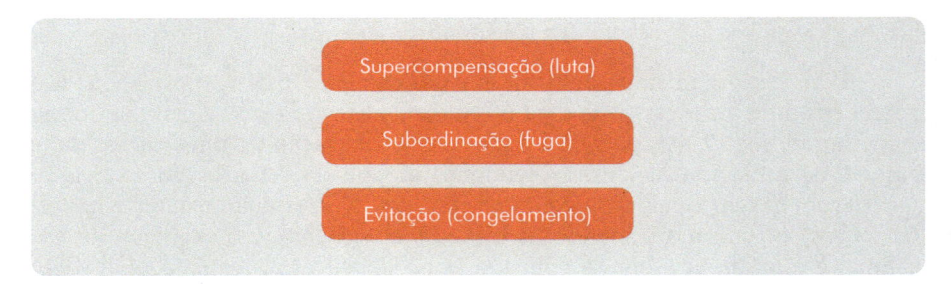

[Diagrama com três caixas:
- Supercompensação (luta)
- Subordinação (fuga)
- Evitação (congelamento)]

FIGURA 26.1 Estilos inconscientes de enfrentamento dos EIDs. As respostas comportamentais de luta, fuga ou congelamento correspondem aos três estilos de enfrentamento dos EIDs, a supercompensação, a subordinação e a evitação do esquema. Lutar contra o esquema equivale a supercompensar, fugir é equivalente a subordinar-se e o congelamento equivale à evitação.

O conjunto de crenças profundamente enraizadas que Young chamou de *esquemas primitivos* fundamenta nosso autoconceito e compõe os alicerces na ampla edificação de nossa visão de nós mesmos – nosso modelo do *self*. Os esquemas primitivos lutam por sua manutenção por meio de processos de distorção no processamento de informações, comparando os dados de entrada (a realidade de seu próprio comportamento e a do mundo) com o modelo de *self* (o comportamento esperado e as reações do mundo social e físico). Para reduzir a *dissonância cognitiva* produzida pela distância entre o modelo internalizado do *self* e a realidade são empregados mecanismos de *distorção cognitiva* (os mecanismos de autoengano do novo inconsciente). Segundo Jeffrey Young (2003, p. 25), em nível cognitivo,

> (...) a manutenção do esquema acontece salientando-se ou exagerando-se informações que confirmam o esquema e negando-se e minimizando-se informações que contradizem o esquema. Muitos desses processos de manutenção do esquema já foram descritos por Beck como distorções cognitivas.

Portanto, as distorções cognitivas identificadas por Beck (1967) na TC ou, de forma geral, os mecanismos de autoengano do novo inconsciente, são importantes *mantenedores* do esquema, sendo as informações distorcidas para mantê-lo intacto, no processo que Young denominou *subordinação ao esquema*. O paciente pode resistir enormemente ao exame de seus esquemas e esforçar-se para demonstrar que eles são verdadeiros – sem perceber que está *magnificando* alguns elementos de sua percepção, *minimizando* alguns outros, *supergeneralizando* e utilizando outras distorções.

Padrões de comportamento *autoderrotistas* contribuem para manter, em nível comportamental, os esquemas primitivos. Uma mulher, por exemplo, pode escolher sempre parceiros arrogantes e dominadores, em decorrência de um esquema subjacente de subjugação. Sem ter consciência desse processo, age de forma tal que reforça sua visão de si mesma como submissa e impotente. Os *comportamentos autoderrotistas* e as *distorções cognitivas* são, portanto, os principais *mecanismos de subordinação* que perpetuam e tornam rígidos os esquemas primitivos.

> Os comportamentos autoderrotistas e as *distorções cognitivas* são, portanto, os principais *mecanismos de subordinação* que perpetuam e tornam rígidos os esquemas primitivos.

A *evitação do esquema* é um dos mecanismos mais interessantes descritos por Young. Os EIDs acionam alto nível de afeto quando ativados, despertando reações emocionais aversivas intensas como culpa, ansiedade, tristeza ou raiva. Tais reações emocionais funcionam como consequências aversivas que, por um processo de condicionamento, acabam com menor probabilidade de serem despertadas de novo, graças à *evitação* dos esquemas. A alta intensidade emocional pode ser dolorosa, e o sujeito "cria processos tanto volitivos quanto automáticos para evitar acionar o esquema ou sentir o afeto a ele conectado" (Young, 2003, p. 26).

A evitação pode ocorrer nas esferas *cognitiva*, *afetiva* ou *comportamental*. A *evitação cognitiva* refere-se às tentativas automáticas ou volitivas de bloquear pensamentos ou imagens que poderiam acionar o esquema. Uma pessoa pode evitar intencionalmente a focalização de acontecimentos dolorosos ou mesmo aspectos negativos de sua personalidade. No entanto, Young enfatiza o processamento inconsciente e o papel da memória na evitação cognitiva:

> Também existem processos inconscientes que ajudam as pessoas a excluir informações demasiado perturbadoras. As pessoas tendem a esquecer acontecimentos particularmente dolorosos. Por exemplo, as crianças que foram sexualmente abusadas muitas vezes não têm nenhuma lembrança da experiência traumática. (Young, 2003, p. 79)

No caso de lembranças traumáticas, a hipótese de que a memória consciente ou explícita tenha sido enfraquecida é bastante provável. Um possível substrato neural de alguns mecanismos de evitação cognitiva é o sistema de memória explícita do lobo temporal medial, composto pelo hipocampo e por regiões adjacentes, sistema este que é danificado por níveis cronicamente elevados do hormônio cortisol (LeDoux, 1996; Sapolsky, 2003). A liberação acentuada de cortisol faz parte da reação de estresse que normalmente acompanha experiências emocionalmente intensas (Abler et. al., 2007; Gotlib et. al., 2008), o que pode explicar, em parte, o esquecimento das lembranças dolorosas.

Na evitação cognitiva, pensamentos ou imagens que possam acionar o esquema são bloqueados, e Young (2003, p. 26) estabelece um paralelo com conceitos análogos pertencentes ao domínio da psicanálise, considerando que "alguns desses processos cognitivos de evitação sobrepõem-se ao conceito psicanalítico de mecanismo de defesa. Exemplos disso seriam repressão, supressão e negação". Outras estratégias de evitação cognitiva incluem a *despersonalização*, um processo por meio do qual o paciente "se remove psicologicamente da situação que desencadeia um EID" (Young, 2003, p. 26), e os *comportamentos compulsivos*, que têm a função de distrair o paciente de pensamentos perturbadores que acionam os EIDs.

A *evitação afetiva* diferencia-se da cognitiva pelo foco em bloquear *sentimentos* desencadeados pelos esquemas primitivos. A evitação afetiva, da mesma forma que a cognitiva, pode envolver tentativas *conscientes* ou *inconscientes* de bloquear sentimentos ativados pelos esquemas iniciais. O paciente relata uma experiência de vida perturbadora, mas nega experimentar emocionalmente a situação – nesse caso, existe evitação dos aspectos afetivos sem bloqueio da cognição associada.

> A evitação afetiva, da mesma forma que a cognitiva, pode envolver tentativas *conscientes* ou *inconscientes* de bloquear sentimentos ativados pelos esquemas iniciais.

Young (2003, p. 39) sugere que existem duas características salientes na evitação afetiva do esquema: a dificuldade de *identificar o conteúdo* de sintomas ou emoções experienciadas – o paciente sente-se irritado ou triste, mas não consegue relatar a que se referem tais sentimentos – e a presença de *sintomas somáticos vagos*, como tonturas, vertigem, febre, amortecimento ou despersonalização. Os sintomas difusos estão presentes em vez de emoções primárias, como raiva, medo ou tristeza, o que pode indicar evitação do esquema. A evitação afetiva levaria a mais sintomas psicossomáticos e à manutenção mais prolongada de emoções difusas.

A evitação do esquema, além de *afetiva* ou *cognitiva*, também pode ser *comportamental*, que é basicamente esquivar-se de situações ou circunstâncias reais que ativam esquemas dolorosos. A evitação comportamental pode ser descrita como *esquiva de situações aversivas* e manifesta-se pelo isolamento nas relações humanas, causado por fobias e inibições que limitam a vida profissional e familiar. Um sistema de crenças contaminado com um esquema de fracasso, por exemplo, leva o sujeito a evitar desafios e situações competitivas, levando ao insucesso e à confirmação de suas crenças sobre si mesmo, de forma circular e autoperpetuadora.

> A evitação comportamental pode ser descrita como *esquiva de situações aversivas* e manifesta-se pelo isolamento nas relações humanas, causado por fobias e inibições que limitam a vida profissional e familiar.

Em suma, a *evitação* (afetiva, cognitiva e/ou comportamental) serve para escapar da dor desencadeada pela ativação de um esquema primitivo. No entanto, ao evitar experiências de vida, o sujeito também é impedido de *refutar a validade* de suas crenças. Além disso, o esquema pode nunca ser trazido à superfície e *examinado* de forma racional. Podemos perceber que essas consequências introduzem círculos viciosos desenvolvimentais na psicopatologia e que a *evitação*, na teoria do esquema, é um mecanismo-chave, da mesma forma que o conceito de *repressão* para Freud representava um papel crucial na gênese dos transtornos mentais.

O último processo de um EID é a *supercompensação do esquema*, a adoção de estilos cognitivos ou padrões comportamentais *opostos* aos prescritos pelos esquemas. Em uma forma de compensação exagerada, a partir de um esquema inicial desadaptativo de privação emocional, um paciente pode comportar-se narcisisticamente, por exemplo. Segundo Young (2003, p. 27), o conceito está relacionado à noção psicanalítica de *formação reativa*. O paciente tenta lutar contra o esquema pensando, sentindo e comportando-se de forma *oposta* ao esquema. Se o sujeito sentia-se defeituoso na infância, quando adulto tenta ser perfeito; se foi controlado, esforça-se para rejeitar todas as formas de influência; se foi subjugado, quando adulto tenta desafiar a todos; se foi abusado, abusa dos outros – sempre contra-atacando o esquema.

A supercompensação de um esquema é vista como uma tentativa parcialmente saudável de lutar contra o esquema que acaba passando do ponto ótimo, uma espécie de tiro pela culatra. Na tentativa de enfrentar o esquema, o exagero leva à perpetuação do mesmo, e não ao arrefecimento. Na realidade, existem muitos supercompensadores que parecem sadios entre aqueles que se destacam ou são admirados em alguma área, como estrelas da mídia, lideranças políticas ou empresários de sucesso – são pessoas que, muitas vezes, obtiveram seu sucesso da supercompensação. Mas como poderíamos distinguir a linha divisória entre o *enfrentamento sadio* de um esquema e uma *supercompensação patológica*? É saudável lutar contra esquemas disfuncionais de forma proporcional à situação, levando em consideração os sentimentos dos outros e direcionando a situação para obter resultados desejáveis. A compensação excessiva de um esquema é frequentemente *improdutiva* e *insensível* a necessidades e direitos dos outros, além de *desproporcional* aos fatos.

Dois exemplos podem ajudar a esclarecer esta importante distinção entre *enfrentamento* e *supercompensação* de um EID. O esforço em exercer maior controle sobre sua vida é essencialmente sadio; no entanto, transformar-se em um obsessivo controlador e dominador leva a muitos distúrbios nas relações humanas: um paciente com privação emocional pode enfrentar o esquema buscando suporte emocional significativo em suas relações, mas tornar-se carente e pegajoso certamente não ajudará muito.

O narcisismo, tema recorrente na literatura psicanalítica, ilustra de forma convincente a supercompensação dos EIDs. As supercompensações narcisísticas auxiliam os pacientes a lidar

> As supercompensações narcisísticas auxiliam os pacientes a lidar com sentimentos profundos de privação emocional e defectibilidade, transformando sensações de inferioridade em sensações de superioridade.

com sentimentos profundos de privação emocional e defectibilidade, transformando sensações de inferioridade em sensações de superioridade. Porém, no fundo o sujeito não está satisfeito consigo mesmo, apesar do sucesso no mundo exterior, e suas tentativas de ser perfeito desembocam muitas vezes em depressão quando tem repetidos reveses da vida e experiências malsucedidas. No Quadro 26.7, vemos ilustrações de respostas de enfrentamento desadaptativas relacionadas ao acionamento de EIDs.

QUADRO 26.7 Exemplos de Respostas de Enfrentamento Desadaptativas

Esquema inicial desadaptativo (EID)	Exemplo de subordinação	Exemplo de evitação	Exemplo de supercompensação
Desconfiança/abuso	Seleciona parceiros abusivos e permite abusos	Evita tornar-se vulnerável e confiar nos outros	Abusa dos outros
Dependência/incompetência	Depende dos pais ou do parceiro para tomar decisões financeiras	Evita envolver-se com novos desafios, como aprender a dirigir	Torna-se autossuficiente para não depender de ninguém
Autossacrifício	Dá muito aos outros e não pede nada em retorno	Evita situações envolvendo dar ou receber	Dá aos outros o menos possível
Negativismo/pessimismo	Foca no negativo, ignora o positivo, preocupa-se constantemente	Bebe para evitar sentimentos pessimistas e infelicidade	É abertamente otimista; nega o lado negativo da vida
Vulnerabilidade a danos e doenças	Preocupações obsessivas sobre catástrofes ou doenças	Evita lugares que não parecem seguros	Despreocupado em relação ao perigo (contrafóbico)
Insuficiente autocontrole/autodisciplina	Desiste facilmente de tarefas rotineiras	Evita empregos ou responsabilidades	Torna-se rigidamente autocontrolado ou autodisciplinado

(Continua)

QUADRO 26.7 (continuação)

Esquema inicial desadaptativo (EID)	Exemplo de subordinação	Exemplo de evitação	Exemplo de supercompensação
Abandono/instabilidade	Seleciona parceiros que não podem comprometer-se	Evita relações íntimas; bebe muito quando sozinho	Ataca veementemente o parceiro por qualquer indício de abandono
Defectibilidade/vergonha	Seleciona amigos críticos e rejeitadores; desvaloriza-se	Evita expressar seus verdadeiros pensamentos e sentimentos	Critica e rejeita os outros; esforça-se para parecer perfeito
Padrões inflexíveis/crítica exagerada	Gasta muito tempo tentando ser perfeito	Evita ou procrastina situações nas quais será julgado	Não se preocupa com padrões, faz as tarefas de forma descuidada

(Adaptado de Young, Klosko e Weishaar, 2003, p. 38-9)

Até agora revisamos os elementos básicos da terapia do esquema, mas de que forma podemos relacionar os esquemas primitivos disfuncionais com os conceitos sobre processamento inconsciente no referencial do novo inconsciente? Examinaremos agora a teoria do "*self* relacional inconsciente", derivada do modelo do novo inconsciente.

27
Self relacional inconsciente

ESQUEMAS PRIMITIVOS E EUS RELACIONAIS

A noção de que o conhecimento prévio estocado na memória é acionado na construção do significado atribuído ao experimentar situações é fundamental tanto para os terapeutas cognitivos como para os teóricos do novo inconsciente. A terapia do esquema de Young contribui com a identificação de EIDs e de processos dos esquemas primitivos, conceitos que têm grande utilidade clínica, sobretudo no tratamento dos transtornos da personalidade. Os pesquisadores de cognição social implícita do novo inconsciente, por sua vez, contribuem com a teoria do "*self* relacional inconsciente" (*Unconscious Relacional Self*), que aprofunda a compreensão do processamento inconsciente envolvido no relacionamento interpessoal (Andersen e Chen, 2002; Andersen, Reznik e Glassman, 2005). Examinaremos agora aspectos experimentais e clínicos dessa teoria que compõe um dos alicerces teóricos do novo inconsciente, e as relações que podem ser estabelecidas entre essas abordagens.

A terapia do esquema focaliza-se na classificação dos chamados esquemas primitivos (EIDs) e dos estilos de enfrentamento, que ocasionam conjuntos genéricos de padrões disfuncionais na interação com os outros. O comportamento do sujeito, nessa perspectiva, é definido pelo estilo de enfrentamento do esquema (*subordinar-se*, *evitar* ou *supercompensar*). A teoria de Young concebe nosso comportamento como resultante da ativação de esquemas e do emprego de estilos de enfrentamento, agrupando as reações disfuncionais possíveis nas relações humanas em padrões característicos genéricos. Ou seja, os EIDs e os estilos de enfrentamento empregados formam um conjunto de *padrões de interação com as pessoas*, padrões de invariantes que são estatisticamente comuns na clínica. Subordinar-se a um esquema de abandono, por exemplo, pode desembocar em um comportamento de selecionar um parceiro casado, e evitar um es-

> Os EIDs e os estilos de enfrentamento empregados formam um conjunto de *padrões de interação com as pessoas*, padrões de invariantes que são estatisticamente comuns na clínica.

quema de autossacrifício poderia manifestar-se pela recusa em participar de situações em que o indivíduo necessita dar e receber. Há uma *transferência da aprendizagem implícita* que ocorreu no passado para uma situação atual, e a teoria do esquema criou, com a descrição de seus 18 EIDs, um sistema de classificação das reações transferenciais negativas mais típicas, encontradas com maior frequência na clínica psicoterápica.

Os mecanismos de enfrentamento concebidos por Young são as três formas básicas de reação possível ante a ativação do esquema, ou seja, o sujeito pode sujeitar-se ao esquema, evitar que seja acionado ou tentar sufocá-lo de forma exagerada. Os esquemas disfuncionais e seus estilos de enfrentamento, portanto, geram padrões de "Eus" que são comumente acionados por determinadas categorias de estímulos, padrões estes que têm uma estrutura de alta probabilidade de ocorrência em termos de patologias da personalidade. A teoria do esquema, assim, criou um catálogo de "Eus" patológicos típicos baseado na noção de transferência de aprendizagem implícita em relação a determinadas situações-estímulo.

TRANSFERÊNCIA E AVALIAÇÕES INCONSCIENTES

A transferência é um processo inconsciente que se caracteriza pela generalização de memórias implícitas da situação original para uma situação atual. Na transferência de aprendizagem implícita que envolve o acionamento dos EIDs, é a forma de avaliação dos estímulos que determina o desencadeamento das reações. A ideia de que a avaliação (ou a interpretação) dos estímulos determina a forma de reagir é um dos alicerces conceituais fundamentais de qualquer abordagem no escopo das terapias cognitivas. O modelo do novo inconsciente pode contribuir para entender melhor as particularidades da *avaliação inconsciente* que realizamos e os mecanismos, também inconscientes, pelos quais desencadeamos determinados esquemas e certas reações.

De acordo com os pesquisadores do novo inconsciente, avaliamos de forma inconsciente e reagimos de modo automático a praticamente qualquer objeto, situação, coisa ou pessoa (Chen e Bargh, 1999; Bargh, Chaiken, Govender e Pratto, 1992; Fazio, Sanbonmatsu, Powell e Kardes, 1986), sendo que cada estímulo provoca uma reação afetiva imediata positiva ou negativa (Fazio, 1986; Russel, 2003). Essa avaliação instantânea inconsciente acontece de forma independente de ostentarmos posições fortes ou atitudes extremadas, uma vez que atitudes fracas também produzem as mesmas reações. Estímulos nunca vistos anteriormente também disparam avaliações automáticas, mesmo se não puderem ser processados com

> De acordo com os pesquisadores do novo inconsciente, avaliamos de forma inconsciente e reagimos de modo automático a praticamente qualquer objeto, situação, coisa ou pessoa.

facilidade por não se encaixarem em estereótipos ou categorias previamente existentes (Duckworth, Bargh, Garcia e Chaiken, 2002).

Atualmente, a pesquisa em psicologia social tem desenvolvido uma série de métodos de investigação das avaliações inconscientes implicadas em uma variedade de tópicos, sendo que os mais estudados são atitudes, autoestima e estereótipos (por exemplo, Greenwald e Banaji, 1995; Fazio, 1986). O teste mais conhecido para examinar associações inconscientes em relação a categorias de pessoas (geralmente grupos étnicos), objetos ou o próprio *self* é o *Implicit Association Test* (IAT) (Greenwald, McGhee e Schartz, 1998), desenvolvido pelo pioneiro da pesquisa do inconsciente, o psicólogo Anthony Greenwald e seus colaboradores Brian Nosek e Mahzarin Banaji. O Teste de Associação Implícita (TAI) está disponível *online* no *site* da Universidade de Harvard (www.implicit.harvard.edu), inclusive na versão que avalia o preconceito racial, o chamado *Race IAT*.

TESTE DE ASSOCIAÇÃO IMPLÍCITA (TAI)

O TAI produziu um volume considerável de trabalho de pesquisa sobre a associação inconsciente que fazemos de qualquer conceito com algum atributo. Pares de conceitos bipolares (como, por exemplo, masculino-feminino) são associados *de forma inconsciente* com determinados atributos avaliativos. A apresentação dos conceitos no TAI é explícita, mas as *associações implícitas* em relação a esses conceitos, que são o principal foco do instrumento, não recebem atenção consciente do sujeito, pois são medidas pelo tempo despendido na resposta a cada par de palavras. Uma associação inconsciente tem o efeito de *aceleração* das respostas, de forma que os pesquisadores conseguem medir a intensidade da relação que fazemos entre dois conceitos. Ou seja, o princípio fundamental por trás do TAI é o fato de fazermos conexões entre pares de palavras que já estavam associadas em nossas mentes de forma muito mais rápida do que entre aquelas que nos são estranhas. Greenwald descobriu que quando existe uma forte associação prévia, as pessoas respondem entre 400 e 600 milissegundos. Quando não existe essa associação, as respostas podem demorar entre 200 a 300 milissegundos a mais. Essa diferença pode parecer pequena para leigos, mas é astronômica para os psicólogos especializados na pesquisa do processamento inconsciente e representa 50% a mais de tempo de processamento. Conforme Greenwald comentou em entrevista, a diferença é tão grande que poderia ser "medida em um relógio de sol" (Gladwell, 2005, p. 86).

> O princípio fundamental por trás do TAI é o fato de fazermos conexões entre pares de palavras que já estavam associadas em nossas mentes de forma muito mais rápida do que entre aquelas que nos são estranhas.

Uma das descobertas que a utilização deste método permitiu foi constatar que muitas pessoas que se declaram sem racismo manifestam forte carga de preconceito inconsciente. Apesar das crenças conscientes da pessoa não apoiarem discriminação racial, 80% dos sujeitos têm associações inconscientes que revelaram velocidade acelerada em relação a atributos negativos quando os conceitos apresentados referiam-se às pessoas negras, por exemplo. Curiosamente, *mesmo entre sujeitos negros* esse efeito de preconceito inconsciente foi verificado, com associações negativas facilitadas quando se tratava de conceitos relacionados a pessoas afrodescendentes no teste TAI. Isso demonstra que temos atitudes em dois níveis: aquelas que ostentamos conscientemente, refletindo nosso conhecimento explícito e nossos valores sobre o mundo, e as atitudes implícitas, que revelam correntes subterrâneas compostas pela somatória de informações coletadas e armazenadas em nosso cérebro.

No TAI, a estratégia de medir o tempo de reação elimina nosso controle consciente sobre as respostas. Não podemos direcionar, decidir ou mesmo saber o conteúdo de nossa vasta malha secreta de associações implícitas. O que é perturbador em relação ao TAI é podermos revelar nosso inconsciente em ação e o quanto desconhecemos uma parte importante de nós mesmos. Realizar o teste *online* no *site* mencionado anteriormente é uma experiência curiosa, pois apesar do esforço consciente para driblar o teste, demoramos mais para associar certos atributos e assim revelamos nossas preferências e inclinações inconscientes, que vêm à tona de forma constrangedora.

IMPRESSÕES PESSOAIS IMPLÍCITAS

O TAI mostrou-se útil para investigar associações inconscientes com categorias sociais de pessoas, de objetos ou do próprio *self*, mas ainda não foi realizada pesquisa sobre as associações inconscientes que ocorrem nas interações com indivíduos específicos. No entanto, as avaliações automáticas são onipresentes nas interações sociais, e a compreensão de seu impacto no relacionamento humano é fundamental para uma abordagem psicoterápica eficaz.

O psicólogo cognitivo Zajonc foi um dos primeiros a enfatizar a avaliação automática que fazemos inconscientemente das outras pessoas. Segundo Zajonc (1980, p. 153), "não podemos ser introduzidos a uma pessoa sem experimentar algum imediato sentimento de atração ou repulsão". Uma revisão de evidências realizada por pesquisadores do novo inconsciente, os psicólogos Choi, Gray e Ambady (2005), reforça essa noção inicialmente defendida por Zajonc. A transmissão de informação relevante sobre as relações sociais, como atitudes interpessoais, tipos de relacionamento e *rapport*, é interpretada de forma inconsciente, e tal informação é frequentemente transmitida por meio da comunicação não verbal, como a expressão facial, o tom de voz e os gestos. Tanto a *expressão* como a *interpretação* de pistas não verbais carregadas de informação sobre emoções, crenças ou personalidade pode ser realizada *automaticamente*, ou seja, exibindo os "quatro cavaleiros", as características do processamento inconsciente delineadas por Bargh (1994): eficiência, ausência de percepção consciente, incontrolabilidade (não podem ser interrompidos) e falta de intenção (não iniciam por um ato de vontade consciente).

O psicólogo social Lewicki demonstrou o efeito das associações inconscientes que ocorrem depois de uma relação humana, em uma série pioneira de estudos sobre impressões pessoais (Lewicki, 1985, 1986b). Os sujeitos passavam por uma breve interação com uma pessoa (Lewicki, 1985) ou observavam uma série de fotos de um modelo (Lewicki, 1986b), e esses estímulos eram então associados com eventos negativos ou positivos. As pessoas mostradas como estímulos nas fotos ou nas interações tinham sempre uma sutil característica física distintiva. Mais tarde, os sujeitos eram expostos a uma nova pessoa que apresentava a mesma característica física distintiva e tornavam a demonstrar as reações que tiveram com os modelos originais. Ou seja, ocorreu transferência da aprendizagem implícita de um modelo para outra pessoa que apresentava um sinal distintivo semelhante.

A PRECISÃO DO PROCESSAMENTO RÁPIDO

As interações humanas são repletas de comunicação inconsciente, e pesquisas no modelo do novo inconsciente revelaram aspectos surpreendentes sobre a precisão do processamento automático das informações sociais. A psicóloga Nalini Ambady é uma das pesquisadoras do novo inconsciente que atraiu atenção, inclusive da mídia, por seu trabalho sobre a *acurácia de julgamentos sociais*. Em suas pesquisas (Ambady e Rosenthal, 1992, 1993; Ambady, Hallahan e Rosenthal, 1995; Ambady, Bernieri e Richeson, 2000; Choi, Gray e Ambady, 2005), Ambady e colaboradores demonstraram que as pessoas são surpreendentemente precisas quando julgam os outros, e que bastam apenas amostras muito pequenas ou "fatias finas" do comportamento para revelar informação crítica sobre uma ampla faixa de construtos psicológicos, como características disposicionais, estados de humor, relações sociais e performance no trabalho. O estudo de Ambady forneceu evidências empíricas sobre a capacidade, a rapidez e a eficiência do processamento inconsciente na decodificação dos sinais sutis não verbais emitidos nas interações socias cotidianas (ver revisão em Ambady, Bernieri e Richeson, 2000).

> As pessoas são surpreendentemente precisas quando julgam os outros, bastam apenas amostras muito pequenas ou "fatias finas" do comportamento para revelar informação crítica sobre uma ampla faixa de construtos psicológicos.

Em um de seus estudos (citado em Gladwell, 2005), Ambady fez sujeitos julgarem amostras de apenas 40 segundos de gravações de conversas entre médicos cirurgiões e seus pacientes, pedindo para que avaliassem características como calor, hostilidade, domínio e ansiedade, tentando prever quais médicos tinham sido processados anteriormente e quais não tinham. Para assegurar-se de que as informações relevantes para o julgamento correto foram transmitidas pelos canais não verbais de comunicação, Ambady apresentou aos sujeitos as gravações com os sons de alta frequência removidos, de forma que as palavras não poderiam ser reconhecidas, somente a entonação e o ritmo empregados. O resultado foi surpreendente, pois os sujeitos conseguiram acertar com precisão, mesmo sem nada saber da carreira profissional ou das qualificações técnicas dos médicos, baseando-se apenas na pequena amostra de 40 segundos de gravação distorcida. Essa "fatia fina" de informação foi suficiente para o processamento inconsciente identificar o tom de dominância, que fazia a diferença entre os médicos desinteressados e aqueles considerados atenciosos (que não tinham histórico de processo anterior). Uma série de estudos como este revelaram que o processamento inconsciente navega no complexo mundo social com facilidade, pois módulos neurais especializados extraem das situações de relacionamento humano as "fatias finas" de informações que são cruciais para uma avaliação rápida e precisa.

Além disso, esses estudos sobre julgamentos a partir de "fatias finas" (Gladwell, 2005) revelam outro aspecto importante da relação entre processos controlados e automáticos. Quando Ambady pediu aos sujeitos pesquisados para deliberarem cuidadosamente, de forma consciente, sobre seu julgamento, a acurácia *diminuiu,* e os julgamentos eram *menos precisos.* Isso significa que o processamento inconsciente pode ser *dificultado* pela atenção consciente. Mesmo quando a pesquisadora submeteu os sujeitos a uma sobrecarga cognitiva, com a realização de tarefas simultâneas que ocupavam a capacidade do processamento consciente, a acurácia dos julgamentos rápidos se manteve, o que demonstra que o processamento rápido independe de estratégias conscientes.

As impressões pessoais implícitas não dependem de lembrança consciente de um encontro passado, pois são de natureza tácita e pré-verbais, compostas por resíduos de memórias não episódicas de observações, interações e inferências que realizamos sobre os outros. As respostas aos outros que são afetadas pelas experiências anteriores com eles, mesmo na ausência de lembrança consciente, são moldadas pelas impressões implícitas, que afetam como nos sentimos, pensamos e agimos frente a determinadas pessoas. Ou seja, ao interagir com uma pessoa, nossas reações recebem influência do processamento inconsciente de informações recebidas por meio do relacionamento (tanto as recebidas

> As impressões pessoais implícitas não dependem de lembrança consciente de um encontro passado, pois são de natureza tácita e pré-verbais, compostas por resíduos de memórias não episódicas de observações, interações e inferências que realizamos sobre os outros.

efetivamente como as inferências equivocadas, percebidas erroneamente por meio de distorções e vieses). No entanto, também recebemos influência de outra fonte importante, que é a transferência das impressões inconscientes derivadas da interação anterior com outras pessoas. Em se tratando dos aspectos psicoterápicos, a transferência de aprendizagem prévia ocupa um lugar importante, como enfatiza a tradição psicodinâmica.

SELF RELACIONAL E IMPRESSÕES INCONSCIENTES

Um dos mais expressivos trabalhos de pesquisa realizados no modelo do novo inconsciente sobre o aspecto da transferência de impressões pessoais inconscientes deriva das investigações de Andersen e colaboradores (Andersen e Berenson, 2001; Berk e Andersen, 2000; Chen e Andersen, 1999). Esse trabalho demonstra que as representações mentais de outras pessoas significantes em nossa vida podem afetar todo um conjunto de respostas em relação a um estranho que lembra e ativa tais representações. Dessa forma, são evocadas respostas (ou seja, ocorre transferência) que variam desde mudanças de humor, atitudes e expectativas até o comportamento interpessoal. O desenho experimental adotado na pesquisa de Andersen e colaboradores é elaborado de forma cuidadosa para tornar remota a possibilidade de ocorrer lembrança consciente da representação dos outros significantes. Ou seja, a variedade de efeitos nas reações comportamentais e emocionais a estranhos acontece sem nenhuma consciência da lembrança da representação que vem do passado.

A teoria do *self* relacional inconsciente (Andersen e Chen, 2002; Andersen, Reznik e Glassman, 2005) aprofunda a noção de transferência e conceitualiza padrões singulares de conduta, em que a cada interação com uma pessoa significativa é construído um novo "eu". O modelo social-cognitivo do *self* relacional inconsciente baseia-se na transferência, mas não apenas de conhecimento genérico baseado em categorias sociais ou construtos gerais como a teoria do esquema. O conhecimento armazenado na memória não é apenas genérico, mas também contém informação específica *individual* compondo as representações de cada significante na vida de uma pessoa, como características físicas, atributos de personalidade, hábitos, interesses, formas de se relacionar com os outros, motivações e sentimentos internos (Chen, 2001).

A transferência que ocorre quando se conhecem novas pessoas envolve a ativação de representações de outros significantes, as quais contêm tanto o conhecimento generalizado de experiências anteriores do sujeito como as memórias específicas. Essas memórias específicas ou conhecimentos individualizados são ativadas como parte da representação do outro significante, quando uma nova pessoa conhecida apresenta similaridade em alguma dimensão. Quando atributos desse outro significante são encontrados em uma nova pessoa que é alvo da transferência, ocorrem processos de analogia e a organização interna da representação do outro significante, que passam a propagar o reconhecimento dos atributos encontrados para aqueles não presentes. O processo inconsciente resulta em inferências sobre a nova pessoa que vão bem além do que foi aprendido ou observado na relação com ela.

SELF RELACIONAL INCONSCIENTE

As representações mentais que temos de nós mesmos e dos outros são responsáveis pela extração e construção do significado da experiência relacional, tanto em seu aspecto singular como compartilhado. O *self* relacional é o *self* experimentado em uma relação, o que inclui tanto aspectos pessoais como interpessoais. Segundo Andersen e Chen (2002), os outros significantes desempenham um papel crítico tanto na autodefinição como na autorregulação. De acordo com o modelo do *self* relacional inconsciente, cada indivíduo tem um repertório de *selves*, cada um dos quais originado de uma relação com um outro significante. Tal repertório é um conjunto de padrões interpessoais que o indivíduo experimenta. Cada *self* relacional está ligado a uma representação mental de um outro significante. Quando ativada, a representação desse outro significante e dos aspectos do *self* ligados a ele acabam imbuindo experiências correntes com diferentes significados, dependendo do conteúdo da relação e do contexto. Como já observaram de forma pioneira Sullivan (1953) e Kelly (1955), as pessoas têm tantos *selves* como têm relações interpessoais significativas.

Quando encontramos uma pessoa nova e as representações sobre um outro significante são ativadas, processos automáticos trazem à memória de trabalho um autoconceito carregado de transferência positiva ou negativa, dependendo da experiência que tivemos com o outro significante. Ou seja, nosso autoconceito evocado no *self* relacional inconsciente reflete a interação passada positiva ou negativa com outros significantes, que é acionada de forma automática. Sendo assim, o *papel interpessoal* que desempenhamos em uma relação com um outro significante pode ser transferido se as semelhanças com uma nova pessoa ativarem o *self* relacional inconsciente, o que pode levar à alteração do humor para negativo ou disfórico, conforme demonstraram Baum e Andersen (1999). Uma situação em que ocorre a ativação de um papel de submissão a uma figura de autoridade, por exemplo, implica no *self* relacional inconsciente acarretando dificuldade de violação desse papel.

> Os padrões que projetamos nos outros como expectativas ou desejos sobre nosso comportamento são alvo de transferência de um outro significante para uma nova pessoa que o relembra e assim produzem discrepâncias quando comparados com o *self* real.

Outro exemplo de aspectos acionados no *self* relacional inconsciente são os padrões de autoavaliação, que refletem a representação que temos do outro significante. Os padrões que projetamos nos outros como expectativas ou desejos sobre nosso comportamento são alvo de transferência de um outro significante para uma nova pessoa que o relembra e assim produzem discrepâncias quando comparados com o *self* real. A teoria da autodiscrepância foi apresentada por Higgins (1997, 1998) e integra as formulações do *self* relacional inconsciente, permitindo uma melhor compreensão dos "deveres" mencionados por Horney (1950) e posteriormente incorporados por Beck e Ellis em seus modelos psicoterápicos. Estudos conduzidos por Reznik e Andersen (2004a), usando a teoria da autodiscrepância, demonstraram que participantes reagiram com endurecimento dos deveres (aplicando critérios mais rigorosos na autoavaliação) e manifestaram hostilidade e ressentimento quando uma nova pessoa introduzida lembrava um outro significante com o qual os padrões eram discrepantes. A teoria de Higgins (1996, 1997) também prediz que os padrões de autoavaliação determinam processos de autorregulação, pois quando os padrões ideais sobre o *self* projetados nos outros por meio da transferência correspondem ao comportamento real, o foco autorregulatório é obter ou não perder consequências positivas. Quando os padrões sobre o *self* atribuídos aos outros divergem do *self* real, o foco da autorregulação é evitar ou impedir as consequências negativas esperadas na interação com o outro.

Andersen, Reznik e Glassman (2005) apresentam evidências que sustentam conclusões importantes sobre o *self* relacional inconsciente. De acordo com os pesquisadores do novo inconsciente, quando acontece um processo de transferência disparado por estímulos subliminares, ocorre uma *ativação automática* das representações do outro significante, o que desencadeia a evocação de *afetos específicos* associados ao aprendizado prévio implícito. Os afetos ligados ao outro significante são ativados e ocorre o acionamento do *self* relacional inconsciente como é experimentado na relação com o outro, causando também mudanças nos padrões de autoavaliação, que podem tornar-se mais positivos ou negativos conforme o teor da transferência.

A mudança nos padrões de autoavaliação é concebida como um dos processos autorregulatórios no *self* relacional inconsciente, que são evocados também de forma automática em resposta a indícios percebidos como "ameaça" na transferência. Em um estudo com implicações clínicas (Andersen, Reznik e Glassman, 2005), os pesquisadores examinaram a ativação de representações mentais de pais abusadores em mulheres participantes com histórico de terem sido ameaçadas com uma arma ou faca, por exemplo. As mulheres vítimas de abuso físico ou psicológico e outras participantes que não foram abusadas foram expostas à aprendizagem referente a uma nova pessoa, que em uma condição lembrava o pai abusador, e em outra não estava associada à memória do pai. Conforme prevê a teoria do *self* relacional inconsciente, as participantes com histórico de abuso mostraram prediposição para maiores expectativas de rejeição e de indiferença em relação a ser amada pela nova pessoa.

A teoria do *self* relacional inconsciente é uma das subteorias dentro do arcabouço teórico do novo inconsciente que traz contribuições para compreender aspectos individuais das reações transferenciais. Enquanto a terapia do esquema oferece um mapa genérico nomotético dos padrões disfuncionais mais frequentes, a teoria do *self* relacional inconsciente fornece descrições de características ideográficas, pertencentes a trajetórias de vida únicas. A primeira é de amplo uso clínico e tem caráter aplicado, enquanto a segunda é ainda produto de pesquisa básica laboratorial, embora tenha potencialmente inúmeras aplicações na psicoterapia.

> Enquanto a terapia do esquema oferece um mapa genérico nomotético dos padrões disfuncionais mais frequentes, a teoria do *self* relacional inconsciente fornece descrições de características ideográficas, pertencentes a trajetórias de vida únicas.

Depois de apresentar a terapia do esquema de Young e a teoria do *self* relacional inconsciente e de descrever os esquemas e o papel das avaliações implícitas e impressões pessoais no enviesamento de nossa versão consciente da realidade, vamos adentrar nos mecanismos neurais que estão operando nos caminhos subterrâneos desse processamento cognitivo. Examinaremos agora a neurociência da psicoterapia, iniciando com considerações sobre o diálogo histórico da psicologia clínica, com os fundamentos neurais e com as posições adotadas pelas diferentes escolas, para depois nos aprofundar na compreensão da neurobiologia da terapia cognitiva.

28
Bases neuropsicológicas da psicoterapia

NEUROCIÊNCIAS E PSICOTERAPIA

Idealmente, uma teoria psicoterápica necessita de suporte neurobiológico e das ciências do comportamento no que se refere às suas hipóteses testáveis. Uma abordagem psicoterápica também não poderia contradizer, em suas formulações e hipóteses que aguardam verificação mais direta, a corrente principal (*mainstream*) do conhecimento científico e as evidências disponíveis até o momento em outras áreas estabelecidas do conhecimento humano. As teorias que não se preocupam com a aceitação da comunidade científica tendem a ficar enclausuradas em uma redoma de seguidores de caráter quase religioso e, com o tempo, podem caminhar em direção ao isolamento e ao descrédito.

Observa-se hoje uma interação crescente entre neurociência e psicologia clínica nas abordagens cognitiva e cognitivo-comportamental, que procuram incorporar conhecimento produzido pela neurociência às suas teorias. No entanto, o interesse da psicologia pelo funcionamento do sistema nervoso central é um fato recente e visto ainda com certo descrédito por alguns psicólogos clínicos. Historicamente, os sistemas psicológicos clássicos que buscavam explicar os efeitos clínicos da psicoterapia evitaram o emprego de conceitos relacionados ao cérebro humano.

> Os sistemas psicológicos clássicos que buscavam explicar os efeitos clínicos da psicoterapia evitaram o emprego de conceitos relacionados ao cérebro humano.

Desta forma, a terapia humanista-existencial privilegiou a experiência imediata e o desenvolvimento de potencialidades individuais, buscando fundamentação de todo o seu sistema teórico na filosofia fenomenológica. Nessa perspectiva, a análise de variáveis biológicas é desnecessária para a compreensão do fenômeno psicológico, uma vez que os mecanismos de funcionamento da psicoterapia estão relacionados com aspectos subjetivos que ocorrem durante o encontro terapêutico. Já a terapia comportamental, embora tenha adotado uma perspectiva objetiva calcada em evidências experimentais advindas da observação do comportamento, em função de restrições teóricas, não assimilou descobertas importantes acerca do sistema nervoso que ocorreram ao longo do século XX. A terapia psicanalítica optou pela construção de teorias altamente especulativas com o objetivo de compreender a origem de motivações inconscientes (do inconsciente freudiano) e foi buscar na literatura e na filosofia os fundamentos para suas observações realizadas em ambientes clínicos (Callegaro e Landeira-Fernandes, 2008).

O desinteresse da psicologia clínica pelo conhecimento neurobiológico atingiu seu ponto máximo na metade do século XX e começou a declinar com o advento das drogas psicotrópicas, que imprimiu avanços significativos no tratamento dos transtornos mentais. Entretanto, a distinção entre um tratamento farmacológico e outro psicológico fez renascer a herança dualista que pressupõe uma separação entre os aspectos físicos do cérebro e os fenômenos metafísicos ou imateriais da mente. Em consequência dessa divisão, a psiquiatria biológica restringiu-se à intervenção farmacológica, partindo do princípio de que os efeitos das drogas psicotrópicas no tecido neural ocorreriam independentemente de fatores subjetivos associados à emoção, à cognição e aos aspectos sociais de seus pacientes. Por outro lado, a psicologia clínica passou a adotar posturas cada vez mais mentalistas, partindo do princípio de que os efeitos da psicoterapia ocorreriam na ausência de qualquer mecanismo biológico.

No final do século XX, o surgimento de técnicas de neuroimagem funcional permitiu detectar mudanças no funcionamento de estruturas neurais associadas à intervenção psicológica, o que reduziu a polarização entre a psiquiatria biológica e a psicologia mentalista. Atualmente sabemos que o sistema nervoso central constitui o local comum às intervenções psicológicas e farmacológicas, uma vez que as intervenções psicoterapêuticas atuam no tecido neural, produzindo alterações no padrão de comunicação sináptica de forma semelhante aos efeitos produzidos por drogas psicotrópicas (Callegaro e Landeira-Fernandes, 2008).

Tanto as experiências adversas que levam ao desenvolvimento de patologias mentais como o processo reparador da psicoterapia fundamentam-se em processos de aprendizagem que modificam a rede de conexões sinápticas no cérebro (Roffman et. al., 2005), como procurei explicar em um trabalho anterior escrito em conjunto com o psicólogo J. Landeira-Fernandes:

> O estudo dos mecanismos neurais envolvidos na psicoterapia parte do princípio de que as várias técnicas psicoterapêuticas, sejam elas humanista-existencial, cognitivo-comportamental ou psicodinâmica, representam intervenções capazes de produzir alterações de longo prazo na emoção, na cognição e no comportamento de pacientes. Esses efeitos

estão relacionados a processos de aprendizagem adquiridos ao longo do processo terapêutico. Uma vez adquiridas, essas informações são armazenadas em diferentes sistemas de memória. Dessa forma, compreender os mecanismos neurais envolvidos em intervenções psicoterapêuticas constitui, em última instância, compreender os mecanismos neurais envolvidos em distintos sistemas relacionados com aprendizagem e memória. (Callegaro e Landeira-Fernandes, 2008, p. 852-3)

O *status* de deter um correlato neural traz prestígio científico, sendo algo almejado pela maioria das escolas psicoterápicas. Dentro da psicanálise, existem setores preocupados em buscar aproximação com as neurociências. Alguns psicanalistas e neurocientistas demonstraram seu esforço nesse sentido quando fundaram em 2000, em Londres, a Sociedade Internacional de Neuropsicanálise. No entanto, como aponta Andrade (2003), a maioria dos psicanalistas afastou-se das ideias mais fundamentais do projeto freudiano original, desprendendo a psicanálise da biologia, proclamando sua independência do conhecimento científico e "decretando a autonomia da alma em relação ao corpo"(p. 20). Tal posição é majoritária no Brasil, que, junto com a Argentina e com a França, está entre os últimos redutos mundiais de psicanálise.

> Esse distanciamento se radicalizou de tal maneira, que a maioria dos psicanalistas deixou de ver a psicanálise como ciência natural, havendo boa parte que passou até mesmo a repudiar a ideia de ela ser uma ciência, preferindo considerá-la uma hermenêutica. (...) O resultado não poderia ser outro: a psicanálise, como doutrina científica, enredou-se em uma crise que poderá tornar-se inextrincável, ainda que o ímpeto de sua proliferação possa sugerir o contrário; na realidade, sua difusão se faz mais no sentido de práticas alternativas que científicas. O efeito paralisante dessa expansão sem limites já se faz notório, com estagnação teórica e técnica, a par de certo descrédito por parte da comunidade científica, com repercusões negativas em meio às pessoas cultas em geral. (p. 21)

As terapias cognitivo-comportamentais, ou TCCs, em suas diferentes vertentes, atualmente representam um amplo leque de abordagens derivadas da noção central de que as reações comportamentais ou emocionais dependem da forma de interpretar os estímulos. As TCCs compartilham os mesmos fundamentos epistemológicos da Ciência e têm afinidade conceitual e entrosamento teórico com as neurociências cognitivas, procurando sempre um correlato neural como suporte do tipo de processamento hipotetizado.

NEUROBIOLOGIA DA TERAPIA DO ESQUEMA

Embora um longo caminho tenha que ser percorrido até podermos afirmar que as TCCs apresentam um correlato neural consistente e completo, existem diversos modelos nesse escopo que se aproximam de uma compreensão alicerçada na neurobiologia do cérebro. Young, Klosko e Weishaar (2003, p. 26), por exemplo, apresentam um esboço de modelo neurobiológico para a teoria do esquema baseado essencialmente no trabalho do neurocientista Joseph LeDoux (1996), expresso no clássico *The Emotional Brain*.

Como é natural, a própria complexidade do tema exige flexibilidade teórica para poder abrigar as sutilezas das interações humanas na saúde e nos transtornos mentais. Uma abordagem que se atenha apenas aos aspectos atualmente verificáveis deixaria de fora pontos importantes. Portanto, só é possível traçar algumas aproximações – Jeffrey Young e seus colaboradores (2003) deixam claro que sua proposta de uma visão baseada na biologia do cérebro a respeito dos esquemas é composta por hipóteses ainda não corroboradas sobre possíveis mecanismos de desenvolvimento de esquemas e mudança humana.

As recentes pesquisas em neurociências e psicologia evolucionista têm mostrado que não existe um sistema emocional único, mas sim vários circuitos neurais encarregados de diferentes emoções, cada um deles envolvido em diferentes funções de sobrevivência – *sistemas especializados* que evoluíram por seleção natural para resolver *problemas de adaptação*, como reagir ao perigo, descobrir alimento, achar parceiros e reproduzir, cuidar da prole e estabelecer alianças sociais, por exemplo. O principal foco para a teoria do esquema são os circuitos cerebrais envolvidos na regulação do condicionamento do medo e do trauma.

De acordo com LeDoux (1996), existem dois sistemas que operam em paralelo e estocam diferentes tipos de informação relevante para a experiência de aprendizagem de medo. Um dos sistemas é *consciente*, mediado pelo hipocampo e pelas áreas corticais relacionadas. O outro é *inconsciente* e se processa através da amígdala. As memórias conscientes e inconscientes são recuperadas quando, mais tarde, encontramos os estímulos relacionados a uma experiência traumática. A memória consciente desemboca em lembranças da situação a que o sujeito tem pleno acesso, enquanto a recuperação das memórias inconscientes converge para a expressão de mudanças corporais que preparam o organismo para o perigo. Existe uma memória *emocional* e uma memória *cognitiva* do mesmo evento traumático, e as respostas emocionais podem ser disparadas sem a participação dos centros superiores de processamento neural envolvidos no *pensamento consciente* e na *avaliação racional*.

O sistema da amígdala, segue Young citando LeDoux (1996), tem atributos diferentes do sistema do hipocampo e dos córtices superiores, como podemos notar no Quadro 28.1.

Em síntese, as emoções são desencadeadas *mais rapidamente* e podem existir *independentemente* das avaliações racionais e dos pensamen-

> As emoções são desencadeadas *mais rapidamente* e podem existir *independentemente* das avaliações racionais e dos pensamentos conscientes característicos dos níveis de processamento superior cortical.

> **QUADRO 28.1 Diferenças entre o sistema da Amígdala/Hipocampo e Córtices Superiores**
>
> | Sistema da amígdala | Sistema hipocampal e córtices superiores |
> |---|---|
> | Inconsciente (memória implícita) | Consciente (memória explícita) |
> | Rápido (via rápida tálamo-amígdala) | Lento (via mais lenta tálamo-córtex) |
> | Automático (avaliação de perigo aciona emoções e reações corporais) | Flexibilidade de resposta mediada pela reflexão e pela escolha consciente |
> | Permanente (memórias resistentes à extinção) | Maior transitoriedade e facilidade de esquecimento com o tempo |
> | Representações simples e cruas do mundo (não faz discriminações finas) | Representações mais detalhadas e acuradas do mundo |
> | Antigo, conserva-se ao longo da evolução | Mais recente na evolução |
>
> (Adaptado de Young, Klosko e Weishaar, 2003, p. 27-9)

tos conscientes característicos dos níveis de processamento superior cortical. As memórias emocionais de experiências traumáticas permanecem conosco para o resto de nossas vidas, inscritas na *amígdala*, mas podendo ser inibidas e controladas pelo *cortex pré-frontal*.

Com base nestes fundamentos da neuropsicologia do medo e da memória, Young e colaboradores (2003, p. 28-30) consideram as implicações para o modelo do esquema. Se um sujeito encontra os estímulos remanescentes da situação de infância que ocasionou o desenvolvimento do esquema, as emoções e sensações corporais associadas com o evento são acionadas *inconscientemente* pelo sistema da amígdala, ou, se o indivíduo está consciente desse processo, emoções e reações corporais são ativadas *mais rapidamente* do que pensamentos e avaliações conscientes.

O grupo de LeDoux (Morgan e LeDoux, 1995) verificou que a informação viaja rapidamente (12 milissegundos) por uma via direta desde o tálamo até o núcleo basolateral da amígdala, enquanto a via mais longa do tálamo ao córtex, que pode fazer distinções mais elaboradas, leva 19 milissegundos (cerca de 65% a mais de duração). Essa ativação das emoções e reações corporais se processa *automaticamente* e provavelmente permanecerá presente na vida do indivíduo, embora o grau de ativação possa diminuir de forma significativa com o manejo do esquema. Os EIDs envolvem processos inconscientes que exibem as características descritas no modelo do novo inconsciente, os "quatro cavaleiros da automaticidade" de Bargh (1994): falta de percepção consciente, ausência de intencionalidade e de esforço para execução do comportamento, dificuldade de controlar o processo.

As memórias e cognições *conscientes* associadas ao trauma, em contraste, são estocadas no sistema hipocampal e nos córtices superiores. Segundo Young, Klosko e Weishaar, o fato de que aspectos emocionais e aqueles que envolvem pensamento consciente sobre a experiência traumática estão localizados em diferentes sistemas cerebrais "pode explicar por que esquemas não são modificáveis por simples métodos cognitivos" (2003, p. 29). Este é um ponto central na argumentação, pois Young e colaboradores acreditam que os *componentes cognitivos* de um esquema frequentemente se desenvolvem *mais tarde, depois* que as emoções e as sensações corporais já foram estocados no sistema de memória emocional da amígdala.

> Muitos esquemas desenvolvem-se em um estágio pré-verbal: eles se originam antes de a criança ter adquirido linguagem. Esquemas pré-verbais surgem quando a criança é tão jovem que tudo que está armazenado são memórias, emoções e sensações corporais. As cognições são adicionadas depois, quando a criança começa a pensar e falar em palavras (2003, p. 29).

Uma vez que muitos esquemas são construídos em um etapa pré-verbal, um dos papéis do terapeuta, para Young, é ajudar o paciente a associar *palavras* com a *experiência* do esquema.

Quando um EID é acionado, o sujeito é inundado com emoções e reações corporais, e pode ou não conectar conscientemente essa experiência com a memória da situação original. Outro papel crucial desempenhado pelo psicoterapeuta da teoria do esquema é ajudar o paciente a conectar as *emoções* e as *sensações corporais* (memórias implícitas) disparadas pelo acionamento do EID às memórias de infância *explícitas* relacionadas à situação.

O terapeuta cognitivo Robert Leahy (2008) chama a atenção para este mesmo fato apontado por Young e colaboradores (2003). Embora referindo-se aos esquemas precoces sem usar a taxonomia de Young dos EIDs, Leahy observa de forma semelhante as características infantis do processamento esquemático e seu caráter autoperpetuador, que, ao se originarem cedo, *canalizam o desenvolvimento futuro*, tornando-se mais acentuados e estáveis com o tempo. Utilizando a teoria de Piaget (1970a, 1970b), Leahy (2008) salienta que os esquemas precoces são formados durante o período pré-operacional da inteligência; portanto, o paciente pode ter tido muitos anos de interpretações direcionadas por eles. Piaget (1970a, 1970b) denominou *centração* o processo pelo qual a criança focaliza-se em uma dimensão mais imediata e saliente e ignora as outras, sem considerar fatores internos ou distantes como causas possíveis. Leahy (2008, p. 130-159) descreve em detalhes os desdobramentos da centração, demonstrando como as distorções cognitivas são exemplos desse processo estrutural primitivo. A distorção cognitiva *leitura mental,* por exemplo, envolve centragem ou egocentrismo no qual uma pessoa não diferencia sua perspectiva do ponto de vista dos outros, enquanto nas distorções *filtro negativo, hipergeneralização, rotulação* e *pensamento do tipo tudo ou nada* o paciente, de forma semelhante a uma criança pré-operacional, foca-se exclusivamente em uma dimensão ou em um comportamento e forma uma conclusão global distorcida.

Segundo Leahy (2008, p. 130), os esquemas implícitos precoces têm as características do pensamento infantil do nível pré-operacional.

> (...) os esquemas precoces mal-adaptativos são *dicotômicos* (pensamento tipo tudo ou nada). Eles se baseiam em *realismo moral* ("a intenção de uma pessoa não conta"), *justiça iminente* ("coisas ruins acontecem com pessoas ruins; portanto, se você está deprimido, deve ser mau") e *causalidade egocêntrica* ("devo ser a causa do que está acontecendo, especialmente se ela é negativa").

Terapeutas cognitivos que enfatizam a modificação dos esquemas precoces, como Leahy, reconhecem que não é realista a meta de eliminar completamente um esquema precoce. Conforme observa,

> a meta na terapia é auxiliar o paciente no reconhecimento de como seu esquema controla sua vida emocional e interpessoal e *reduzir o efeito deste* no seu funcionamento diário. Assim, o paciente que tem o esquema de que deve ser uma pessoa especial, pode ainda se agarrar a algumas crenças nesse sentido, mas pode colocar sua meta em relação à verdade de que ele não tem que ser melhor que todo mundo. A pessoa compulsiva pode ainda se esforçar por controle, racionalidade e equidade, mas almeja a capacidade de ter alguma flexibilidade nestes domínios. (Leahy, 2008, p. 141)

Segundo Young e colaboradores, "a primeira meta da terapia do esquema é a consciência psicológica" (2003, p. 29). O terapeuta ajuda os pacientes a identificar seus esquemas e *tornar-se consciente* das memórias, das emoções, das sensações corporais, das cognições e dos estilos de enfrentamento associados a esses esquemas. O autoconhecimento sobre esquemas e estilos de enfrentamento permite que o paciente exerça certo controle sobre suas reações, aumentando seu poder de escolha e deliberação consciente – exercitando seu livre arbítrio em relação aos EIDs. Como resume Leahy, "ao agir sobre o esquema, podemos impedi-lo de atuar e nos influenciar" (2008, p. 157).

> O autoconhecimento sobre esquemas e estilos de enfrentamento permite que o paciente exerça certo controle sobre suas reações, aumentando seu poder de escolha e deliberação consciente – exercitando seu livre arbítrio em relação aos EIDs.

O neurocientista Joseph LeDoux (1996, p. 265) teorizou que a psicoterapia é uma maneira de reconfigurar os circuitos cerebrais que controlam a amígdala, em cujos circuitos as memórias emocionais estão indelevelmente gravadas. O córtex pré-frontal pode controlar a amígdala e regular sua expressão. Young e colaboradores (2003) acreditam que, à luz desse *insight* proveniente das neurociências, "a meta do tratamento é aumentar o controle consciente sobre os esquemas, trabalhando para enfraquecer as memórias, as sensações corporais, as cognições e os comportamentos associados com eles" (p. 29).

Young, Klosko e Weishaar (2003, p. 30) citam estudos sobre alterações neurobiológicas duradouras produzidas por experiências traumáticas repetidas na infância, como níveis mais altos de cortisol, mudanças nas enzimas que sintetizam catecolaminas nas glândulas adrenais e secreção hipotalâmica de serotonina (ver revisão atual em Gotlib et al., 2008). Tais alterações são provocadas pela separação recorrente de jovens primatas de suas mães, experiência infantil de *isolamento social* que também pode alterar a sensitividade e o número de receptores cerebrais de opioides. O sistema opioide aparentemente está envolvido na regulação da *ansiedade de separação*.

Como já observamos, as alterações neurais ocorrem especialmente em resposta a experiências iniciais que sinalizam para o organismo um ambiente de desenvolvimento repleto de estresse, como advoga o psiquiatra Martin Taicher (2002). O comportamento dos pais atua como importante sinalizador ambiental de estresse, e as privações ou as exposições nocivas mediadas por eles são cruciais, mas, como observamos, isso não fornece evidência para a *hipótese da criação* – privação drástica ou estímulos aversivos intensos e prolongados durante o desenvolvimento não fazem parte da criação habitual que a maioria dos pais propicia.

Segundo Young, Klosko e Weishaar (2003), mecanismos neurobiológicos como estes dão suporte à teoria de esquema, e outros serão identificados por pesquisas adicionais.

O MODELO COGNITIVO EXPANDIDO

A terapia cognitiva contemporânea busca integração com outras áreas do conhecimento científico, como a genética do comportamento, de forma que as descobertas advindas desse campo trazem contribuições e são assimiladas nas formulações teóricas. Em relação à depressão, por exemplo, estudos (Southwick, Vythilingam e Charney, 2005) apontam que a ocorrência de um evento traumático na infância não implica necessariamente o adoecimento ante um novo trauma na idade adulta. Determinadas pessoas

> Determinadas pessoas são resilientes a certas condições adversas, mostrando-se capazes de uma recuperação rápida após terem se defrontado com um evento traumático na idade adulta.

são resilientes a certas condições adversas, mostrando-se capazes de uma recuperação rápida após terem se defrontado com um evento traumático na idade adulta. Outras pessoas, frente às mesmas condições adversas, tendem a desenvolver depressão.

O fundador da terapia cognitiva, Aaron Beck, tem empreendido esforços teóricos para acomodar as recentes descobertas. Segundo Beck (2008, p. 1),

> embora o modelo cognitivo da depressão tenha evoluído em sua formulação nos últimos 40 anos, a interação de fatores genéticos, neuroquímicos e cognitivos foi sugerida somente há pouco tempo, pela integração da neurociência cognitiva com a genética do comportamento.

Beck (2008) propõe uma expansão do modelo cognitivo original que chamou de *modelo desenvolvimental*, no qual incorpora em estágios sucessivos os pensamentos automáticos, as distorções cognitivas, as crenças disfuncionais e os vieses no processamento de informações. Nesse modelo, as experiências iniciais traumáticas e a formação de crenças disfuncionais são concebidas como fatores *predisponentes*, enquanto eventos estressores que ocorrem mais tarde na vida são vistos como fatores *precipitantes*.

> Hoje é possível delinear os caminhos genéticos e neuroquímicos que interagem com variáveis cognitivas. Uma amígdala hipersensível está associada tanto com um polimorfismo genético quanto com um padrão de vieses cognitivos negativos e crenças disfuncionais (que são fatores de risco para o desenvolvimento de depressão). Uma combinação de amígdala hiper-reativa e regiões pré-frontais hipoativas estão associadas com avaliação cognitiva negativa e ocorrência de depressão. Polimorfismos genéticos estão envolvidos na reação exagerada ao estresse e hipersecreção de cortisol no desenvolvimento da depressão, provavelmente mediados pelas distorções cognitivas. (Beck, 2008, p. 1)

GENES E DISTORÇÕES COGNITIVAS

Beck (2008) aponta como um possível *correlato neurobiológico* do modelo cognitivo desenvolvimental o estudo de Caspi e colaboradores (2003), que mostra a interação complexa gene-ambiente que se estabelece na gênese da depressão. Esses pesquisadores investigaram a relação entre o gene que codifica a molécula transportadora da serotonina e a ocorrência de maus-tratos na infância na modulação de transtornos depressivos na idade adulta em condições adversas. Os genes apresentam-se sempre em pares, chamados de alelos; quando existem diferentes tipos de alelos, isto é chamado de polimorfismo genético. Os alelos do gene que codifica essa molécula transportadora de serotonina podem ser classificados em longos (L) ou curtos (C). O alelo curto

```
        ┌─────────────────────┐
        │  Diátese genética   │
        └─────────┬───────────┘
                  ▼
        ┌─────────────────────┐
        │ Amígdala hiper-reativa │
        └─────────┬───────────┘
                  ▼
        ┌─────────────────────┐
        │ Distorções cognitivas │
        └─────────┬───────────┘
                  ▼
        ┌─────────────────────┐
        │      Exagero de     │
        │  eventos estressantes │
        └─────────┬───────────┘
                  ▼
        ┌─────────────────────┐
        │   Ativação do eixo  │
        │ hipotálamo-hipófise-adrenal │
        └─────────┬───────────┘
                  ▼
        ┌─────────────────────┐
        │    Dominância da    │
        │  atividade límbica sobre │
        │   a função pré-frontal │
        └─────────┬───────────┘
                  ▼
        ┌─────────────────────┐
        │ Reavaliação deficiente │
        │ de cognições negativas │
        └─────────┬───────────┘
                  ▼
        ┌─────────────────────┐
        │ Sintomas depressivos │
        └─────────────────────┘
```

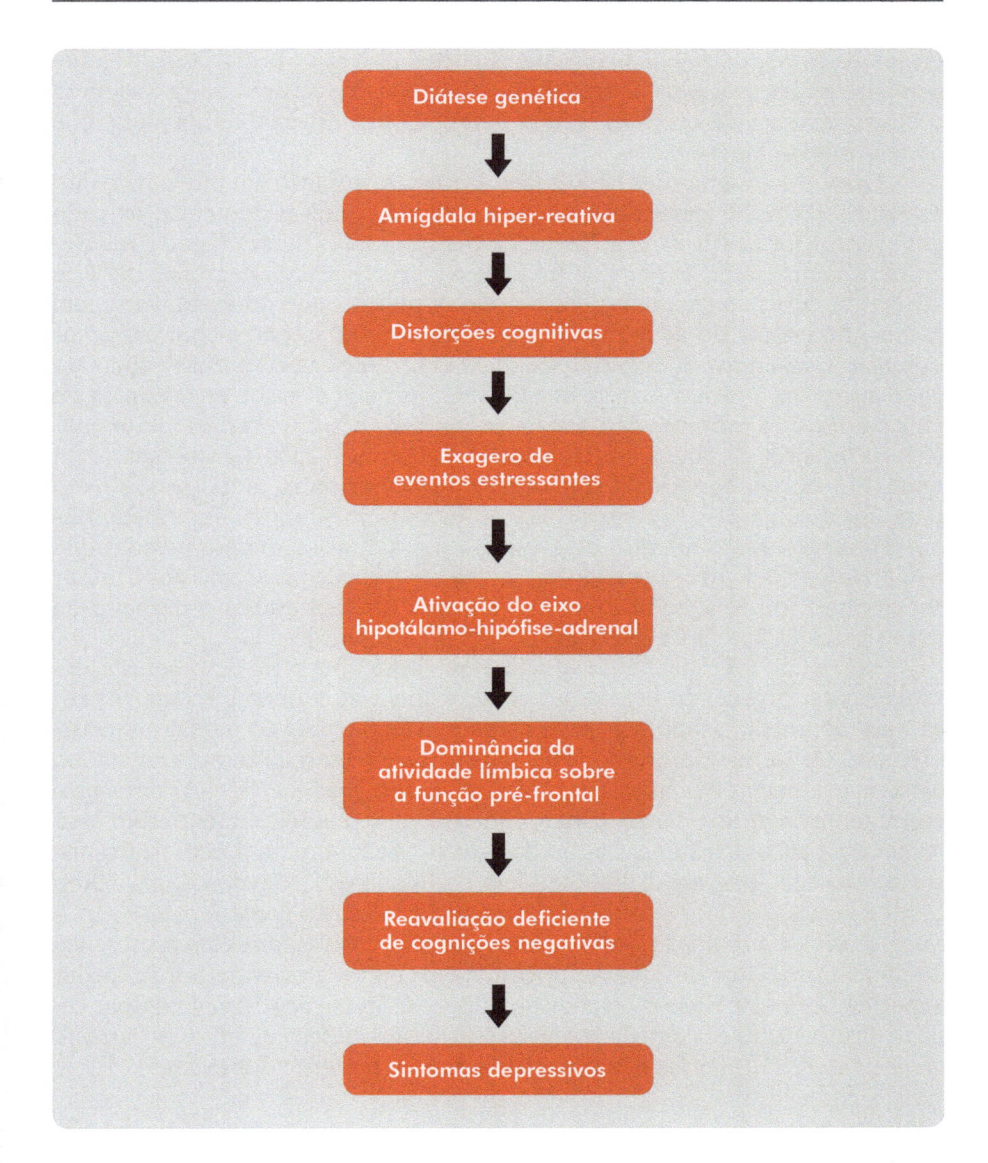

FIGURA 28.1 A evolução do modelo cognitivo da depressão integra os achados da genética comportamental. Modelo desenvolvimental da depressão baseado na *vulnerabilidade genética*. Baseado em Beck, 2008.

desse gene apresenta uma eficiência transcricional à molécula transportadora da serotonina bem mais reduzida quando comparada com o alelo longo. Em outras palavras, os sujeitos com alelos curtos têm uma predisposição genética para apresentar uma desregulação nos níveis de serotonina, o que afeta o funcionamento de diversas regiões cerebrais, em especial a amígdala, que pode tornar-se hiper-reativa.

Caspi e colaboradores (2003) observaram a variação em um gene denominado 5-HTTLPR apresentada em um grupo de adultos que havia passado por eventos traumáticos na infância. Os pesquisadores notaram que a relação entre os maus-tratos sofridos na infância e a ocorrência da depressão na fase adulta foi detectada somente entre aquelas pessoas que apresentavam pelo menos uma cópia do alelo curto (CC ou CL), mas não entre homozigóticos que não apresentavam esse tipo de alelo (LL). Pessoas com duas cópias do alelo curto (CC) foram extremamente sensíveis aos eventos estressantes na vida adulta, e os sintomas depressivos produzidos por tais eventos foram muito mais intensos do que os sintomas dos dois outros grupos que apresentaram uma (CL) ou nenhuma (LL) cópia desse alelo. Por outro lado, pessoas com uma única cópia do alelo curto (CL) apresentaram sintomas intermediários de depressão ante o número de eventos estressantes, enquanto pessoas que não possuíam esse tipo de alelo (LL) foram muito pouco sensíveis aos eventos estressantes, ou seja, foram resilientes a eles na vida adulta a despeito de terem passado por experiências traumáticas na infância.

Tal estudo foi replicado, e atualmente existe uma série de pesquisas desenvolvidas fornecendo evidências sobre a ideia de vulnerabilidade genética para depressão modulada por estressores ambientais (o modelo *estresse--diátese*). De forma importante para o desenvolvimento da terapia cognitiva, existem evidências que mostram a relação entre o gene 5-HTTLPR com o processamento cognitivo. Vários estudos que enfocam o processamento cognitivo levam em consideração a variação dos genes que modulam o neurotransmissor serotonina (Beevers, Gibb, McGeary e Miller, 2007; Hayden et al., 2008; Canli e Lesch, 2007). Tais estudos demonstraram que o *processamento cognitivo negativo* e a *cognição negativa em geral* estão associados com a presença do alelo curto. Quando os sujeitos com alelos curtos passaram por situações experimentais que eliciam estados de humor depressivos (como imaginar cenas perturbadoras ou ver filmes tristes), exibiram vieses negativos no *sistema atencional*, nas *memórias* das situações e na *interpretação* dos eventos.

INTERPRETAÇÕES DISTORCIDAS E ESTRESSE

Para muitos deprimidos, ocorre uma ativação excessiva do sistema do estresse em resposta a avaliações distorcidas (Beevers, 2005). Uma pesquisa recente (Gotlib et. al., 2008) relacionou o alelo curto do gene 5-HTTLPR com o excesso de ativação do eixo hipotálamo-pituitária-adrenal, o que explicaria a hipersecreção de cortisol tipicamente observada em pacientes deprimidos

(Parker, Schatzberg e Lyons, 2003). As interpretações das situações de vida são fundamentais para determinar a excitação do sistema do estresse, e distorções na percepção das relações humanas são uma fonte importante de eventos potencialmente estressantes. Os pesquisadores Dickerson e Kemeny (2004) conduziram um estudo que revelou um aumento da ativação do eixo hipotálamo-pituitária-adrenal e de secreção de cortisol nos sujeitos que eram expostos a situações de laboratório avaliadas como ameaças de rejeição social, mostrando a ligação entre as interpretações nas relações humanas e o acionamento de respostas neuro-hormonais.

> As interpretações da situações de vida são fundamentais para determinar a excitação do sistema do estresse, e distorções na percepção das relações humanas são uma fonte importante de eventos potencialmente estressantes.

Com base nas pesquisas atuais, Beck (2008) ampliou seu modelo cognitivo inicial para abarcar os fatores genéticos, neuroquímicos e neurobiológicos em um modelo integrado. Segundo o modelo desenvolvimental da depressão baseado em genes anômalos (Beck, 2008, p. 6), uma predisposição genética como duas cópias do alelo curto modula a setotonina, deixando a amígdala hiper-reativa, o que leva a vieses cognitivos, induzindo o sujeito a avaliações distorcidas e exageradas dos eventos estressantes. O estresse produzido pelo exagero na avaliação de tais situações deixa o eixo hipotálamo-pituitária-adrenal mais ativado, aumentando a secreção de cortisol e a atividade límbica, que passa a predominar sobre a função frontal. O desequilíbrio entre as funções frontais diminuídas e a atividade aumentada da amígdala leva a um déficit no *teste de realidade* do sujeito e da capacidade de *reavaliar cognições negativas*, desembocando assim nos sintomas depressivos.

NEUROCIÊNCIA DA TERAPIA COGNITIVA

Neste modelo cognitivo expandido, Beck (2008) integra as recentes pesquisas em neurociências, em especial a ideia de que na depressão o sistema de controle cognitivo (representado pelas regiões do córtex pré-frontal e cingulado) ou processamento *top-down* está enfraquecido, enquanto o processamento esquemático de baixo para cima ou *bottom-up* (associado ao aumento de atividade na amígdala e em outras regiões límbicas) é prepotente (Johnstone et al., 2007). Um estudo com pacientes deprimidos revelou que todos tinham função pré-frontal reduzida, e mais da metade apresentava atividade aumentada da amígdala (Siegle et al., 2007). Segundo Beck (2008), achados como estes sugerem que os processos pré-frontais de reavaliação dos estímulos estão deficientes em deprimidos, o que ressalta a importância da terapia cognitiva ao estimular avaliações mais realistas nesse transtorno.

[Fluxograma: Experiências adversas desenvolvimentais → Atitudes disfuncionais (esquemas): vulnerabilidade cognitiva → Ativação por experiências estressantes → Distorções cognitivas negativas: depressão]

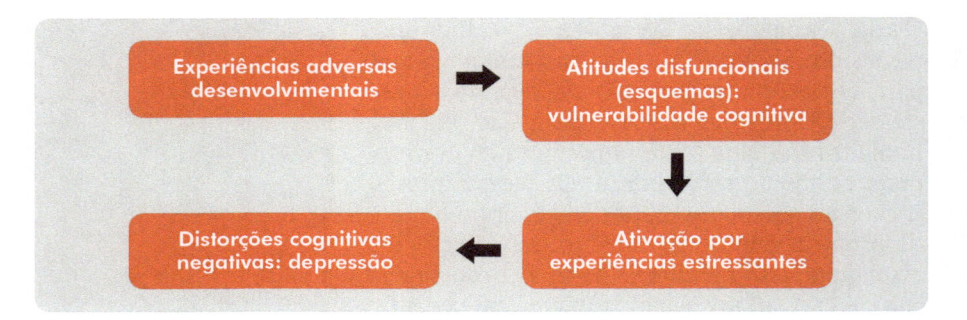

FIGURA 28.2 A evolução do modelo cognitivo da depressão, segundo Aaron Beck (2008). Modelo desenvolvimental da depressão baseado na diátese entre *vulnerabilidade e eventos da vida estressantes*.

Pesquisas recentes em neurociências (Surguladze et al., 2005; Siegle et al., 2007; Johnstone et al., 2007) mostraram que a amígdala de pacientes depressivos apresenta elevada atividade, ocasionando vieses na *avaliação* e na *interpretação* de estímulos emocionalmente carregados, até mesmo na *expectativa de estímulos ameaçadores* (Abler et al., 2007). No modelo cognitivo expandido (Beck, 2008), a hiper-reatividade da amígdala é apontada como o *correlato neural* para os vieses cognitivos negativos encontrados em depressivos, causando a secreção massiva de hormônios do estresse, como o cortisol, que é observada nesses pacientes (Abler et. al., 2007). Segundo Beck (2008), o foco seletivo nos aspectos negativos da experiência resulta nas distorções cognitivas como personalização, supergeneralização e exagero, e, consequentemente, na formação de atitudes disfuncionais em relação à visão do *self* (sou inaceitável, inadequado, etc.).

Em sua formulação atual, o modelo cognitivo concebe o surgimento de transtornos mentais como a depressão como produto de desregulação entre o processamento inconsciente e o consciente. O papel da psicoterapia é atuar no fortalecimento do sistema consciente para controlar as distorções na interpretação causadas pelos esquemas inconscientes, como explica Beck (2008, p. 3):

> Os esquemas cognitivos negativamente enviesados funcionam como processadores de informação automáticos. O processamento enviesado é rápido, involuntário e pleno em recursos. A dominância desse sistema (eficiente, mas mal-adaptativo) na depressão pode causar os vieses negativos atencionais e interpretativos. Em contraste, o papel do sistema de controle cognitivo (consistindo de funções executivas, solução de problemas e reavaliação) é atenuado na depressão. A operação desse sistema é deliberada, reflexiva e necessita esforço (demanda recursos), pode

ser reativada em terapia e, assim, ser utilizada para avaliar as falhas na interpretação depressiva e diminuir a saliência do modo depressivo.

REESTRUTURANDO OS ESQUEMAS INCONSCIENTES

As técnicas cognitivas de reestruturação mostraram-se eficazes em mobilizar e fortalecer o processamento consciente dos pacientes para o treinamento do processamento inconsciente. Na terapia cognitiva, são examinados os *pensamentos automáticos* do paciente para conceitualizar o caso (a construção de uma teoria singular sobre o sofrimento do paciente), inferindo-se as crenças condicionais e as centrais (com uso da técnica chamada de seta descendente), que refletem esquemas implícitos mais antigos, os esquemas iniciais desadaptativos. Os pensamentos automáticos são *resultados conscientes* do processamento esquemático inconsciente, que emerge na vida mental explícita como imagens ou pensamentos verbais. Produtos declarativos do processamento inconsciente, os pensamentos automáticos originam-se da tradução em palavras ou em imagens mentais conscientes dos resultados da operação de mecanismos de avaliação implícitos, produzidas por esquemas tácitos. Quando distorcidos e enviesados, os pensamentos automáticos são chamados de *disfuncionais*, enquanto aqueles que refletem a realidade e encontram corroboração em evidências não recebem atenção clínica por serem considerados funcionais.

> Os pensamentos automáticos são *resultados conscientes* do processamento esquemático inconsciente, que emerge na vida mental explícita como imagens ou pensamentos verbais.

Os pensamentos automáticos disfuncionais podem ser reavaliados pelo pensamento consciente e assim reestruturados, ocasionando *novas interpretações* mais condizentes com a realidade e mais adaptativas. No início da terapia, é necessário esforço e atenção consciente, mas, com a contínua repetição, vão amalgamando na personalidade os novos padrões de atribuição de significado, que vão se tornando inconscientes. Ou seja, o treinamento com técnicas cognitivas vai mudando o circuito neural de processamento esquemático, permitindo que o cérebro executivo do córtex pré-frontal reavalie as situações. A repetição do processamento nessas vias diferentes cria novos hábitos mentais, em que automatismos mais funcionais substituem os esquemas desadaptativos. Integrando o arsenal de ferramentas clínicas de mudança, as técnicas comportamentais, por sua vez, são fundamentais para o reforço das mudanças e para a aprendizagem *pavloviana*, *operante* e *vicária* de novos esquemas implícitos funcionais.

Desta forma, quando o terapeuta cognitivo trabalha em equipe com o paciente utilizando técnicas de reestruturação do pensamento, praticando a análise de evidências e a busca de interpretações mais realistas, está treinando e fortalecendo os circuitos neurais conscientes em estratégias de controle que, com a prática, modificam os esquemas inconscientes, sobrepondo o aprendizado implícito disfuncional com o reaprendizado de novas memórias implícitas mais funcionais. Como um exemplo clínico, podemos citar o enfrentamento da *ruminação*, quando técnicas cognitivas treinam a capacidade de monitorar e interromper padrões repetitivos ruminativos de avaliação distorcida e buscar interpretações alternativas (Beck, 2008; Beevers, 2005).

Não menos importante, a reestruturação do pensamento permite a construção de uma *narrativa mais coerente*, um novo modelo explícito do *self* e do mundo, cujas previsões e expectativas são paulatinamente mais corroboradas pelas mudanças percebidas nas reações das pessoas. As técnicas de investigação do cérebro, quando aplicadas antes e depois da psicoterapia cognitiva (Johnstone et al., 2007; Siegle et al., 2007; Johnstone et al., 2007) mostram que existe um aumento na atividade neural do hipocampo depois de uma terapia eficaz, enquanto registrou-se redução na excitação dos neurônios da amígdala, o que corresponde ao correlato neural do fortalecimento da narrativa explícita (memórias conscientes autobiográficas *hipocampo-dependentes*) e o enfraquecimento dos esquemas inconscientes emocionais (memórias emocionais inconscientes *amígdala-dependentes*).

A narrativa que construímos sobre nós mesmos e sobre o mundo ao longo da história de vida tem profunda influência sobre nossas emoções e sobre nosso comportamento, o que está associado em parte à modulação do córtex e do hipocampo sobre a amígdala, em nível de correlato neurobiológico, e dos processos controlados sobre os automáticos, em nível cognitivo. A terapia cognitiva ajuda a construir uma narrativa melhor e mais coerente, eliminando os vieses e as distorções que minam o autoconceito.

A psicóloga positiva Jamie Pennebaker estudou as narrativas e sua relação com a saúde física e mental, descobrindo que as narrativas de pessoas que tinham passado por traumas tinha forte relação com a superação ou com o desenvolvimento de patologias. Os sujeitos escreveram sobre a experiência traumática por 15 minutos durante quatro dias, e aqueles que apresentam progresso, mostrando maior *insight* ao longo do tempo sobre as causas e consequências do evento, melhoravam sensivelmente de saúde no ano seguinte. As pessoas eram orientadas a colocar para fora seus sentimentos e pensamentos sem tentar editar ou censurá-los, não importando a ordem seguida, desde que finalizando com reflexão sobre as razões do que aconteceu e sobre o que se poderia extrair de positivo da experiência. Para investigar se o fator causal da mudança positiva na saúde era a *catarse* (hipótese freudiana de que o desabafo acalma), Pennebaker (1997) conduziu estudos em que solicitou às pessoas que cantassem ou dançassem para atingir a catarse emocional, mas tais atividades não produziram benefícios à saúde. Na realidade, a hipótese catártica já foi afastada, pois se verificou que o estresse aumenta depois da prática da catarse (Tavris, 1982), e não diminui, como previsto por Freud.

A EVOLUÇÃO DO *SELF*

A trajetória evolutiva de nosso "eu" consciente é fundamental para entendermos a relação entre os processos controlados e automáticos. Nossa espécie é única em termos de capacidade de pensar sobre si mesma. No reino animal, cérebros grandes como o dos golfinhos ou chimpanzés apresentam indícios de autoconsciência, como a habilidade de reconhecer-se no espelho (Gallup, 1982). No entanto, seres humanos contam com a linguagem que fornece o aparato mental para concentrar-se no *self*, representando qualidades abstratas e objetivos de longo prazo, com uma capacidade ímpar de olhar para o passado e para o futuro. A emergência evolutiva do *self* permitiu aos ancestrais dos humanos maior capacidade de planejamento a longo prazo, de tomada de decisão consciente e de autocontrole, além da empatia por meio da construção de uma elaborada teoria da mente dos outros. Tais capacidades acarretaram um enorme desenvolvimento da cultura e das sociedades humanas, mas trouxeram também custosos mecanismos mentais como subprodutos, como a ruminação, a culpa e a preocupação. Podemos olhar para o passado remoendo culpa e para o futuro com preocupação e ansiedade, tendo o momento presente estilhaçado por conflitos internos entre nossas necessidades e as dos outros, em um mundo interno repleto de comparações e avaliações de nosso *status* e de nossa reputação social.

Para enfrentar estes mecanismos, a terapia cognitiva desenvolveu técnicas eficazes para reduzir as ruminações, reestruturar as interpretações distorcidas de ameaça futura que produzem ansiedade, transformar as preocupações com o futuro em planejamento útil e modificar as avaliações sociais distorcidas que produzem sensações de rejeição e isolamento social. Em essência, as crenças centrais disfuncionais da terapia cognitiva refletem o medo de ser rejeitado ou desvalorizado socialmente (sou inútil, incompetente, sem valor, etc.).

O *self* que evoluiu alicerçado no pensamento verbal consciente tem a capacidade de criar uma narrativa sobre si mesmo e, de extrema importância, reagir emocionalmente a ela. Os pensamentos que são gerados automaticamente no fluxo da consciência podem ser distorcidos, refletindo interpretações embebidas em generalizações, personalizações, inferências arbitrárias e outros mecanismos de autoengano. Esses pensamentos automáticos disfuncionais aumentam

> O *self* que evoluiu alicerçado no pensamento verbal consciente tem a capacidade de criar uma narrativa sobre si mesmo e, de extrema importância, reagir emocionalmente a ela.

os sentimentos negativos, que por sua vez distorcem mais o pensamento em uma espiral crescente. Na terapia cognitiva de Beck, os processos conscientes treinam os automáticos quando os pacientes são ensinados a monitorar seus pensamentos, identificar e dar nome às distorções, buscar evidências objetivas para reavaliar as situações e procurar maneiras de pensar alternativas mais precisas, de forma que se interrompa a espiral negativa.

O psicólogo Dan McAdams (1994) analisou milhares de histórias de vida e construiu uma teoria sobre a personalidade na qual existem três níveis, sendo o primeiro referente aos processos automáticos mais básicos, como os chamados *Big Five*, os cinco grandes fatores (neurose, extroversão, abertura a novas experiências, amabilidade e consciência) que, segundo as pesquisas (McGue, 2002; Jang et al., 1996; Lesch, 2002; Loehlin, 1992; Loehlin et al., 1998; Losoya et al., 1997), são traços fortemente influenciados pelos genes e semelhantes entre gêmeos idênticos criados em família separadas. Tais fatores também sofrem influência de mudanças nas condições de vida ou em papéis desempenhados pela pessoa e estão implicados em formas de reação automáticas e inconscientes.

O segundo nível da personalidade de McAdams reside nas "adaptações características", como crenças, metas pessoais, valores, preocupações com fases da vida, mecanismos de defesa e de enfrentamento de situações para ter sucesso profissional ou reconhecimento social. Os traços do nível básico, como extroversão, afetam as características do segundo nível, impulsionando a pessoa biologicamente extrovertida a buscar apoio em suas redes sociais, por exemplo. Os traços básicos também se fundem aos contextos ambientais e sociais encontrados no ambiente da pessoa e sua fase de vida, em seu nicho específico.

O terceiro nível da personalidade segundo McAdams (1994, 2001) é o da "história de vida", que se refere à tendência narrativa intrínseca, que envolve processamento consciente. Estamos sempre criando o que McAdams (2001) chama de uma história em evolução, "que integra o passado reconstruído, o presente percebido e o futuro previsto em um mito de vida coerente e vitalizador". Esse nível narrativo da personalidade corresponde a uma história construída pela mente consciente ao interpretar o próprio comportamento e as reações das outras pessoas, de forma análoga ao mecanismo do "intérprete" de Gazzaniga. Comentando a teoria de McAdams, Haidt (2006) observa que o terceiro nível da narrativa consciente é basicamente produzido pelas operações do módulo interpretativo do hemisfério esquerdo, e que a narrativa tem um caráter de certa forma confabulatório, pois a consciência não tem acesso às causas reais de seu comportamento. Nossa narrativa consciente, para Haidt (2006, p. 138),

> (...) é mais como uma obra de ficção histórica que faz inúmeras referências a acontecimentos reais e conecta-os por meio de dramatizações e interpretações que podem ou não ser fiéis ao espírito do que aconteceu.

Um exemplo da abordagem de McAdams (citado por Haidt, 2006, p. 142) é a de uma pessoa que tem um traço de primeiro nível como otimismo, que desenvolve no segundo nível um estilo de *resolução de problemas* ou de *reavaliação* da situação frente a uma adversidade, pois espera que seu empenho resulte em melhora. Quando os problemas são resolvidos, o terceiro nível da narrativa incorpora os elementos de autoeficácia e competência na história de vida. Uma outra pessoa com a característica de pessimismo no primeiro nível pode ter menos confiança de que saberá enfrentar os problemas e aprende a evitá-los (segundo nível), o que piora a situação e acaba contaminando a narrativa no terceiro nível com uma visão de incompetência e de falta de controle sobre sua vida.

Quando os três níveis da personalidade se encaixam bem e funcionam harmoniosamente, a personalidade fica integrada, surgindo a *coerência*. No caso de incoerência, florescem conflitos neuróticos e contradições internas (Freitas e Higgins, 2002), e as narrativas se apresentam negativamente contaminadas, com histórias de vida que fracassam ao lidar com adversidades (Haidt, 2006). Sob esse enfoque, podemos entender que o alinhamento dos níveis da personalidade é crucial para a saúde física e mental, e que a busca de coerência por meio da harmonização do nível narrativo com os níveis inferiores é uma importante fontes da melhora terapêutica em terapia cognitiva. Ao integrar as informações e juntar as partes do *self*, ocorre a redução da dissonância cognitiva e do uso de mecanismos de autoengano disfuncionais. O modelo do novo inconsciente permite melhor compreensão da participação dos processos controlados e automáticos na saúde e na doença, sugerindo formas de interpretar as mudanças terapêuticas promovidas pela terapia cognitiva. Ao treinar conscientemente os padrões esquemáticos disfuncionais, a terapia cognitiva promove um aumento da coerência entre os níveis da personalidade, recompondo a narrativa fragmentada do *self* e aumentando sua capacidade de gerenciar o processamento inconsciente. Um comportamento conflituado, movido por esquemas implícitos disfuncionais, cria dissonância e incoerência e, assim, não combina com a narrativa produzida.

A pesquisa conduzida pelos psicólogos sociais Sheldon e Kasser (1995) fornece evidência favorável a esta visão, uma vez que foi encontrado maior grau de "coerência vertical" no alinhamento de metas, do nível mais baixo aos mais elevados, em pessoas com saúde mental e bem-estar subjetivo. As metas imediatas de curto prazo, de nível inferior, são compatíveis com as metas de nível superior, de longo prazo, de forma que existe integração, e a busca das metas inferiores auxilia na procura das metas superiores (Sheldon, 2004). A depressão, por sua vez, consiste em grande parte na ruminação de uma história de vida embebida na tríade cognitiva de Beck, que vai construindo cada vez mais uma visão negativa do *self*, do mundo e do futuro, em uma narrativa fragmentada e repleta de mecanismos disfuncionais de autoengano.

* * *

Devemos a Kihlstrom (1987) a ideia central de que o cérebro efetua muitas operações complexas cujo resultado pode transformar-se em conteúdo consciente, embora não tenhamos acesso às operações que originam o conteúdo. Preservando sua ideia central, o modelo do novo inconsciente emerge a partir do trabalho de pesquisa de um grupo acadêmico que vem investigando cientificamente o processamento inconsciente faz várias décadas, mas que se consolida a partir da publicação seminal do livro *The New Unconscious*. Neste livro, acrescento ao modelo do novo inconsciente contribuições da neurociência cognitiva, afetiva e social e adiciono novos conceitos e novas informações provenientes de estudo de lesões cerebrais, síndromes neuropsicológicas, transtornos psiquiátricos, estudos etológicos e antropológicos, além de pesquisas de vanguarda nas ciências da memória. Procurei apresentar uma sistematização original sobre o *estado da arte* das pesquisas sobre esse tópico, um dos mais fascinantes e importantes da atualidade.

O debate está aberto, e psicólogos, psiquiatras, filósofos, neurocientistas, cientistas cognitivos, psicoterapeutas e psicanalistas debruçam-se sobre a nova conceituação do inconsciente. Para alguns, o novo modelo é radicalmente diferente, e procura-se evitar referências à psicanálise; para outros, é visto como uma evolução inevitável do modelo freudiano, uma vez que assimila as hipóteses do inconsciente dinâmico que são verificáveis, sem recorrer a construtos teóricos vagos. O enfoque deste livro sobre o novo modelo do inconsciente é integrativo, conciliando-se com o conhecimento científico, em especial das neurociências. O novo inconsciente é um modelo maior e mais amplo do que o do inconsciente dinâmico e engloba algumas hipóteses originalmente formuladas por Freud, sem aceitar integralmente sua metateoria sobre a mente.

Referências

REFERÊNCIAS – PARTE I

Alexander, R. D. (1987). *The biology of moral systems*. Nova York: Aldine de Gruyter.

Axelrod, R., & Hamilton, W. D. (1981). The evolution of cooperation. *Science, 21*, 1390-6.

Baars, B. (1997). *In the theater of consciousness*: The workspace of the mind. London: Oxford University Press.

Baddeley, A. (1982). *Your memory*: A user's guide. Nova York: MacMillan.

Baddeley, A. (2002). Fractionating the central executive. In D. T. Stuss, & R. T. Knight (Eds.), *Principles of frontal lobe function* (pp. 246-260). London: Oxford University Press.

Baddeley, A. (2003). Alan Baddeley. In R. Carter, *O livro de ouro da mente* (pp. 374). Rio de Janeiro: Ediouro.

Baddeley, A., & Hitch, G. J. (1974). Working memory. In G. Bower (Ed.), *The psychology of learning and motivation* (Vol. 8, pp. 47-89). New York: Academic Press.

Baird, J. A., & Baldwin, D. A. (2001). Making sense of human behavior: Action parsing and intentional inference. In B. F. Malle, L. J. Moses, & D. A. Baldwin (Eds.), *Intentions and intentionality*: Foundations of social cognition (pp. 193-206). Cambridge: MIT Press.

Baird, J. A., & Moses, L. J. (2001). Do preschoolers appreciate that identical actions may be motivated by different intentions? *Journal of Cognition and Development, 2*, 413-48.

Bargh, J. A. (1989). Conditional automaticity: Varieties of automatic influence on social perception and cognition. In J. S. Uleman, & J. L. Bargh (Eds.), *Unintended thought*. New York: Guilford.

Bargh, J. A. (1990). Goal not = intent: Goal-directed thought and behavior are often unintentional. *Psychological Inquiry, 1*(3), 248-51.

Bargh, J. A. (1994). The four horsemen of automaticity: Awareness, intention, efficiency, and control in social cognition. In R. J. Wyer, & T. K. Srull (Eds.), *Handbook of social cognition* (pp.1-40). Hillsdale: Erlbaum.

Barkley, R. A. (2004). Transtorno de déficit de atenção/hiperatividade: TDAH. Porto Alegre: Artmed.

Baron-Cohen, S. (1989). Perceptual role taking and protodeclarative pointing in autism. *British Journal of Developmental Psychology, 7*, 113-27.

Baron-Cohen, S. (1991). The theory of mind deficit in autism: How specific is it? *British Journal of Development Psychology, 9*, 301-14.

Baron-Cohen, S. (1995). *Mind blindness*. Cambridge: MIT Press.

Baron-Cohen, S. (2004). *A diferença essencial*: A verdade sobre cérebros de homens e de mulheres. Rio de Janeiro: Objetiva.

Baron-Cohen, S., & Bolton, R. (1993). *Autism*: The facts. Oxford: Oxford University Press.

Baron-Cohen, S., Leslie, A. M., & Frith, U. (1986). Mechanical behavioral and intentional understanding of picture stories in autistic children. *British Journal of Development Psychology, 4*, 113-25.

Bateson, P., & Martin, P. (2000). *O projeto da vida*. Rio de Janeiro: Ediouro.

Bauer, R. M. (1984). Autonomic recognition of names and faces in prosopagnosia: A neuropsychological application of the guilty knowledge test. *Neuropsychologia, 22*, 457-69.

Bauer, R. M. (1986). Aspects of face processing. In H. D. Ellis, M. A. Jeeves, F. Newcombe, & A. Young (Eds.), *The cognitive psychophysiology of prosopagnosia* (pp. 253-267). Dordrecht: Martinus Nijhoff.

Bloom, H. (2000). *Global brain*: The Evolution of mass mind. New York: John Wiley & Sons.

Bogen, J. E. (1993). The callosal syndromes. In K. M. Heilman, & E. Valestein (Eds.), *Clinical neuropsychology* (3rd ed., pp. 337-407). New York: Oxford University Press.

Box, O., Laing, H., & Kopelman, M. (1999). The evolution of spontaneous confabulation, delusional misidentification and a related delusion in a case of severe head injury. *Neurocase, 5*, 251-62.

Boyd, R., & Richerson, P. (2000). Cultural evolution of human cooperation. In P. Hammerstein (Ed.), *Genetics and cultural evolution of cooperation*. Massachusetts: MIT Press.

Brosnan, S. F., & De Waal, F. B. M. (2003). Monkeys reject unequal pay. *Nature, 425*, 297-9.

Bruyer, R. (1991). Covert face recognition in prosopagnosia: A review. *Brain and Cognition, 15*, 223-35.

Bryden, M. P. (1982). *Laterality-functional asymmetry in the intact brain*. San Diego: Academic Press.

Bundick, T., & Spinella, M. (2000). Subjective experience, involuntary movement, and posterior alien hand syndrome. *Journal of Neurology, Neurosurgery, and Psychiatry, 68*, 83-5.

Buss, D. M. (1991). Evolutionary personality psychology. *Annual Review of Psychology, 42*, 459-91.

Buss, D. M. (1994). *The evolution of desire*: Strategies of human mating. New York: Basic Books.

Buss, D. M. (1999). *Evolutionary psychology*: The new science of mind. New York: Allyn & Bacon.

Byrne, R. W. (1995). *The thinking ape*: Evolutionary origins of intelligence. Oxford: Oxford University Press.

Byrne, R. W., & Whiten, A. (Eds.). (1988). *Machiavellian intelligence*: Social expertise and the evolution of intellect in monkey, apes and humans. Oxford: Clarendon Press.

Caballo, V. E. (2003). *Manual de avaliação e treinamento das habilidades sociais*. São Paulo: Santos.

Cartwright, J. (2000). *Evolution and human behavior*. London: MacMillan Press.

Chartrand, T. L., & Bargh, J. A. (1996). Automatic activation of impression formation and memorization goals: Nonconscious goal priming reproduces effects of explicit task instructions. *Journal of Personality and Social Psychology, 71*, 464-78.

Chartrand, T. L., & Bargh, J. A. (1999). The chameleon effect: The perception-behavior link and social interaction. *Journal of Personality and Social Psychology, 76*, 893-910.

Cloninger, S. C. (1999). *Teorias da personalidade*. São Paulo: Martins Fontes.

Cohen, J., Dunbar, K., & Mcclelland, J. (1990). On the control of automatic processes: A parallel distributed processing model of the stroop effect. *Psychological Review, 97*(3), 404-31.

Cosmides, L., Tooby, J., & Kurzban, R. (2003). Perceptions of race. *Trends in Cognitive Sciences, 7*, 173-9.

Daly, M., & Wilson, M. (1988). *Homicide*. New York: Aldine de Gruyter.

Damásio, A. R. (1999). *O erro de Descartes*. São Paulo: Cia. Das Letras.

Damásio, A. R. (2000). *O mistério da consciência*. São Paulo: Cia. Das Letras.

Damásio, A. R. (2003). *Em busca de Espinosa*: Prazer e dor na ciência dos sentimentos. São Paulo: Cia. Das Letras.

Dawkins, R. (2007). *Deus, um delírio*. São Paulo: Companhia das Letras.

De Haan, E. H. F., Young, A. W., & Newcombe, F. (1987a). Faces interfere with name classification in a prosopagnosic patient. *Cortex, 23*, 309-16.

De Haan, E. H. F., Young, A. W., & Newcombe, F. (1987b). Face recognition without awareness. *Cognitive Neuropsychology, 4*, 385-415.

Dennet, D. C. (1997). *Tipos de mentes*: Rumo a uma compreensão da Consciência. Rio de Janeiro: Rocco.

Dijkterhuis, A., & Bargh, J. A. (2001). The perception: behavior expressway: automatic effects of social perception on social behavior. In M. P. Zanna (Ed.), *Advances in experimental social psychology* (Vol. 33, pp.1-40). San Diego: Academic Press.

Donahoe, J. W. (2002). Behaviour analysis and neuroscience. *Behavioural Processes, 57*, 241-59.

Donahoe, J. W. (2004). Selectionism. In K. A. Latal, & P. N. Chase (Eds.), *Behavior theory and philosophy* (pp. 103-128). Dordrecht: Kluver Academic.

Eckman, P. (2001). *Telling lies*: Clues to deceit the marketplace, politics and marriage. Norton: W. W. & Company.

Elliot, S., & Wilson, D. S. (1998). *Unto others*. Cambridge: Harvard University Press.

Ellis, H., & Szulecka, T. (1996). The disguised lover: a case of Fregoli delusion In W. P. Halligan, & J. C. Marshall (Eds.), *Method in madness*: Case studies in cognitive neuropsychiatry. Howe: Psychology Press.

Etcoff, N. L., Freeman, R., & Cave, K. R. (1991). Can we lose memories of faces? Content specificity and awareness in a prosopagnosic. *Journal of Cognitive Neuroscience, 3,* 25-41.

Fazio, R. H. (1986). How do attitudes guide behavior? In R. M. Sorrentino, & E. T. Higgins (Eds.), *Handbook of motivation and cognition*: Foundations of social behavior (Vol. 1, pp. 204-243). New York: Guilford.

Fazio, R. H. (1995). Attitudes as object-evaluation associations: Determinants, consequences, and correlates of attitude accessibility. In R. E. Petty, & J. A. Krosnick (Eds.), *Attitude strength*: Antecedents and consequences (pp. 247-282). Mahwah: Erlbaum.

Feinberg, T. E., Eaton, L. A., Roane, D. M. & Giacino, J. T. (1999). Multiple Frégoli delusions after traumatic brain injury. *Cortex, 35,* 373-87.

Ferh, E., & Renninger, S. V. (2005). O paradoxo do Samaritano. *Viver Mente & Cérebro, 144,* 80-7.

Festinger, L. (1962). Cognitive dissonance. *Scientific American, 207,* 93-102.

Festinger, L. (Ed.). (1964). *Conflict, decision, and dissonance*. Stanford: Stanford University Press.

Freud, A. (1946). *The ego and the mechanisms of defense* (C. Baines, Trans.). New York: International Universities Press. (Original work published 1936)

Freud, S. (1895-1961). *The standard edition of the complete works of Sigmund Freud* (Vols. 1-23). London: Hogarth Press.

Frith, U. (1989). A new look at language and communication in autism. *British Journal of Disorders of Communication, 24,* 123-50.

Frith, U. (1997). Autism. *Scientific American, 7*(1), 42-5.

Frith, U., & Happé, F. (1994). Language and communication in the autistic disorders. *Transactions of the Royal Society, 346,* 97-184.

Galin, D. (1974). Implications for psychiatry of left and right cerebral specialization. *Archives of General Psychiatry, 31,* 572-83.

Galin, D. (1976). The two models of consciousness and the two halves of the brain. In P. R. Lee, R. E. Orns-tein, D. Galin, A. Deikman, & C. T. Tart (Eds.), *Symposium on consciousness* (pp. 26-66). New York: Viking.

Gazzaniga, M. S. (1985a). *The social brain*: Discovering the networks of the mind. New York: Basic Books.

Gazzaniga, M. S. (1985b). Brain modularity: Towards a philosophy of conscious experience. In A. J. Marcel, & E. Bisiach (Eds.), *Consciousness in contemporary science* (pp. 218-238). Oxford: Oxford University Press.

Gazzaniga, M. S. (1995). Consciousness and the cerebral hemispheres. In M. S. Gazzaniga (Ed.), *The cognitive neurosciences* (pp. 1391-1400). Cambridge: MIT Press.

Gazzaniga, M. S. (1998a). *The mind's past*. Cambridge: Cambridge University Press.

Gazzaniga, M. S. (1998b). The split brain revisited. *Scientific American, 279*(1), 50-5.

Gazzaniga, M. S., & Ledoux, J. (1978). *The interpreted mind*. New York: Plenum Press.

Greenwald, A. G., & Banaji, M. (1995). Implicit social cognition: Attitudes, self-esteem, and stereotypes. *Psychological Review, 102,* 4-27.

Greve, K. W., & Bauer, R. M. (1990). Implicit learning of new faces in prosopagnosia: an application of the mere exposure paradigm. *Neuropsychologia, 28,* 135-41.

Haidt, J. (2001). The emotional dog and its rational tail: A social intuitionist approach to moral judgment. *Psychological Review, 108,* 813-34.

Haidt, J. (2002). The moral emotions. In R. J. Davidson (Ed.), *Handbook of affective sciences*. New York: Oxford University Press.

Halligan, P. W., Marshall, J. C., Fink, G. R., Wade, D. T, & Frackowiak, R. S. (1997). Functional anatomy of a hysterical paralysis. *Cognition, 64*(1), 31-8.

Hammerstein, P. (Ed.). (2000). *Genetics and cultural evolution of cooperation*. Massachusetts: MIT Press.

Happé, F. (1997). *Compreendendo mentes e metáforas*: Revelações sobre a linguagem figurada no autismo. Acessado em 13 abr, 2001, em http://www.ama.org.br/html/ home.php/

Happé, F., & Frith, U. (1994). Theory of mind in autism. In E. Schopler, & G. B. Mesibov, *Learning and cognition in autism* (pp. 177-197). New York: Plenum.

Hassin, R. R., Uleman, J. S., & Bargh, J. A. (2005). *The new unconscious*. Oxford: Oxford University Press.

Hauser, M. (1997). Minding the behavior of deception. In A. Whiten, & R. Byrne, (Eds.), *Machiavellian intelligence II*: Extensions and evaluations. Cambridge: Cambridge University Press.

Humphrey, N. (1984). *Consciousness regained*. Oxford: Oxford University Press.

Humphrey, N. (1992). *A history of the mind*. London: Chatto & Windus.

Jaynes, J. (1976). *The origin of consciousness in the breakdown of the bicameral mind*. Boston: Houghton Mifflin.

Johnson-Laird, P. N. (1988). *The computer and the mind*: An introduction to cognitive science. Cambridge: Harvard University Press.

Johnson-Laird, P. N., & Oatley, K. (1992). Basic emotions, rationality, and folk theory. *Cognition and Emotion, 6*(3-4), 201-23.

Keller, L. (1999). *Levels of selection on evolution*. Princeton: Princeton University Press.

Kihlstrom, J. F. (1987). The cognitive unconscious. *Science, 237*, 1445-52.

Kinsbourne, M. (Ed.). (1978). *Asymmetrical function of the brain*. Cambridge: Cambridge University Press.

Kraft, U. (2004). Mentir. *Viver Mente & Cérebro, 141*, 40-4.

Kurzban, R., Tooby, J., & Cosmides, L. (2001). Can race be erased? Coalitional computation and social categorization. *Proceedings of the National Academy of Science of the United States of America, 98*, 15387-92.

Ledoux, J. E. (1996). *The emotional brain*. New York: Simon & Schuster.

Ledoux, J. E. (1997). *O cérebro emocional*. São Paulo: Objetiva.

Lillard, A. S. (1997). Other folks' theories of mind and behavior. *Psychological Science, 8*, 268-74.

Lillard, A. S. (1998). Ethnopsychologies: Cultural variations in theory of mind. *Psychological Bulletin, 123*, 3-33.

Lillard, A. S. (1999). Developing a cultural theory of mind: The CIAO approach. *Current Directions in Psychological Science, 8*, 57-61.

Lillard, A. S. (2002). Pretend play and cognitive development. In U. Goswami (Ed.), *Handbook of cognitive development* (pp. 188-205). London: Blackwell.

Lillard, A. S., Skibbe, L., Zeljo, A., & Harlan, D. (2001). *Developing explanations for behavior in different communities and cultures*. Charlottesville: University of Virginia.

Marr, D. (1982). *Vision*: A computational investigation into the human representation and processing of visual information. San Francisco: Freeman.

Meltzoff, A. N., & Moore, M. K. (1977). Imitation of facial and manual gestures by human neonates. *Science, 198*, 75-8.

Meltzoff, A. N., & Moore, M. K. (1979). Note responding to Anisfeld, Masters, and Jacobson and Kagan's comments on Meltzoff and Moore (1977). *Science, 205*, 217-19.

Meltzoff, A. N., & Moore, M. K. (1983). Newborn infants imitate adult facial gestures. *Child Development, 54*, 702-9.

Miyake, A., & Shah, O. (1999). *Models of working memory*: Mechanisms of active maintenance and executive control. New York: Cambridge University Press.

Nesse, R. M., & Lloyd, A. T. (1992). The evolution of psychodynamic mechanisms. In J. Barkow, L. Cosmides, & J. Tooby (Eds.), *The adapted mind*. New York: Oxford University Press.

Newcombe, F., Young, A., & De Haan, E. H. F. (1989). Prosopagnosia and object agnosia without covert recognition. *Neuropsychologia, 27*, 179-91.

Nisbett, R. E., & Wilson T. D. (1977). Telling more than we can know: Verbal reports on mental processes. *Psychological Review, 84*, 231-59.

Norretranders, T. (1998). *The user illusion*: Cutting consciousness down to size. New York: Viking.

Nozick, R. (2001). *Invariances*: The structure of the objective world. Cambridge: Harvard University Press.

Paredes, J. A., & Hepburn, M. J. (1976). The split brain and the culture-cognition paradox. *Current Anthropology, 17*, 121-7.

Pinker, S. (1998). *Como a mente funciona*. São Paulo: Cia. Das Letras.

Premack, D., & Woodruff, G. (1978). Does the chimpanzee have a theory of mind? *Behavioral and Brain Science, 1*, 515-26.

Premack, D., & Woodruff, G. (1988). Does the chimpanzee have a theory of mind? Revisited. In R. W. Byrne, & A. Whiten (Eds.), *Machiavellian intelligence*: Social expertise and the evolution of intellect in monkey, apes and humans (pp. 160-179). Oxford: Clarendon Press.

Price, M.E., Cosmides, L., & Tooby, J. (2002). Punitive sentiment as an anti-free rider psychological device. *Evolution and human behavior, 23*, 203-31.

Ramachandran, V. S. (1996). The evolutionary biology of self-deception, laughter, dreaming and depression: some cues from Anosognosia. *Medical Hypotheses, 47*, 347-62.

Ramachandran, V. S., & Blakeslee, S. (2002). *Fantasmas no cérebro*: Uma investigação dos mistérios da mente humana. Rio de Janeiro: Record.

Ramachandran, V. S., & Oberman, L. M. (2006). Espelhos quebrados: Uma teoria sobre o Autismo. *Scientific American, 55*, 53-9.

Rapcsak, S. Z., Reminger, S. L., Glisky, E. L., Kaszniak, A. W., & Comer, J. F. (1999). Neuropsychological mechanisms of false facial recognition following frontal lobe damage. *Cognitive Neuropsychology, 16*, 267-92.

Renault, B., Signoret, J. L., Debruille, B., Breton, F., & Bolgert, F. (1989). Brain potentials reveal covert facial recognition in prosopagnosia. *Neuropsychologica, 27*, 905-12.

Ridley, M. (2000). *As origens da virtude*. Rio de Janeiro: Record.

Rilling, J. K., Gutman, D. A., Zeh, T. R., Pagnoni, G., Berns, G. S., & Kilts, C. D. (2002). A neural basis for social cooperation. *Neuron, 35*, 395-405.

Rizzolatti, G., Fogassi, L., & Gallese, V. (2006). Espelhos na mente. *Scientific American, 55*, 44-51.

Robinson, D. N. (1995). *An intellectual history of psychology* (3rd ed.). Madison: University of Wisconsin Press.

Sacks, O. (1996). *Um antropólogo em marte*. São Paulo: Cia das letras.

Sacks, O. (1997a). *A ilha dos daltônicos*. São Paulo: Cia das letras.

Sacks, O. (1997b). *O homem que confundiu sua mulher com um chapéu*. São Paulo: Cia das letras.

Schacter, D. L. (2003). *Os sete pecados da memória*. Rio de Janeiro: Rocco.

Schacter, D. L., Mcandrews, M. P., & Moscovitch, M. (1988). Access to consciousness: Dissociations between implicit and explicit knowledge in neuropsychological syndromes. In L. Weiskrantz (Ed.), *Thought without language* (pp. 242-278). New York: Oxford University Press.

Sergent, J., & Villemure, J. G. (1989). Prosopagnosia in a right hemispherectomized patient. *Brain, 112*, 975-95.

Shermer, M. (2004). *The science of good and evil*. New York: Times Books.

Sigmund, K., Ferh, E., & Nowak, M. A. (2002). The economics of fair play. *Scientific American, 286*(1), 82-7.

Smith, D. (1982). Trends in counseling and psychotherapy. *American Psychologist, 37*, 802-9.

Smith, D. L. (2004). *Why we lie*: The evolutionary roots of deception and the unconscious mind. New York: St. Martin's Press.

Sperry, R. W. (1964). The great cerebral commissure. *Scientific Americam, 210*(1), 42-52.

Springer, S. P., & Deutsch, G. (1998). *Cérebro esquerdo, cérebro direito*. São Paulo: Summus.

Sternberg. R. J., & Davidson, J. E. (1995). *The nature of insight*. Cambridge: MIT Press.

Taicher, M. H. (2002). Feridas que não cicatrizam: A neurobiologia do abuso infantil. *Scientific American Brasil, 1*, 83-9.

Tooby, J., & Cosmides, L. (1992). The psychological foundations of culture. In J. Barkow, L. Cosmides, & J. Tooby (Eds.), *The adapted mind*. New York: Oxford University Press.

Tooby, J., & Cosmides, L. (1996). Friendship and the banker's paradox: other pathways to the evolution of adaptations for altruism. *Proceedings of the British Academy, 88*, 119-43.

Tranel, D., & Damasio, A. R. (1985). Knowledge without awareness: An automatic index of facial recognition by prosopagnosics. *Science, 228*, 1453-4.

Tranel, D., & Damasio, A. R. (1988). Nonconscious face recognition in patients with face agnosia. *Behavioral Brain Research, 30*, 235-49.

Trivers, R. (1971). The evolution of reciprocal altruism. *Quarterly Review of Biology, 46*, 35-57.

Trivers, R. (1985). *Social evolution*. Menlo Park: Benjamin/Cummings.

Trivers, R. L. (2002). *Natural selection and social theory*. New York: Oxford University Press.

Wallace, M. A., & Farah, M. J. (1992). Savings in relearning as evidence for covert recognition in prosopagnosia. *Journal of Cognitive Neuroscience, 4*, 150-4.

Willians, G. C. (1966). *Adaptation and natural selection*. Princeton: Princeton University Press.

Wilson, T. D. (2002). *Strangers to ourselves*: Discovering the adaptative unconcious. Cambridge: Harvard University Press.

Young, A. (1994). The neuropsychology of awareness. In A. E. Revonsuo, & M. Kamppinen, *Consciousness in philosophy and cognitive neuroscience* (pp. 173-203). Hillsdale: Erlbaum.

Young, A. W., & De Haan, E. H. F. (1988). Boundaries of covert recognition in prosopagnosia. *Cognitive Neuropsychology, 5*, 317-36.

Young, A. W., Ellis, H. D., Quayle, A. H., & De Pauw, K. W. (1993). Face-processing Impairments and the Capgras Delusion. *The British Journal of Psychiatry, 163*, 695-8.

Young, A. W., Hay, D. C., & Ellis, A. W. (1985). The faces that launched a thousand slips: everyday difficulties and errors in recognizing people. *British Journal of Psychology, 76*, 495-523.

Young, A. W., Hellawell, D., & De Haan, E. H. F. (1988). Cross-domain semantic priming in normal subjects and a prosopagnosic patient. *Quarterly Journal of Experimental Psychology, 40*(3), 561-80.

Zajonc, R. B., Adelmann, K. A., Murphy, S. T., & Niedenthal, P. M. (1987). Convergence in the physical appearance of spouses. *Motivation and Emotion, 11*, 335-46.

REFERÊNCIAS – PARTE II

Anderson, M. C., Ochsner, K. N., Kuhl, B., Cooper, J., Robertson, E., Gabrieli, S. W., et al. (2004). Neural systems underlying the supression of unwanted memories. *Science, 303*, 232-5.

Bartlett, F. C. (1932). *Remembering*. Cambridge: Cambridge University.

Blatt, S. J. (1991). A cognitive morphology of psychopathology. *Journal of Nervous and Mental Disease, 179*, 449-58.

Bornstein, R. F. (1989a). Exposure and affect: Overview and meta-analysis of research, 1968-1987. *Psychological Bulletin, 106*, 265-89.

Bornstein, R. F. (1989b). Subliminal techniques as propaganda tools: Review and critique. *Journal of Mind and Behavior, 10*, 231-62.

Bornstein, R. F. (1990). Subliminal mere exposure and psychodynamic activation effects. In J. Masling (Ed.), *Empirical studies of psychoanalytic theories* (Vol. 2, pp. 55-88). Hillsdale: Erlbaum.

Bornstein, R. F. (1992). Critical importance of stimulus unawareness for the production of subliminal psychodynamic activation effects: An attributional model. *Journal of Nervous and Mental Disease, 180*, 68-75.

Bornstein, R. F. (1993). Implicit perception, implicit memory, and the recovery of unconscious material in psychotherapy. *Journal of Nervous and Mental Disease, 181*, 337-44.

Bornstein, R. F. (1999). Source amnesia, misattribution, and the power of unconscious perceptions and memories. *Psychoanalytic Psychology, 16*(4), 155-78.

Bornstein, R. F., & D'agostino, P. R. (1992). Stimulus recognition and the mere exposure effect. *Journal of Personality and Social Psychology, 63*, 545-52.

Bornstein, R. F., & D'agostino, P. R. (1994). The attribution and discounting of perceptual fluency: Preliminary tests of a perceptual fluency/attributional model of the mere exposure effect. *Social Cognition, 12*, 103-28.

Bornstein, R. F., & O'neill, R. M. (1992). Parental perceptions and psychopathology. *Journal of Nervous and Mental Disease, 180*, 475-83.

Bornstein, R. F., & Pittman, T. S. (Eds.). (1992). *Perception without awareness*: Cognitive, clinical and social perspectives. New York: Guilford Press.

Bouchard, T., & Mcgue, M. (1990). Genetic and rearing environmental influences on adult personality: An analysis of adopted twins reared apart. *Journal of Personality, 68*, 263-82.

Bowers, K. S. (1984). On being unconsciously informed and influenced. In K. S. Bowers, & D. Meichenbaum (Eds.), *The unconscious*: Reconsidered. New York: Wiley.

Bowers, K. S., & Meichenbaum, D. (Eds.). *The unconscious*: Reconsidered. New York: Wiley.

Brown, A. S., & Murphy, D. R. (1989). Cryptomnesia: Delineating inadvertent plagiarism. *Journal of Experimental Psychology*: Learning, Memory and Cognition, *15*, 432-42.

Callegaro, M. M. (2001). Psicologia e genética: O que causa o comportamento? *Brain and Mind Magazine*. Acessado em 01 out, 2010, em http://www.epub.org.br/cm/n14/ mente/genetica-comportamental1.html/

Callegaro, M. M., & Ramos, A. (2000). Interview: Behavioral genetics. *Brain and Mind Magazine*. Acessado em 01 out, 2010, em http://www.epub.org.br/cm/n10/opiniao/ entrevista.htm/

Carter, R. (2003). *O livro de ouro da mente*. Rio de Janeiro: Ediouro.

Chomsky, N. (1959). Review of skinner's verbal behavior. *Language, 35*, 26-58.

Clohessy, S., & Ehlers, A. (1999). PTSD symptons, response to intrusive memories and coping in ambulance service workers. *British Journal of Clinical Psychology, 38*, 251-65.

Cramer, P. (2000). Defense mechanisms in psychology today: Further processes for adaption. *American Psychologist, 55*, 637-46.

Davis, M. (1997). The neurobiology of fear responses: The role of amygdala. *Journal of Neuropsychiatry and Clinical Neurosciences, 9*, 382-402.

Dixon, N. F. (1971). *Subliminal perception*: The nature of a controversy. London: McGraw-Hill.

Donahoe, J. W. (2002). Behavior analysis and neuroscience. *Behavioural Processes, 57*, 241-59.

Donahoe, J. W. (2004). Selectionism. In K. A. Lattal, & P. N. Chase (Eds.), *Behavior theory and philosophy* (pp.103-128). Dordrecht: Kluwer Academic Publishers.

Donahoe, J. W., & Burgos, J. E. (2000). Behavior analysis and revaluation. *Journal of the Experimental Analysis of Behavior, 74*, 331-46.

Donahoe, J. W., & Palmer, D. C. (1994). *Learning and complex behavior*. Boston: Allyn and Bacon.

Donahoe, J. W., Palmer, D. C., & Burgos, J. F. (1997). The S-R issue: It's status in behavior analysis and in Donahoe and Palmer's Learning and complex behavior. *Journal of the Experimental Analysis of Behavior, 67*, 193-211.

Dorpat, T. L. (1985). *Denial and defense in the therapeutic situation*. New York: Jason Aronson.

Dunn, J., & Plomin, R. (1990). *Separate lives*: Why siblings are so different. New York: Basic Books.

Ellenberger, H. (1981). *The discovery of the unconscious*. New York: Basic Books.

Erdelyi, M. H. (1985). *Psychoanalysis*: Freud's cognitive psychology. New York: W. H. Freeman.

Erdelyi, M. H. (1990). Repression, reconstruction, and defense: History and integration of the psychoanalytic and experimental frameworks. In J. L. Singer (Ed.), *Repression and dissociation*: Implications for personality theory, psychopathology, and health (pp. 1-31). Chicago: University of Chicago Press.

Erdelyi, M. H. (1996). *The recovery of unconscious memories*: Hypermnesia and reminiscence. Chicago: University of Chicago Press.

Freud, A. (1946). *The ego and the mechanisms of defense* (C. Baines, Trans.). New York: International Universities Press. (Original work published 1936).

Freud, S. (1895-1961). *The standart edition of the complete works of Sigmund Freud* (Vols. 1-23). London: Hogarth Press.

Freud, S. (1955). Five lectures on psychoanalysis. In J. Strachey (Ed. and Trans.), *The standard edition of the complete psychological works of Sigmund Freud* (Vol. 11, pp. 3-58). London: Hogarth Press. (Original work published 1910).

Freud, S. (1956). Remembering, repeating and working through. In J. Strachey (Ed. and Trans.), *The standard edition of the complete psychological works of Sigmund Freud* (Vol. 12, pp. 209-241). London: Hogarth Press. (Original work published 1914).

Gainotti, G. (1972). Emotional behavior and hemispheric site of tension. *Cortex, 8*, 41-55.

Garcia, J., Garcia, Y., & Robertson, R. (1985). Evolution of learning mechanisms. In B. L. Hammonds (Ed.), *Psychology and learning* (pp. 187-243). Washington: American Psychological Association.

Gazzaniga, M. S. (1998a). *The mind's past*. Cambridge: Cambridge University Press.

Gazzaniga, M. S. (1998b). The split brain revisited. *Scientific American, 279*(1), 50-5.

Greenberg, J. R., & Mitchell, S. J. (1983). *Object relations in psychoanalytic theory*. Cambridge: Harvard University Press.

Gruen, R. J., & Blatt, S. J. (1990). Change in self- and object representation during long-term dynamically oriented treatment. *Psychoanalytic Psychology, 7*, 399-422.

Guntrip, H. (1971). *Psychoanalytic theory, therapy and the self*. New York: Basic Books.

Harris, J. R. (1998). *The Nurture Assuption*. New York: Simon & Schuster.

Harris, J. R. (1999). *Diga-me com quem andas*. Rio de Janeiro: Objetiva.

Heath, A., Eaves, L., & Martin, N. (1988). The genetic structure of personality: III Multivariate genetic item analysis of the EPQ scales. *Personality and Individual Differences, 12*, 877-88.

Holmes, D. S. (1990). The evidence for repression: An examination of sixty years of research. In J. L. Singer (Ed.), *Repression and dissociation*: Implications for personality theory, psychopathology, and health (pp. 85-102). Chicago: University of Chicago Press.

Hyman, I. E., & Billings, F. J. (1998). Individual differences and the creation of false childhood memories. *Memory, 6*, 1-20.

Hyman, I. E., Husband, T. H., & Billings, F. J. (1995). False memories of childhood experiences. *Applied Cognitive Psychology, 9*, 181-97.

Hyman, I. E., & Pentland, J. (1996). The role of mental imagery in the creation of false childhood memories. *Journal of Memory and Language, 35*, 101-17.

Ionescu, M. D., & Erdelyi, M. H. (1992). The direct recovery of subliminal stimuli.In R. F. Bornstein, & T. S. Pittman (Eds.), *Perception without awareness* (pp. 143-169). New York: Guilford Press.

Izquierdo, I. (2004). *A arte de esquecer*: Cérebro, memória e esquecimento. Rio de Janeiro: Vieira & Lent.

Jacoby, L. L., & Kelley, C. M. (1987). Unconscious influences of memory for a prior event. *Personality and Social Psychology Bulletin, 13*, 314-26.

Jacoby, L. L., Toth, J. P., Lindsay, D. S., & Debner, J. A. (1992). Lectures for a layperson: Methods for revealing unconscious processes. In R. F. Bornstein, & T. S. Pittman (Eds.), *Perception without awareness*: Cognitive, clinical and social perspectives (pp. 81-120). New York: Guilford Press.

Jacoby, L. L., Woloshyn, V., & Kelley, C. M. (1989). Becoming famous without being recognized: Unconscious influences of memory produced by dividing attention. *Journal of Experimental Psychology: General, 118*, 115-25.

Johnson, M. K., & Sherman, S. J. (1990). Constructing and reconstructing the past and the future in the present. In E. T. Higgins, & R. M. Sorrentino (Eds.), *Handbook of motivation and social cognition* (Vol. 2, pp. 482-526). New York: Guilford Press.

Kandel, E., & Swartz, J. (1997). *Fundamentos de neurociências e comportamento*. Rio de Janeiro: Prentice-Hall do Brasil.

Kassin, S. (1997). The psychology of confession evidence. *American Psychologist, 52*, 221-33.

Kassin, S., & Kiechel, K. L. (1996). The social psychology of false confessions: Compliance, internalization, and confabulation. *Psychological Science, 7*, 125-8.

Kernberg, O. (1970). *Object relations theory and clinical psychoanalysis*. New York: Jason Aronson.

Kihlstrom, J. F. (1984). Conscious, subconscious, unconscious: A cognitive view. In K. S. Bowers, & D. Meichenbaum (Eds.), *The unconscious*: Reconsidered. New York: Wiley.

Kihlstrom, J. F. (1985). Hypnosis. *Annual Review of Phychology, 36*, 385-418.

Kihlstrom, J. F., Barnhardt, T. M., & Tataryn, D. J. (1992). Implicit perception. In R. F. Bornstein, & T. S. Pittman (Eds.), *Perception without awareness*: Cognitive, clinical and social perspectives (pp. 17-54). New York: Guilford Press.

Kihlstrom, J. F., & Cantor, N. (1984). Mental representations of the self. In L. Berkowitz (Ed.), *Advances in experimental social psychology* (Vol. 17, pp. 1-47). New York: Academic Press.

Kinsbourne, M. (1989). A model of adaptive behavior as it relates to cerebral participation in emotional control. In G. Gainnotti, & C. Caltagrione (Orgs.), *Emotions and the dual brain*. Heidelberg: Springer Verlag.

Koutstaal, W., & Schacter, D. L. (1997). Intentional forgetting and voluntary thought suppression: Two potential methods for coping with childhood trauma. In L. J. Dickstein, M. B. Riba, & J. M. Oldham (Eds.), *Review of psychiatry* (Vol. 16, pp. 79-121). Washington: American Psychiatric Press.

Kunst-Wilson, W. R., & Zajonc, R. B. (1980). Affective discrimination of stimuli that cannot be recognized. *Science, 207*, 557-8.

Lashley, K. (1950). In search of the engram. *Symposia of the Society for Experimental Biology, 4,* 454-82.

Lazarus, R. S., & Mccleary, R. (1951). Autonomic discrimination without awareness: A study of subception. *Psychological Review, 58,* 113-22.

Ledoux, J. E. (1996). *The emotional brain*. New York: Simon & Schuster.

Lewicki, P. (1986). *Nonconscious social information processing*. New York: Academic Press.

Loftus, E. F. (1993). The reality of repressed memories. *American Psychologist, 48,* 518-37.

Loftus, E. F. (1997). Creating falses memories. *Scientific American, 277,* 70-75.

Loftus, E. F., Feldman, J., & Dashiell, R. (1995). The reality of illusory memories. In D. L. Schacter (Ed.), *Memory distortion*: How minds, brains and societies reconstruct the past (pp. 47-68). Cambridge: Harvard University Press.

Loftus, E. F., & Ketcham, K. (1994). *The myth of repressed memory*: False memories and allegations of sexual abuse. New York: St. Martin's Press.

Loftus, E. F., & Loftus, G. R. (1980). On the permanence of stored information in the human brain. *American Psychologist, 35,* 409-20.

Loftus, E. F., Miller, D. G., & Burns, H. J. (1978). Semantic integration of verbal information into a visual memory. *Journal of Experimental Psychology: Human Learning and Memory, 4,* 19-31.

Loftus, E. F., & Pickrell, J. E. (1995). The formation of false memories. *Psychiatric Annals, 25,* 720-5.

Luria, A. R. (1968). *The mind of a mnemonist*: A little book about a vast memory (L. Solotaroff, Trans.). New York: Basic Books.

Lykken, David. (1999). *Felicidade*. Rio de Janeiro: Objetiva.

Main, M., Kaplan, N., & Cassidy, J. (1985). Security in infancy, childhood and adulthood. *Monographs of the Society for Research in Child Development, 50,* 66-104.

Mazzoni, G. A., & Loftus, E. F. (1998). Dream interpretation can change beliefs about the past. *Psychotherapy, 35,* 177-87.

Mcclelland, D. C., Koestner, R., & Weinberger, J. (1989). How do self-attributed and implicit motives differ? *Psychological Review, 96,* 690-702.

Mcclelland, J. L., Mcnaughton, B. L., & O'reilly, R. C. (1995). Why there are complementary learning systems in the hipocampus and neocortex: Insights from the sucesses and failures of connectionist models of learning and memory. *Psychological Review, 102,* 419-57.

McNally, R. J. (1987). Preparedness and phobias: A review. *Phychological Bulletin, 101,* 283-303.

McNally, R. J., Metzger, L. J., Lasko, N. B., Clancy, S. A., & Pitman, R. K. (1998). Directed forgetting of trauma cues in adult survivors of childhood sexual abuse with and without posttraumatic stress disorder. *Journal of Abnormal, 107,* 596-601.

Merikle, P. M., & Reingold, E. M. (1992). Measuring unconscious perceptual processes. In R. F. Bornstein, & T. S. Pittman (Eds.), *Perception without awareness*: Cognitive, clinical and social perspectives (pp. 55-80). New York: Guilford Press.

Metcalfe, J., Funnell, M., & Gazzaniga, M. S. (1995). Right hemisphere memory superiority: Studies of a split brain patient. *Psychological Science, 6,* 157-64.

Milner, B. (1965). Memory disturbances after hipocampal bilateral lesions in man. In P. M. Milner, & S. E. Glickman (Eds.), *Cognitive processes and brain*. Princeton: Van Nostrand.

Myers, L. B., Brewin, C. R., & Power, M. J. (1998). Repressive coping and the directed forgetting of emotional material. *Journal of Abnormal Psychology, 107,* 141-48.

O'Keefe, J. (1993). Hippocampus, theta, and spatial memory. *Current Opinion on Neurobiology, 3,* 917-24.

Payne, K. B., Jacoby, L. L., & Lambert, A. J. (2005). Attitudes as accessibility bias: Dissociating automatic and controlled processes. In R. R. Hassin, J. S. Uleman, & J. A. Bargh. *The new unconscious*. Oxford: Oxford University Press.

Phelps, E., & Gazzaniga, M. S. (1992). Hemispheric differences in mnemonic processing: The effects of left hemisphere interpretation. *Neuropsychologia, 30,* 293-7.

Piñero, J. M. L. (2004). Reflexos condicionados. *Viver Mente & Cérebro, 144*, 20-2.

Plomin, R., & Bergeman, C. (1991). The nature of nurture: Genetic influence on environmental measures. *Behavioral and Brain Sciences, 14*, 373-427.

Plomin, R., & Mcclearn, G. E. (Eds.). (1993). *Nature, nurture and psychology*. Washington: American Psychological Association.

Poole, D. A., Lindsay, S. D., Memon, A., & Bull, R. (1995). Psychotherapy and the recovery of memories of childhood sexual abuse: U.S. and British practitioners' opinions, practices, and experiences. *Journal of Consulting and Clinical Psychology, 63*, 426-87.

Rizzolatti, G., & Arbib, M. A. (1998). Language within our grasp. *Trends in Neuroscience, 21*, 188-94.

Robinson, R. G., Kubos, L. B., Starr, R. K., & Price, T. R. (1983). Mood changes in stroke patients. *Comp Psychiatry, 24*, 555-6.

Rubin, D.C. (Ed.). (1996). *Remembering our past*: Studies in autobiographical memory. Cambridge: Cambridge University Press.

Sacks, O. (1997a). *A ilha dos daltônicos*. São Paulo: Cia das letras.

Sacks, O. (1997b). *O homem que confundiu sua mulher com um chapéu*. São Paulo: Cia das letras.

Sanitioso, R., Kunda, Z., & Fong, G. T. (1990). Motivated recruitment of autobiographical memories. *Journal of Personality and Social Psychology, 59*, 229-41.

Schacter, D. L. (1987). Implicit memory: History and current status. *Journal of Experimental Psychology: Learning, Memory and Cognition, 13*, 501-18.

Schacter, D. L. (1992). Understanding implicit memory: A cognitive neuroscience approach. *American Psychologist, 47*, 559-69.

Schacter, D. L. (1996). *Searching for memory*: The brain, the mind, and the past. New York: Basic Books.

Schacter, D. L., & Buckner, R. L. (1998). Priming and the brain. *Neuron, 20*, 185-95.

Schacter, D. L., Buckner, R. L., Koutstaal, W., Dale, A. M., & Rosen, B. R. (1997a). Late onset of anterior prefrontal activity during retrieval of veridical and illusory memories: An event-related fMRI study. *NeuroImage, 6*, 259-69.

Schacter, D. L., Curran, T., Galluccio, L., Milberg, W., & Bates, J. (1996a). False recognition and the right frontal lobe: A case study. *Neuropsychologia, 34*, 793-808.

Schacter, D. L., Harbluk, J. L., & McLachlan, D. R. (1984). Retrieval without recollection: An experimental analysis of source amnesia. *Journal of Verbal Learning and Verbal, 23*, 593-611.

Schacter, D. L., Israel, L., & Racine, C. A. (1999). Suppressing false recognition in younger and older adults: The distinctiveness heuristic. *Journal of Memory & Language, 40*, 1-24.

Schacter, D. L., Koutstaal, W., Johnson, M. K., Gross, M. S., & Angell, K. A. (1997b). False recollection induced by photographs: A comparison of older and younger adults. *Psychology and Aging, 12*, 203-15.

Schacter, D. L., Norman, K. A., & Koutstaal, W. (1997). The recovered memory debate: A cognitive neuroscience perspective. In M. A. Conway (Ed.), *False and recovered memories* (pp. 63-99). New York: Oxford University Press.

Schacter, D. L., Norman, K. A., & Koutstaal, W. (1998). The cognitive neuroscience of constructive memory. *Annual, 49*, 289-318.

Schacter, D. L., Reiman, E., Curran, T., Yun, L. S., Bandy, D., McDermott, K. B., et al. (1996b). Neuroanatomical correlates of veridical and illusory recognition memory: Evidence from positron emission tomography. *Neuron, 17*, 267-74.

Schacter, D. L., Verfaellie, M., Anes, M. D., & Racine, C. A. (1998). When true recognition suppresses false recognition: Evidence from amnesic patients. *Journal of Cognitive, 10*, 668-79.

Schacter, D. L., Verfaellie, M., & Pradere, D. (1996). The neuropsychology of memory illusions: False recall and recognition in amnesic patients. *Journal of Memory and Language, 35*, 319-34.

Schacter, D. L., & Wagner, A. D. (1999). Medial temporal lobe activations in fMRI and PET studies of episodic encoding and retrieval. *Hippocampus, 9*, 7-24.

Schafer, R. (1983). *The analytic attitude*. New York: Basic Books.

Schmidt, N. B., Joiner, T. E., Young, J. E., & Telch, M. J. (1995). The schema questionnaire: Investigation of psychometric properties and the hierarchical structure of a measure of maladaptative schemata. *Cognitive Therapy and Research, 19*(3), 295-321.

Seligman, M. E. P. (1970). On the generality of the laws of learning. *Psychological Review, 77*, 406-18.

Seligman, M. E. P. (1971). Phobias and preparedness. *Behavior Therapy, 2*, 307-20.

Seligman, M. E. P., & Hager, J. L. (Eds.). (1972). *Biological boundaries of learning*. New York: Appleton-Century-Crofts.

Sidman, M. (2000). Equivalence relations and the reinforcement contingency. *Journal of Experimental Analysis of Behavior, 74*, 127-46.

Silva, M. T. A. (2005). Análise biocomportamental. *Neurociências, 2*(1), 43-7.

Simon, B. (1991). Is the oedipus complex still the cornerstone of psychoanalysis? Three obstacles to answering the question. *Journal of the American Psychoanalytic Association, 39*, 641-68.

Skinner, B. F. (1953). *Science and human behavior*. New York: Macmillan.

Skinner, B. F. (1957). *Verbal behavior*. New York: Appleton-Century-Crofts.

Skinner, B. F. (1969). *Contingencies of reinforcement*. New York: Appleton-CenturyCrofts.

Skinner, B. F. (1979). *The shaping of a behaviorist*. New York: Knopf.

Squire, L. R. (1987). *Memory and Brain*. New York: Oxford University Press.

Squire, L. R., & Cohen, N. J. (1984). Human memory and amnesia. In J. McGaugh, G. Lynch, & N. N. Weinberger (Eds.), *Proceedings of the conference on the neurobiology of learning and memory*. New York: Guilford Press.

Squire, L. R., & Kandel, E. R. (2003). *Memória: Da mente às moléculas*. Porto Alegre: Artmed.

Sternberg, R. J. (2000). *Psicologia cognitiva*. Porto Alegre: Artmed.

Symons, C. S., & Johnson, B. T. (1997). The self-reference effect in memory: A metaanalysis. *Psychological Bulletin, 121*, 371-94.

Taylor, S. E. (1991). *Positive illusions*. New York: Basic Books.

Tooby, J., & Cosmides, L. (1992). Cognitive adaptations for social exchange. In J. Barkow, L. Cosmides, & J. Tooby (Eds.), *The adapted mind*. New York: Oxford University Press.

Wegner, D. M. (1994). Ironic processes of mental control. *Psychological Review, 101*, 34-52.

Wegner, D. M. (2002). *The illusion of conscious will*. Cambridge: MIT Press.

Wegner, D. M. (2005). Who is the controller of controlled processes? In R. R. Hassin, J. S. Uleman, & J. A. Bargh, *The new unconscious*. Oxford: Oxford University Press.

Wegner, D. M., & Erber, R. (1992). The hyperaccessibility of suppressed thoughts. *Journal of Personality, 63*, 903-12.

Wolpe, J., & Rachman, S. (1960). Psychoanalytic "evidence": A critique based on Freud's case of little Hans. *Journal of Nervous and Mental Disease, 130*(8), 135-148.

Wood, W. (2000). Attitude change: Persuasion and social influence. *Annual Review of Psychology, 51*, 539-70.

Zajonc, R. B. (1968). Attitudinal effects of mere exposure. *Journal of Personality and Social Psychology Monographs, 9*(2, Pt. 2), 1-27.

REFERÊNCIAS – PARTE III

Abler, B., Erk, S., Herwig, U., & Walter, H. (2007). Anticipation of aversive stimuli activates extended amygdala in unipolar depression. *Journal of Psychiatric Research, 41*, 511-22.

Adrover, J. F., & Duarte, A. (2001). La integracion entre psicologia cognitiva y neurociencias: uma necesidad reciproca. *Revista Subjetividad y procesos cognitivos, 1*, 9-19.

Ambady, N., Bernieri, F. J., & Richeson, J. A. (2000). Toward a histology of social behavior: Judgmental accuracy from thin slices of the behavioral stream. In M. P. Zanna (Ed.), *Advances in experimental social psychology* (Vol. 32, pp. 201-271). San Diego: Academic Press.

Ambady, N., & Rosenthal, R. (1992). Thin slices of expressive behavior as predictors of interpersonal consequences: A meta-analysis. *Psychological Bulletin, 111*(2), 256-74.

Ambady, N., & Rosenthal, R. (1993). Half a minute: predicting teacher evaluations from thin slices of nonverbal behavior and physical attractiveness. *Journal of Personality and Social Psychology, 64*(3), 431-41.

Andersen, S. M., & Berk, M. S. (1998). Transference in everyday experience: Implications of experimental research for relevant clinical phenomena. *Review of General Psychology, 2*, 81-120.

Andersen, S. M., & Chen, S. (2002). The relational self: An interpersonal socialcognitive theory. *Psychological Review, 109*, 619-45.

Andersen, S. M., Chen, S., & Miranda, R. (2002). Significant others and the self. *Self and Identity, 1*, 159-68.

Andersen, S. M., Glassman, N. S., Chen, S., & Cole, S. W. (1995). Transference in social perception: The role of chronic accessibility in significant-other representations. *Journal of Personality and Social Psychology, 69*, 41-57.

Andersen, S. M., Lambert, L., & Dick, W. (2001). *Significant-other exemplars*: Processing efficiency in instance-based judgments. Unpublished manuscript, New York University.

Andersen, S. M., Reznik, I., & Chen, S. (1997). The self in relation to others: Motivational and cognitive under-pinnings. In J. G. Snodgrass & R. L. Thompson (Eds.), *The self across psychology*: Self-recognition, self awareness, and the self concept (pp. 233-275). New York: New York Academy of Science.

Andrade, V. M. (1998). O projeto freudiano no século XXI. *Psicanalítica, 1*(1), 41-64.

Andrade, V. M. (2001). O desenvolvimento psíquico: Psicanálise e neurociências. *Psicanalítica, 2*(1), 70-7.

Andrade, V. M. (2003). *Um diálogo entre a Psicanálise e a Neurociência*. São Paulo: Casa do Psicólogo.

Bandura, A. (1977). *Social learning theory*. Englewood Cliffs: Prentice-Hall.

Bargh, J. A. (1994). The four horsemen of automaticity: Awareness, intention, efficiency, and control in social cognition. In R. S. Wyer Jr. & T. K. Srull (Eds.), *Handbook of social cognition* (2nd ed., pp. 1-40). Hillsdale: Erlbaum.

Barlow, D. H. (1999). *Manual clínico dos transtornos psicológicos*. Porto Alegre: Artmed.

Baxter, L. R., Schwartz, J. M., Bergman, K. S., Szuba, M. P., Guze, B. H., Mazziotta, J. C., et al. (1992). Caudate glucose metabolic rate changes with both drug and behavior therapy for obsessive-compulsive disorder. *Archives of General Psychiatry, 4*, 681-689.

Beck, A. A. (2008). The evolution of the cognitive model of depression and its neurobiological correlates. *The American Journal Psychiatry in Advance, 165*, 969-77.

Beck, A. T. (1963). Thinking and depression: 1. Idiosyncratic content and cognitive distortions. *Archives of General Psychiatry, 9*, 324-33.

Beck, A. T. (1964). Thinking and depression: 2. Theory and therapy. *Archives of General Psychiatry, 10*, 561-71.

Beck, A. T. (1967). *Depression*: Clinical, experimental and theoretical aspects. New York: Hoeber. (Republicado como Beck, A. T. (1972). *Depression*: Causes and treatment. Philadelphia: University of Pennsylvania Press).

Beck, A. T. (1987). Cognitive models of depression. *Journal of Cognitive Psychotherapy, 1*, 5-37.

Beck, A. T., & Alford, B. A. (2000). *O poder integrador da terapia cognitiva*. Porto Alegre: Artmed.

Beck, A. T., & Emery, G. (1985). *Anxiety disorders and phobias*: A cognitive perspective. Nova York: Basic Books.

Beck, A. T., Rush, A. J., Shaw, B. P., & Emery, G (1982). *Terapia cognitiva da depressão*. Rio de Janeiro: Jorge Zahar.

Beck, J. S. (1997). *Terapia cognitiva*: Teoria e prática. Porto Alegre: Artmed.

Beevers, C. G. (2005). Cognitive vulnerability to depression: A dual process model. *Clinical Psychology Review, 25*(7), 975-1002.

Beevers, C. G., Gibb, B. E., McGeary, J. E, & Miller, I. W. (2007). Serotonin transporter genetic variation and biased attention for emotional word stimuli among psychiatric inpatients. *Journal of Abnormal Psychology, 116*(1), 208-12.

Berenson, K., & Andersen, S. M. (2004). *Emotional numbing in transference*: Triggering a parental representation linked with childhood physical abuse. Unpublished manuscript, New York University.

Berk, M. S., & Andersen, S. M. (2000). The impact of past relationships on interpersonal behavior: Behavioral confirmation in the social-cognitive process of transference. *Journal of Personality and Social Psychology, 79*, 546-62.

Bouchard, T. J., & Loehlin, J. (2001). Genes, evolution, and personality. *Behavior Genetics, 31*, 243-73.

Callegaro, M. M., & Landeira-Fernandez, J. (2008). Psicoterapia e neurociências. In A. V. Cordioli (Org.), *Psicoterapia*: Abordagens atuais (3. ed.). Porto Alegre: Artmed.

Canli, T., & Lesch, K. (2007). Long story short: The serotonin transporter in emotion regulation and social cognition. *Nature Neuroscience, 10*(9), 1103-9.

Caspi, A., Sugden, K., Moffitt, T. E., Taylor, A., Craig, I. W., & Harrington, H. L. (2003). Influence of life stress on depression: Moderation by a polymorphism in the 5-HTT gene. *Science, 301*, 386-9.

Chamberlin, J. (2000). An historic meeting of the minds. *Monitor on Psychology, 31*(9). Acessado em 01 out, 2010, em http://www.apa.org/monitor/oct00/meeting.aspx/

Chen, S. (2001). The role of theories in mental representations and their use in social perception: A theory-based approach to significant-other representations and transference. In G. B. Moskowitz (Ed.), *Cognitive social psychology*: The Princeton symposium on the legacy and future of social cognition (pp. 125-142). Mahwah: Erlbaum.

Cheniaux, E. (2004). A psicanálise se reaproximando das neurociências: Um retorno a Freud. *Neurociências, 1*(3), 191-6.

Cooper, A. M. (1985). Will neurobiology influence psychoanalysis? *The American Journal of Psychiatry, 142*, 1395-402.

Damásio, A. R. (1999). *O erro de Descartes*. São Paulo: Cia. Das Letras.

Damásio, A. R. (2000). *O Mistério da consciência*. São Paulo: Cia. Das Letras.

Damásio, A. R. (2003). *Em busca de Espinosa*: Prazer e dor na ciência dos sentimentos. São Paulo: Cia. Das Letras.

Dickerson, S. S, & Kemeny, M. E. (2004). Acute stressors and cortisol responses: A theoretical integration and synthesis of laboratory research. *Psychological Bulletin, 130*(3), 355-91.

Doin, C. (2001). A psicanálise e as neurociências: Os sonhos. *Revista Brasileira de Psicanálise, 35*(3), 687-716.

Ebstein, R. P., Benjamin, J., & Belmaker, R. H. (2002). Behavioral genetics, genomics and personality. In R. Plomin, J. DeFries, I. W. Craig, & P. McGuffin (Eds.), *Behavior genetics in the postgenomic era* (pp. 365-388). Washington: American Psychological Association.

Ellis, A. (1958). Rational psychotherapy. *Journal of General Psychology, 59*, 35-49 .

Ellis, A. (1979). Discomfort anxiety: A new cognitive behavioral construct part I. *Rational Living, 14*, 3-8.

Ellis, A. (1980). Discomfort anxiety: A new cognitive behavioral construct part II. *Rational Living, 15*, 25-30.

Ellis, A. (1984). Expanding the ABC's of rational-emotive psychotherapy. In A. Freeman, & M. Mahoney (Comps.), *Cognition and psychotherapy* (pp. 313-323). New York: Plenum Press.

Ellis, A. (1987). A sadly neglected cognitive element in depression. *Cognitive Therapy and Research, 11*, 121-45.

Ellis, A., & Becker, I. (1982). *A guide to personal happiness*. North Hollywood: Wilshire Book.

Ellis, A., & Dryden, W. (1985). *The practice of rational-emotive therapy*. New York: Plenum Press.

Ellis, A., & Harper, R. A. (1961). *A guide to rational living*. North Hollywood: Wilshire Book.

Fonagy, P. (Ed.). (1999). *An open door review of outcomes studies in psychoanalysis*. London: IPA.

Freeman, A. (1998). O desenvolvimento das conceituações cognitivas de tratamento na terapia cognitiva. In A. Freeman, & F. M. Dattilio, *Compreendendo a terapia cognitiva* (pp. 30-40). São Paulo: Editorial Psy.

Freeman, A.; & Dattilio, F. M. (1998). *Compreendendo a terapia cognitiva*. São Paulo: Editorial Psy.

Freitas, A. L., & Higgins, E.T., (2002). Enjoying goal-directed action: The role of regulatory fit. *Psychological Science, 13*, 1-6.

Freud, S. (1975). Esboço de psicanálise. In S. Freud, *Edição standard brasileira das obras psicológicas completas de Sigmund Freud* (Vol. 23, pp. 169-237). Rio de Janeiro: Imago. (Originalmente publicado em 1938).

Freud, S. (1987). A interpretação dos sonhos. In S. Freud, *Edição standard brasileira das obras psicológicas completas de Sigmund Freud* (Vol. 4-5, 2. ed., pp.). Rio de Janeiro: Imago. (Originalmente publicado em 1900).

Freud, S. (1990). Projeto para uma psicologia científica. In S. Freud, *Edição standard brasileira das obras psicológicas completas de Sigmund Freud* (Vol. 1, pp. 403-517). Rio de Janeiro: Imago. (Originalmente publicado em 1895).

Gallup, G. (1982). Self-awareness and the emergence of mind in primates. *American Journal of Primatology, 2*, 237-48.

Gay, P. (1989). *Freud*: Uma vida para o nosso tempo. São Paulo: Cia das Letras.

Gedo, J. E. (1997). Reflections on metapsychology, theoretical coherence, hermeneutics, and biology. *Journal of the American Psychoanalytic Association, 45*, 779-806.

Gotlib, I. H., Joormann, J., Minor, K., & Hallmayer, J. (2008). HPA axis reactivity: A mechanism underlying the associations among 5-HTTLPR, stress, and depression. *Biological Psychiatry, 63*(9), 847-51.

Hayden, E. P., Dougherty, L. R., Maloney, B., Olino, T. M., Durbin, C. E., Sheihk, H. I., et al. (2008). Early-emerging cognitive vulnerability to depression and the serotonin transporter promoter region polymorphism. *Journal of Affective Disorders, 107*(1-3), 227-30.

Herculano-Houzel, S. (2005, dez. 25). A neuropsicanálise existe? *O Estado de São Paulo*, p. J6.

Hobson, J. A. (1988). *The dreaming brain*. New York: Basic Books.

Hobson, J. A. (1997). *O cérebro sonhador*. Lisboa: Instituto Piaget.

Horney, K. (1950). *Neurosis and human growth*: The struggle toward self-realization. New York: Norton.

Horney, K. (1964). *Neurose e desenvolvimento humano*. Rio de Janeiro: Civilização Brasileira.

Horney, K. (1978). *Conheça-se a si mesmo*: Auto análise. Rio de Janeiro: Civilização Brasileira.

Jang, K. L., Livesley, W. J., & Vernon, P. A. (1996). Heritabililty of the big five personality dimensions and their facets: A twin study. *Journal of Personality, 64*, 57791.

Johnstone, T., van Reekum, C. M., Urry, H. L., Kalin, N. H., & Davidson, R. J. (2007). Failure to regulate: counterproductive recruitment of topdown prefrontal-subcortical circuitry in major depression. *The Journal of Neuroscience, 27*(33), 8877-84.

Kaechele, H. (1997). Pesquisa do processo psicanalítico: Da pesquisa clinica à pesquisa científica básica. *Jornal de Psicanálise, 30*, 75-93.

Kandel, E. R. (1999). Biology and the future of psychoanalysis: A new intellectual framework for psychiatry revisited. *The American Journal Psychiatry, 156*, 505-24.

Kelly, G. A. (1955). *The psychology of personal constructs*. New York: Norton.

Kihlstrom, J. F. (1984). Conscious, subconscious, unconscious: A cognitive view. In K. S. Bowers, & D. Meichenbaum (Eds.), *The Unconscious*: Reconsidered. New York: Wiley.

Kihlstrom, J. F. (1985). Hypnosis. *Annual Review of Psychology, 36*, 385-418.

Kihlstrom, J. F. (1987). The cognitive unconscious. *Science, 237*, 1445-52.

Kihlstrom, J. F., Barnhardt, T. M., & Tataryn, D. J. (1992). Implicit perception. In R. F. Bornstein, & T. S. Pittman (Eds.), *Perception without awareness*: Cognitive, clinical and social perspectives (pp. 17-54). New York: Guilford Press.

Kihlstrom, J. F., & Cantor, N. (1984). Mental representations of the self. In L. Berkowitz (Ed.), *Advances in experimental social psychology* (Vol. 17, pp. 1-47). New York: Academic Press.

Kinsbourne, M. (1998). Taking the project seriously: The unconscious in neuroscience perspective. In R. Bilder, & F. LeFever (Eds.), *Neuroscience of the mind on the centennial of Freud's project for a scientific psychology* (pp. 111-115). New York: New York Academy of Sciences.

Kovacs, M., Rush, A. J., Beck, A. T., & Hollon, S. D. (1981). Depressed outpatients treated with cognitive theraphy or pharmacotheraphy: A one-year follow up. *Archives of General Psychiatry, 38*, 33-9.

Ledoux, J. (1997). *O cérebro emocional*. São Paulo: Objetiva.

Lega, L. I. A (1999). Terapia racional-emotiva: Uma conversa com Albert Ellis. In V. E. Caballo, *Manual de técnicas de terapia e modificação comportamental* (pp. 425-440). São Paulo: Santos.

Lesch, K. P. (2002). Neuroticism and serotonin: A developmental genetic perspective. In R. Plomin, J. DeFries, I. W. Craig, & P. McGuffin (Eds.), *Behavior genetics in the postgenomic era* (pp. 389-423). Washington: American Psychological Association.

Lewicki, P. (1985). Nonconscious biasing effects of single instances on subsequents judgments. *Journal of Personality and Social Psychology, 48*, 523-74.

Lewicki, P. (1986a). *Nonconscious social information processing*. San Diego: Academic Press.

Lewicki, P. (1986b). Processing information about covariations that cannot be articulated. *Journal of Experimental Psychology: Learning, memory and cognition, 12*, 135-46.

Loehlin, J. (1992). *Genes, environment and personality development*. Newbury Park: Sage.

Loehlin, J., McRae, R. R., Costa, P., & John, O. P. (1998). Heritabilities of common and measure-specific components of the big five personality factors. *Journal of Research in Personality, 32*, 431-53.

Losoya, S. H., Callor, S., Rowe, D. C., & Goldsmith, H. H. (1997). Origins of familial similarity in parenting: A study of twins and adoptive siblings. *Developmental Psychology, 33*, 1012-23.

Mahoney, M. J. (1974). *Cognition and behaviour modification*. Cambridge: MacGrawHill.

Mancia, M. (1999). Psychoanalysis and the neurosciences: A topical debates on dreams. *The International journal of psycho-analysis, 80*(6), p. 1205-13.

Mancia, M. (2004). No limiar onírico. *Viver Mente & Cérebro, 140,* 46-51.

McAdams, D. P. (1994). Can personality change? Levels of stability and grow in personality across the life span. In T. F. Heatherton, & Weinberger (Orgs), *Can personality change?* (pp. 299-313). Washington: American Psychological Association.

McAdams, D. P. (2001). The psychology of life stories. *Review of General Psychology, 5,* 100-22.

McGue, M. (2002). Genetics and personality. In D. L. Rimoin, J. M. Connor, R. E. Pyeritz, & B. R. Korf (Eds.), *Emery and Rimoins's principles and practice of medical genetics* (pp. 2791-2800). London: Churchill Livingston.

Meichenbaum, D. (1977). *Cognitive-behavior modification*: An integrative approach. New York: Plenum.

Migone, P., & Liotti, G. (1998). Psychoanalysis and cognitive-evolutionary psychology: An attempt at integration. *The International Journal of Psychoanalysis, 79*(6), 1071-95.

Morgan, M. A., & LeDoux, J. E. (1995). Differential contribution of dorsal and ventral medial prefrontal cortex to the acquisition and extinction of conditioned fear in rats. *Behavioral Neuroscience, 109*(4), 681-8.

Nathan, K. I., Musselmann, D. L., Schatzberg, A. F., & Nemeroff, C. B. (1995). Biology of mood Disorders. In C. B. Nemeroff, & F. Schatzberg (Eds.), *Textbook of psychopharmacology*. Washington: APA Press.

Negro Jr, P. J, & Louzã Neto, M. R. (2000). O projeto de Freud no final do século XX: Ainda um justificado pessimismo? *Jornal Brasileiro de Psiquiatria, 49,* 97-103.

Nesse, R. M., & Lloyd, A. T. (1992). The evolution of psychodinamic mechanisms. In J. Barkow, L. Cosmides, & J. Tooby (Eds.), *The adapted mind*. New York: Oxford University Press.

Olds, D., & Cooper, A. M. (1997). Dialogue with other sciences: Opportunities for mutual gain. *The International Journal of Psychoanalysis, 78*(2), 219-25.

Opatow, B. (1999). Affect and the integration problem of mind and brain. *Neuropsychoanalysis, 1,* 97-110.

Panksepp, J. (1999). Emotions as viewed by psychoanalysis and neuroscience: An exercise in consiliense. *Neuropsychoanalysis, 1,* 15-38.

Parker, K. J., Schatzberg, A. F., & Lyons, D. M. (2003). Neuroendocrine aspects of hypercortisolism in major depression. *Hormones & Behavior, 43,* 60-6.

Pennebaker, J. (1997). *Opening up*: The healing power of expressing emotions. New York: Guilford.

Piaget, J. (1970a). *Genetic epistemology*. New York: Norton.

Piaget, J. (1970b). *Structuralism*. New York: Harper.

Pribram, K. H. (1998). A century of progress? In R. Bilder, & F. LeFever F (Eds.), *Neuroscience of the mind on the centennial of Freud's project for a scientific psychology* (pp. 11-19). New York: New York Academic of Science.

Pribram, K. H, & Gill, M. (1976). *O projeto de Freud*: Um exame crítico. São Paulo: Cultrix.

Quinn, S. (1988). *A Mind of her Own*: The life of Karen Horney. Reading: AddisonWesley.

Ramachandran, V. S. (1996). The evolutionary biology of self-deception, laughter, dreaming and depression: some cues from Anosognosia. *Medical Hypotheses, 47,* 347-62.

Ramachandran, V. S., & Blakeslee, S. (2002). *Fantasmas no Cérebro*: Uma investigação dos mistérios da mente humana. Rio de Janeiro: Record.

Rangé, B. P. (2001). *Psicoterapias cognitivo-comportamentais*: Um diálogo com a psiquiatria. Porto Alegre: Artmed.

Rangé, B. P. (Org.). (1995). *Psicoterapia comportamental e cognitiva*: pesquisa, prática, aplicações e problemas. Campinas: Editorial Psy.

Rangé, B. P. (Org.). (1995). *Psicoterapia comportamental e cognitiva de transtornos psiquiátricos*. Campinas: Editorial Psy.

Ribeiro, S. (2003). Sonho, memória e o reencontro de Freud com o cérebro. *Revista Brasileira de Psiquiatria, 25*(supl II), 59-63.

Roffman, J. L, Marci, C. D., Glick, D. M, Dougherty, D. D, & Rauch, S. L. (2005). Neuroimaging and the functional neuroanatomy of psychotherapy. *Psychological Medicine, 35*(10), 1385-98.

Rush, A. J., Beck, A. T., Kovacs, M., & Hollton, S. D. (1977). Comparative efficacy of cognitive therapy and pharmacotherapy in the treatment of depressed outpatients. *Cognitive Therapy and Research, 1,* 17-37.

Sacks, O. W. (1998). Sigmund Freud: The other road. In G. Guttmann, & I. ScholzStrasser (Eds.), *Freud and the neurosciences*: From brain research to the unconscious (pp. 11-22). Viena: Verlag.

Safran, J. D. (2002). *Ampliando os limites da terapia cognitiva*. Porto Alegre: Artmed.

Schore, A. (1997). A century after Freud's project: Is a rapproachment between psychoanalysis and neurobiology at hand? *Journal of the American Psychoanalytic Association, 45*(3), 807-40.

Schwartz, J. M., Stoessel, P. W., Baxter, L. R., Martin, K. M., & Phelps, M. E. (1996). Systematic changes in cerebral glucose metabolic rate after successful behavior modification treatment of obsessive-compulsive disorder. *Archives of General Psychiatry, 53*, 109-13.

Segal, Z. (1988). Appraisal of the self-schema: Construct in cognitive models of depression. *Psychological Bulletin, 103*, 147-162.

Semenza, C. (2001). Psychoanalysis and cognitive neuropsychology: Theorical and methodological affinities. *Neuropsychoanalysis, 3*(1), 3-10.

Sheldon, K. M. (2004). *Optimal human being*: An integrated multi-level perspective. Mahwah: Erlbaum.

Sheldon, K. M., & Kasser, T. (1995). Coherence and congruence: Two aspects of personality integration. *Journal of Personality & Social Psychology, 68*, 531-43.

Siegle, G. J., Thompson, W., Carter, C. S., Steinhauer, S. R., & Thase, M. E. (2007). Increased amygdala and decreased dorsolateral prefrontal bold responses in unipolar depression: related and independent features. *Biological Psychiatry, 61*(2), 198-209.

Smith, D. L. (2004). *Why we lie*: The evolutionary roots of deception and the unconscious mind. New York: St. Martin's Press.

Solms, M. (1995). New findings on the neurological organization of dreaming: Implications for psychoanalysis. *Psychoanalytic Quarterly, 64*, 43-67.

Solms, M. (1997). What is consciousness? *Journal of the American Psychoanalytic Association, 45*, 681-703.

Solms, M. (1998). Before and after Freud's project. In R. Bilder, & F. LeFever (Eds.), *Neuroscience of the mind on the centennial of Freud's project for a scientific psychology* (pp. 11-10). New York: New York Academic of Science.

Solms, M. (2000). A Psychoanalytic perspective on confabulation. *Neuropsychoanalysis, 2*(2), 133-8.

Solms, M. (2005). A interpretação dos sonhos e as neurociências. *Viver Mente & Cérebro, 150*, p. 28-36.

Solms, M., & Saling, M. (1986). On psychoanalysis and neuroscience: Freud's attitude to the localizationist tradition. *The International Journal Psychoanalysis, 67*, 397-416.

Soussumi, Y. (2001). Perspectivas para uma neuropsicanálise. *Psicanalítica, 2*(1):78-101.

Soussumi, Y. (2006). Tentativa de integração entre algumas concepções básicas da psicanálise e da neurociência. *Psicologia Clínica, 18*, 63-82.

Southwick, S. M., Vythilingam, M., & Charney, D. S. (2005). The psychobiology of depression and resilience: Implications for prevention and treatment. *Annual Review of Clinical Psychology, 1*, 255-91.

Squire, L. R., & Kandel, E. R. (2003). *Memória*: Da mente às moléculas. Porto Alegre: Artmed.

Strachey, J. (1990). Introdução do editor inglês: Projeto para uma psicologia científica. In S. Freud, *Edição standard brasileira das obras psicológicas completas de Sigmund Freud* (Vol. 1, pp. 387-400). Rio de Janeiro: Imago.

Sullivan, H. S. (1953). *The interpersonal theory of psychiatry*. New York: Norton.

Surguladze, S., Brammer, M. J., Keedwell, P., Giampietro, V., Young, A. W., & Travis, M. J. (2005). A differential pattern of neural response toward sad versus happy facial expressions in major depressive disorder. *Biological Psychiatry, 57*, 201-9.

Tavris, C. (1982). *Anger*: The misunderstood emotion. New York: Simon & Schuster.

Taylor, S. E., & Brown, J. D. (1988). Illusion and well-being: A social psychological perspective on mental health. *Psychological Bulletin, 103*, 193-210.

Trivers, R. (1971). The evolution of reciprocal altruism. *Quarterly Review of Biology, 46*, 35-57.

Trivers, R. (1985). *Social evolution*. Reading: Benjamin/Cummings.

Watt, D. (2000). The dialogue between psychoanalysis and neuroscience: Alienation and reparation. *Neuropsychoanalysis, 2*(2), 183-92.

Winograd, M., Sollero-de-Campos, F., & Landeira-Fernandez, J. (2007). Psicanálise e neurociências: Condições, experimentações e clínica. In J. Landeira-Fernandez, & M. T. A. Silva. (Orgs.), *Intersecções entre neurociência e psicologia* (pp. 25-42). Rio de Janeiro: MedBook.

Winson, J. (1985). *Brain and psyche*: The biology of the unconscious. Doubleday: Anchor Press.

Winson, J. (2004). *O significado dos sonhos*. São Paulo: Scientific American Brasil. (Especial Segredos da Mente).

Young, J. E. (2003). *Terapia cognitiva para transtornos da personalidade*: uma abordagem focada no esquema. Porto Alegre: Artmed.

Young, J. E., Beck, A. T., & Weinberger, A. (1999). *Depressão*. In D. H. Barlow, *Manual clínico dos transtornos psicológicos* (pp. 273-312). Porto Alegre: Artmed.

Young, J. E., & Klosko, J. (1994). *Reinventing your life*. New York: Plume.

Young, J. E., Klosko, J. S., & Weishaar, M. E. (2003). *Schema therapy*: A practitioners guide. New York: Guilford Press.

Zajonc, R. B. (1980). Feeling and thinking: Preferences need no inferences. *American Psychologist, 35*, 151-75.

Índice

A

Abordagem fenomenológica, 234
Ação introvertida e extrovertida, 197
Aceitação, 249
Adaptação, problemas de, 273
Afeto, 29
Agnosia, 50
    auditiva, 50
    aperceptiva, 50
    associativas, 50
Alça fonológica, 37
Alos, 44
Alostase, 44-45
Altruísmo
    autoengano, 78-80
    forte, 84
    recíproco, 83-84
Ambiente
    compartilhado, 171, 248
    não compartilhado, 171
Amígdala, 124, 126, 174, 274
Amígdala-dependentes, 283
Amnésia anterógrada, 131
Análise
    biocomportamental de Donahoe, 156-15
    da transferência, 192
    experimental do comportamento, 151
Angústia básica, 223
Anosognosia, 61-63, 91-92, 95-97, 235
    modelo experimental, 95-97
    síndrome, 91-92
Ansiedade, 235, 277
    de separação, 277
Antropocentrismo, 27
Apraxia, 50
    ideomotora, 50
Aprendizado
    associativo, 142
    do medo, 143

Aprendizagem
    associativa, 140
    condicionamento instrumental, 136
    emocional, 145
    habituação, 136
    implícita (transferência), 261
    inconsciente, 41
    instrumental, 149
    operante, 149, 282
    pavloviana, 282
    sensibilização, 136
    vicária, 282
Aptidão
    abrangente, 83
    direta, 83
    indireta, 83
Argumento da autoridade, 209
Armazenamento, 113
Associação implícita, teste de, 262-263
Astereognose, 50
Atribuição errônea (terapia de insight), 166-168
Autoengano, 64, 72-80
    altruísmo, 78-80
Autoexpressão, 249, 253
    livre, 253
Autoimagem, 244
Automatismos inconsciente, 50
Autonomia, 249, 253
Auto-orientação, 249
Autoridade, argumento da, 209
Autorregulação, 29
Avaliação
    inconsciente, 261-262
    racional, 273

B

Beck, Aaron (terapia cognitiva), 234-239
Behaviorismo, 140-163

C

Caso do Pequeno Hans, 143-144
Caso H. M, 129-133
Centração, 275
Cérebro
   dividido, 97-99
   esquerdo (evolução), 102-103
   mente inconsciente, 21-106
   modular, 114
Ciências da memória (mente inconsciente), 109-199
Círculo vicioso, 175, 243, 247
   autoperpetuador, 243
   desenvolvimental, 247
Codificação, 113
Coeficiente de parentesco, 83
Coerência, busca de, 112
Cognição negativa, 279
Compensação, 246
Componentes cognitivos (esquema), 275
Comportamentalismo, 140, 234
Comportamento
   altruísta, 89
   análise experimental, 141
   autoderrotista, 254-255
   compulsivo, 256
   controle inconsciente do, 37
   encoberto, 153
   modificado pela experiência, 189
   precorrente, 153
   selecionado pelo meio, 151
Computação neural inconsciente, 143
Condicionamento
   clássico, 140-143, 144-147
      neurobiologia, 144-147
   instrumental, 140
   operante, 140, 149-150, 160-163
   pavloviano, 144
   preparação biológica, 160
   preparado pela evolução, 157-160
Conexão, 249
Confirmações automáticas e circulares, 243
Confrontação, 245
Congelamento (ameaça), 253
Conhecimento
   geral, 109
   prévio (efeitos), 113
Contexto ambiental, 191
Controle
   inconsciente, 37, 47-48
      do comportamento, 37
   noções centrais, 48
Corrida armamentista, 77-78
Córtex pré-frontal, 274
Córtices superiores, 274

Crenças
   centrais, 37, 237
      disfuncionais, 237
   intermediárias ou condicionais, 137
   rede estruturada e inter-relacionada, 240
Criptomnésia, 138

D

Debate
   empírico, 230
   filosófico, 230
Déjà vu, 138
Delírio de Capgras, 52-54
Delírio de Frégoli, 56-58
Dependência de estado, 191
Depressão, 235
Desconexão, 250
Desempenho, 249
Desenvolvimento humano (neurose), 222-225
Desesperança, 235
Despersonalização, 256
Dessensibilização
   in vivo, 233
   sistemática, 181
Detectores de mentira, 75
Deveres irracionais, 231
Diálogo socrático, 230
Dissonância cognitiva, 92-95, 111, 224, 254
Distorção
   cognitiva, 231, 241-242, 254-255, 278-279
      genes, 278-279
   da memória (intérprete), 109-112
   de compreensão, 111
   egocêntrica, 79, 197-199
Distúrbio médico sério, 236
Domínio
   autonomia/desempenho prejudicados, 251
   de esquema, 249-253
   desconexão e rejeição, 250
   limites prejudicados, 250-251
   orientação para o outro, 251-252
   supervigilância e inibição, 251
Dor, 42

E

Efeito
   da mera exposição, 166
   do conhecimento prévio, 113
   rebote da repressão, 180-181
   urso branco, 178-180
Ellis, Alberto (terapia racional-emotiva comportamental), 228-233
Emoções, 42-43
Enfrentamento
   desadaptativo, 258-259
   sadio do esquema, 257

Enganar (vantagens), 64-65
Érea tegmentar ventral, 160
Erro de atribuição, 143
Escolástica psicanalítica, 209
Escolha (noções centrais), 48
Especialização
    cerebral, 98-99
    hemisférica, 92
Espontaneidade, 249, 253
Esquecimento, 183,
Esquema
    cognitivo, 110
    componentes cognitivos, 275
    de fracasso, 247
    domínios, 249-253
    enfrentamento sadio, 257
    evitação, 255, 257
    inconscientes (reestruturação), 281-283
    iniciais desadaptativos, 211, 246-247, 253-259
        processos, 253-259
    mentais, 240-242
    primitivo, 246-247, 254, 260-261
    processamento inconsciente, 242-244
    subordinação, 254
    supercompensação, 257
    terapia (neurobiologia), 272-277
Esquiva de situações aversivas, 256
Estado de humor, 191
Estilo de enfrentamento, 253
Estímulo
    ameaçador (expectativas), 281
    incondicionado, 142
    nocivo, não benigno ou inofensivo, 139
Estresse, 185-187, 279-280
    interpretações distorcidas, 279-280
Estruturas inconscientes, 169-181
Eu
    idealizado, 225, 233
    real (real *self*), 223, 225
Eus relacionais, 260-261
Evidência
    confirmatória dos esquemas, 243
    neuropsicológica, 49-52
Evitação, 176, 245-246, 253, 255-257
    afetiva, 256
    cognitiva, 176, 255
    do esquema, 255, 257
Evolução
    cérebro esquerdo, 102-103
    da moralidade, 81-88
    do *self*, 283-286
    teoria sintética, 81
    transferência, 192-199
Exercício
    de correr riscos, 233
    neural, 42-43
Exigências
    absolutistas, 231
    irracionais, 225-227
        inconsciente, 227
Expectativa
    de estímulos ameaçadores, 281
    inconsciente, 192
Experiências
    afetivas, 125
    passadas, 109
Exposição em imaginação, 181
Expressão de memória, 193
Extinção, 148-149

F

Face quimérica, 99
Falsa
    memória (implantação), 116-126,
    teoria de causalidade, 168
Fantasmas do cérebro, 53
Flexibilidade adaptativa, 40
Formação reativa, 253, 257
Fracassos, 197
Freud (neurocientista), 205-206
Frustração (nível de tolerância), 233
Fuga (ameaça), 253

G

Gatilho
    aprendido, 144, 146
    natural, 144
Gene egoísta, 81-83
General iludido (metáfora), 45-46
Genes (distorções cognitivas), 278-279
Geocentrismo, 22
Gramática generativa, 158
Grupo, seleção de, 80, 84-86

H

Habilidades motoras e sensoriais, 136
Habituação, 139-140, 180-181
    memória inconsciente, 180-181
Hardware, 174
Hipocampo, 124, 126, 174, 274
Hipocampo-dependentes, 283
Hipótese
    da criação, 169, 193, 248, 277,
    da socialização, 248
Homeostase, 44-45
Homo fallax, 66
Homo sapiens, 66

I

Iceberg (metáfora), 26-27
Ideação, 235
Ilusões morais, 89-97

Imagem
    idealizada, 223
    inconsciente, 42
Implante de memória, 115
Impressões
    inconscientes (*self* racional), 266
    pessoais implícitas, 263-264
Impulsos, 42
Inconsciente
    cognitivo, 28-41
    conceito dinâmico, 187
    dinâmico, 29, 208
    freudiano, 23
    história, 21-22
    investigação científica, 164-168
Inflação da imaginação, 120
Influências
    genéticas, 247
    temperamentais, 249
Informação
    armazenada, 183
    codificada, 183
    processamento automático, 243
    representação interna, 155
Inibição, 48, 176, 251
    de recuperação, 176
    de respostas dominantes (função cognitiva), 48
    desenvolvimento de, 223
Input, 95, 113, 174-175, 240
Insight
    implícito, 40-41
    terapia, 166-168
Inteligência
    equivalente e mentira, 65-67
    maquiavélica, 66
Intenção suicida, 235
Interação natureza-ambiente, 171-176
Interpretação
    dos sonhos, 120
    distorcida (estresse), 279-280
Intérprete, 103-106, 109-112
    distorções da memória, 109-112
Investigação científica (inconsciente), 164-168
Isolamento social, 277

L

Leitura
    da mente, 67
    mental (distorção cognitiva), 276
Ligação segura com os outros, 253
Limites
    realistas, 249
    realísticos, 253
Livre associação, 178-180
Luta (ameaça), 253

M

Manipulação de símbolos, 36
Manutenção, 246
Mapa cognitivo, 47
Marketing pessoal, 90
Mecanismos
    de autoengano, 78
    de defesa, 73
    de subordinação, 255
    inconsciente, 241
Medo
    de não ser fisicamente atraente, 236
    de risco físico, 236
    psicológico, 236
Memória
    autoconceito, 196-197
    consciente, 167
    construtiva, 112-113, 191
    da pré-ativação, 136
    de curto prazo, 131
    de longo prazo, 131
    de trabalho, 33-40
        inconsciente, 37-40
    declarativa, 133, 167, 188, 197, 214
    distorções (intérprete), 109-112
    emocional, 185-187
    explícita, 129, 135, 167, 214
    falsa, 116-118
    história, 127
    implícita, 133-135, 214, 243
        emocional, 214
    inconsciente, 127-140, 180-181
        descoberta, 127-140
        habituação, 180-181
    não associativa, 140
    não declarativa, 135, 148, 189-190
        duradoura, 148
    permanente, 187-191
    priming, 136-139
    procedural, 133
    reconstrutiva, 113
    reprimida, 118-122
    sistemas, 135-137
Mentalismo, 152
Mente
    dividida, 98-106
    integralmente consciente, 73
    iludida, 116-126
    inconsciente
        ciências da memória, 109-199
        funcionamento do cérebro, 21-106
        psicoterapia, 203-287
Mentira, 64-71, 75
    detectores, 75
Metacognição, 29

Metáfora
　general iludido, 45-46
　iceberg, 26-27
　piloto automático, 46-47
　sistema hidráulico, 23
　técnica, 123
Microexpressões faciais inconscientes, 69-71
Microgestos, 70
Mnemonista, 183
Modelo ABC, 229-233
Modelo
　cognitivo, 236-239, 241, 277-278
　　expandido, 277-278
　do *self*, 109, 193
　estresse-diátese, 239
　experimental (anosognosia), 95-97
　primitivo do *self*, 195
Modularidade cerebral, 59-63
Módulo
　especializado, 105
　maquiavélico, 78
　mental especializado, 87, 158
Moralidade, evolução da, 81-88
Motivação, 29, 42-43, 211
　inconsciente, 211
Movimento behaviorista, 150-152
Mudança de direção - função cognitiva, 48
Multidão de astros, 55-56

N

Natureza inconsciente, 242-243
Natureza-ambiente (interação), 171-176
Necessidades, desenvolvimento de, 223
Negação, 253
Neopsicanálise, 199, 220, 221-227, 233, 235, 236
Neurobiologia
　condicionamento clássico, 144-147
　terapia do esquema, 272-277
Neurociência, 153-163, 270-272, 280-281
　psicoterapia, 270-272
　terapia cognitiva, 280-281
Neurônios-espelho, 67-69
Neuropsicanálise, 203-220
　críticas, 209-210
Neuropsicanálises, duas, 217-219
Neuropsicologia, bases da (psicoterapia), 270-287
Neurose (desenvolvimento humano), 222-225
Nistagma, 96
Nível
　complementar de análise, 211
　de regulação da vida, 42-48
　de tolerância à frustração, 233
　mutuamente exclusivo, 211

Núcleo caudado, 215
Núcleos *acumbens*, 160

O

Ordem e razão, 105
Output comportamental 155

P

Pais
　importância, 169-171
　treinamento, 175
Paralisia histérica, 49
Parentesco
　coeficiente, 83
　seleção, 82, 84
Pavlov, Ivan Petrovich, 141-143
Pensamento
　automático, 237-238, 243, 281
　consciente, 273
　disfuncional, 282
Percepção
　explícita, 133-135
　implícita, 133-135, 193
　não consciente, 134
　sem consciência, 134
　subjetiva, 182
　subliminar, 164
Perfil temperamental único, 248
Perturbação do desconforto, 231
Piloto automático (metáfora), 46-47
Plágio inconsciente, 138
Planejamento (função cognitiva), 48
Pontuação do discurso (técnica), 123
Prancheta de rascunho visuespacial, 37
Prazer, 42-43, 249
Precisão do processamento rápido, 264-266
Premissa, 249
Priming, 40
Problemas de adaptação, 273
Processamento
　automático de informação, 243
　cognitivo negativo, 279
　consciente, 33-37
　da realidade, 135
　de informação, 33, 153
　　paralelo, 33
　　seriado, 33
　explícito, 134
　implícito, 134
　inconsciente, 27, 134-135, 141-152, 199, 241-244
　　esquemas, 242-244
　paralelo, 33, 36

rápido (precisão), 264-266
serial, 33, 36
Processo
　automático, 47
　inconsciente
　　estrutura teóricas
　　terapia cognitiva, 240-244
Profecia catastrófica, 243
Psicanálise, 207-220
Psicologia
　cognitiva, 234
　evolutiva (inconsciente), 164-166
Psicoterapia
　bases neuropsicológicas, 270-287
　mente inconsciente, 203-287
　neurociência, 270-272
Punição (prazer), 86-88

R

Racionalização, 93, 111
Razão superior, 42
Reações
　defensivas, 144
　emocionais, 182
Recompensa, 161
Reconhecimento
　consciente, 165
　emocional, 56
Recuperação, 113, 148
　espontânea, 148
Rede estruturada e inter-relacionada de crenças, 240
Reflexos, 42
Reflexo condicionado, 141
Reforçadores, 149-150
　adquiridos, 150
　condicionais, 150
　secundários, 150
Regulação
　inconsciente, 44-45
　metabólica, 42-43
Rejeição, 250
Relacionamento terapêutico, 245
Repressão, 176-178, 180-191, 211, 253
　efeito rebote, 180-181
　consciente ou inconsciente, 176-178
Repressores, 182-183
Reputação, 84
Resposta
　incondicionada, 142
　motora, 145
Revolução
　cognitiva, 153-163, 228
　biológica, 153-156

paradigmática, 22-27
Rugas
　infraorbitais, 74
　naso-labial, 74
Ruminação, 282

S

Satisfação, 161
Seleção
　de grupo, 80, 84-86
　de parentesco, 82, 84
Self
　evolução, 283-286
　modelo do, 109, 193
　modelo primitivo do, 195
　racional (impressões inconscientes), 266
　relacional inconsciente, 260-269
Sensibilidade, desenvolvimento de, 223
Sensibilização, 139-140
Senso de unidade, 105
Sentimentos, 42-43, 89, 122
　de culpa, 122
　morais, 89
Separação, ansiedade de, 277
Significado
　consciente (construção), 109-115
　emocional, 56
Síndrome
　da anosognosia, 91-92
　da mão alheia, 100-102
　da mão alienígena, 100-102
　de Cotard, 54
　neurológica (novo consciente), 49-58
Sistema
　atencional, 279
　da amígdala/hipocampo, 274
　de codificação facial, 74
　de expectativas, 247
　de memória, 127, 135-137
　de recompensa, 160-163
　hidráulico (metáfora), 23
Solms, Mark (neuropsicanálise), 209-216
Sonhos
　interpretação, 120
　significados, 216-217
Sorriso
　aberto/espontâneo, 75
　amarelo, 75
　Duchenne, 75
Subcepção, 134
Subordinação, 253-254
　ao esquema, 254
Suicida, 235

Supercompensação, 253, 257
    do esquema, 257
    patológica, 257
Superego, 23
Supervigilância, 251
Supressão, 176
Suscetibilidades às circunstâncias, 248

T

Tabula rasa, 158
Temperamento emocional, 247-249
Teoria
    da mente, 66-69, 74
    de causalidade (falsa), 168
    do intérprete, 97
    sintética da evolução, 81
Terapia
    cognitiva, 234-244, 280-281
        neurociência, 280-281
        processo inconsciente, 240-244
    de *insight*, 166-168
    do esquema, 245-259, 272-277
        neurobiologia, 272-277
        racional (emotiva comportamental), 228-233
Teste
    de associação implícita, 262-263
    de realidade, 280

Testemunhas oculares, 118
Transferência
    da aprendizagem implícita, 261
    e avaliações inconscientes, 261-262
    evolução da, 192-195
Transtorno
    da personalidade, 247
    de estresse pós-traumático, 178-180
Tratamento combinado, 215
Treinamento
    de habilidades sociais, 175
    de pais, 175
Tríade cognitiva, 239

U

Unidades de ação, 74

V

Valores, desenvolvimento de, 223
Visão negativa de si, do mundo e do futuro, 236
Vontade (noções centrais), 48

Y

Young, Jeffrey (terapia do esquema), 245-259